DEUTSCHE STEILFEUERGESCHÜTZE

1914 – 1945

Gerhard Taube

Motor
buch
Verlag

Einbandgestaltung: Frank Zähringer

Bildnachweis: Siehe Kapitel IX.

ISBN: 978-3-613-04075-5

1. Auflage 2018

Sie finden uns im Internet unter www.motorbuch-verlag.de

Lektorat: Joachim Köster
Innengestaltung, Satz + Reproduktionen: Gold Rose Publishing Ltd., 70190 Stuttgart
Druck und Bindung: F&W Druck- und Mediencenter GmbH, 83361 Kienberg
Printed in Germany

INHALT

I. Einleitung

Die deutschen Artilleriewaffen haben in der Zeit von 1934 bis 1945 eine nicht für möglich gehaltene Entwicklung erfahren. Zu Beginn des Zweiten Weltkrieges verfügte die Wehrmacht über die modernsten Geschützkonstruktionen.

Die Rüstung jener Epoche war aber auch gekennzeichnet von einer Art Schizophrenie. Da sorgten einerseits geniale Köpfe in der »geheimen Waffenschmiede Peenemünde« für die Vorwegnahme einer völlig neuen Waffe, der Raketenartillerie; und da ließ Hitler andererseits Geschütze schwerster Kaliber bauen, die vom taktischen und operativen Einsatz her schon ab Mitte des Ersten Weltkrieges an Bedeutung verloren hatten.

Bei der Herausbildung der Artilleriewaffen zu Kanonen, Haubitzen und Mörsern spielte die unterschiedliche Bekämpfung des Gegners auf größere Entfernungen sowie von Befestigungsanlagen auf geringere Entfernungen eine wesentliche Rolle. Der Mörser isi ein Produkt des Wettstreits zwischen Beton und Geschoß bzw. Geschütz. Um Ziele wie Bunkerdecken und Kasematten von oben und damit »durchschlagend« zu treffen, bedurfte es einer stark gekrümmten Flugbahn des Geschosses, eben des Steilfeuers.

In den Kriegen 1864,1866 und 1870/71 war die preußische Armee bereits überwiegend mit Mörsern auf Räderlafetten ausgerüstet. Darunter der gezogene 21 cm-Mörser, der auf Entfernungen von über 2000 Metern mit großem Erfolg gegen Festungswerke eingesetzt wurde. Zu Beginn des Ersten Weltkrieges war es dann der Kruppsche 42 cm-Mörser (»Dicke Berta«), der nach damaligen chauvinistischen Formulierungen »den Franzosen und der Welt das Fürchten lehren« sollte. Die »Dicke Berta«, infolge ihrer unbestreitbaren Anfangserfolge zu einem »Wundergeschütz« hochstilisiert, stellte damals die Verkörperung des überschweren Mörsers schlechthin dar.

Nach dem Ersten Weltkrieg baute Frankreich seine Maginotlinie, ein »unüberwindliches Bollwerk gegen den Erbfeind Deutschland«. Schon bald nach der Machtübernahme forderte Hitler sein Heereswaffenamt auf, artilleristische Mittel zum Zerschlagen jener Grenze aus Stahl und Beton zu finden. Im Rahmen dieses »Wettrüstens«, des unaufhörlichen Wettlaufs zwischen Waffe und Gegenwaffe, zwischen Taktik und Technik, baute Krupp das schwerste Flachfeuergeschütz der Welt, die 80 cm-Eisenbahnkanone »Dora« und Rheinmetall-Borsig das schwerste Steilfeuergeschütz, den 60 cm-Mörser »Karl«. Während »Dora« aus fester Feuerstellung innerhalb sicherer Reichsgrenzen heraus die französischen Befestigungen unter Feuer nehmen sollte, war »Karl« für den beweglichen Einsatz »vor Ort« vorgesehen.

Es gibt interessante Parallelen zwischen der »Dicken Berta« des Ersten Weltkrieges und dem »Karl« des Zweiten Weltkrieges. Beide sollten ausschließlich als »Betonknacker« wirken. Beide fanden zu Kriegsbeginn die besondere Aufmerksamkeit der höchsten politischen und militärischen Führung. Beide erzielten mehr oder weniger spektakuläre Erfolge. Beide sind schließlich als sogenannte Geheim- und »Wunderwaffen« in die Artilleriegeschichte eingegangen.

Nach einem Überblick über die Entwicklung des schwersten deutschen Steilfeuers vor und während des Ersten Weltkrieges soll die Geschichte des 60 cm-Mörsers »Karl«, der größte und letzte Repräsentant des Steilfeuers, von der ersten Entwurfsskizze bis zu den Einsatzgeräten aufgezeigt werden. Es ist dies die

Geschichte eines Waffentyps, der seinen Aufstieg und Niedergang in nur vier Jahrzehnten erlebte. Im Gegensatz zu Kanone und Haubitze ist seine Entwicklung abgeschlossen, verdrängt von Luftwaffe und Rakete.
Nicht nur die technische Seite, auch die taktischen Aspekte und das Wirken der Sondergeräte an der Front und das Geschehen im Umfeld finden entsprechende Berücksichtigung. Einschlägiges Archivmaterial fand ebenso Verwendung wie Beiträge von ehemaligen Angehörigen der Herstellerfirma Rheinmetall-Borsig, des Heereswaffenamtes und nicht zuletzt von Artilleristen der einstigen »Karl«-Batterien. Letztere stellten auch seltene, bislang unveröffentlichte Fotos zur Verfügung, einst trotz Verbots an der Front »geschossen« und bis in unsere Tage »herübergerettet«.
Die Beiträge der »Dabeigewesenen« und das Ausleuchten des Umfeldes machen diese Dokumentation zu mehr als einem bloßen »Waffenbuch«.

II. Entwicklung des schwersten Steilfeuers

1. WETTSTREIT ZWISCHEN BETON UND GESCHOSS

Der Erste Weltkrieg, hinsichtlich seiner mehrjährigen Dauer und der großen räumlichen Ausdehnung nicht vorhersehbar, zwang Militär und Rüstungsindustrie, die vorhandenen Kampfmittel der Eigenart vorher nicht einkalkulierter Kriegsschauplätze anzupassen. Vor allem auf dem Gebiet der Artillerie trat die Weiterentwickung deutlich in Erscheinung.

Ganz allgemein standen das Streben der Militärs nach größerer Schußweite sowie erhöhter Wirkung und die Bemühungen der Industrie zur Verwirklichung im Vordergrund. Die größeren Schußweiten, zu erreichen unter anderem durch erhöhte Anfangsgeschwindigkeiten, brachten eine erhebliche Herabsetzung der Lebensdauer der Geschütze, besonders der Rohre, mit sich. Vielfältige Konstruktionsmaßnahmen waren erforderlich, um diesem unliebsamen Umstand entgegenzuwirken.

Im Unterschied zu jener Entwicklung (Kanonen und Haubitzen) standen die schwersten Steilfeuergeschütze, die mit Beginn des sogenannten Stellungs- und Grabenkrieges ihre lohnenden Ziele und damit ihre ursprüngliche Bedeutung verloren hatten. Sie erfuhren keine entscheidenden Veränderungen mehr, wenn man von einigen Versuchen absieht, die der Schußweitensteigerung dienten (zum Beispiel Kaliberreduzierung bei gleichzeitiger Rohrverlängerung).

Die Anfänge des schwersten deutschen Steilfeuers gehen bis ins Jahr 1892 zurück, als der Wettstreit zwischen Beton und Geschoß kriegsentscheidenden Charakter anzunehmen begann. Dieser Wettstreit nahm (aus deutscher Sicht) mit dem Ausbau der französischen Ostfront seinen Lauf. Aus französischer Sicht hingegen bedeutete das Errichten von betonierten Sperrforts lediglich eine Schutzmaßnahme gegen die »aggressiven Absichten« des östlichen Nachbarn.

Nach dem Krieg 1870/71 begann Frankreich, seine Ostgrenze mit drei starken Befestigungslinien weiter auszubauen. Die vorderste verlief von Dünkirchen über Maubeuge-Verdun-Toul-Epinal bis Belfort mit Ketten zahlreicher kleiner Sperrforts. Dahinter befanden sich die beiden Verteidigungsbezirke La Fère-La Reims und Langres-Dijon-Bésancon. Als dritte Linie schließlich war die Zentralfestung Paris anzusehen.

Die deutsche Heeresführung gedachte, dieses Verteidigungssystem im Falle eines neuen Krieges mit 15 cm- und 21 cm-Mörsern sowie neuartiger Granatfüllung (dem Schwarzpulver überlegene Sprengstoffe) zu bekämpfen. Frankreichs Antwort: Verstärkung und abermaliger Ausbau der Befestigungen, vor allem der Forts zwischen Verdun und Belfort. Sie erhielten bis zu 2,5 Meter dicke Eisenbeton- und Panzerkonstruktionen. Der »provozierende« Tatbestand löste auf deutscher Seite weitere Verbesserungen der Geschosse aus, sie erhielten einen stärkeren Panzerkopf und größere Sprengfüllungen. Ende der 80er Jahre fertigte Krupp dann den ersten »Betonknacker«, das sogenannte Beta-Gerät. Die Firma Krupp in ihrer hausinternen Studie »Entwicklung des Artilleriematerials im Kriege« (1919):

»Die spärlichen Erfahrungen der Geschoßwirkung gegen Beton, welche damals Vorlagen, führten zu dem Entschluß, ein Geschütz von 28-30 cm Kaliber ins Auge zu fassen, mit einem Geschoßgewicht von 350 bis 400 kg und einer Mündungsenergie von mindestens etwa 1300 mt – ein Entschluß, der insofern nicht unrichtig war, als es sich später bei Verwendung großer

Beta-Gerät 09 auf dem Krupp-Schießplatz Meppen.

Sprengladungen herausgestellt hat, daß es möglich war, mit solchen Geschützen die damaligen Deckungen zu durchschlagen. Die Schußweite von nur etwa 5300 m, welche bei den oben genannten Daten zu erwarten stand, und auch die verhältnismäßig geringe Schußweite, welche das Gerät nachher tatsächlich erhielt, machten es notwendig, daß das zu entwerfende Geschütz außer für Vollbahn auch für Feldbahntransport eingerichtet wurde, da man mit der vorhandenen Vollbahn nicht nahe genug für diese Schußweiten an die französischen Befestigungen herankam. Der Transportfähigkeit auf Feldbahn zu Liebe verlangte die A.P.K. (Artillerie-Prüfungs-Kommission) im Januar 1892 ein Fahrzeuggewicht nicht über 10 t. Der hierdurch bedingte erste Entwurf, eine Rahmenrücklaufbahn, Rohrgewicht 8 t, wies die oben erwähnte Schußweite von 5300 m auf. An Geschossen waren Panzergranaten ohne Sprengladung vorgesehen.

Mai 1895 wurde das erste Versuchsgeschütz fertiggestellt. Im Juli 1895 dachte man zuerst daran, die Panzergranaten wenigstens mit einer Höhlung für Sprengladungen zu versehen, um, wenn nötig, eine Sprengladung einbringen zu können.

Am 31.10.1895 erfolgte die Vorstellung des Geräts vor dem Kaiser in Kummersdorf, wobei ein Treffbild von 78 x 22 m ganzer Streuung erschossen wurde.

Im Oktober 1896 erschien das Geschütz der A.P.K. einführungsreif. Als Feldbahnspurweite kam nur noch 60 cm in Frage, nachdem ursprünglich auch auf 75 cm (Kummersdorfer) Spurweite Rücksicht genommen worden war. Am 10.4.1897 genehmigte der Kaiser die

Verlastung des Beta-Gerätes 09 auf Feldbahnwagen (Rohr).

Beschaffung von 6 Geräten und 3600 Stahlpanzergranaten L/3,3.« Bleibt noch nachzutragen, daß die Lieferung der 28 cm- Haubitzen im Jahre 1898 erfolgte; sie waren für drei Batterien vorgesehen. Das Beta-Gerät, später »altes Beta-Gerät« genannt, erhielt von Krupp folgende Originalbeschreibung:

		Auf Feldbahntransportwagen verladen:	
Rohrgewicht: Rohr	1-7 8,5 t	Rohrfahrzeug	14,5 bzw.
	8-9 7,8 t		13,8 t
Lafettengewicht:			
Oberlafette	2,7 t	Lafettenfahrzeug	17,2 t
Unterlafette	8,5 t		
Bettung	10 t	Bettungsfahrzeug	16 t
Feldtransportwagen	5,57 t		
Hebezeugwagen	4,5 t		
Später (Ende 1911)	4,37 t		
auch Straßenwagen			
Rampenwagen	14,4 t		

Mantelrohr mit zylindrischem Schraubenverschluß, auf Ladetür von Hand zurückzuziehen und zu schwenken. Stahlplatte und Liderungsring, 1,75 mm Zugtiefe, Drall 35/15. Rohr schwingbar gelagert in Oberlafette, diese läuft mittels hydraulischer Bremse und Federvorholer unter 45 Grad Neigung im Rahmen zurück, welch letzterer mittels Kette und Kettenrad auf der Pivotbettung nach jeder Seite um 30 Grad schwenkbar ist. Geschoßkran und Ladeschale. Höhenrichtfeld 50 bis 60 Grad. Leistung Pgr. 410/310, Schußweite 8200, später auch Lggr. 333/336, Schußweite 8800. Geschütze werden auf Feldbahnwagen verladen, auf Vollbahn-15-t-Wagen transportiert und über den Rampenwagen abgeladen.

Insgesamt wurden neun Geschütze dieses Typs gefertigt.

Dann trat in der Weiterentwicklung des schweren Steilfeuers eine längere Pause ein. Erst Ende 1903, Anfang 1904, als mit der Einführung des Rohrrücklaufsystems bei der leichten und mittleren Artillerie eine Leistungssteigerung ohne Erhöhung der Geschützgewichte möglich geworden war, traten 1906 der Große Generalstab und die A.P.K. an Krupp mit der Forderung heran, alsbald Entwürfe für entsprechende Mörser-Neukonstruktionen einzureichen. Denn die alten Beta-Geräte waren nicht mehr in der Lage, die französischen Galopintürme mit 30 cm Nickelstahl und 2,5 Meter Beton wirkungsvoll zu bekämpfen.

Aus der großen Anzahl von Krupp-Entwürfen (28 cm bis 45 cm) sollten nach Maßgabe der A.P.K. die Kaliber 30,5 cm und 42 bzw. 45 cm weiter verfolgt werden. Krupp in seiner Studie über die weitere Entwicklung: »Ein Hinweis der A.P.K., daß auch Vollbahnwagen für 60 t vorhanden seien, also auch über das 42 cm-Kaliber hinausgegangen werden konnte, wurde von der Firma mit der Begründung abgelehnt, daß bei einem 42 cm-Geschütz das Geschoß von 1160 kg noch von Hand aus gehandhabt werden könne, während dies bei größeren Kalibern nur mit maschinellen Vorrichtungen möglich sei. Außerdem stand das zulässige Ladeprofil der Bahnen einer weiteren Kalibervergrößerung hindernd im Wege. Die Hoffnung, unter Mithilfe der Sprengladung mit dem 42 cm-Kaliber auszukommen, hat sich dann später als voll begründet erwiesen.«

Die ersten Entwürfe der 30,5 cm- und 42 cm-Mörser, Ende Mai 1907 der A.P.K. eingereicht, entsprachen im wesentlichen der späteren Ausführung. Der 30,5 cm-Mörser erhielt die Bezeichnung Beta/09-Gerät, der 42 cm-Mörser als Bettungsgeschütz die Bezeichnung Gamma-Gerät.

	Beta/09-Gerät (30,5 cm)	Gamma-Gerät (42 cm)
Rohrgewicht	8,05 t	22 t
Lafettengewicht	10 t	20 t
Wiege	7,5 t	15 t
Pivotsockel	6,05 t	12,5 t
Holzbettung	10 t	–
Rücklauflänge	1200 mm	1400 mm
Geschoßgewicht	400 kg	1160 kg
V_0	395 m	400 m
Schußweite	12 km	13 km

Die Krupp-Studie im einzelnen: »Das Beta/09-Gerät erforderte zum Transport zwar fünf Geschütz-Transportwagen und einen Hebezeugwagen, während das alte Beta-Gerät mit drei Geschütz-Transportwagen und einem Hebezeugwagen ausgekommen war, dafür war die Schußweite um nahezu 50 Prozent gesteigert.« Die Entwicklung beider Geräte lief nahezu parallel. Die nachfolgenden Ausführungen stellen einen gestrafften Textauszug aus der Krupp-Studie dar.

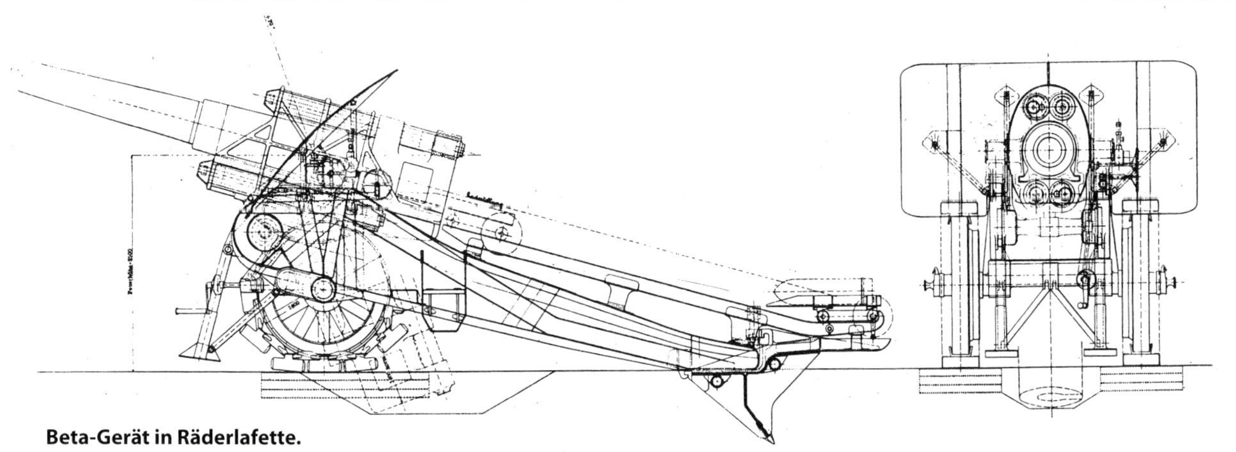

Beta-Gerät in Räderlafette.

Gamma-Gerät

Anfang 1908 war man sich über die Art der Beförderung auf Vollbahn im klaren. Um das Gerät aber rasch in Stellung bringen und feuerbereit machen zu können, mußte die sehr schwere und zeitraubende Betonbettung wegfallen. Die A.P.K. wollte ursprünglich eine Holzbettung haben. Auf Vorschlag von Krupp wurde dann jedoch eine eiserne Bettung akzeptiert.
Die erste Vorführung des Gamma-Gerätes fand im Mai 1909 mit bestem Erfolg statt. Danach folgte ein Beschuß einer 300 mm-Nickelstahlplatte im September. Die Platte wurde mit 1160 kg-Panzergranaten zwar zerbrochen, hingegen nicht durchschlagen. Bei einem neuen Versuch im Januar 1910 gelang dieses Durchschlagen dann doch noch. Im Hinblick auf die Wirkung auch gegen Beton ging man im Jahr 1912 ganz auf Langgranaten über (930 kg mit 100 kg Sprengladung).
Nach wiederholten Streitigkeiten zwischen der A.P.K. und Krupp (wegen der Finanzierung von Gerät und Erprobungszeit) wurde 1910 das erste Gerät angekauft und ein zweites mit Liefertermin August 1912 bestellt.
Im Dezember 1911 erkannte man die Möglichkeit, bei den 930 kg schweren Langgranaten die Anfangsgeschwindigkeit auf 440 m zu steigern, was eine Schußweite von über 14 km ergab.
Im März 1912 bestellte die A.P.K. das dritte und vierte, im Juli das fünfte Gamma-Gerät. Die Geräte wurden termingerecht geliefert, sie standen mit Kriegsausbruch der deutschen Armee zur Verfügung.
Die Original-Krupp-Beschreibung (Gamma-Gerät):

Der Vorläufer der »Dicken Berta«, das Gamma-Gerät. (Foto: PD).

Mantelrohr mit auf Seele und Mantel aufgeschraubtem Deckring (vom 6. gelieferten Rohr an ist der Deckring nur auf das Mantelrohr aufgeschraubt und hindert das Seelenrohr am Vorwärtswandern durch einen Überwurf). Drall bei 1 V, 1 u. 2: 45/25 später 40/20. Welinschraubenverschluß mit allen Sicherungen, bewegt durch Kurbel und Schneckentrieb, welcher Entriegelung, Öffnen und Auswerfen besorgt. Wiederspannabzug, Abfeuerungseinrichtung an der Lafette. Abfeuern nur bei Erhöhung möglich. Wiege mit seitlichen Schildzapfen im Schwerpunkt. Oben zwei Flüssigkeitsbremsen. Unten Luftvorholer mit zwei seitlichen Verdrängerzylindern und Verdrängerkolben. Ständiglanger Rücklauf. Zahnbogenhöhenrichtmaschine für schnellen und langsamen Gang.
Lafette verbunden mit der auf dem Pivotsockel mit langsamem und schnellem Gang drehbaren Drehscheibe. Federnde Schildzapfenentlastung. Bettung zweiteilig.
Zeigerzieleinrichtung mit unabhängiger Ziellinie und Aufsatztrommel. Bedienungsplattform mit Munitionsaufzug, bestehend aus Aufzugsbahn, Fahrstuhl und Seilwindewerk mit Sicherung gegen Seilriß. Fahrstuhl zweiteilig zum Laden genau einstellbar. Ansetzen der Geschosse mit Fahrt. Seilwinde zum Aus- und Einlegen des Rohres. Glyzerinpreßpumpe. Luftpumpe. Schild. Leistung: Lggr.
930/440 (Anmerkung: Geschoßgewicht 930 kg, Anfangsgeschwindigkeit 440 m/Sek.). Schußweite 14,2 km, leichte M-Granate mit Haube: 400/450. Schußweite 14,7 km. Höhenrichtfeld 43-66°, Seitenrichtfeld nach jeder Seite 23°.
Gewichte der einzelnen Lasten (auf Vollbahnwagen):

Wagen	1. Bettungshölzer und Böcke f.d. Hebezeuglaufbahn	8,4 t
Wagen	2. Bettungshölzer und Böcke f.d. Hebezeuglaufbahn	11,0 t
Wagen	3. 25 t Hebezeug mit Transportgestell	12,0 t
Wagen	4. Hintere Bettungshälfte	25,0 t
Wagen	5. Vordere Bettungshälfte	24,0 t
Wagen	6. Pivotsockel mit Zubehör	18,4 t
Wagen	7. Lafette mit Drehscheibe	25,8 t
Wagen	8. Wiege, Schild, Luftpumpe	19,1 t
Wagen	9. Rohr	24,0 t
Wagen	10. Munitionsaufzug und Plattform	10,9 t

Gamma-Gerät in Ladestellung.

Gamma-Gerät in Schußstellung (Rohr in größter Erhöhung).

Beta/09-Gerät

Die Entwicklungsarbeiten liefen, wie erwähnt, parallel zum Gamma-Gerät. Eigentümlich war jedoch die Entwicklung und Erprobung des Transports auf Feldbahntransportwagen und Straßenwagen. Bei beiden Transportarten kam man dazu, die auf diese Wagen verlasteten Geschütze in aufgeladenem Zustand auf der Vollbahn zu transportieren und mittels eines Rampenwagens abzuladen. Ferner mußten Vorrichtungen getroffen werden, die Umladung von Straßenwagen auf Feldbahnwagen und umgekehrt möglichst zu erleichtern und abzukürzen (Rollengestelle).

Bemerkenswerte Einzelheiten der Entwicklung: Aufgrund der eingereichten Entwürfe wurde das Beta/09-Gerät, geeignet für Feldbahn- und Straßentransport, am 20. März 1908 bestellt (mit Holzbettung). Die skizzierten Fragen der verschiedenen Transportmöglichkeiten wurden 1909 geklärt.

Im Mai 1909 erfolgte die erste Vorführung des Geräts. Die ersten Schießversuche aus dem Geschütz fanden wie beim Gamma-Gerät mit Panzergranaten statt; u.a. mit Erfolg gegen 250 mm starken Nickelstahl. Doch auch hier wurde (Juli 1909) der Wunsch nach Langgranaten mit etwa 30 kg Sprengladung laut, um speziell die Betonziele besser bekämpfen zu können.

Ein Jahr später führte man die ersten Fahrversuche mit Straßenwagen durch. Es zeigte sich, daß am Straßenwagen auf weicheren Wegestrecken eine Verbreiterung der Radreifen auf 310 mm erforderlich war, wenn man ohne Radgürtel auskommen wollte, daß man aber auch auf Ackerboden fortkommen könne, wenn man Bohlen unterlege.

Trotz dieser günstigen Erfahrungen wünschte die A.P.K. noch eine besondere Vorrichtung, um die Geschützteile vom Straßenwagen, der auf der Straße verbleiben sollte, zur Geschützstellung zu bringen. Es wurde deshalb ein Drehscheibenwagen konstruiert (zwei Schmalspurwagen, die parallel zueinander seitlich verbunden waren und eine Drehscheibe trugen, um die Geschützteile in die richtige Lage zur Geschützstellung drehen zu können).

Bei Kriegsausbruch befanden sich zwei Beta/09-Geräte sowie ein Rohr mit Wiege als Ersatz in der Truppe. Weitere Geschütze dieses Typs wurden nicht gefertigt. Die Original-Krupp-Beschreibung (Beta/09- Gerät):

Das Gerät ist im allgemeinen eine verkleinerte Wiedergabe des Gamma-Geräts, nur besitzt es statt der Eisenbettung eine Holzbettung. Der Verschluß wird ohne Schnecke betätigt. Seine Leistung ist:
Pgr. 410/393. Schußweite 11,7 km
Lggr. 333/418. Schußweite 12 km
Erhöhungsgrenzen 43-67°
Seitenrichtfeld nach jeder Seite 20°.

1.	Bettung, Hebezeugteile, Zubehör	10,6 t
2.	Sockel, Hebezeugteile, Schild, Zubehör	10,0 t
3.	Lafette mit Drehscheibe, Hebezeugteile, Zubehör	10,9 t
4.	Wiege, Zubehör	9,7 t
5.	Rohr, Zubehör	10,1 t
	Hierzu Gewicht eines Feldbahntransportwagens	6 t
	oder Gewicht eines Straßenwagens	4,1 t

Spurweite 2,02 m; Radreifenbreite 310 mm; Raddurchmesser 1,056 m; Wagenbreite 2,4 m; Wagenlänge 6,4 m.

Obgleich die A.P.K. zäh an diesen Geräten als Bettungsgeschütze festhielt und deren Fertigung durchsetzte, war den Experten andererseits klar, daß Bettungsgeschütze nicht der Weisheit letzter Schluß sein konnten. Jene überschweren Geräte, angewiesen auf Eisenbahntransport bis quasi in die Feuerstellung, waren nicht nur schwer und umständlich zu handhaben (das Gamma-Gerät wog in der Feuerstellung immerhin rund 140000 Kilogramm!), sie konnten überdies nur örtlich begrenzt eingesetzt werden. Deshalb gab es schon 1908 in der A.P.K. Überlegungen, ob es bei diesen Kalibern nicht auch möglich sei, ganz auf eine Bettung zu verzichten und, gestützt auf die Erfahrungen mit dem 21 cm-Mörser, diese Geschütze auch in Räderlafette zu bauen.

Das Beta/09-Gerät in Räderlafette

Bereits im Mai 1908 reichte Krupp den Entwurf für ein rädergestütztes Beta-Gerät ein (9-10 t bei 7 t maximalem Achsdruck, für mechanischen Zug mit Radgürteln eingerichtet, Geschützgewicht 16,5 t, zu gleichen Teilen auf Rohr und Lafette verteilt). Noch allerdings hatte die A.P.K. gewisse Bedenken, weil es bei dem Mangel an Erfahrungen mit schwerstem Steilfeuer auf Rädern noch unbestimmt erschien, ob ein derartiges Projekt erfolgreich durchzuführen sei. Immerhin laufe so ein Geschütz Gefahr, bei einem Schießdruck von 230 Tonnen im Erdreich zu versinken.
Nachdem die Versuche mit dem 28 cm-Mörser in Räderlafette (Bestellung aus Österreich) im Herbst 1910 vollauf befriedigt hatten, reichte Krupp einen ausführlichen Entwurf für das Beta/09-Gerät mit Rädern ein: Schußweite 12 km, Feuerhöhe 2,5 m, Fahrzeuggewicht 12 t (Ober- und Unterlafette), Lastkraftwagen mit Vierradantrieb oder Dampfpflugmaschine. Von der Straße in die Feuerstellung sollte das Geschütz mit Mannschaften oder Pferden befördert werden.
Die A.P.K. zeigte Interesse. Ihre zahlreichen Änderungswünsche gelangten indes nicht zur Ausführung. Ende Februar 1913 stellte die Firma das Geschütz leihweise ohne Berechnung der A.P.K. zwecks Erprobung zur Verfügung. Bei den Vorführungen zeigte sich der Große Generalstab davon derart angetan, daß er sogleich 20 Geschütze bestellt haben wollte. Das Kriegsministerium jedoch lehnte dies ab. Abermalige Änderungswünsche der A.P.K. führten im Juli 1913 zu einem völligen Neuentwurf, der den Forderungen gerecht wurde. Statt der erwarteten Bestellung forderte die A.P.K. plötzlich eine Konstruktion mit erheblich erhöhter Leistung. Auch dem trug Krupp mit einem entsprechenden Entwurf Rechnung. Der Krieg warf dann allerdings alle weiteren Planungen über den Haufen, und so war bei Kriegsbeginn nur ein Beta-Gerät in Räderlafette vorhanden (nämlich die Version von 1913). Weitere Geräte wurden nicht mehr produziert. Die Original-Krupp-Beschreibung (Beta-Gerät in Räderlafette):

Mantelrohr mit Schubkurbelverschluß. Zugtiefe 1,75 mm. Drall 40/20. Wiege mit Schildzapfen im Schwerpunkt. Schildzapfenentlastung. Oben und unten je eine Bremse und ein Luftvorholer durch Bajonettverschluß mit Rohr verbunden. Ständiglanger Rücklauf 1400 mm. Lafette: Ober- und Unterlafette, erstere schwenkbar um seitlichen Drehzapfen, 2° nach jeder Seite. Lafettenschwanz auf Bettungssporn 3° nach jeder Seite verschiebbar mittels Zahnbogen und Zahnrad. Zahnbogenhöhenrichtmaschine mit Schnelltrieb. Gekröpfte Achse. Hölzerne Räder mit Bremsreifen. Schildschutz. Zeigertrommelvisier mit Radstandausschaltung. Ladevorrichtung.
Doppelter Radgürtel, transportierbar auf Gürtelwagen.
Erhöhungsgrenzen 30,70°.
Geleisebreite 2,2 m.
Raddurchmesser 1,6 m.
Radreifenbreite 180 mm.
Größter Achsabstand 5 m.
Leistung wie Beta/09.

Rohrgewicht	8,7 t
Rohr in Rohrwagen mit Bettungssporn (einschl. Radgürtel)	13,4 t
Lafette aufgeprotzt (einschl. Radgürtel)	13,6 t
Größter Achsdruck	11,3 t
Radgürtel	1,3 t
Geschütz aufgeprotzt (einschl. Radgürtel)	22 t
Gerätewagen	11,4 t

Aufbauend auf den Erfahrungen des Beta-Gerätes in Räderlafette reichte Krupp im September 1911 einen entsprechenden Entwurf für den 42 cm-Mörser ein, das spätere sogenannte M-Gerät: die eigentliche »Dicke Berta«, wie Soldaten und Volksmund daheim das Geschütz im Krieg nennen sollten.

Das M-Gerät

Das M-Gerät hat eine seltsame Vorgeschichte. Ursprünglich sollte es nämlich ein schwerer Minenwerfer werden. Die A.P.K. hatte 1910 davon Kenntnis erhalten, daß das Ingenieurkomitee mit der Rheinischen Metallwarenfabrik schon seit längerem an der Konstruktion eines schweren Minenwerfers arbeitete, daß aber die bisher erzielten Ergebnisse weder hinsichtlich des Geschoßfluges noch der Schußweiten befriedigten. Die A.P.K. beschloß deshalb, die Entwicklung des Minenwerfers selbst in die Hand zu nehmen. Ihr Präses forderte 1910 die Firma Krupp auf, Vorschläge für ein schweres Minenwerfergerät vorzulegen. Es sollte eine Schußweite von mindestens 3000 m erreichen, Sprengladungen von rund 50 kg schleudern und dabei noch von Mannschaften ohne Schwierigkeiten bewegt werden können.

Den Krupp-Ingenieuren, an der Spitze Professor Rausenberger (Schöpfer des »Paris-Geschützes«), war natürlich klar, daß solche Schußweiten mit kleinkalibrigem Rohr und überkalibergroßem Geschoß (Sappengeschütz) nicht zu erzielen seien. Gestützt auf die Versuche und Erfahrungen mit der 28 cm-Haubitze und des Beta-Gerätes in Räderlafette schlugen sie nunmehr einen 24 cm-Rohrrücklauf-Mörser vor. Das Geschütz sollte von Radauflage bis Sporn nur 2,6 m lang sein, damit es beispielsweise in Schützengräben nicht zu viel Platz beansprucht.

Inzwischen hatte die A.P.K. Sprengversuche mit Beta-Granaten angestellt, aus denen sie schloß, daß eine Sprengladung von mindestens 100 kg notwendig sei, um Erd- und Steinvorlagen vor den schweren Betondeckungen wegzuräumen. Diese Sprengladungsmenge, so wünschten es die Militärs, sollte künftig als Richtmaß dienen. In diesem Stadium der Vorarbeiten sah man das schwere Minenwerfergerät also lediglich als Hilfsgerät für die nachfolgende Zerstörung der Betondeckungen durch schwerste Steilfeuergeschütze an. Demzufolge fragte die A.P.K. Anfang 1911 bei Krupp an, ob die angestrebte Sprengladung von 100 (oder auch 200) kg wohl aus einem 30,5 cm- oder 42 cm-

Das M-Gerät in Ladestellung.

Kaliber zu erreichen sei, eventuell unter Verzicht auf die Schußweite von 3000 m. Auf jeden Fall müsse das Geschütz so beweglich bleiben, daß es schnell an den Gegner herangebracht werden könne. Entsprechend diesen Vorstellungen reichte die Firma im Frühjahr 1911 einen neuen Entwurf ein, der für 100 kg Sprengladung mit 30,5 cm-Kaliber vorgesehen war.

Mittlerweile hatte aber die Heeresverwaltung weitere Erfahrungen über die Wirkungen großer Sprengladungen gesammelt und glaubte nun, daß alle bislang in Aussicht genommenen Sprengladungsmengen nicht ausreichen würden. Die deutsche Heeresführung fürchtete, den Wettlauf zwischen Beton und Geschoß zu verlieren. Damit zeichnete sich ab, daß alle bisherigen Entwürfe kaum noch für eine Realisierung in Frage kommen dürften.

Die Vorarbeiten konzentrierten sich nunmehr auf ein Geschütz in Räderlafette, welches in der Lage sein sollte, auch die Aufgaben des Gamma-Gerätes, wenn auch aus reduzierten Entfernungen, dafür aber nicht mehr gebunden an Eisenbahnlinien, zu erfüllen. Diesen Weg ist die weitere Entwicklung dann auch gegangen.

Im September 1911 legte Krupp zwei Entwürfe vor: ein 35 cm-Geschütz mit 150 kg Sprengladung und ein 42 cm-Geschütz mit 200 kg Sprengladung, bei einer

Das M-Gerät in Schußstellung (mit »posierender« Bedienungsmannschaft).

9. August 1914 in Essen: »Einsegnung« der »Dicken-Berta«-Batterie Hauptmann Wesener vor dem Ausrücken ins Feld.

Schußweite von jeweils 5 bis 6 km. Die Firma wies allerdings darauf hin, daß die Entwürfe noch einer Schußweitensteigerung unterzogen werden müßten und daß man vielleicht etwas mit der Sprengladung heruntergehen müsse, wenn man zu etwas Brauchbarem gelangen wolle. Mit der Schußweitensteigerung

Die »Dicke Berta«. (Foto: RAMA, CC-BY-SA-2.0-FR).

Weltweites Interesse an Krupp-Kanonen: Besuch der chinesischen Militär-Studienkommission in Essen am 17. Juni 1910 (Geschütz: 28 cm-Haubitze).

traf die Firma gewissermaßen ins Schwarze. Denn das »Rennen nach Schußweite« war damals ein immer wieder diskutierter Schwerpunkt.

So zielten denn auch die weiteren Untersuchungen auf eine Schußweite von etwa 8 km ab. Die A.P.K. verlangte ein Weiterverfolgen dieses Zieles und ließ durchblicken, die Schußweite noch zu vergrößern, wenn dies ohne wesentliche Erhöhung des Fahrzeuggewichtes möglich sei.

Die Firma teilte der A.P.K. im Frühjahr 1912 mit, daß es nunmehr möglich sei, ein Geschütz mit Keilverschluß zu bauen, das bei einer Leistung von 9 km Schußweite und 1850 Schuß Lebensdauer ein Rohrfahrzeuggewicht von 16,5 t aufweisen werde. Mit 600 kg schweren Geschossen und 100 kg Sprengladung werde man die Schußweite auf 10,5 km steigern können. Auf Anfrage konnte Krupp im Mai 1912 bestätigen, daß es möglich sei, aus dem neuen Gerät die 920 kg schweren Gamma-Granaten zu verschießen.

Am 15. Juli 1912 bestellte die A.P.K. das erste M-Gerät. Die Bezeichnung M-Gerät ging auf den Vorschlag von Professor Rausenberger zurück, wobei »M« für das ursprünglich geplante Minengerät steht. Außerdem sah man in dieser Bezeichnung eine Tarnmaßnahme gegenüber dem Ausland, denn die Entwicklung und Fertigung dieses Gerätes lief unter größter Geheimhaltung ab.

Die einleitenden Munitionsversuche erfolgten aus einem Gamma-Rohr. Die ersten von der Firma gelieferten Geschosse (Langgranaten L/3,9) von 820 kg mit 150 kg Sprengladung (ohne Zwischenboden) stauchten sich beim Schießen und ergaben eine unbefriedi-

42 cm-Geschoß (M-Granate).

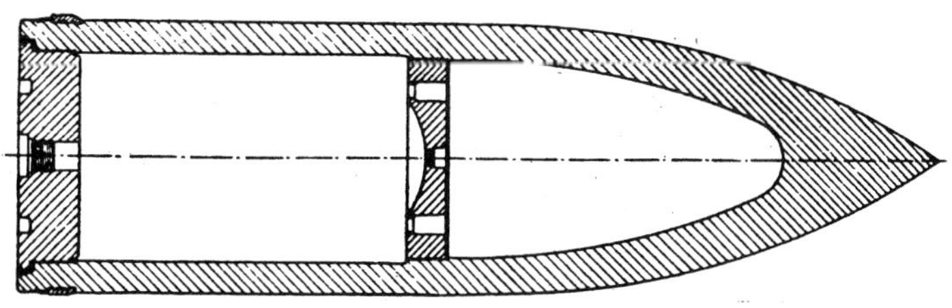

»Kanonenschau« auf dem Krupp-Schieß-platz Meppen (1918). In der Mitte das berühmte »Paris-Geschütz«.

gende Treffähigkeit. Danach wurden dann die sogenannten Spandauer Langgranaten L/3,6 von 800 kg Gewicht mit 144 kg Sprengladung mit besserem Resultat erprobt und schließlich auch eingeführt. Diese später schlicht M-Langgranaten genannten Geschosse haben bei (streng abgeschirmten) Versuchen im Dezember 1912 stärkste Betonziele glatt durchschlagen.

Der A.P.K. erschien das M-Gerät inzwischen von so großer Wichtigkeit, daß sie, ohne die für Oktober 1913 zugesagte Fertigstellung des ersten Gerätes abzuwarten, schon im Februar 1913 ein zweites Geschütz, lieferbar im April 1914, bestellte.

Das erste M-Gerät wurde im Dezember 1913 vorgeschossen. Dabei zeigte sich eine außergewöhnlich starke Rohrabnutzung, die allen Beteiligten große Sorge bereitete. Als Ursache konnte ein Stauchen der verhältnismäßig hohen Felder ermittelt werden. Die Abnutzung ließ im Verlauf des weiteren Schießens jedoch nach und entsprach normalen Werten. Bei den ersten Schießversuchen dienten Rohrmatten auf 30 mm Blech mit Eichenholzunterklotzung als Radunterlagen. Sie ersetzte man später durch eiserne Radbettungen.

Im Februar 1914 folgten größere Fahrversuche. Sie zeigten, daß für das größte Fahrzeuggewicht von 21 t (Wiegen- und Spornfahrzeug mit Radgürteln) die vorhandenen Podeuswagen zu schwach waren. Am besten bewährten sich die Dampfpfluglokomotiven. Die freilich wollte die A.P.K. wegen der verräterischen Dampfentwicklung nicht im Felde einsetzen. Während Krupp in Zusammenarbeit mit Daimler die Entwicklung schwerer Zugkraftwagen anstrebte, verfolgte die A.P.K. den Kraftzug mit schweren Podeus-Motorpflügen weiter.

Im März 1914 konnte das M-Gerät dem Kaiser in Kummersdorf vorgeführt werden. Er brachte dem Geschütz stärkstes Interesse entgegen. Im Juni 1914 wurde für das Geschütz ein Rampenwagen bestellt, gleich-

zeitig das zweite Geschütz abgenommen. Mitten in die von der A.P.K. noch gewünschten Änderungsarbeiten platzte dann der Ausbruch des Ersten Weltkrieges.
Die erste M-Batterie (Hptm. Wesener) wurde vom 5. bis 10. August 1914 in Essen mobil gemacht. Am 10. August erfolgte der Abmarsch der Batterie. Am 12. August fiel der erste Schuß der »Dicken Berta« gegen das Fort Pontice bei Lüttich.

Die Original-Krupp-Beschreibung (M-Gerät):

Massivrohr (die späteren Rohre mit aufgeschrumpften Klauenringen und von hinten aufgesetzten Hörnern, ferner sind bei später instandgesetzten Rohren die alten Bodenstücke auf neue Vorderrohre aufgeschraubt worden).
Zugtiefe 4,2 mm, Drall 40/20, Schubkurbelverschluß, Schubkurbel als Zahnsektor ausgebildet und mit Schneckenantrieb betätigt. Wiege mit horizontalen Schildzapfen im Schwerpunkt und Schildzapfenentlastung. Oberhalb des Rohres je ein Bremszylinder und Luftvorholer. Ständiglanger Rücklauf 1500 mm. Einteilige Lafette. Zahnbogenhöhenrlchtmaschlne für schnellen und langsamen Antrieb. Radbremse: Backenbremse mit zwei durch Keile betätigten Bremshebeln, welch letztere sich von innen und außen an den Bremsreifen anlegen. Lafettenräder aus Stahl, jedes mit 4 Kugellagern. Achse mit einsteckbaren Achsverlängerungen für Zusatzvorrichtungen. Räder stehen auf eiserner Bettung, welche durch Drahtseile mit Bettungssporn verbunden ist. Lafette auf letzterem nach beiden Seiten schwenkbar um je 10° mittels langsamen und Schnelltriebs. Senkrecht stellbarer Geschoßkran. Umlegbarer Schutzschild. Zeigertrommelvisiereinrichtung mit Radstandausschaltung. Einfache Protze mit Vorrichtung für mechanischen und Pferdezug.
Leichte und schwere Radgürtel. Erhöhungsgrenzen 0°- 65°. Leistung 800/330. Schußweite 9300 m.
Munition: Lggr. L/3,6 ohne Zwischenboden mit 144 kg Sprengladung. Seit August 16: Lggr. L/3,4 mit Zwischenboden und 100 kg Sprengladung.
Seit November 16 auch kurze M-Granaten mit Haube 400/466. Hierbei Schußweite 12,25 km. Geleisebreite 2,3 m, größte Breite 2,94 m. Raddurchmesser 1600, Vorderräder 1300. Radreifenbreite 210.

Rohrgewicht	13,4 t
Rohrwagen einschl. Radgürtel	19,9 t
Rohrwagen ohne Radgürtel	17,8 t
Lafettenfahrzeug mit Protze einschl. Radgürtel	18,3 t
Lafettenfahrzeug mit Protze ohne Radgürtel	15,5 t
Spornwagenfahrzeug einschl. Radgürtel	21,0 t
Spornwagenfahrzeug ohne Radgürtel	18,1 t
Bettungswagen, beladen	17,2 t
Gerätewagen, beladen	17,6 t
Größter Achsdruck	10,6 t

Die zu Kriegsbeginn eingesetzten M-Batterien verfügten noch nicht über Bettungswagen (erst ab Anfang 1915 fertiggestellt). Die ersten beiden M-Geräte besaßen noch Lafettenräder mit Holzspeichen. Die ersten Batterien sind noch mit Dampftraktoren befördert worden. Als bester Motorpflug hat sich später der Podeustraktor bewährt.

Die Haubitze »Dicke Berta« in Aktion. (Foto: PD).

2. DIE 42 CM-MÖRSER IM ERSTEN WELTKRIEG

Ironie des Schicksals: Die Wirkung der scharf geladenen Geschosse im praktischen Beschuß konnte beim 42 cm-Kaliber nicht mehr untersucht werden. Die entsprechenden Planungen eines Wirkungsschießens im Frieden machte der Kriegsausbruch zunichte. Man hatte lediglich geschütztechnische Versuche (Haltbarkeit und Standfestigkeit des Gerätes sowie störungsfreies Arbeiten und Ineinandergreifen aller Einzelteile) und geschoßtechnische sowie ballistische Versuche mit blinden Geschossen durchführen können. Eine Antwort auf die Wirksamkeit der 42 cm-Geschosse sollte der Krieg selbst geben.

Ohne jeden Zweifel war die Wirkung jener Granaten bei Volltreffern in die älteren belgischen und nordfranzösischen Festungswerke verheerend (nicht minder die moralische Wirkung). Andererseits aber auch nicht so übertrieben sensationell, wie die Propaganda damals und die Legende sie im Nachhinein hinzustellen versuchten.

In einem »Vertraulichen Bericht« von Gustav Krupp von Bohlen und Halbach über seine »Fahrt durch das eroberte Belgien« (9. Oktober bis 10. Oktober 1914) – zusammen mit Professor Rausenberger – schreibt Krupp über seine Eindrücke im Fort »Wavre St. Cathérine« (das von der Gamma-Batterie Becker bekämpft worden war) unter anderem: »Die Verwüstungen, die die großen Geschosse hier angerichtet hatten, lassen sich kaum beschreiben, können auch nur von dem in ihrer ganzen Bedeutung erfaßt werden, der sie an Ort und Stelle selbst gesehen hat. In einem der Haupttürme mit zwei 15 cm-Kanonen war ein Geschoß durch die 30 cm starke Panzerkuppel eingeschlagen, war im Innern detoniert, hatte dadurch die verschiedenen Teile der Panzerkuppel meterweise auseinander gedrängt, die Geschütze herunter geworfen, die Betonwände zertrümmert, kurz und gut alles für ewig vernichtet. Die Spitze des Geschosses, das die Kuppel durchschlagen hatte, fanden wir in der Nähe liegen. Sie war noch so scharf, wie sie die Geschoßdreherei in Essen verlassen hatte!«

Die nachfolgenden Darstellungen stützen sich unter anderem auf die Schrift »Die ›Dicke Berta‹ und der Krieg« (1919) von Karl Justrow.

Der Waffenoffizier (zuletzt Oberst), Militärschriftsteller, Absolvent der »Militärischen Akademie«, Konstrukteur und Munitions-Referent in der Artillerie-Prüfungs-Kommission, 1914 von derselben an die Operationsabteilung des Generalstabs (Oberst Ludendorff) abgestellt, mit persönlichen Erfahrungen beim Einsatz der Gamma- und M-Geräte, kommt naturgemäß zu anderen Beurteilungen wie etwa die Firma Krupp. Verständlich, denn wohl jede Herstellerfirma läßt ihre Erzeugnisse in einem möglichst günstigen Licht erscheinen.

Karl Justrow: »Die Wirksamkeit der ›Dicke Berta‹-Geschosse war vor allem nicht phantastisch, sondern wie alles Irdische an die physikalischen Naturgesetze gebunden. Die gesamte Wirksamkeit setzt sich aus der reinen Auftreffwucht des Geschosses am Ziel und dem bei der Detonation der Sprengladung freiwerdenden Arbeitsbetrag zusammen. Die ›Dicke Berta‹ war ein durchaus normales Geschütz mit normalen Gasdrucken, Geschoßgeschwindigkeiten; die ganze Konstruktion entsprach normalen Grundsätzen wie bei jedem anderen Steilfeuergeschütz, nur die Gewichte waren ins Ungewöhnliche gesteigert und bedingten besondere Maßnahmen bei der Fabrikation und eine Unterteilung in viele Einzellasten, um sie an ihren Verwendungsort zu bringen.«

Unter günstigsten Voraussetzungen, also bei steilem Auftreffwinkel, drang die 42 cm-Granate mit ihrer harten und massiven Stahlspitze etwa einen Meter tief in eisenarmierten Beton ein und brach nach dem Krepieren den Beton von innen heraus auf. Bei freitragenden Betondecken mit großem Stützabstand wirkte das Geschoß mehr durchbiegend und brechend. Beim Detonieren schon an der Oberfläche (infolge Zünderfehler) war die Wirkung gleich Null; die ganze Energie der Sprenggase verpuffte in der Luft. Auch der Einschlag in starke Erdvorlagen setzte die Wirkung herab, weil es oft nur zu einem Hin- und Herwälzen der Erdmassen kam. Bei schrägem oder seitlichem

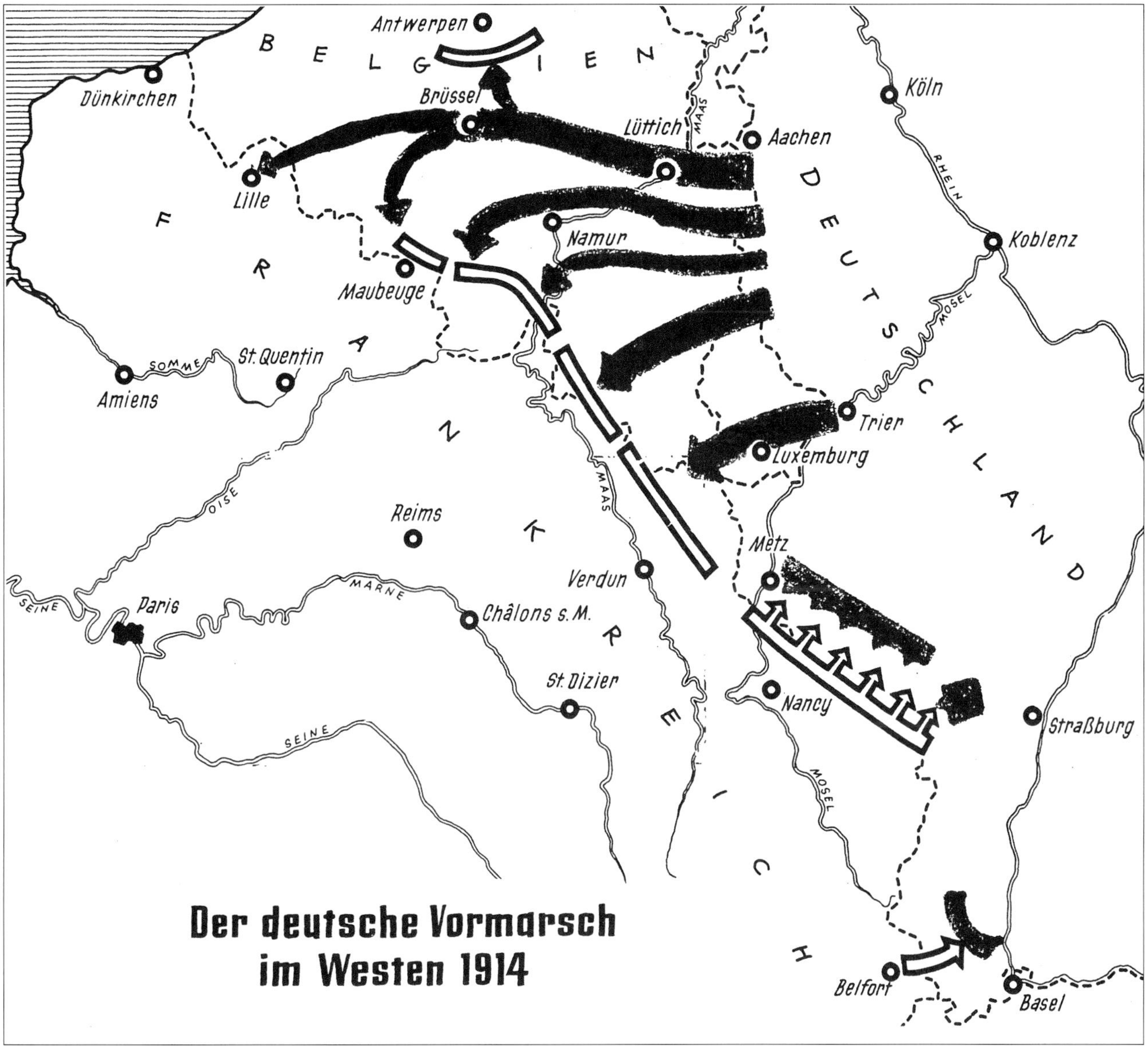

Der deutsche Vormarsch im Westen 1914

Auftreffen auf gehärtete dicke Panzerkuppeln gingen die 42 cm-Geschosse meist zu Bruch. Der Sprengstoff streute heraus und blieb damit völlig wirkungslos.

Zum Ruhmesgesang auf die »Dicke Berta« und zur Legendenbildung ist es vor allem durch die beeindruckenden Anfangserfolge gekommen. In den ersten Kriegsmonaten zertrümmerten die Geschosse die Aufbauten der Forts restlos. Die älteren Ziegelstein-Festungen wurden glatt durchschlagen. Nicht zu unterschätzen schließlich die physische und psychische Wirkung beim überraschenden Angriff auf Lüttich. Justrow: »Die fahrbare Batterie ›Erdmann-Wesener‹ hat bereits an den Kämpfen um die Forts von Lüttich im August 1914 teilgenommen und bis zum 6. Oktober zehn Forts niedergekämpft. Sie ist überall zur rechten Zeit gekommen und hat den Ruhm der ›Dicken Berta‹ so eigentlich begründet. Nach einem glücklichen Treffer in das Munitionslager flog sogar das ganze Fort Loncin auf einmal in die Luft.« In der Heimat jubelten die Zeitungen: »Der Ruhm der im

Ein seltenes Fotodokument: Gamma-Batterie Hauptmann Becker 1914 in Belgien. Aufgenommen von Gustav Krupp von Bohlen und Halbach.

Der Transport schwerer Geschütze bereitete oft Schwierigkeiten. Hier der Bau eines Bohlen-Unterbaus zur Aufnahme eines Feldbahngleises.

Frieden in aller Stille entwickelten deutschen 42 cm-Mörser erfüllt plötzlich die ganze Welt!«
Was die Presse verschwieg: »Gegen alle neuzeitlich und tief versenkt angelegten Betonräume, insonderheit gegen die Außenwerke der Festung Verdun, hat sich auch das 42 cm-Kaliber als machtlos erwiesen« (Justrow).
Die Tätigkeit des schweren Steilfeuers in der ersten Phase des Krieges läßt sich so charakterisieren: Mit den M-Geräten konnten die belgischen Festungssysteme aufgebrochen werden. Wo es auf rasches Zuschlagen weniger ankam, konnten die Gamma-Geräte ihre Wirksamkeit entfalten. Um den Wirkungen des schwersten Steilfeuers zu entgehen, verlegte der Gegner seine Verteidigung befestigter Stellungen mehr und mehr aus den Forts heraus in das Zwischengelände. Mit dem Erstarren der Fronten und Übergang zum Stellungskrieg in Schützengräben verloren die deutschen Mörser ihre »lohnendsten« Ziele.
Der dichte Geheimnisschleier, der die 42 cm-Geschütze von Anfang an umgab, mag vor Kriegsbeginn ein Vorteil gewesen sein, später erwies sich die »übertriebene Geheimniskrämerei« (Justrow) als nachteilig im Rahmen des taktischen und operativen Einsatzes. Justrow: »Alle Befehlsstellen, denen das 42 cm-Geschütz im Felde zur Durchführung ihrer operativen Aufgaben zugeteilt wurde, einschließlich der artilleristischen Kommandostellen, hatten (zunächst) keine Ahnung von der Verwendung und Wirkungsmöglichkeit, ja oftmals nicht einmal eine Ahnung von seinem Vorhandensein.« In Verkennung des zweckmäßigsten Einsatzes des schwersten Kalibers forderten andererseits höhere Kommandostellen wiederholt 42 cm-Batterien an – für die Bekämpfung von Schützengräben und leichten Unterständen! Wertvolle Munition wurde so buchstäblich verschleudert. Justrow: »Die waren dann maßlos enttäuscht, wenn die ›Dicken Bertas‹ ihre unrealistischen Erwartungen nicht erfüllen konnten.«
Zu den Einsätzen der Gamma- und M-Batterien im einzelnen. Die beiden Gamma-Batterien Becker und Solf, je eine eingesetzt auf dem rechten und linken

Anfangserfolge der »Dicken Berta«: Belgisches Fort nach Beschuß mit 42 cm-Granaten.

Flügel der Heeresfront in Belgien bzw. Lothringen, machten sich einen Namen durch ihre Anfangserfolge. Hauptsächlich an der Einnahme des starken Sperrforts Manonvillers war das Gamma-Gerät maßgeblich beteiligt (158 Schuß in eineinhalb Tagen). Gegen den Viadukt von Dammerkirch hat eine Gamma-Batterie mit gutem Erfolg geschossen. Auch im Osten konnten Gamma-Batterien erfolgreich gegen Ossowiez und Kowno eingesetzt werden.
Mit Fortschreiten des Krieges verloren zuerst die Gamma-Geräte ganz erheblich an Bedeutung. Vereinzelt noch gegen Dörfer und sogar Brücken wirkend, verharrten sie später meist in Untätigkeit. Aus gutem Grund. Bei plötzlichen Vorstößen des Gegners wäre das schwerfällige Geschütz unweigerlich in dessen Hände gefallen. Außerdem konnte der Feind, der die Schußweiten seines schweren Flachbahnfeuers entscheidend gesteigert hatte, die deutschen Geschütze immer häufiger fassen.
Weitere Nachteile: Bei felsigem Boden erforderte der

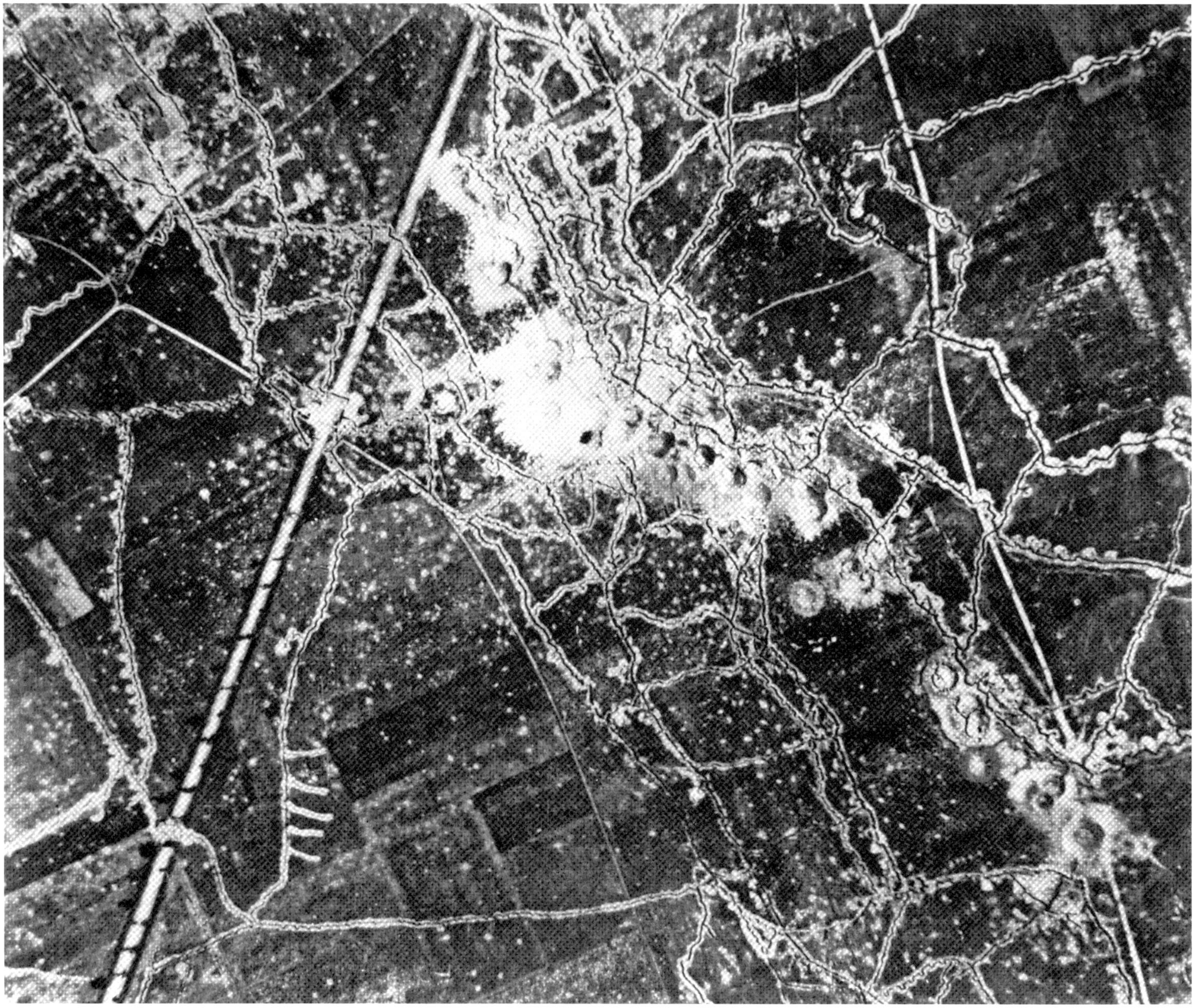

Luftaufnahme aus dem Jahr 1915: Deutsches Stellungssystem nach feindlichem Artilleriebeschuß.

Aushub der Bettungsgrube langwierige Sprengarbeiten, bei sumpfigem Gelände versackte das Gerät oder veränderte nach jedem Schuß seine Lage. Der Schwenkungsbereich auf der Bettung betrug nur 45 Grad. Bei jedem Zielwechsel außerhalb dieses Bereiches mußten deshalb zeitraubende Aus- und Einbauten vorgenommen werden, nicht selten erstreckten sich diese über mehrere Tage.

Günstiger sah es noch eine Zeitlang beim beweglichen M-Gerät aus. Zwar betrug der Seitenrichtbereich nur 20 Grad, aber das Geschütz konnte in einigermaßen festem Gelände schnell in Stellung gebracht werden. Ein Stellungswechsel erforderte nur wenige Stunden. In der zweiten Hälfte des Krieges »erfanden« die Zeitungen daheim Wunderdinge über die »Dicken Bertas« – in Ermangelung tatsächlicher Erfolgsmeldun-

Gegnerische Artilleriestellung an der Somme 1916 (englische 20,3 cm-Haubitzen).

gen. Beispielsweise, daß die Bedienungsmannschaften weit zurückgefahren würden, um nicht von dem gewaltigen Knall und Luftdruck erdrückt zu werden. Justrow: »Wir standen beim Abschuß ganz ruhig auf der rings um das Geschütz für die Bedienung errichteten Plattform und hatten nichts weiter als einen Wattepropfen im Ohr. Hätten wir bei jedem Schuß das Weite gesucht, dann hätten wir schwerlich eine Feuergeschwindigkeit von oft nur drei Minuten je Schuß und Geschütz erreichen können.«

Das änderte sich freilich ab 1916, als die Geschoß-Friedensbestände verschossen waren und einige der kriegsmäßig gefertigten Granaten im Rohr krepierten. Jetzt löste man den Schuß per langer Abschußleine aus sicherer Deckung (vielleicht führte dieser Umstand zu einer Fehlinterpretation der Kriegsberichterstatter). Für Gamma- und M-Gerät gleichermaßen galt im Hinblick auf die Treffleistung: Die Geschoßstreuungen erwiesen sich wegen der relativ geringen Ladungs-, Geschwindigkeits- und Erhöhungsunterschiede auf allen Entfernungen als ziemlich gleichmäßig.

Zu Kriegsbeginn existierten fünf komplette Gamma-Geräte sowie ein Vorratsrohr mit Wiege. Insgesamt hat Krupp zehn Geschütze dieses Typs gefertigt. Von den M-Geräten standen zu Kriegsbeginn zwei zur Verfügung plus zwei Rohre und zwei Wiegen. Insgesamt wurden 12 M-Geräte hergestellt. Bei Kriegsende zerstörten die Deutschen alle noch vorhandenen 42 cm-Geräte.

Die Entwicklung der deutschen schwersten Steilfeuergeschütze lieferte den Franzosen das Argument,

Artilleriespuren: »Mondlandschaft« in Flandern 1917.

Deutschland habe gezielt auf einen Angriffskrieg hingearbeitet, schließlich seien jene Geschütze ausgesprochene Angriffswaffen. So ist es verständlich, daß der Vertrag von Versailles den Deutschen die schwere und schwerste Artillerie nahm (mit Ausnahme einiger Festungsgeschütze im Kaliber 15 und 21 cm). Aber die Geschichte des schwersten Steilfeuers sollte noch nicht zu Ende sein. Im Gegenteil.

Im Ersten Weltkrieg ging der Beton als Sieger aus dem Wettstreit gegen Geschoß/Geschütz hervor, genauer: Sieger blieb die tief in die Erde versenkte Betonkasematte. Justrow: »Für die ständig an ihren Ort gefesselten Betonbauten gibt es außer den Kosten kaum eine Beschränkung für ihre laufende Verstärkung; für die Vergrößerung des transportierbar und handhabungssicher bleibenden Geschützes ist dagegen bald eine äußerste Grenze erreicht, die im Ersten Weltkrieg das 42 cm-Kaliber nicht überschritten hat.« Das Überschreiten jenes Kalibers sollte den Waffenschmieden auf Geheiß Hitlers Vorbehalten bleiben.

Zwar wußte der Experte Karl Justrow schon 1930: »Es bleiben... nur das Flugzeug und die Rakete, um die artilleristischen Errungenschaften des Ersten Weltkrieges wesentlich zu überbieten«, und die Ereignisse in dem so bald folgenden Krieg Nummer Zwei bestätigten die Aussage, aber dennoch kam es zu einer Neuauflage des unseligen Duells Beton gegen Geschoß bzw. Geschoß gegen Beton.

Die Fronten erstarren im Grabenkrieg.

Panzerfort Douaumont vor, während und nach der Schlacht von Verdun.

42-cm-Mörsergeschoss der »Dicken Berta«. (Foto: Boksi, CC-BY-SA-3.0).

III. 60-cm-Mörser »Karl«

1. VORGESCHICHTE

Die Maginotlinie ist oft als Milliarden-Symbol französischer Defensivstrategie apostrophiert worden. Jener Wall aus Beton und Stahl stellt den Höhepunkt französischer Festungsbau- Aktivitäten dar.
Mit Hilfe des Versailler Vertrages glaubten die Franzosen, Deutschland ein für allemal in Schach halten zu können. Als das Wiedererstarken des östlichen Nachbarn unübersehbar wurde, das Mißtrauen in Frankreich wuchs, erhielt Kriegsminister André Maginot schließlich am 4. Januar 1930 die Bewilligung für den Bau der Verteidigungslinie, die später seinen Namen tragen und zum Inbegriff einer in Beton erstarrten Grenze und eines folgenschweren Irrtums gleichermaßen werden sollte.
Der amerikanische Atomphysiker und Verteidigungsexperte Edward Teller im Jahr 1980: »Die Maginotlinie an sich war kein Fehler – falsch war nur, daß man sich allein auf sie verließ.« Und ein französischer Historiker: »Unsere Militärs wollten den Krieg von 1940 wieder da anfangen, wo sie 1918 aufgehört hatten. Dazu noch mit denselben Generälen, denselben Geschützen und vor allem denselben Ideen, die sie 20 Jahre zuvor auch schon hatten.«
Die Grundidee der auch in Frankreich sehr umstrittenen Anlage sah vor, einen Angreifer aus dem Osten mittels einer kombinierten Artillerie- und Infanteriewerk-Kette zunächst zum Stehen zu bringen, um ihn dann, unterstützt von Artillerie, mit Infanterievorstößen zurückzuwerfen. Deshalb ließ man – mit Ausnahme des Rheinufers – zur Durchführung ungehinderter Gegenstöße zwischen Grenze und Verteidigungswerken einen durchschnittlich neun bis zwölf Kilometer breiten Streifen als Vorfeld unbefestigt. Die Stoßtruppen wollte man im Kriegsfall zusammenziehen und zunächst in Infanterieblocks in Stellung gehen lassen.
Im Hinblick auf die unterschiedlichen geographischen Verhältnisse sowie die möglichen Einfalls-Abschnitte wurde die Maginotlinie (von Basel bis Sedan) unterschiedlich stark ausgebaut. Während die Rheinseite relativ schwache Anlagen aufwies – der Fluß selbst stellte ja ein natürliches Hindernis dar – fanden sich die schwer befestigten Sektionen beiderseits des Moseltals. Hier waren allein elf von insgesamt 22 Hauptwerken massiert.
Minister Maginot veranlaßte die für den Bau Verantwortlichen, größte Sorgfalt der Betonbeschaffenheit zu widmen, eingedenk der bitteren Erfahrungen aus dem Ersten Weltkrieg. Beim Verwenden bester Betonqualität hielt man für die Werke eine Deckenstärke von 3,50 Meter und eine Wandstärke von einem Meter für ausreichend. Panzerkuppeln und stählerne Beobachtungsstände erhielten bis zu 30 Zentimeter starke Wandungen.
Die NS-Propaganda hat die Maginotlinie als »unsichtbare chinesische Mauer«, auch als »unterirdische Stadt des Krieges« bezeichnet. Tatsächlich verliefen die Verbindungsstollen und Schächte nicht selten 40 Meter tief unter der Erdoberfläche, reichten die mehrstöckigen Hauptwerke in Einzelfällen bis fast 100 Meter tief in die Erde. Die unterirdischen Blocks, Stollen, Kasematten, Magazine, Unterkunftsräume und Kommandozentralen besaßen eigene Stromerzeugungszentren, um für längere Zeit autark sein zu können. Die eingelagerten Munitionsbestände, Lebensmittel und andere Versorgungsgüter beliefen sich auf mindestens drei Monate »Leben in Beton«.

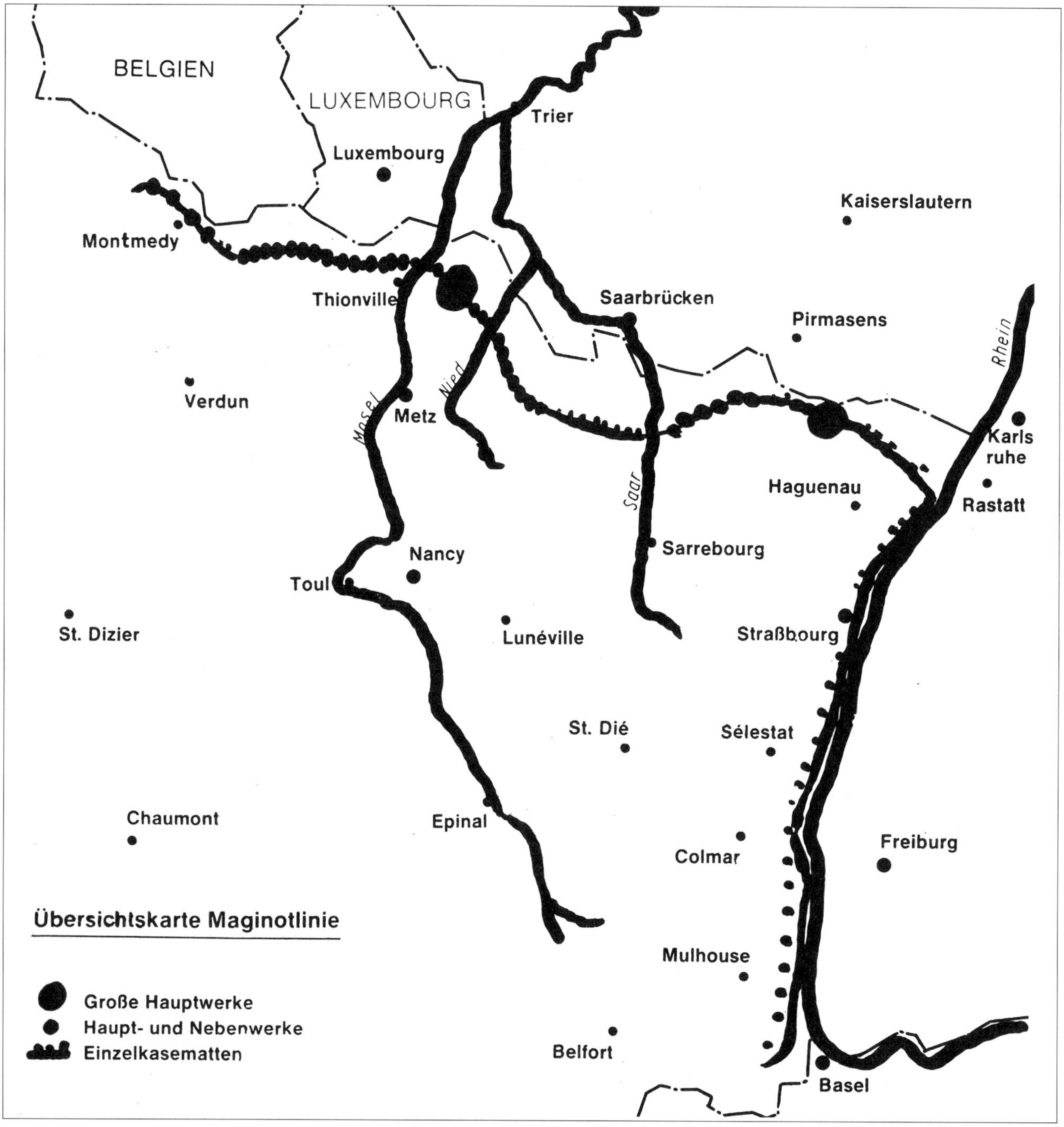

Die bis zu 280 Tonnen schweren Panzertürme, die Kampfstände mit Geschützen, Schnellfeuerkanonen und Granatwerfern hoben sich kaum aus dem Gelände ab, kündeten indes von einem »Wunderwerk der Militärtechnik«. Das hat den Franzosen immerhin rund acht Milliarden Franc gekostet.

1935 hatten die Franzosen ihren Damm gegen eine mögliche deutsche Flut im wesentlichen fertiggestellt. Im selben Jahr wurde das »Gesetz über den Aufbau der deutschen Wehrmacht« verkündet. Nach militärischer Auffassung sollte die Aufrüstung nur einen defensiven Charakter tragen, und führende militärische Persönlichkeiten, vornehmlich der damalige Oberbefehlshaber des Heeres und Chef des Generalstabes,

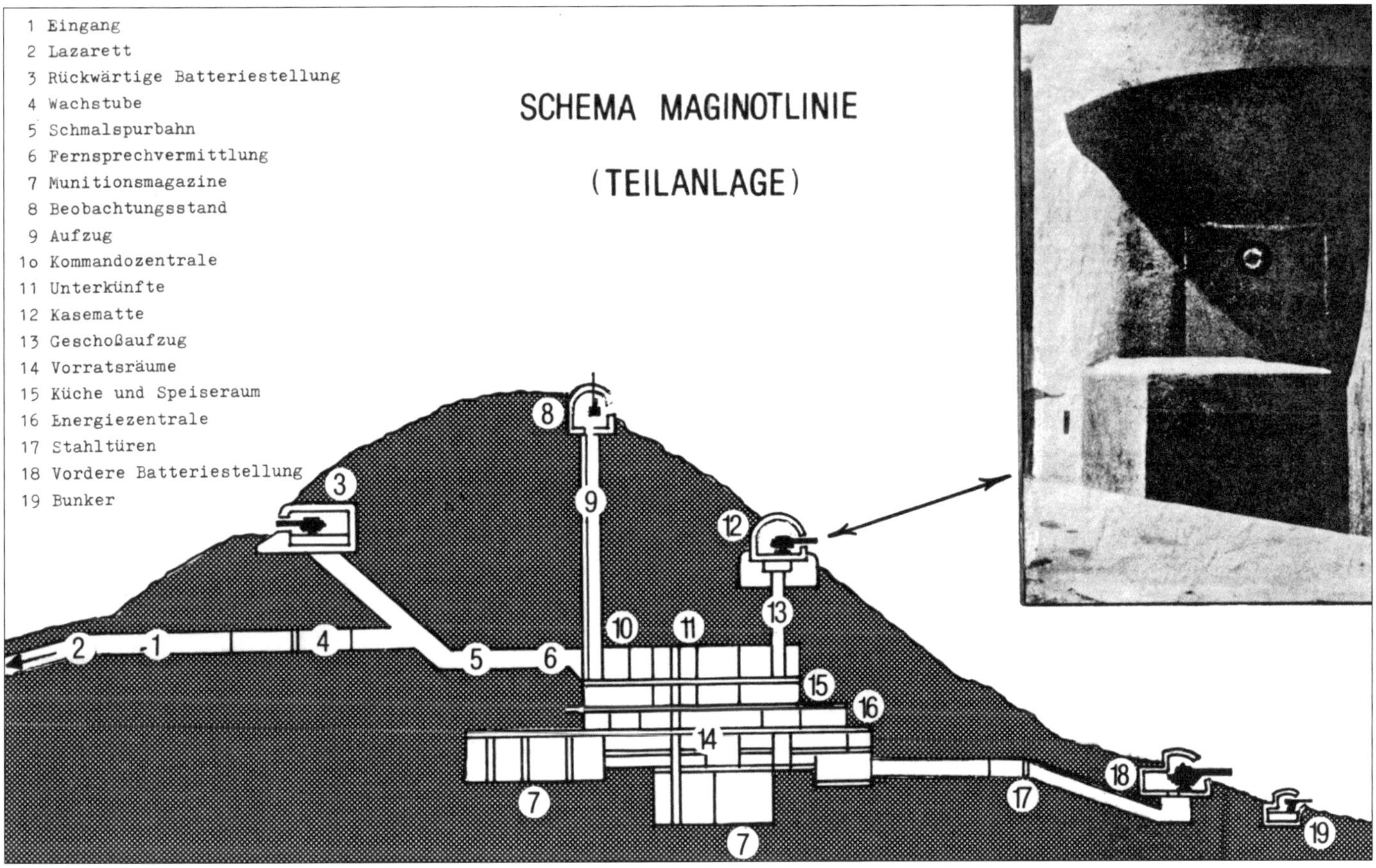

Das ursprüngliche Ziel für »Karl«: Die Maginotlinie.

General Beck, wiesen wiederholt darauf hin, daß aus militärischen, politischen und wirtschaftlichen Gründen die Rüstung im defensiven Rahmen bleiben müsse. Doch Hitler hatte gegenteilige Pläne, die er anfangs nur versteckt andeutete, danach Zug um Zug zu erkenen gab. Hitler, insgeheimer »Chef der Rüstung«, bestimmte letztlich über Richtung und Umfang der Waffenproduktion, beurteilte sie nach seinen Kriegszielen und unter Berücksichtigung der Bewaffnung künftiger Kriegsgegner. Nach dem Urteil seines späteren Rüstungsministers, Albert Speer, schloß Hitlers waffentechnisches Denken in vielen Bereichen mit dem Stand des Ersten Weltkrieges ab.

So ist es eigentlich nur folgerichtig, daß ihm angesichts der Maginotlinie, diese »ungeheure Provokation«, nur wieder das alte Duell Geschütz gegen Beton einfiel. Nach allgemeiner Lesart begann das Heereswaffenamt 1937 mit Überlegungen, wie die Befestigungsanlagen am wirksamsten und mit welchen Mitteln niederzukämpfen seien. Das Ergebnis waren bekanntlich die Aufträge an Krupp und Rheinmetall-Borsig, Geschütze mit bis dahin nicht erreichter Zerstörungskraft zu entwickeln.

In Wirklichkeit reicht die unmittelbare Vorgeschichte dieser Waffen drei bis vier Jahre weiter zurück. Schon damals konnte eine geschäftstüchtige Rüstungsindustrie aus Äußerungen Hitlers unschwer erkennen, was auf dem Waffensektor im einzelnen reale Chancen haben dürfte. Davon ausgehend, daß mit den damals vorhandenen Waffen die modernen und überaus stark ausgebauten Festungswerke nicht bezwungen werden können, hatte beispielsweise Rheinmetall-Borsig schon 1934/35 Vorstellungen über einen überschweren Minenwerfer entwickelt und entsprechende Entwürfe Anfang 1936 dem Heereswaffenamt vorgelegt. Selbstverständlich gab es dort Köpfe, die darin einen

Schwerer Minenwerfer aus dem Ersten Weltkrieg.

Rückschritt sahen, die über den Tellerrand der Heereswaffen zu blicken vermochten und zum Beispiel im Stuka den künftigen Betonknacker vermuteten. Auf der anderen Seite wußte man dort aber auch nur zu gut, wie Hitler speziell über Geschütze dachte. Schließlich war es der Chef des Heereswaffenamtes, General der Artillerie Professor Dr.-Ing. Karl Becker, der die Idee aufgriff und die Entwicklung bis zum schwersten Steilfeuergeschütz der Welt zu einer quasi persönlichen Angelegenheit machte. Als Batterieführer im Ersten Weltkrieg (Gamma-Gerät) war er für diesen Geschütztyp natürlich in besonderer Weise eingenommen.

Mit der Fertigung des schwersten Steilfeuergeschützes trat Rheinmetall-Borsig ein in den »Dicke-Brummer-Club«, bis dahin eine Domäne von Krupp. Die 1889 in Düsseldorf gegründete Firma »Rheinische Metallwaren- und Maschinenfabrik« fertigte anfangs Infanteriemunition und spezialisierte sich danach auf die Herstellung von nahtlosen Rohren und Artilleriegeschossen. Das Produktionsprogramm wurde ständig erweitert, die Zahl der Mitarbeiter wuchs von 8000 (1914) auf 48000 (1918). Bis 1918 lieferte die Firma: Feldkanonen, Feldhaubitzen, Gebirgsgeschütze, Flak-Geschütze, Belagerungs- und Küstengeschütze, Mörser, Minenwerfer, Infanteriegeschütze, Tankabwehrgeschütze, Granat- und Gaswerfer, Flugzeug- und Luftschiffkanonen, Bord- und Landungsgeschütze, Marinegeschütze, Gewehre, Maschinengewehre, Munition und Zünder, Fliegerbomben sowie Panzerfahrzeuge verschiedener Typen.

1926, nach Wiederaufnahme der Waffenherstellung für die Reichswehr, durfte Rheinmetall als einzige Firma in Deutschland im Rahmen des Versailler Vertrages Geschütze bis 17 cm-Kaliber bauen.

Nach Erwerb der Berliner Firma A. Borsig (1933) und Verschmelzung beider Firmen zur Rheinmetall-Borsig AG sowie der Errichtung mehrerer Werke unter anderem in Berlin und Breslau, umfaßte das Entwicklungs- und Fertigungsprogramm auf dem Waffensektor bis 1945: Pistolen, Gewehre, Maschinengewehre, Maschinenkanonen, automatische Kanonen, Haubitzen, Mörser, Flak-, Feld-, Schiffs- und U-Boot-Geschütze einschließlich der Lafettierungen und der dazugehörigen Munition, ferner Panzer, Raketen (»Rheintochter«, »Rheinbote«) und Teile für die Flugzeugindus-

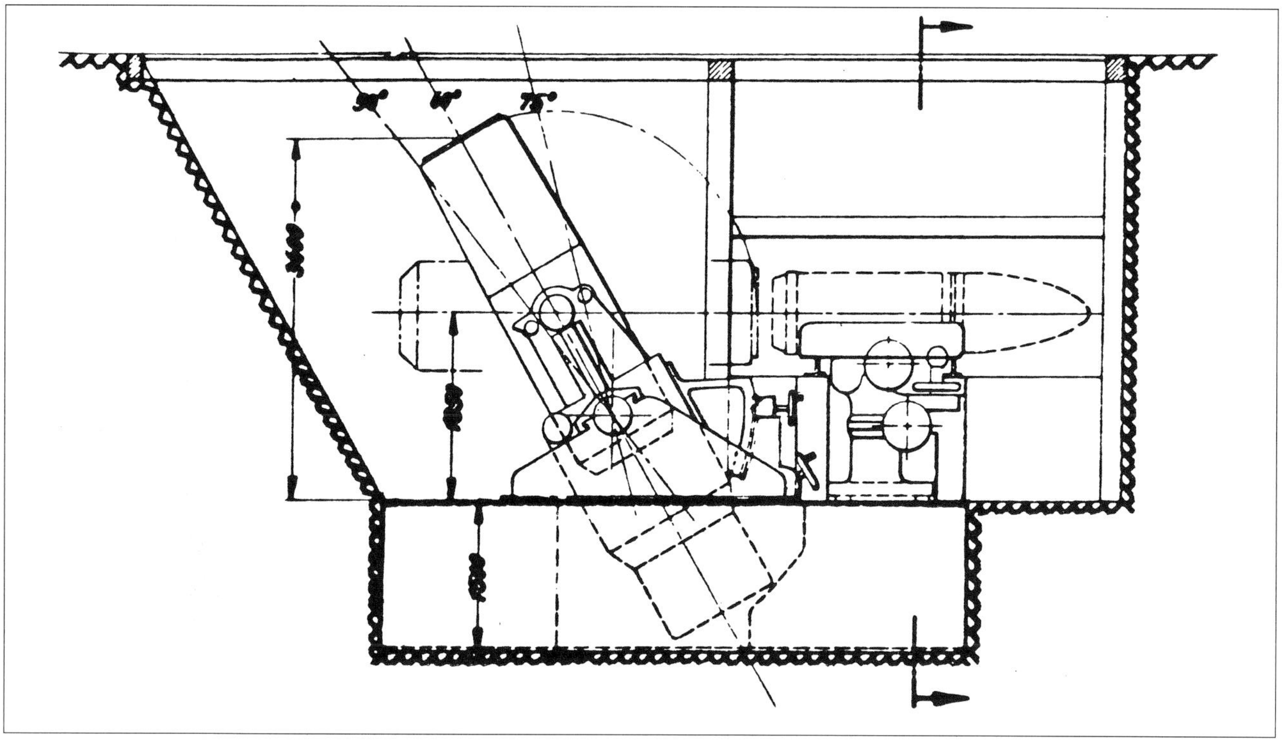

Entwurf eines überschweren Minenwerfers von 1936.

trie. Bei Kriegsende hatte das Unternehmen 80000 Beschäftigte.

2. ENTWICKLUNG UND FERTIGUNG

Der 1936 dem Heereswaffenamt vorgelegte Entwurf des überschweren Minenwerfers (Bettungsgeschütz) war als Vorderlader (!) konzipiert, wobei die Geschosse durch ihr Eigengewicht in das Rohr hineingleiten sollten. Ausgehend von einem Geschoßkaliber von 60 Zentimetern ergaben sich folgende ungefähre Werte:

a) Geschoßgewicht 4000 kg, V_0 100 m/s, größte Schußweite 1000 m;
b) Geschoßgewicht 2000 kg, V_0 140 m/s, größte Schußweite 2000 m.

Für das Instellunggehen des Gerätes sah die Firma drei Möglichkeiten vor: 1. das Anbringen von Raupenketten; 2. das Anbringen von Rollen; 3. das Zerlegen des Gerätes in Einzellasten auf kleine Raupenfahrzeuge. Vom Prinzip her zeigte sich das Waffenamt sehr interessiert, zumal der Schwerpunkt auf der »Wirkung gegen Betonziele« lag. Allerdings erschien den Artillerie-Offizieren im Waffenamt die Schußweite als viel zu gering.

Im Oktober 1936 erhielt Rheinmetall-Borsig den Auftrag für die konstruktive Untersuchung mit folgenden Richtlinien-Daten:

a) Schußweite mindestens 3000 m.
b) Feldmäßiger Einsatz innerhalb von sechs Stunden, deshalb möglichst geringes Gerätegewicht.
c) Geschoßgewicht von 2000 kg mit möglichst großer Sprengladung (ca. 40-50 % des Gesamt-Geschoßgewichts).
d) Transport des Gerätes in Einzellasten auf Gleiskettenfahrzeugen mit Eigenantrieb. Gesondertes Fahrzeug mit Hebezeug für den Zusammenbau.
e) Geschützrohr als Vorderlader, Höhenrichtfeld in der oberen Winkelgruppe (über 45°).

Unter Beachtung der Richtlinien sowie als Ergebnis verschiedener (geheimer) Besprechungen zwischen Vertretern des Waffenamtes und dem Projekt-Ingenieur-Team von Rheinmetall-Borsig legte die Firma im

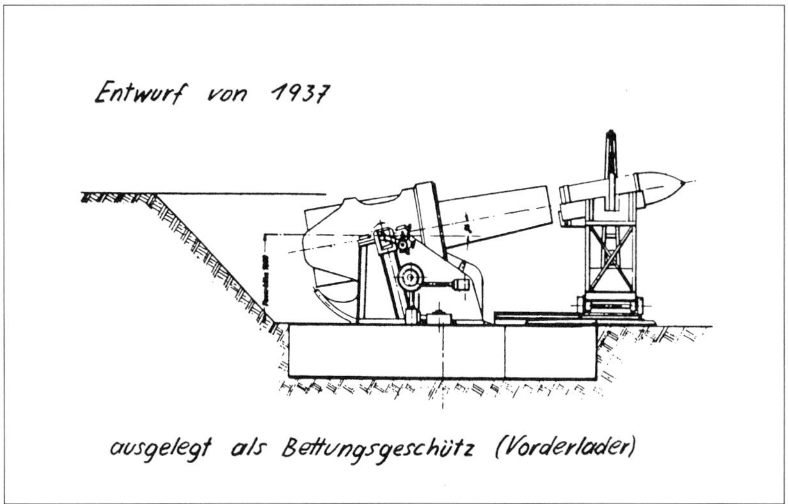

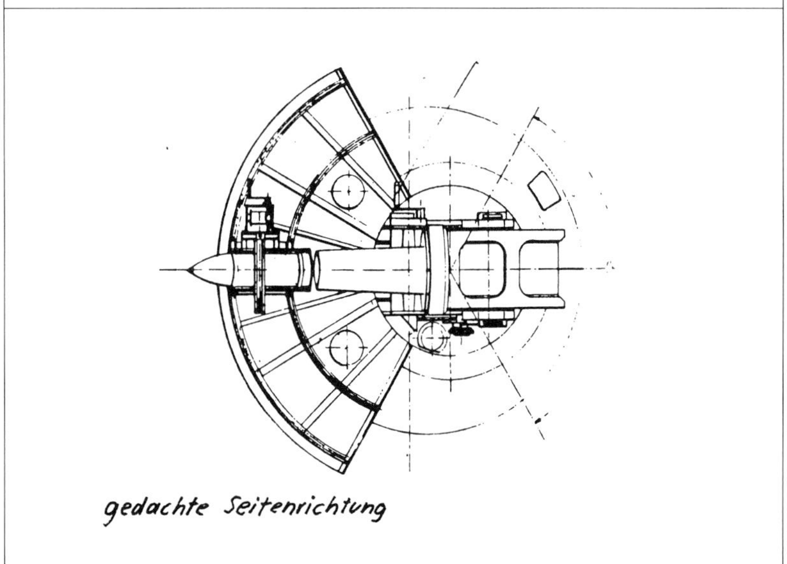

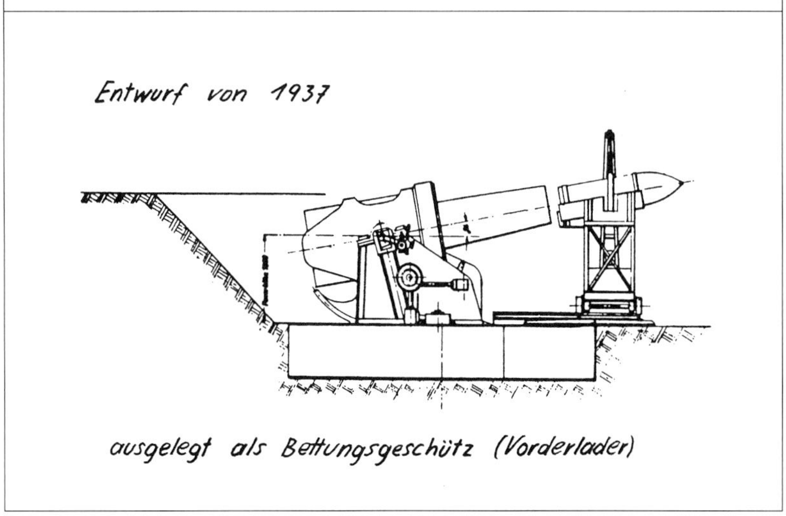

Januar 1937 die Entwürfe mit den Hauptdaten vor:

Kaliber	**60 cm**
Geschoßgewicht	**2000 kg**
V_0	**200 m/s**
Schußweite	**3000 m**
Feuerhöhe	**1600 mm**
Höhenrichtfeld	**125°**
Höhenschußfeld	**obere Winkelgruppe**
Seitenrichtfeld	**120°**
Geschützgewicht	**ca. 55 t**

Eingedenk der schlechten Erfahrungen mit Bettungsgeschützen im Ersten Weltkrieg ist es verwunderlich, daß man seitens des Waffenamtes keine Einwände gegen die Auslegung des Geschützes als solches machte. Unverständlich auch die geringe Schußweite von nur 3000 Metern.
Als unrealistisch erachteten die Ingenieure die militärische Forderung, den Aufbau des Gerätes in der Feuerstellung innerhalb von sechs Stunden bewerkstelligen zu wollen. Diese Zeitspanne reichte angesichts der sechs bis sieben Einzellasten von je acht bis neun Tonnen bei weitem nicht aus.
Von Firmenseite schlug man deshalb vor, das Geschütz auf eine Selbstfahrlafette zu setzen, wobei diese in der Feuerstellung um die Bodenfreiheit abgesenkt werden und so die Geschützbettung bilden sollte. Ein Lafettenrücklauf sollte die beim Schießen auftretenden Rückstoßkräfte erheblich verringern und ein Sporn schließlich die restliche Horizontalkraft aufneh-

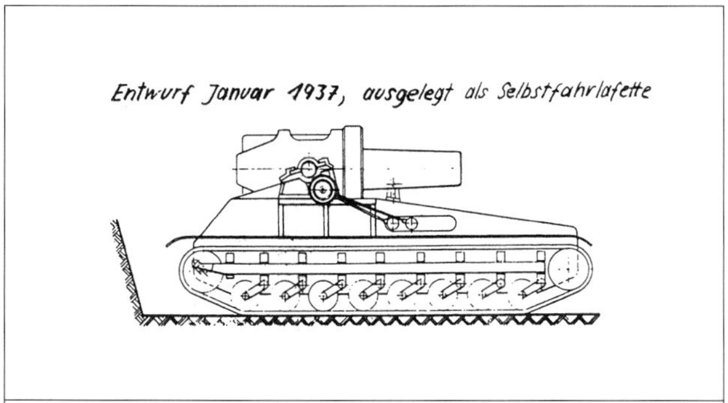

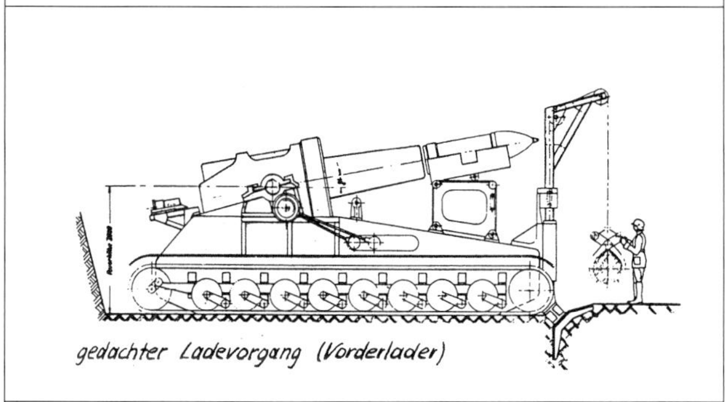

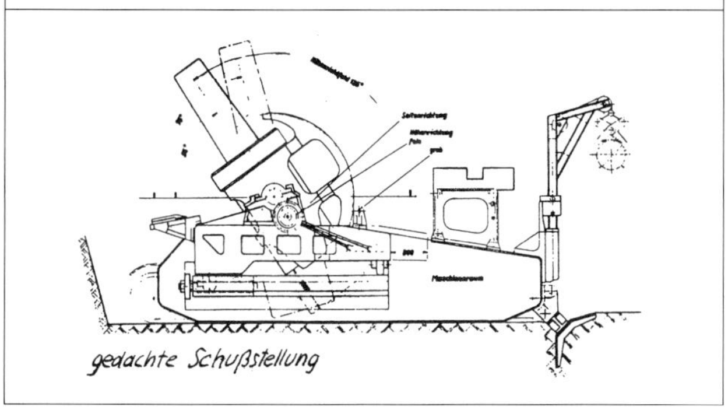

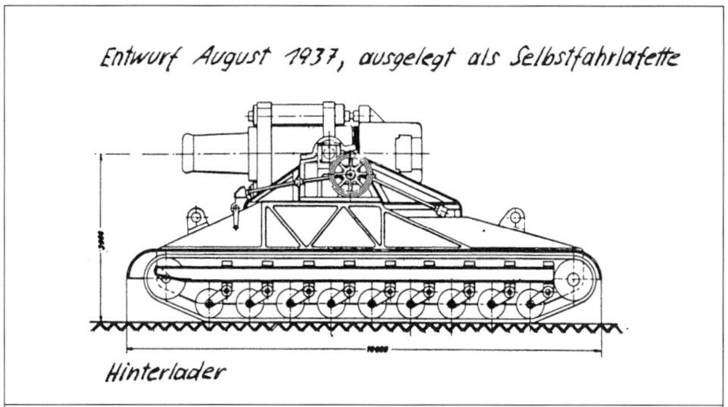

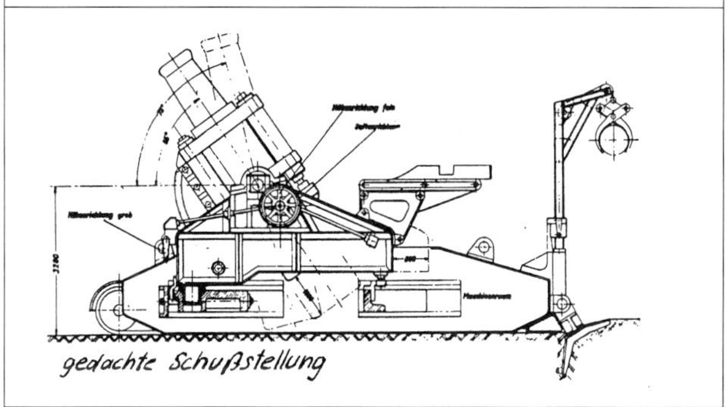

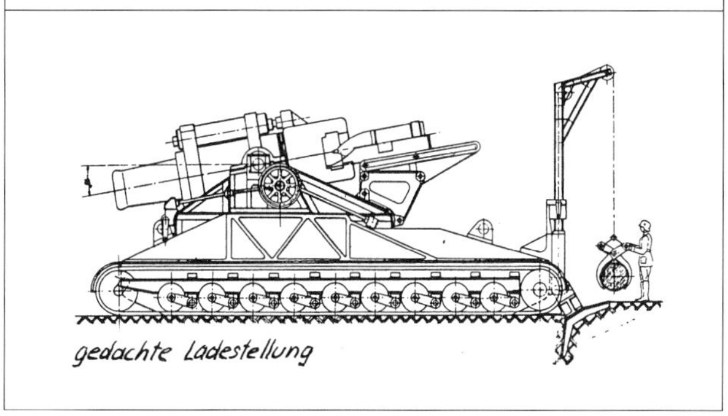

men. Gegenüber dem Bettungsgeschütz veränderten sich die Feuerhöhe von 1600 auf 2600 Millimeter, das Seitenrichtfeld von 120 auf etwa fünf Grad und das Gesamtgewicht von ca. 55 auf rund 70 Tonnen.

Abgesehen von der eingeschränkten Seitenrichtmöglichkeit überwogen die Vorteile des Geschützes auf Selbstfahrlafette klar:

- Wegfall der Ausschachtungsarbeiten für die Bettungsgrube und Wegfall der betreffenden Verlastungsfahrzeuge;
- schnellere Feuerbereitschaft (im Unterschied zu den geforderten sechs Stunden nur noch 30 Minuten);
- Möglichkeit des raschen Stellungswechsels infolge Wegfall langwieriger Montagearbeiten.

Diese eindeutigen Vorteile veranlaßten die Verantwortlichen im Waffenamt, die Entwicklung des Gerätes als Selbstfahrlafette (Februar 1937) in Angriff zu nehmen.

Die konstruktiven Untersuchungen führten im August 1937 zu einem Projekt, das in seiner Grundkonzeption dem später verwirklichten entsprach; etwa Abkehr vom Vorderlader und Steigerung der Schußweite auf nunmehr 4000 Meter. Die Fahrtrichtung wurde entgegengesetzt zur Schußrichtung festgelegt. Das Geschütz sollte also rückwärts in die Feuerstellung fahren, um im Falle gegnerischen Artilleriebeschusses dieselbe auf schnellstem Wege verlassen zu können.

Die neuen Hauptdaten:

Kaliber	60 cm
Geschoßgewicht	2000 kg +- 10%
Sprengladung	ca. 350 kg
V_0	243 m/s
Schußweite	4000 m
Feuerhöhe	3200 mm
Höhenrichtfeld	- 10° bis + 75°
Höhenschußfeld	55° bis 75°
Seitenrichtfeld	ca. 5°
Geschützgewicht	64000 kg
Fahrzeuggewicht	32500 kg
Gesamtgewicht	97000 kg

Es trifft also nicht zu, wie immer wieder zu lesen, daß das Heereswaffenamt erst im Jahr 1937 – und noch dazu von sich aus – an die Industrie mit der Forderung herantrat, ein überschweres Steilfeuergeschütz zur Bekämpfung starker Panzerwerke zu entwickeln. Zwar existierten zu diesem Zeitpunkt »nur« Reißbrett-Entwürfe, Berechnungen und Beschreibungen, aber diese wichtigen gedanklichen und konstruktiven Vorarbeiten gingen letztlich auf Firmeninitiative zurück. Richtig ist indes, daß ab 1937 die weitere Entwicklung des 60 cm-Mörsers sowie seine Fertigung untrennbar mit dem Chef des Heereswaffenamtes, General Karl Becker, verbunden ist. Ihm zu Ehren erhielt das Geschütz dessen Namen Karl als Gerätebezeichnung.
Am 9. März 1938 wurden in einer geheimen Mammutbesprechung der beteiligten Artillerieoffiziere und Ballistiker sowie Techniker des Waffenamtes unter Leitung von General Becker mit dem Ingenieur-Team der Herstellerfirma die Weichen auf dem Weg zum endgültigen Mörser »Karl« gestellt. Im Rahmen dieser Besprechung gaben die Firmenvertreter anhand der ausgearbeiteten Entwürfe einen Überblick über den Entwicklungsstand im allgemeinen sowie über den konstruktiven Aufbau des Geschützes im besonderen. Alle Pläne der Firma wurden nach teilweise heftigen Diskussionen genehmigt. Überdies bestimmte General Becker, insgesamt sechs Geräte zu fertigen, weil nach seiner Ansicht aus taktischen Gründen gegen zu bekämpfende Panzerwerke mehrere Geschütze gleichzeitig angesetzt werden müßten. Auch mit dem Firmenvorschlag, für die umfangreichen Schießversuche eine besondere Anschießlafette zu bauen, erklärte er sich einverstanden. Damit wollte man schon vor der Fertigstellung des ersten Einsatzgerätes unter anderem die Munition erproben. Nach Weisung General Beckers sollte die Anschießlafette am 1. März 1939 auf einem Betonfundament auf dem Versuchsschießplatz des Waffenamtes in Hillersleben feuerbereit sein. Diese Forderung konnte Rheinmetall-Borsig mit nur dreimonatiger Verspätung erfüllen.
Zur endgültigen Bestimmung des Kalibers, der Inneneinrichtung des Rohres und der endgültigen Geschoßform erging der Auftrag für drei Modellrohre (Kaliber 21 cm) und ein Modellrohr (Kaliber 18 cm) sowie für die entsprechende Munition. Einzelheiten zur Munition und Ballistik sind in einem gesonderten Kapitel enthalten.
Hier zunächst die weiteren Schritte auf dem Weg zum Fertiggerät. Aus Gründen der Authentizität soll diese Hauptentwicklungsphase anhand von Original-Dokumenten (»Rheinmetall-Borsig – WKHb 01254 g – 1. Oktober 1941 / Geheime Kommandosache«) wortgetreu dargelegt werden.

März 1938

Aus dem Entwurf des Fahrzeuges ergab sich, daß der spezifische Bodendruck der Gleiskette weit über den bisher bei Gleiskettenfahrzeugen üblichen Wert von 0,7 bis 0,8 kg/cm² gesteigert werden muß. Erfahrungen über so hohe Bodendrücke lagen noch nicht vor. Es wurden deshalb im März und April 1938 Fahrversuche mit dem Nb. Fz.Nr. 1 in Unterlüß und Chemnitz-Ebersdorf durchgeführt. Durch einen auf

das Fahrzeug gesetzten Gewichtskasten wurde der Bodendruck stufenweise durch Auflegen von Gewichten von 1,1 bis 1,43 kg/cm² gesteigert. Die Versuche umfaßten Geradeaus- und Kurvenfahrt auf festem und losem Sandboden, auf magerem Ackerboden sowie nassem schwerem Lehmboden. Sie ergaben noch ausreichende Geländegängigkeit auch bei der Höchstbelastung von 1,43 kg/cm².

Zu beachten war allerdings noch, daß hier die Lenkversuche mit einem relativ günstigen Verhältnis Kettenauflagelänge: Kettenspur (1:s = 1,8) durchgeführt wurden, während man bei dem geplanten Fahrzeug zu einem Verhältnis 1:s = 2,64 aus Konstruktionsgründen gezwungen wurde. Da mit Verhältnissen 1:s über 1,8 keine praktischen Erfahrungen Vorlagen und nach einer bisher unvollständigen Theorie sogar bei 1:s = 2 die Grenze der Lenkbarkeit liegen sollte, so wurden zur Klärung dieser Frage Modellversuche vorbereitet.

August 1938

August 1938 war ein elektrisch angetriebenes und durch Fernsteuerung lenkbares Modell fertiggestellt, das die wesentlichen Teile des Fahrwerkes im Maßstab 1:10 darstellte. Das Lenkverhältnis 1:s konnte im Bereich von 1,5 bis zu 2,65 verändert werden. Der spezifische Bodendruck konnte durch Belastungsgewichte von 0,7 bis 1,1 kg/cm² gesteigert werden. Durch verschiedene auf dem Meßtisch angebrachte Meßinstrumente konnten Geschwindigkeiten, Leistung und Kettenzugkraft der linken und rechten Gleiskette während der Kurvenfahrt genau verfolgt werden. Zahlreiche auf Beton, Asphalt und gewachsenem Boden, und zwar sowohl in der Ebene als auch in Steigungen 3°, 6° und 9° durchgeführte Fahrversuche brachten nachträglich auch den theoretisch erhärteten Nachweis, daß bei einem Lenkverhältnis 1:s = 2,65 die Lenkung zwar erschwert, aber weder auf sehr glattem Boden (geölte Stahlplatte) noch in weichem Erdreich gänzlich verhindert ist, so daß ausreichende Lenkbarkeit des geplanten Fahrzeuges zu erwarten war. Die Modellversuche lieferten weiterhin einen guten Anhalt für den bei Kurvenfahrt zu erwartenden Höchstwert der Kettenzugkraft.

Parallel zur Konstruktion des Fertiggerätes lief die Konstruktion und Fertigstellung der Anschießlafette I. Diese Anschießlafette ruht auf einem Betonfundament, für dessen Herstellung ca. 700 cbm Eisenbeton benötigt wurden. Eingegossen sind ein besonderes Eisengerüst sowie Drehzapfenlagerung und Schienenträger mit den entsprechenden Verankerungen. Die Konstruktion der ohne Lafettenrücklauf ausgebildeten Anschießlafette ermöglicht ein Seitenrichtfeld von 20° und ein Höhenschußfeld von 0°-75°.

Gewichte:	
Rohr mit Bodenstück	28960 kg
Rohrwiege, Rücklaufeinrichtungen und Zahnbogen	22710 kg
Lafette	46100 kg 97770 kg
Einbetonierte Teile	62140 kg
Gesamtgewicht	159910 kg

Die gesamte Anlage wird aus Gründen der Geheimhaltung und zum Schutz gegen Witterungseinflüsse durch ein auseinandernehmbares Schutzhaus abgedeckt.

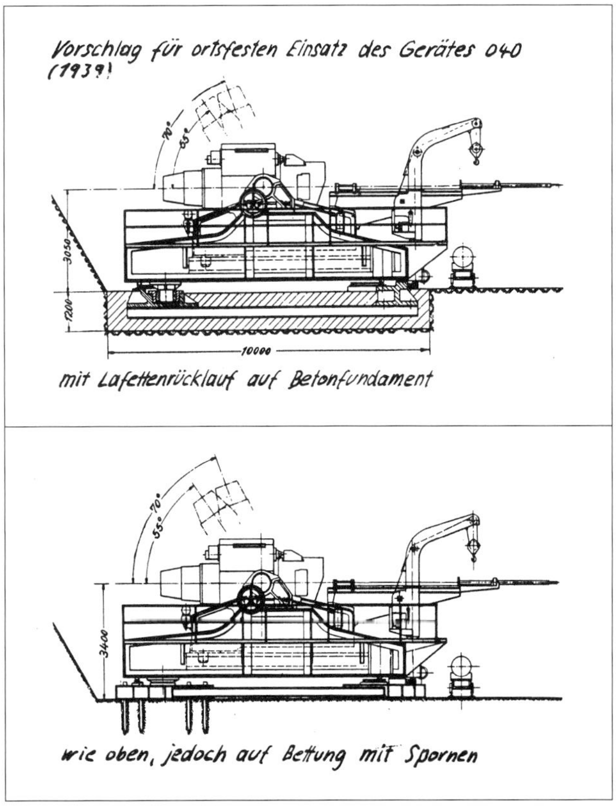

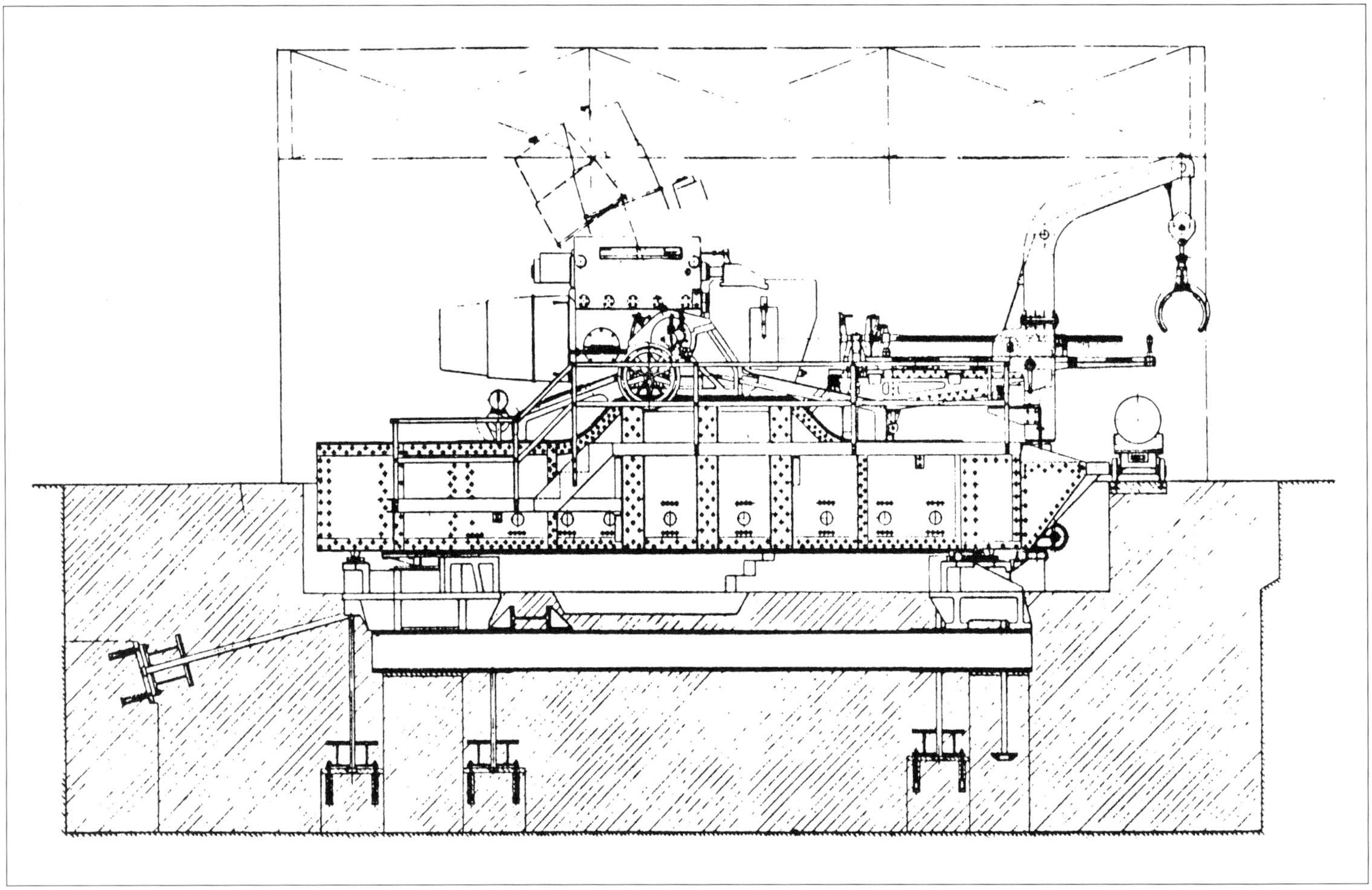

Juni 1939

In der Zeit vom 23.-25.6.1939 erfolgte der 1. Beschuß der Anschießlafette, und es ergaben sich bei einem Rohrrücklaufweg von 1000 mm Bremsdrücke von ca. 450 t. Dieser Beschuß diente der Erprobung von Rohr, Wiege und Rohrrücklaufeinrichtung sowie zur Ermittlung der Ladung und des Pulvers.

Bei den später folgenden Schießen aus der Anschießlafette handelte es sich um die Erprobung von Stahlgußhüllen und -böden beim Beschuß auf Betonwände sowie um Ermittlung der Ladungskurven, der Schußweiten, der V_0-Streuung und der Treffbilder.

Auf Grund der Entscheidung des Herrn General Becker, daß das Schießen gegen Betonwände und Panzer aus dem Schießgerüst in Hillersleben vorgenommen werden soll, war die Konstruktion und die Fertigung einer besonderen Hängelafette notwendig geworden. Die Verhandlungen über den Umbau und die Verstärkung des Schießgerüstes wurden alsbald mit der Firma Demag, Duisburg, aufgenommen. Nach Abschluß dieser Verhandlungen konnte im März 1939 die Auftragserteilung für Umänderung des Schießgerüstes an die Firma Demag erfolgen. Die Anlieferung der Teile für den Umbau fand im Oktober 1939 statt, während die eigentliche Hängelafette im März 1940 einbaufertig zur Verfügung stand.

Die Konstruktion der Hängeiafette ermöglicht aus dem Schießgerüst ein Schußfeld zwischen 60° bis 90° nach unten. In den Schildzapfenlagern des elektrisch angetriebenen Lafettenwagens ist die Wiege mit dem Wiegentrog eingelagert. Rohr und Rücklaufeinrichtung liegen in einem zweiteiligen Gleitstück, das beim Schuß auf den Gleitschienen des Wiegentroges soweit nach oben zurückläuft, bis die Rückstoßenergie vernichtet ist. Die rücklaufenden Massen werden durch eine besondere Vorlaufbremse abgefangen, so daß dieselben stoßfrei in ihre Ausgangsstellung zurückgleiten können.

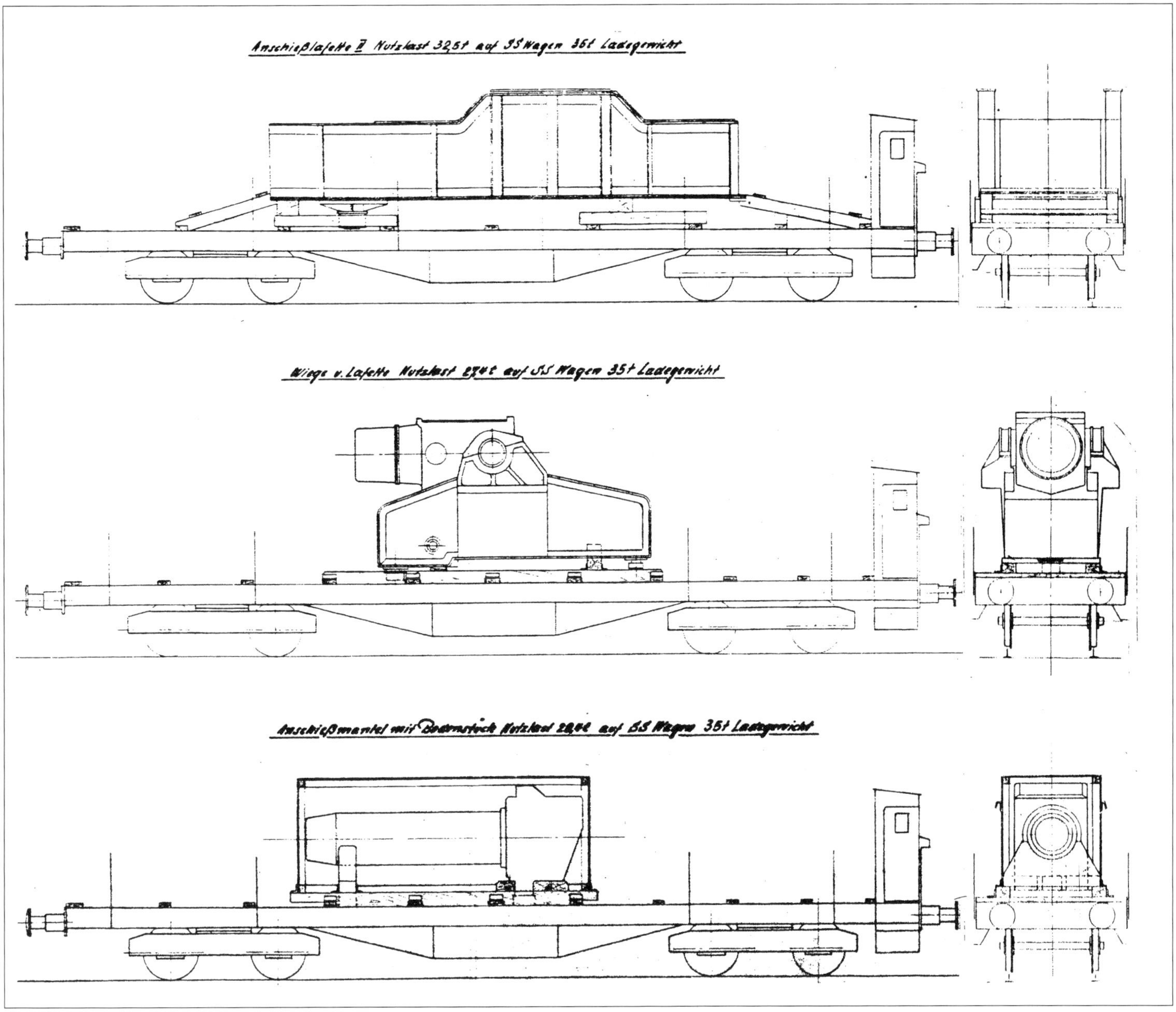

Gewichte:	
Rohr mit Bodenstück	28960 kg
Gleitstück	43000 kg
Wiege	34100 kg
schwingende Teile	106060 kg
Wagen	33000 kg
Gesamtgewicht	139060 kg

Ein Beschuß aus der Hängelafette konnte bis heute noch nicht durchgeführt werden, da wegen anderweitiger Benutzung des Schießgerüstes dessen Umbau nicht möglich war.

Oktober 1939
Zu diesem Zeitpunkt wurde das von Rh.-B. ausgearbeitete Projekt des Munitionsschleppers genehmigt. Der Munitionsschlepper mit dem elektrisch betriebenen Wippkran hat die Aufgabe, die Geschosse mit den dazugehörigen Ladungen und Hülsen zu übernehmen und in die Feuerstellung zu

Fahrzeugmodell mit Meß- und Steuertisch, hier Kurvenfahrt auf Beton.

bringen. Das Fahrgestell, dem serienmäßiggefertigten KW 4 entnommen, trägt den Aufbau mit dem elektrischen Wippkran, den Munitionskasten mit Mannschaftssitz sowie die Lagerungen für die 4 Geschosse. Im Inneren des Fahrzeuges sind 4 Behälter für die Hülsen mit Ladungen untergebracht. Als Antrieb für alle Arbeitsbewegungen des Wippkranes

Kurvenfahrt des Modells auf festem Sandboden.

dient ein einziger dauernd durchlaufender Motor, welcher nach Bedarf durch konische Kupplungen mit den einzelnen Triebwerken verbunden wird. Die Regelung der Geschwindigkeiten erfolgt auf mechanischem Wege durch das Demag-Regelgetriebe. Als Stromquelle für den Antriebsmotor des Wippkranes dient ein benzin-elektrisches Aggregat, das im KW 4 für die elektrische Turmdrehung benötigt wird. Die größte Kranauslegung ist so gewählt, daß in der Feuerstellung die Geschosse direkt vom Munitionsschlepper auf den Lademuldenwagen des Geschützes gebracht werden können. Die Geschosse werden hierbei mit einem besonderen Geschoßgreifer gefaßt, der während des Marschweges auf der rechten Bugseite des Fahrzeuges in Beschlägen ruht und durch eine Spannvorrichtung festgelegt ist. Beim Eisenbahntransport sowie beim Durchfahren von Unterführungen beim Landtransport werden Kransäule und Ausleger umgelegt und auf den Munitionskasten gezurrt.

Am 14.10.1939 wurden die Verhandlungen mit dem RZA, Berlin, über die Verlademöglichkeit des Gerätes auf der Eisenbahn aufgenommen. Aus der Höhe des Gewichtes der Aufladung sowie der Drehgestelle ergab sich die Notwendigkeit der Verwendung 5achsiger Drehgestelle. Nach vorhergegangenen Verhandlungen mit der Firma Linke-Hofmann wegen der Lieferung dieser Drehgestelle konnte der gesamte Aufbau der Eisenbahnverlastung nach Projekt Rh.-B. mit dem RZA geklärt und mit der Aufstellung der Fertigungszeichnungen begonnen werden.

1. Lastfahrt

   Auf den beiden Drehgestellen sind die Drehbühnen mit den hydraulischen Hebevorrichtungen und Tragbrücken drehbar in Kugelpfannen angeordnet. Beim Transport hängt das Gerät mit hochgezogenen Raupenbändern zwischen den beiden vorerwähnten Tragbrücken, und zwar so, daß die Umrisse der Last innerhalb des Transportprofiles liegen. Die vorgesehenen hydraulischen Teleskop-Hebeböcke sowie die Verschiebbarkeit der hydraulischen Hebevorrichtungen ermöglichen ein einwandfreies Ein- und Aushängen der Last. Für den Abbau der Wiegenbrücke und der Ladevorrichtung ist dem Gerät ein zerleg- und fahrbarer Hilfskran mit einer Tragfähigkeit von 7 t beigegeben.

Anschießlafette in Ladestellung.

Anschießlafette in Schußstellung.

Als Schuppen getarnter Sichtschutz für die Anschießlafette.

Erstes Fertiggerät, hier noch ohne Plattform, Geländer und Ladevorrichtung.

2. Leerfahrt

Beim Leertransport werden die Drehgestelle mit ihren ineinandergeschobenen Tragbrücken durch eine Kuppelstange verbunden.

In der Besprechung am 15.10.1939 tauchte zum ersten Mal der Gedanke des ortsfesten Einsatzes des Gerätes 040 auf. (Anmerkung Verfasser: 040 ist die Tarnbezeichnung für das Gerät im Kaliber 60 cm; die späteren Versionen mit 54 cm-Rohren erhielten die Tarnbezeichnung 041.) Wenige Tage später, am 24.10.1939, legte Rh.-B. der Abteilung Wa Prüf 4 (Anmerkung Verfasser: die Artillerie-Abteilung im Heereswaffenamt) mehrere Projekte über den festen Einbau des Gerätes vor:

a) Einbau der vorhandenen A-Lafette aus Hillersleben auf Betonfundament;

b) Einbau der Fertiglafette in einer besonderen Unterlafette mit Lafettenrücklauf auf Betonfundament;

c)) Einbau der Fertiglafette in einer besonderen Unterlafette mit Lafettenrückiauf auf einer feldmäßigen Bettung mit Einschlagspornen.

Die Durchführung von Betonarbeiten für das Fundament in der Feuerstellung erschien jedoch fraglich, und da auch für die Montage des Gerätes damals kein passender Kran vorhanden war, wurde das Projekt unter a) fallengelassen. Hinzu kam, daß Wa Prüf 1 (Anmerkung Verfasser: Abteilung für Sondergeräte im Heereswaffenamt) den Einsatz der A-Lafette ablehnte, da ihr sonst die Möglichkeit der Erprobung von Zünder und scharfer Munition genommen war.

Die Projekte b) und c) bestanden in der Verwendung der endgültigen Fertiglafette. Da aber terminlich der Einsatz dieser Lafette erst zur Zeit der Fahrzeugfertigstellung möglich war, wurde auch dieser ortsfeste Einsatz von Wa Prüf 4 für unzweckmäßig gehalten.

Zweites Fertiggerät.

November 1939
Um Montage und Beschuß der Fertiglafette unabhängig vom Fahrzeug und dessen Fahrversuchen durchführen zu können, schlug Rh.-B. den Bau einer besonderen Anschießlafette II vor. Diese Anschießlafette, die gleichzeitig als Montagegestell und Beschußgerät für die Fertiglafette dient und in der die Lafettenbremseinrichtung beim Beschuß erprobt werden soll, wird auf das vorhandene Fundament der Anschießlafette I in Hillersleben aufgebaut. Sie ermöglicht ein Höhenschußbereich zwischen 55° und 70°. Am 29.11.1939 wurde der Bau dieser Anschießlafette II von der Abteilung Wa Prüf 1 genehmigt.

Januar 1940
Anfang Januar tauchte abermals die Frage des ortsfesten Einsatzes des Gerätes auf. Um auf alle Fälle ein Gerät einsatzbereit zu haben, wenn sich bei der Fertigstellung bzw. bei der Erprobung des Fahrzeuges Schwierigkeiten zeigen sollten, griff man zu einer Notlösung. Am 6.2.1940 wurde Rh.-B. mit der Konstruktion und Fertigung einer Holzbettung mit Stahlformgußlagern beauftragt. Als Unterlafette mit Lafettenrücklauf wurde die Anschießlafette II vorgesehen. Auf den Einsatz dieses Gerätes wurde später ebenfalls verzichtet, jedoch sollen später anhand von Beschußergebnissen Erfahrungen im Bau solch großer Bettungen gesammelt werden.

Mai 1940
Die ersten Fahrversuche mit dem Fahrgestell erfolgten in Unterlüß (Anmerkung Verfasser: Schießplatz und Erprobungsgelände der Firma Rheinmetall-Borsig). Für die Erprobung des Fahrzeuges wurden besondere Belastungsgewichte gefertigt, die in Gewichts- und Schwerpunktlage mit dem Geschütz übereinstimmten. Somit konnten die Fahrversu-

che aus Tarnungsgründen ohne Geschütz durchgeführt werden.

Auf Veranlassung des Herrn General Leeb wurde untersucht, wie weit sich das Gerät 040 unter Berücksichtigung der Tragfähigkeit schwerer Pionierbrücken in Einzellasten zerlegen läßt. Das Ergebnis dieser Untersuchungen wurde der Abteilung Wa Prüf 4 vorgelegt, und in der Besprechung am 12.11.1940 erhielt Rh.-B. den Auftrag über die Fertigung der Abstützvorrichtungen für die Einzellasten auf Culemeyer-Straßenfahrzeugen. Da das Fahrzeuggewicht die Grenze der Tragfähigkeit der schweren Pionierbrücken erreicht, wurde festgelegt, daß das Fahrzeug mit eigener Kraft über diese Brücken fährt. Zu diesem Zweck mußten zerlegbare Rampen gefertigt werden, die das Auf- und Abfahren des Fahrzeuges von dem Culemeyer-Straßenfahrzeug ermöglichen.

Für die Culemeyer-Verlastung bzw. für den Aufbau des Gerätes wird in diesem Falle ein besonderer Kran mit einer Tragfähigkeit von mindestens 30 t benötigt.

Juli 1940

Am 2.7.1940 fand die Besichtigung des ersten werkstattfertigen Gerätes durch Wa Prüf statt. Hierbei konnte gezeigt werden:

1) Gerät in Schuß- und Fahrstellung
2) Funktion der Richtmaschinen
3) Heben und Senken des Gerätes
4) Kurzes Hin- und Herfahren in der Montagehalle.

Die endgültigen Daten und Gewichte des Fertiggerätes lauten:

1) Daten		
Kaliber	60 cm*	60 cm**
Geschoßgewicht	2200 kg*	1700 kg**
Anfangsgeschwindigkeit	220 m/s*	283 m/s**
Treibladung	28 kg *	36 kg**
Mündungsenergie	5400 tm*	6950 tm**
Bremskraft	ca. 500 t*	ca. 550 t**
Sprengladung	348 kg*	280 kg**
Schußweite	4300 m*	6700 m**
Feuerhöhe		3050 mm
Höhenrichtfeld		0°-70°
Höhenschußfeld		55°-70°
Seitenrichtfeld		4°
Rohrrücklauf		920 mm
Lafettenrücklauf		780 mm
Lafettenbremskraft		104 t

2) Gewichte	
a) Gerät 040 einlastig	
Rohr	28,4 t
Lafette	27,4 t
Brücke und Ladevorrichtung	8,2 t
Selbstfahrlafette mit Lafettenverschiebung und Lafettenbremseinrichtung	60,0 t 124,0 t
b) Gerät 040 in Eisenbahnverlastung	
Rohr (ohne oberen Hornansatz)	27,4 t
Lafette	27,4 t
Selbstfahrlafette	60,0 t
Drehgestelle	36,0 t
Aufbauten	29,0 t 179,8 t

* betr. schwere Betongranate
** betr. leichte Betongranate

Bei Verwendung von zwei 5achsigen Drehgestellen ergibt sich somit ein Achsdruck von 18 t.

Abnahmebeschüsse

Nach vorherigem Beschuß der einzelnen Fertiglafetten in der Anschießlafette II konnten die Abnahmebeschüsse der Geräte 1 bis 6 wie folgt durchgeführt werden:

Gerät 1 am 5.11.1940 mit 10 Schuß
Gerät 2 am 7.11.1940 mit 8 Schuß
Gerät 3 am 20.2.1941 mit 6 Schuß
Gerät 4 am 17.4.1941 mit 6 Schuß
Gerät 5 am 11.6.1941 mit 10 Schuß
Gerät 6 am 28.8.1941 mit 6 Schuß

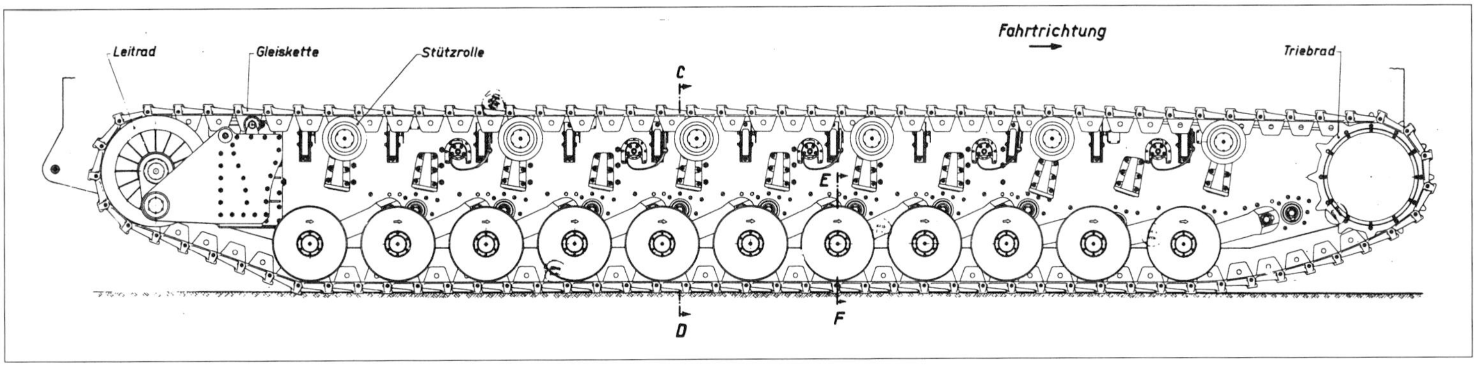

Gesamtübersicht Laufwerk (11 Laufrollen, 6 Stützrollen).

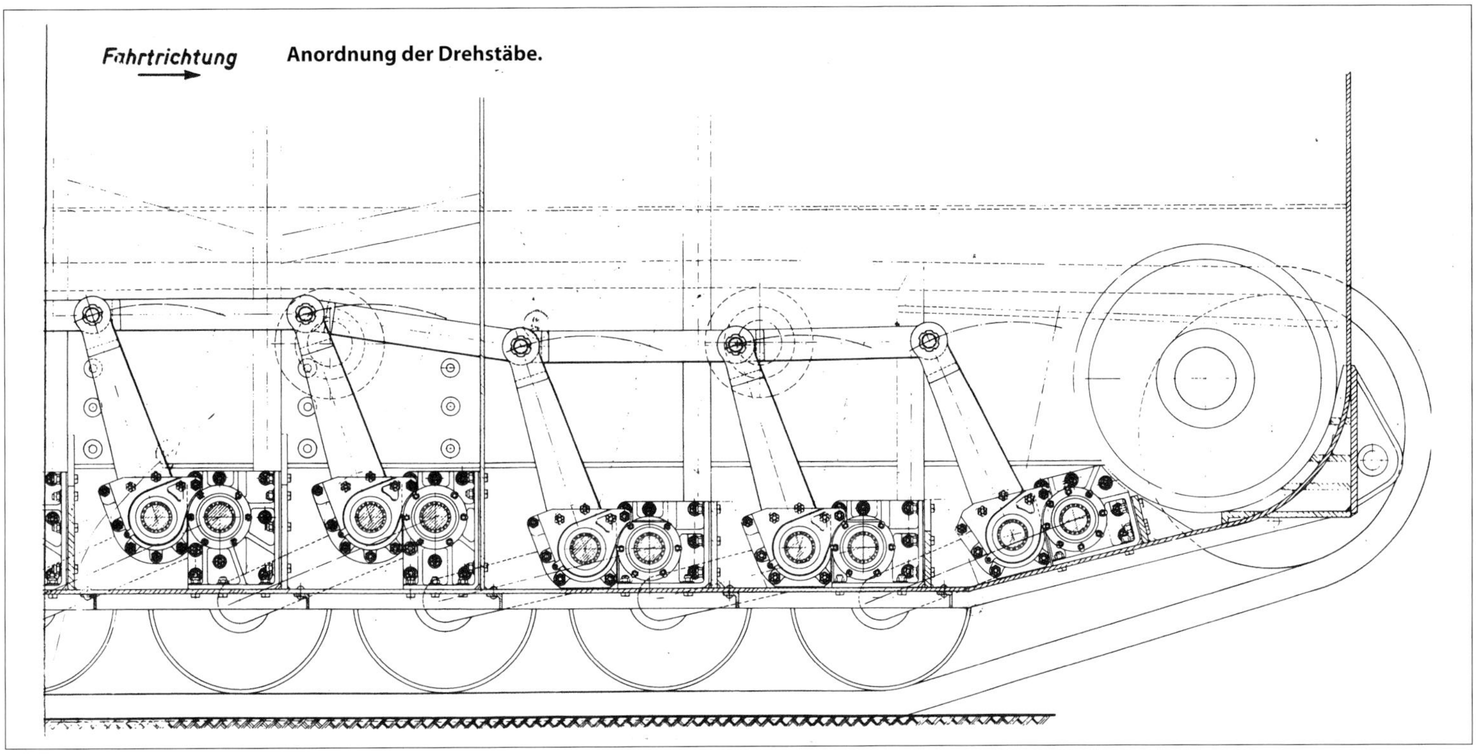

Sämtliche Schießen brachten das Ergebnis, daß die seinerzeit gestellten Forderungen seitens des Waffenamtes in geschütztechnischer Hinsicht erfüllt sind. Dieses wurde auch bestätigt durch den im Juni 1941 stattgefundenen Fronteinsatz im Osten. Der Abteilungskommandeur der eingesetzten Batterien, Herr Oberstleutnant Schmidt, teilte nach Rückkehr von der Front über den Einsatz der 4 Geräte folgendes mit:

Der Einsatz im Osten hat bewiesen, daß das Gerät in bezug auf das Konstruktionsprinzip und die Ballistik in Ordnung ist. Es hat sich gezeigt, daß die Angaben der Schußtafeln stimmen und die Wirkung der Schüsse gut war. Neben der Wirkung auf die Bunker übten die Schüsse eine ungeheure moralische Wirkung auf den Gegner aus, so daß von der Truppe der Vorschlag gemacht wurde, auch eine Sprenggranate zu entwickeln. Nach der Beschießung der befohlenen Ziele konnten Trichter mit 15 m Durchmesser und 5 m Tiefe festgestellt werden.

Es ergaben sich Sprengwolken von 300 m Breite und 170 m Höhe. Auch beim Beschuß von Gebäuden zeigte sich, daß massive Ziegelmauern von 2 m Stärke, gegen die 21 cm-Geschosse kaum Wirkung hatten, zusammenbrachen und einstürzten. Die Ansicht der Truppe geht dahin, daß sich der Einsatz gelohnt hat.

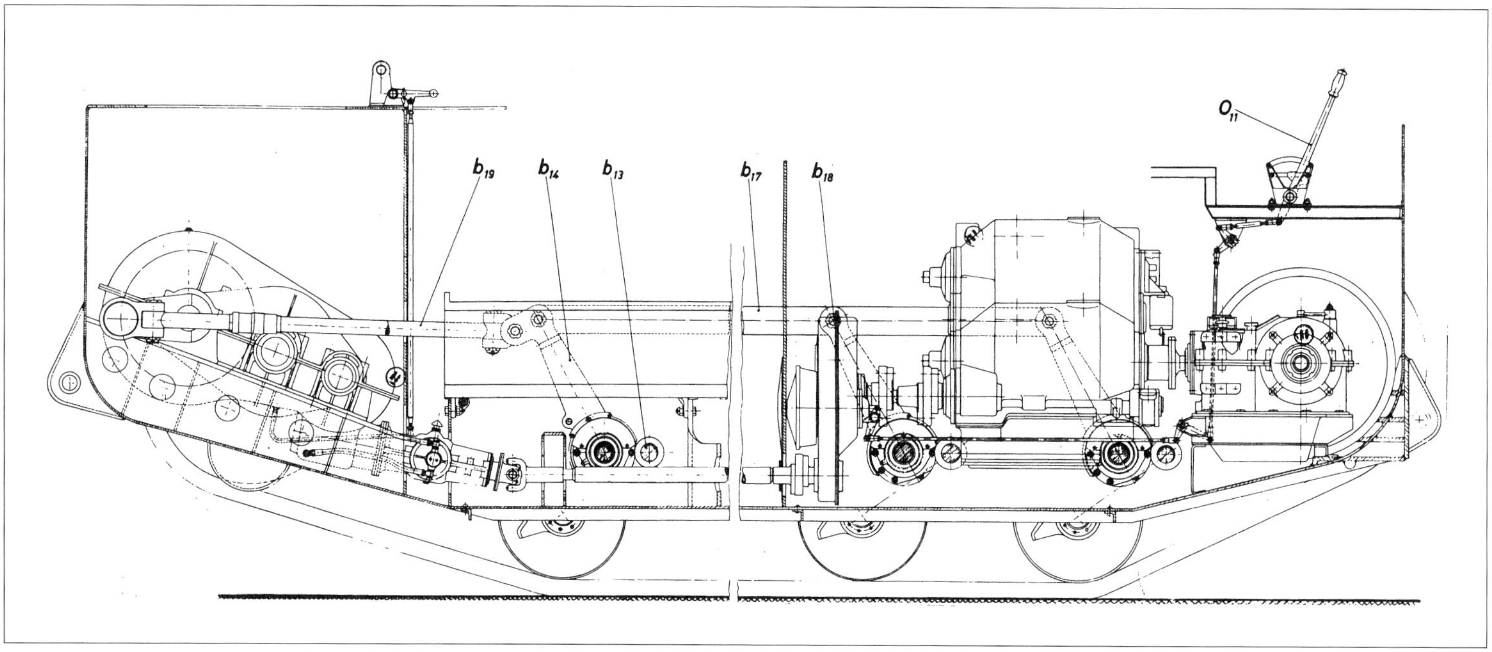

Einzelheiten der Laufrollen-Aufhängung und Kraftübertragung.

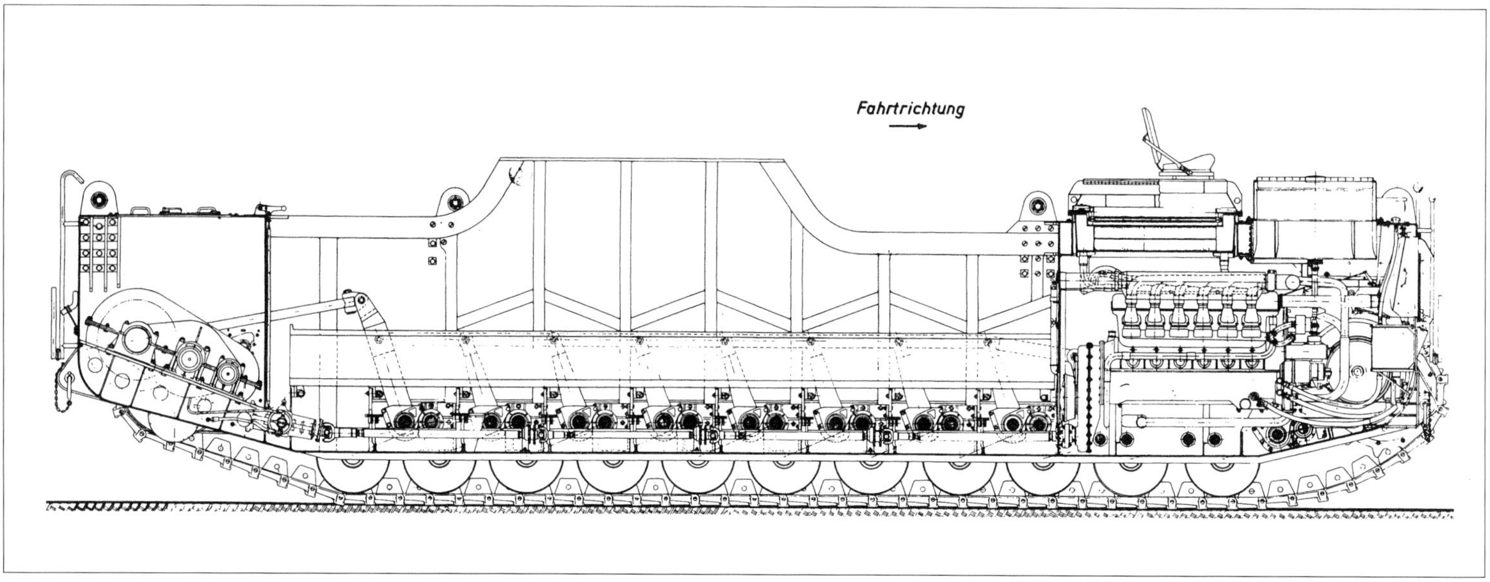

Gesamtlaufwerk mit eingebautem Triebwerk.

Dieser letzte Absatz aus dem Firmendokument ist eine kleine Vorwegnahme zum Thema Fronteinsatz, der in einem eigenen Kapitel ausführlich behandelt wird. Hier nur ein paar Worte zu den erwähnten Trichter-Ausmaßen: Diese haben natürlich nur statistischen Wert, denn es waren schließlich Spuren von Fehlschüssen. Bei dem erwähnten Fronteinsatz 1941 kamen nur Betongranaten zum Verschuß, und die waren

ausschließlich für die Bekämpfung von Befestigungen, Bunkern usw. vorgesehen.
Nicht enthalten in dem Dokument sind solche Angaben zum Geschütz sowie zur Munition und Ballistik, die vom Aufbau jener Dokumentation her nur gestört hätten, die aber wichtig sind und deshalb nachgetragen werden müssen.
Das Gerät »Karl« in Vollketten-Selbstfahrlafette gab es neben der Ausstattung mit 60 cm-Rohr auch teilweise mit 54 cm-Rohr, um die Schußweite zu steigern. Die Schußweitensteigerung wurde nach dem ersten Einsatz der Geräte vor Brest-Litowsk und Lemberg (1941) von der Truppe gefordert. Wie aus den »Speer-Protokollen« hervorgeht, hat selbst Hitler sich wiederholt mit dem Karl-Gerät im allgemeinen wie mit dessen Umrohrung auf 54 cm im besonderen beschäftigt. In den sogenannten »Speer-Protokollen« sind rund 2500 »Führer-Entscheidungen« festgehalten. Sie bilden den konzentrierten, schriftlichen Niederschlag Hitlerscher Weisungstätigkeit auf dem Gebiet der Rüstungsproduktion und Kriegswirtschaft, der Waffenfertigung und Waffenkonstruktion und des Verkehrswesens.
Gemäß Waffenamt – Wa Prüf – hatte das Karl-Gerät die Deckbezeichnung 040 (60 cm) und 041 (54 cm) erhalten. Der Aufbau der artilleristischen Teile (040 und 041) auf dem Fahrzeugkasten: Die Lafette, nach jeder Seite um zweieinhalb Grad schwenkbar (grobe Seitenrichtung durch Schwenken des ganzen Fahrzeuges), befand sich auf der Führungseinrichtung für den Lafettenrücklauf. Die Lafette trägt die Stahlgußwiege, in der das Rohr mit Flachkeilverschluß gelagert ist. Das 60 cm-Rohr ist als Vollrohr, das 54 cm-Rohr als Vollrohr mit Füllmantel ausgelegt. Besonderes Merkmal ist die im Innern der Wiege angeordnete Rohrrücklaufeinrichtung, die aus vier Rücklaufbremsen und zwei Vorholern besteht. Die vier Rohr- und die zwei Lafettenbremsen sind als Flüssigkeitsbremsen, die vier Vorholer insgesamt – je zwei für Rohr und Lafette – als Luftvorholer ausgeführt.
Nachfolgend die Hauptdaten der Einsatzgeräte für beide Kaliber.

Rohr		
Kaliber	60 cm	54 cm
Konstruktion	Vollrohr	Vollrohr mit Mantel
Rohrlänge	5108 mm	6240 mm
Länge gezogener Teil	3875 mm	5700 mm
Länge Ladungsraum	325 mm	–
Geschoßweg	4200 mm	5800 mm
Drall (konstant)	5°	5°
Zugzahl	112	96
Gebrauchsgasdruck	1800 at	1800 at
Konstruktionsgasdruck	2300 at	2300 at
Seelenrohr-Gewicht	12600 kg	9400 kg
Rohrgewicht mit Verschluß und Bodenstück	28330 kg	32000 kg
Rohraußendurchmesser	930 mm	930 mm
Rohrverwertung	5,24 kg/mt	5,93 kg/mt
Mündungswucht, größte	5400 mt	5400 mt
Schwenkbereich rechts und links	2 1/2°	2 1/2°
Erhöhungsgrenze	70°	70°
Schußwinkelbereich	50-60°	50-60°
Verschluß	60 cm	54 cm
Konstruktion	Flachkeil	Flachkeil
Gewicht Verschlußstück mit Verschluß	16360 kg	17146 kg
Gewicht Verschluß	2160 kg	2160 kg
Bodenstückbreite	1300 mm	1300 mm
Keilabstand	12,3 + 0,4	12,3 + 0,4
Abfeuerung	elektrisch	elektrisch
Öffnungsmechanismus	Leitspindel mit Kurbel	
Verschlußkeillagerung	auf Rollen	

Rücklaufeinrichtung (für Kaliber 60 cm und 54 cm identisch)

Flüssigkeitsdruck Rohrbremse	200 kg/cm^2
Flüssigkeitsdruck Lafettenbremse	141 kg/cm^2
Vorspannung des Vorholers für Rohr und Lafette	60 at
Endspannung des Vorholers für Rohr	165 at
Endspannung des Vorholers für Lafette	138 at
Rücklauflänge Rohrbremse, größte	920 mm
Rücklauflänge Lafettenbremse, größte	780 mm
Rücklaufende Massen Rohrbremse	30500 kg
Rücklaufende Massen Lafettenbremse	69150 kg
Rücklaufenergie Rohr	445 mt
Rücklaufenergie Lafette	81 mt
Bremsdruck Rohr	580 t
Bremsdruck Lafette	104 t
Zahl der Rohrrücklaufbremsen	4
Zahl der Lafettenbremsen	2
Zahl der Vorholer für Rohr	2
Zahl der Vorholer für Lafette	2
Bremszylinderfüllung	Flüssigkeit
Vorholzyllnderfüllung	Luft

Oben auf dem Fahrgestell (zugleich die Unterlafette) befanden sich zwei Gleitbahnen zur Führung der Oberlafette, die als Kastenlafette ausgelegt war. Das komplette Geschütz mit seinem 120- bzw. 124-Tonnen-Gewicht war mit seinem Gleiskettenantrieb zwangsläufig nur bedingt geländegängig. Bei nicht ausreichender Bodenfestigkeit konnte es überdies auch nicht Feuerstellung beziehen, weil es sich nach dem Schuß ins Erdreich gedrückt und verkantet hätte. Gegenüber einer gebräuchlichen Bodenpressung von 0,7 kg/cm^2 wirkten beim Fahren des Karl-Gerätes 1,77 kg/cm^2. Die Gleiskettenbreite von 500 mm war durch die Eisenbahnprofilbreite begrenzt. Das Gerät erreichte maximal eine Geschwindigkeit von 10 km/Stunde. Während das Laufwerk der ersten beiden Geräte acht Laufrollen und acht Stützrollen besaß, erhielten die übrigen vier Geräte je Laufwerkseite elf Lauf- und sechs Stützrollen. Mit Hilfe von Drehstab und Kurbelachse wurden die Laufrollen einzeln abgefedert, wobei der größte Federweg rund 150 mm ausmachte. Von der anfangs verwendeten Vollgummibereifung der Laufrolllen kam man nach den ersten Einsätzen wieder ab, sie hielten der Belastung nicht stand. An ihre Stelle traten Hohl-Stahlreifen.

Die Unterlafette bzw. das Fahrgestell sollte beim Feuern als Bettung dienen, weil die Gleisketten allein den Rückstoßdruck von etwa 700 Tonnen nur zu einem geringen Teil hätten aufnehmen können. Deshalb wurde beim Schießen mittels Motorkraft der Fahrzeugkasten samt dem Aufbau um 350 mm (Bodenfreiheit) abgesenkt. Das Hebe- und Senkwerksgetriebe bewältigte den jeweiligen Bewegungsvorgang innerhalb von 15 Sekunden.

Das Getriebe dieser Hebe- und Senkvorrichtung, auf dessen Konstruktion übrigens ein deutsches Geheimpatent erteilt wurde, befand sich im Fahrzeugkasten-Heck und wurde vom Fahrzeugmotor über eine Konuskupplung und Cardanwelle angetrieben. In Schießstellung, also abgesenkt, befanden sich die mit einer Kurbelwelle verbundenen Kurbelarme (je einer rechts und links) in vorderer Stellung, nach dem Heben in der hinteren Stellung. Auf der einen Seite der Drehstabfedern saß eine Kurbelachse, auf der anderen Seite ein nach oben stehender Schwenkarm. Die Schwenkarme auf den beiden Seiten des Fahrzeugkastens hatten durch Zuglaschen und Gabelgelenke miteinander und hinten durch eine lange Schubstange mit den Kurbelarmen des Hebe- und Senkwerkgetriebes Verbindung.

Auch das relativ einfache Lenken des überschweren Fahrzeuges ist ein besonderes Merkmal des Karl-Gerätes. Zwei Planetenrädergetriebe (Deutsches Patent Nr. 634030) wirkten auf die beiden Triebräder vorne am Laufwerk (die beiden verstellbaren Leiträder befanden sich hinten am Laufwerk). Dieses Lenkgetrie-

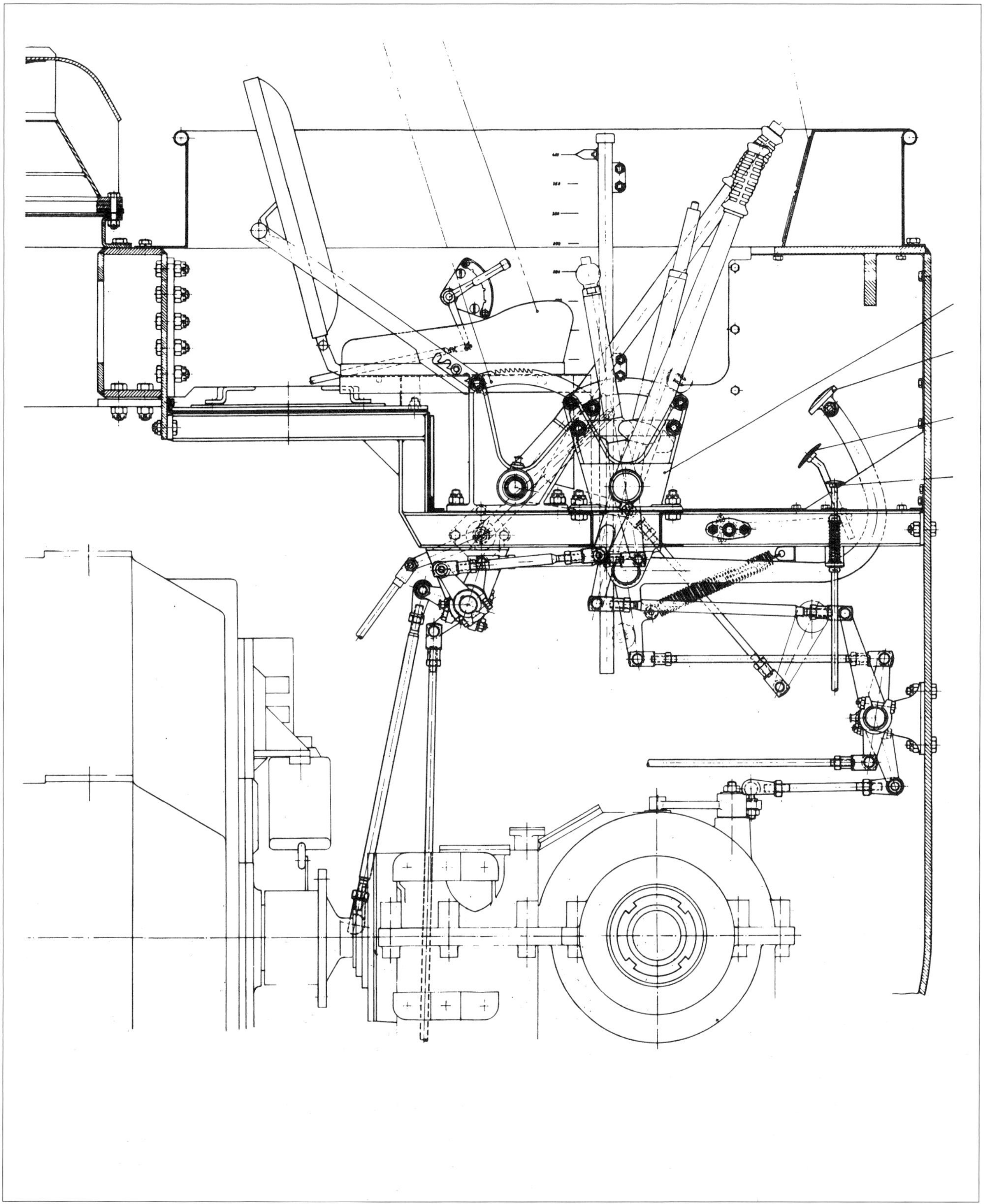

Einzelheiten des Fahrerstandes.

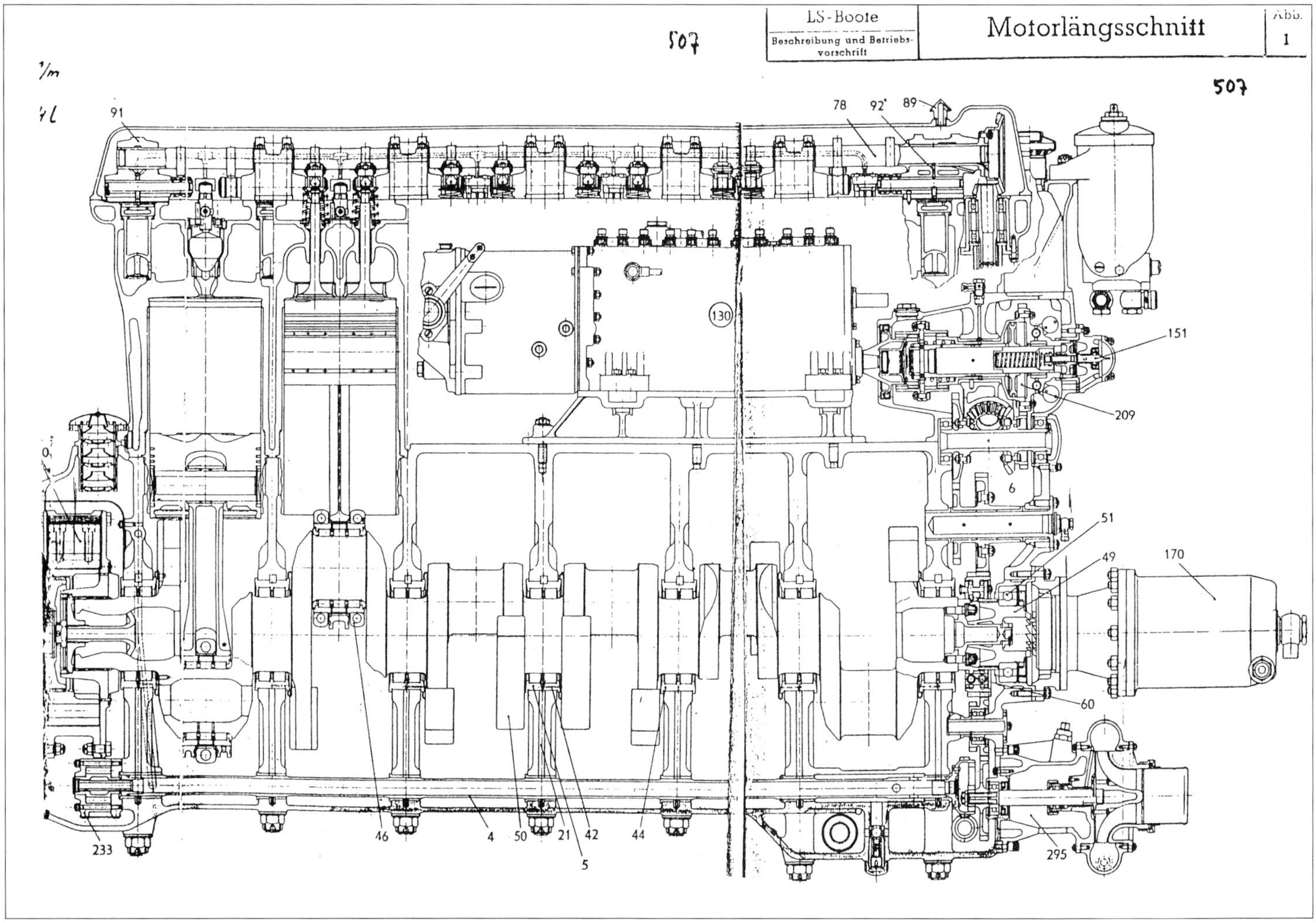

Basis-Baumuster MB 507 (Motorlängsschnitt).

be, bei dem die auf den Planetenradträger ausgeübten Drehmomente einander entgegenwirkten, benötigte eine erheblich kleinere Lenkbremse als herkömmliche Lenkgetriebe dieser Art. Demzufolge reichte auch zum Betätigen dieser Lenkbremse ein einfacher Lenkknüppel aus; auf durch Drucköl oder -luft betriebene Servokolben und Zylinder konnte also verzichtet werden. Beim kleinsten Lenkradius wurde, wie üblich, nur eine Gleiskette angetrieben, die andere blockierte.

Den Antrieb der Fahrzeuge besorgten wassergekühlte 12-Zylinder-Daimler-Benz Dieselmotoren mit einer Leistung von 580 PS. Die sechs Karl-Geräte mit der offiziellen Durchnummerierung von I bis VI hatten folgende Triebwerke: I = MB 507 F, II = MB 507 CV, III bis V = MB 507 c und VI = MB 507 CV. Das Basis-Baumuster MB 507 war für LS-Boote bestimmt. Die ursprüngliche Leistung (1000 PS) wurde für das Karl-Gerät auf 580 PS gedrosselt. Den im vorderen Teil des Fahrzeugkastens befindlichen Motor mit Querantrieb, Schaltgetriebe, Lenkgetrieben, Lüfter sowie Wasser- und Ölkühler umschlossen Blechwände. Eine mit Lufteintrittsöffnungen versehene Deckelplatte überdachte die liegend über dem Motor angebrachten Kühler. Neben den Kühlern erzeugte ein vom Fahr-

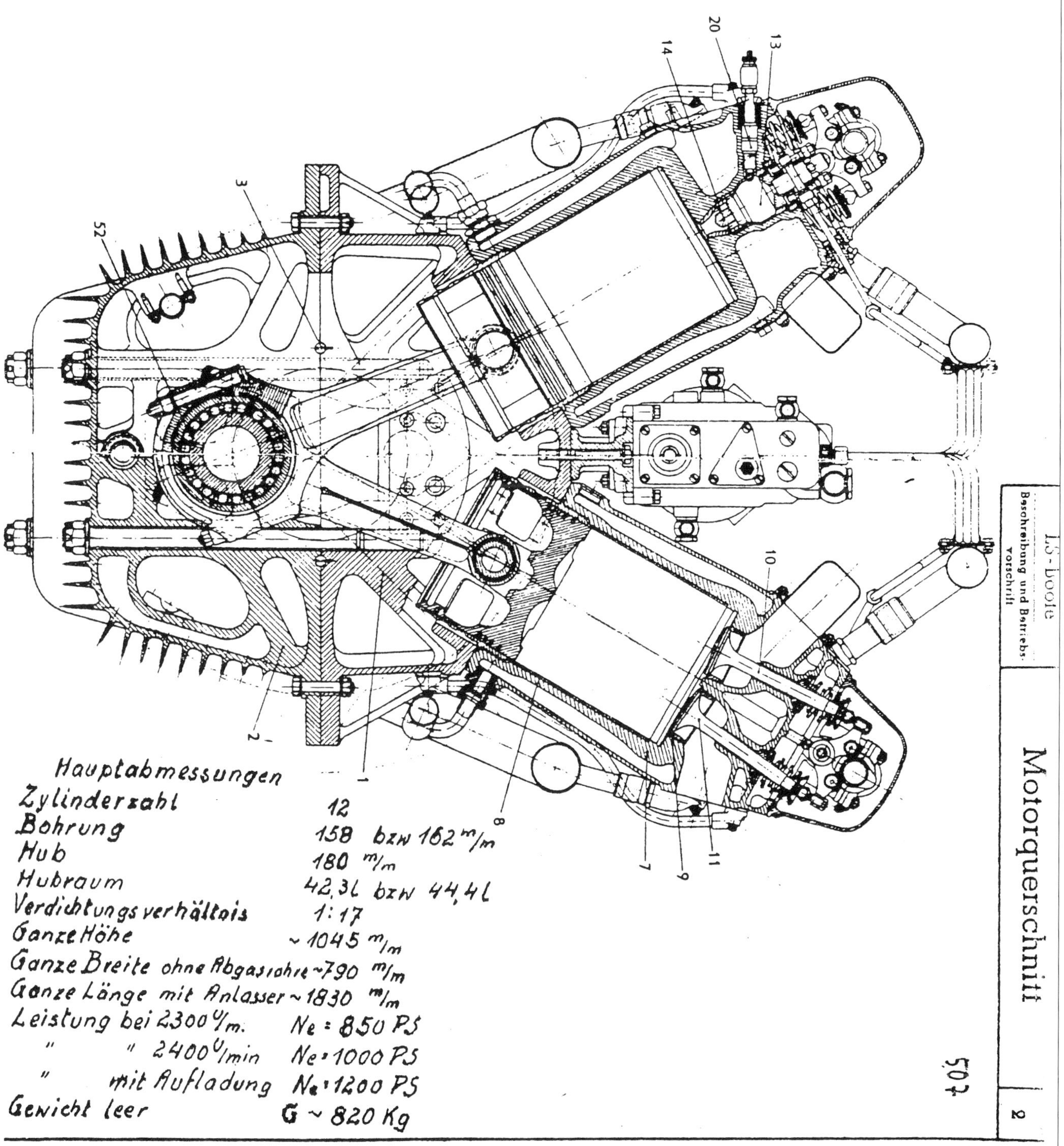

Basis-Baumuster MB 507 (Motorquerschnitt).

zeugmotor angetriebener Lüfter im Maschinenraum einen Unterdruck; die durch die Kühler gesaugte Kühlluft durchströmte sodann den Maschinenraum und wurde schließlich vom Lüfter nach oben ins Freie geblasen.
Als Schaltgetriebe wurden ein Ardeltgetriebe und ein Voith-Ölgetriebe erprobt. Das Viergang-Ardeltgetriebe ermöglichte mit seinen Überholkupplungen einen Gangwechsel ohne Unterbrechung der Kraftübertragung, weil der gerade geschaltete Gang erst dann selbsttätig ausschaltete, wenn der nächste Gang gegriffen hatte. Auf den Gängen 1-4 erbrachte das Ardeltgetriebe jeweils 1, 2, 5 und 10 km/h, im Rückwärtsgang von 1-10 km/h.

Abschließende Daten zum Gesamtgerät:

Feuerhöhe	3050 mm
Fahrzeuglänge	11150 mm
Spurweite	2650 mm
Bodenfreiheit	350 mm
Gewichte	
Geschütz mit Fahrgestell (60 cm-Rohr)	120 t
Geschütz mit Fahrgestell (54 cm-Rohr)	124 t
Wanne des Fahrgestells aus 12 mm Panzerstahl.	

Das Fahrgestell des Karl-Gerätes sollte übrigens auch für die 24 cm-Kanonen von Krupp und Rheinmetall-Borsig verwendet werden, wobei neben der Änderung der Anzahl der Lauf- und Stützrollen noch anderweitige Modifizierungen vorgesehen waren. 1942 in Auftrag gegeben, konnte dieses Projekt nicht mehr realisiert werden.

3. MUNITION UND BALLISTIK

Als Rheinmetall-Borsig 1935 mit den Überlegungen zu einem überschweren Minenwerfer begann, stand die »Minenwirkung« auf Betonziele im Vordergrund. Ein verhältnismäßig dünnwandiges Geschoß mit empfindlichem Aufschlagzünder und hohem Sprengstoffgehalt sollte im Moment des Auftreffens auf feste Ziele durch die Detonationsdruckwelle wirken. Zwar besaß die Firma Erfahrungen hinsichtlich Entwicklung und Fertigung von Minenwerfern aus dem Ersten Weltkrieg, jedoch keine über die Wirkung von Minengeschossen mit einer mindestens 500 kg schweren Sprengladung. Diese Menge (etwa 50 Prozent des Gesamt-Geschoßgewichtes) hielten die Experten für unbedingt notwendig, um überhaupt eine nennenswerte Minenwirkung gegen die Betonziele der Maginotlinie zu erzielen.
Im Verlauf der theoretischen Vorarbeiten gelangten dann aber Waffenamt wie Firma zu der Ansicht, mit herkömmlichen Betongranaten der schweren Artillerie besser beraten zu sein. Wie bei allen Panzer- bzw. Betongeschossen reduzierte sich der Sprengstoffanteil zugunsten des dicken Geschoßmantels erheblich. Erst ein dickwandiger Stahlmantel mit einer besonders gehärteten Spitze läßt das Geschoß tief in Beton eindringen, ohne schon beim Aufprall zu zerplatzen.
Die Berechnungen für eine 60 cm-Betongranate ergaben ein Geschoßgewicht von 2200 kg bei einem Sprengstoffanteil von 240 kg (11 Prozent). Als theoretische Eindringtiefe in Stahlbeton bester Qualität wurden 1,5 Meter ermittelt.
In der Entwicklungsphase dieses auftragsgemäß zu fertigenden Geschosses mußten eine Reihe von Problemen gelöst werden. Zunächst zeichnete sich ab, daß die Kürze des Rohres die Aufnahme des Geschosses plus einer herkömmlichen Kartusche nicht zuließ. Man entschloß sich, für die Unterbringung der Treibladung das Geschoß selbst heranzuziehen. Dessen Boden erhielt zu diesem Zweck einen nach hinten offenen Hohlraum. Der Geschoßboden wurde mit einem zehn Millimeter starken Deckel verschlossen, der mittels Kupfer-Scherstiften am Geschoß befestigt wurde. Dieses Verfahren gewährleistete ein richtiges Lagehalten der im Hohlraum des Geschosses befindlichen Ladung. Überdies verkürzte sich auch der Ladevorgang, weil nunmehr das Geschoß samt Ladung aus

der Lademulde mit dem Ansetzer in das Rohr geführt und die Hülse getrennt davon geladen werden konnte. Der den Geschoßboden abschließende Deckel besaß zwecks Durchtritt der Zündglocke der Hülse in der Mitte eine Bohrung. Die Bohrungen in der Wandung des Hohlraumes dienten dem Druckausgleich, um eine Zerstörung durch den Gasdruck zu vermeiden. Als Zündmittel diente eine elektrische Zündschraube. Für die Geschoßführung wählte man eine herkömmliche Kupfer-Bandführung. Die ballistische Haube bestand aus Silumin. Für die Zündung wählten die Ingenieure einen einfachen Bodenzünder mit Fliehbackensicherung. Bei dem längeren 54 cm-Rohr wurde mit Kartuschmunition geschossen.

Im Vordergrund der ballistischen Untersuchungen standen naturgemäß die Leistungen wie Schußweite, Streuung, Treffmöglichkeit, Wirksamkeit und Lebensdauer des Rohres. Obgleich sich die Wirksamkeit sowie das günstigste Gewicht und die beste Form des Geschosses berechnen lassen, und es zur Ermittlung der Durchschlagleistung viele Formeln gibt, läßt sich die geeignetste Geschoßkonstruktion nur durch praktische Versuchsreihen ermitteln. Das ballistisch beste Geschoßgewicht und die beste Geschoßform (bezogen z.B. auf Länge, Spitzenrundung, Bodenkonus, Gewichtsverteilung und Schwerpunktlage) sind immer im Zusammenhang mit innen- und außenballistischen Einflüssen (z.B. Anfangsgeschwindigkeit, Drallart, Drallgröße, Verlauf der Flugbahn und Geschoßlage zur Flugbahn) zu sehen.

Der Munitionsspezialist Karl Justrow führte einst temperamentvoll aus: »Eine gute Treffleistung bei einer zu fordernden Mindestschußweite und Wirksamkeit ist also die wichtigste Forderung, die von der Truppenführung gestellt werden muß, denn alle ruhmreichen und großen Worte einer gewaltigen Durchschlagsleistung gegen meterdicke Betondecken oder Panzerplatten sind wertlos, wenn die Ziele auf den gefechtsmäßigen Entfernungen gar nicht oder nur durch Zufall getroffen werden.« Tatsächlich wandten Waffenamt und Firma viel Zeit und Mühe auf, um durch zahlreiche Vorversuche und Erprobungen zu vertretbaren Leistungen zu kommen. Zunächst beschränkte das aus Artillerie-Offizieren und Wissenschaftlern sowie Technikern bestehende Entwicklungs- und Erprobungsteam den Erhöhungsbereich auf 50 bis 60 Grad. Darunter befürchteten die Ballisti-

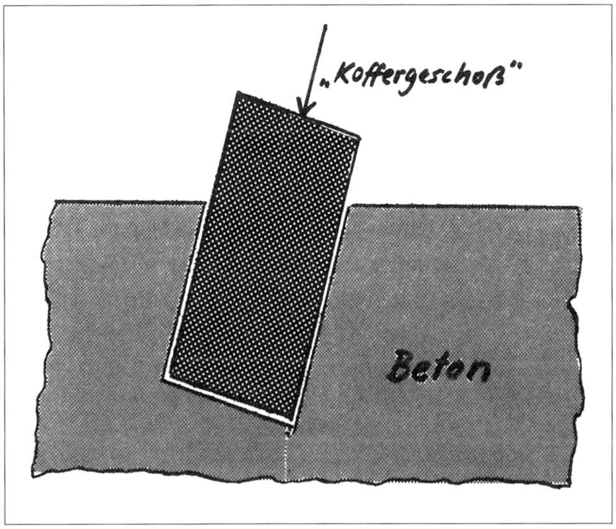

Anordnungsschema für Versuche mit Koffergeschossen.

ker zu große Streuungen, darüber eine schlechte Bahnfolgsamkeit des Geschosses. Für den begrenzten Erhöhungsbereich waren vier Ladungsbereiche nötig, damit alle entsprechenden Schußentfernungen erreicht werden konnten (Einzelheiten dazu in der Tabelle).

Viel Aufwand verlangte das Ermitteln der Geschoßwirkung, um der Truppe zuverlässige Angaben liefern zu können. Zuerst wurde die reine Durchschlagsleistung des »blinden« Geschosses untersucht. Dazu baute das Erprobungskommando auf dem Versuchsplatz Hillersleben gewaltige Zielobjekte aus armiertem Eisenbeton auf, die aufgrund exakter spezifischer Berechnungen gefertigt worden waren. Zu den bis zu 100000 Reichsmark teuren Zielaufbauten gehörten befestigte Testständе, aus denen heraus alle Vorgänge beim Auftreffen des Geschosses auf die Ziele visuell beobachtet und objektiv registriert werden konnten. Obwohl die aus dem 60 cm-Rohr der Anschießlafette abgefeuerten (blinden) Geschosse die vorausberechnete Eindringtiefe nur zu 75 bis 80 Prozent erreichten, zeigten sich die Ballistiker dennoch zufrieden. Denn:

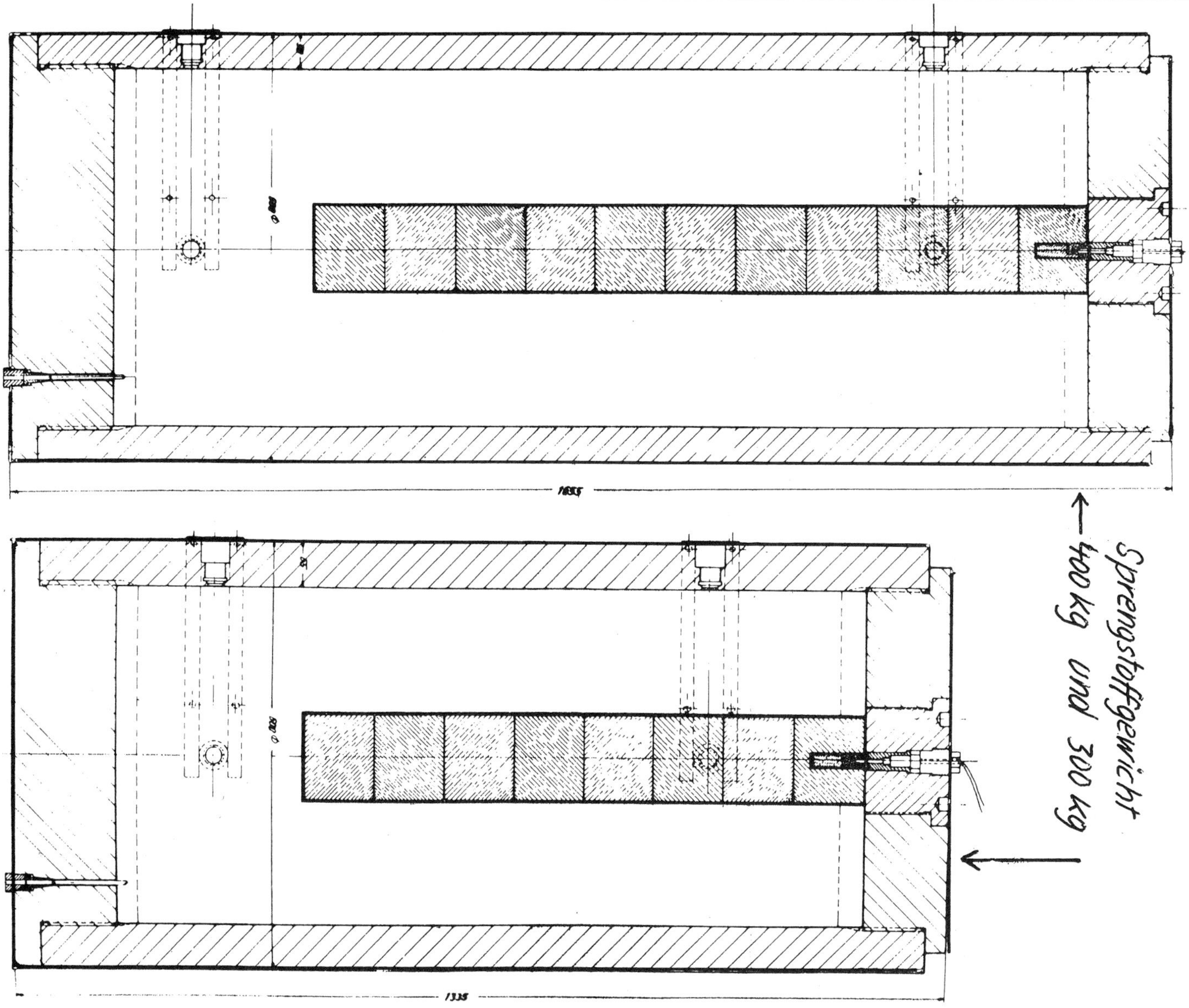

Koffergeschosse.

Beim späteren Beschuß mit scharfen Granaten wurden Betonziele mit 2,5 Meter Mächtigkeit bis zur Rückseite aufgerissen.

Und das entsprach genau den Vorversuchen mit sogenannten »Koffergeschossen«. Das waren zylindrische Behälter mit einer Sprengladung aus gegossenem Trinitrotoluol mit einer Mittelsäule des gleichen Sprengstoffes in gepreßter Form. Die Zylinderwandung war gleich stark wie die dünnste Wandstärke der »echten« Geschosse. Die Koffergeschosse benötigten kein Geschütz. Um die Sprengwirkung an Betonbauwerken exakt nachzuprüfen, hatte das Team in die Decke eines Versuchsbunkers eine Öffnung mit der Neigung entsprechend dem Einfallwinkel eines »echten« Ge-

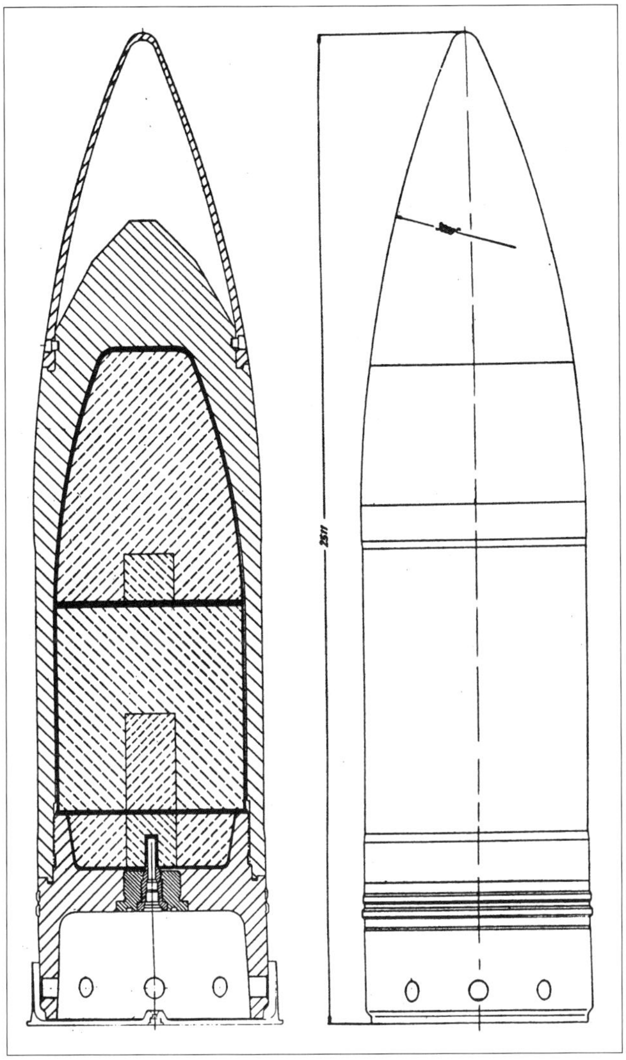
Schwere Betongranate Karl.

Ladungsraum der schweren Betongranate Karl mit Hülse und Treibladung im Geschoßboden.

schosses anbringen lassen. In dieses »Loch«, dessen Tiefe der berechneten Eindringtiefe entsprach, wurde sodann das Koffergeschoß eingelassen und mit einer gewöhnlichen Zündladung gezündet. Im Rahmen solcher Versuche kamen Behälter mit 300 und 400 kg Sprengstoff zur Wirkung.

Die Ergebnisse derartiger »Beschüsse« stellten das Munitionsreferat des Waffenamtes restlos zufrieden.

Die Geschoßwirkung hängt unter anderem auch von der »Detonationsgeschwindigkeit« des Sprengstoffes ab, die in Hillersleben ebenfalls gemessen wurde. Das Verfahren: Die Geschoßwandung erhielt oben und unten je eine Durchbohrung. Aus beiden Bohrungen führten detonierende Zündschnüre heraus, deren Enden im Augenblick der Detonation zwei Stromkreise unterbrachen. Der jeweilige Zeitpunkt dieser Unterbrechungen wurde mit Hilfe eines Kathodenstrahl-Oszillographen mit rotierendem Film meßbar gemacht: Aus dem Abstand der Bohrungen im Geschoßmantel und der Rotationsgeschwindigkeit des Films sowie dem Abstand der Kurvenausschläge wurde die Detonationsgeschwindigkeit ablesbar.

Die in den Firmendokumenten kurz erwähnten Versuche mit Modellrohren sind insofern interessant, als hier, im Gegensatz zu Modellversuchen bei 28- und 21 cm-Flachfeuergeschützen, das Übertragen der ermittelten innenballistischen Daten auf das Originalkaliber vollkommen gelungen ist.

Die Modellversuche wurden mit dem Kaliber 21 cm vorgenommen, indem Beschußrohre im Modellmaßstab des Kaliberverhältnisses 60:21,1 cm = 2,84 gefertigt wurden. Durch Multiplikation der in diesem Modellrohr ermittelten Abmessungen mit dem Modellmaßstab errechnete man die Pulverbemessung für das

Leichte Betongranate Karl.

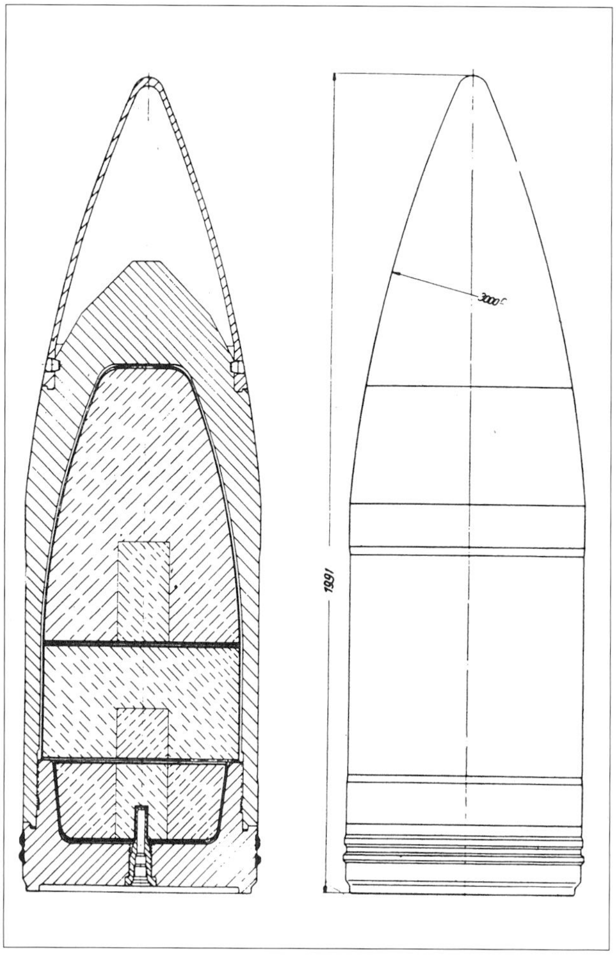

Ladungsraum der leichten Betongranate Karl.

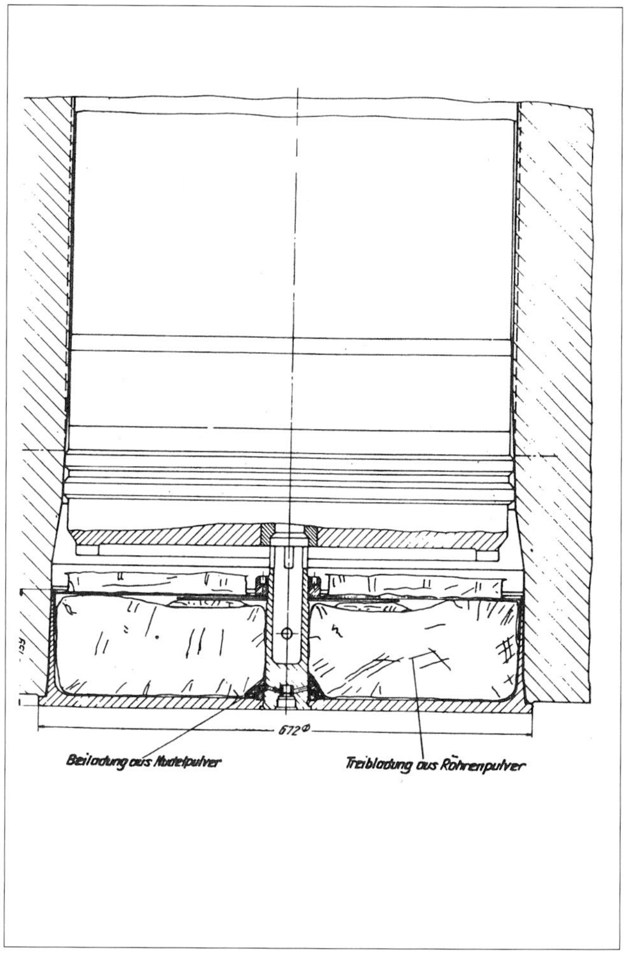

Originalkaliber. Im Hinblick auf Gasdruck, Anfangsgeschwindigkeit und Streuung erfüllte sie optimal die Bedingungen. Variationen in den Pulverbemessungen brachten deshalb keine Verbesserungen mehr.
Anfangs erwartete Beeinträchtigungen der außenballistischen Streuung durch den langen Geschoßboden traten nicht auf. Auch der vorausberechnete Drall führte zu optimalen Streuungen, die bei weiteren außenballistischen Versuchen mit Rohren eines anderen Dralls in keiner Weise mehr verbessert werden konnten. Hinsichtlich des erheblichen Unterschiedes zwischen Modell- und Originalkaliber lassen sich die Erfolge durchaus als bemerkenswert klassifizieren.
Schwierigkeiten gab es anfangs allerdings in der Festlegung der richtigen Verzögerungszeit des Bodenzünders. Dann konnte jedoch anhand von Überschlagsrechnungen und aus Vergleichen mit anderen schweren Geräten die Verzögerungszeit festgelegt werden. Die danach folgende Zielbeschüsse mit den entsprechenden Zündern ergaben eine einwandfreie Funktion und die Detonation des Geschosses »im richtigen Zeitpunkt«.

Einzelangaben zur Munition und Ballistik

Von den vorgesehenen drei Munitionsarten (schwere Betongranate, leichte Betongranate und leichte Sprenggranate) kamen mengenmäßig nur die schweren Betongranaten (60 cm) zu nennenswerten Einsätzen.
Für das Kaliber 54 cm gelangten Betongranaten in die Versuchs- und Fertigungsphase, über einen Fronteinsatz ist nichts bekannt. Die 54 cm-Spreng- granate kam über das Entwicklungs- bzw. Versuchsstadium nicht hinaus.

Schwere Betongranate Karl (60 cm) mit beschädigter Haube (links) und Betongranate (54 cm) ohne Haube auf dem heutigen Firmengelände von Rheinmetall GmbH in Düsseldorf.

	60 cm	54 cm
Gewicht schwere Betongranate	2200 kg	1580 kg
Gewicht Sprengstoff	240 kg	180 kg
Sprengstoff in %	10,9	11,4
Gewicht größte Ladung	32 kg	57 kg
Durchschlagsleistung Beton	2500 mm	3000 mm
Durchschlagsleistung Panzerstahl	450 mm	–
Geschoßführung	Band	Band
Zünder	Bodenzünder	Bodenzünder
Gewicht leichte Sprenggranate	1700 kg	1250 kg

Die Tabelle über ballistische Einzelangaben enthält die Standardwerte. Bei bestimmten Einflüssen mußten die Richtentfernungen entweder vergrößert oder verkleinert werden. Beispielsweise Vergrößerung bei: Gegenwind, Luft schwerer als 1,22 kg/cbm, Geschoßgewicht größer als schußtafelmäßig, Vo kleiner als schußtafelmäßig, Pulvertemperatur unter +10° Celsius. Verkleinerung zum Beispiel bei: Längswind, Luft leichter als 1,22 kg/cbm, Geschoßgewicht leichter als schußtafelmäßig, Vo größer als schußtafelmäßig, Pulvertemperatur über + 10° Celsius. Die Angaben wurden entnommen der Heeresdienstvorschrift 119/684 – geheim – von 1941 = »Vorläufige Schußtafel für Gerät 040 mit der schweren Betongranate« sowie »Vorläufige Schußtafel für leichte Sprenggranate« (1942) und »Vorläufige Schußtafel für leichte Betongranate« (1943).

Zu der leichten Betongranate hier noch ein interessanter Auszug aus dem Firmenbericht über die Karl-Munition: »Ende 1940 wurde der Firma die Aufgabe gestellt, für das Gerät 040 ein leichteres Geschoß zu entwickeln, damit es möglich sei, auch Schußweiten über 4300 m zu erreichen. Rh. entwickelte daraufhin eine leichte Betongranate (l.Be.Gr.Karl), die bei einem Geschoßgewicht von 1700 kg und einer Vo = 283 m/s eine Schußweite von 6700 erreichte. Nach Modellversuchen im 21-cm-Kaliber zur Entwicklung günstiger innenballistischer Verhältnisse fanden die ersten Beschüsse im Originalkaliber im März 1941 statt. Auch hier wieder bestätigten sich die Modellversuche. Mit dem leichten Geschoß wurden ebenfalls Treffbildbeschüsse und Zielbeschüsse durchgeführt. Die Streuungen sind ebenfalls gut. Bei den Zielbeschüssen ist hervorzuheben, daß die erstellten Betonziele mit 2,5 m Stärke zu schwach waren und sämtlich mit scharfer Munition, teilweise auch schon mit blinder Munition durchschlagen wurden.«

Ballistische Einzelangaben

Geschoß	Ladung	Vo m/sec	Endgeschwindigkeit in m/sec	Entfernung m	Erhöhung Strich	Flugzeit in sec
Schwere Betongranate 60 cm	1.	192	179-180	2840- 3260	1107 971	33,8 31,2
(nur bis vier Ladungen)	2.	202	188-189	3120- 3600	1111 971	35,6 32,8
	3.	212	197-198	3440- 3960	1109 969	37,4 34,3
	4.	222	206-208	3760- 4320	1110 973	39,0 36,0
Leichte Betongranate	5.	240	217-219	4260- 4920	1112 970	41,9 38,5
(Angaben ab 5. Ladung)	6.	251	226-228	4640- 5340	1111 971	43,6 40,2
	7.	262	234-237	5000- 5780	1112 969	45,5 41,8
	8.	272	243-245	5400- 6220	1111 970	47,3 43,4
	9.	283	250-253	5760- 6640	1110 968	48,8 44,8
Leichte Sprenggranate	5.	238	215-217	4200- 4920	1112 969	42,1 38,4
(Angaben ab 5. Ladung)	6.	249	224-226	4560- 5340	1112 968	43,7 40,1
	7.	260	232-235	4920- 5760	1111 970	45,5 41,7
	8.	270	240-242	5280- 6200	1112 968	47,1 43,2
	9.	279	247-250	5600- 6580	1111 970	48,4 44,6

4. SONDERFAHRZEUGE UND TRANSPORT

Zum Erreichen einer hohen Schußfolge bedurfte es der schnellen Zuführung der Geschosse zur Ladevorrichtung des Geschützes. Die immerhin über zwei Tonnen schweren Granaten wurden deshalb von einem Munitionsschlepper per 2,5-Tonnen-Wippkran und Geschoßzangen zum Geschütz gehoben.
Zu jedem Geschütz gehörten zwei Munitionsschlepper. Auf dem Panzerkampfwagen-IV-Serienfahrgestell befand sich neben dem Wippkran ein spezieller Aufbau zur Lagerung von vier Geschossen, die wiederum von Munitionstransportfahrzeugen herangeschafft wurden. Für den Transport der 120- bzw. 124-Tonnen-Kolosse gab es zwei Möglichkeiten; den Eisenbahntransport über große Entfernungen und den Straßentransport für kürzere Landmärsche.
Im Rahmen des Eisenbahntransportes erfolgte die

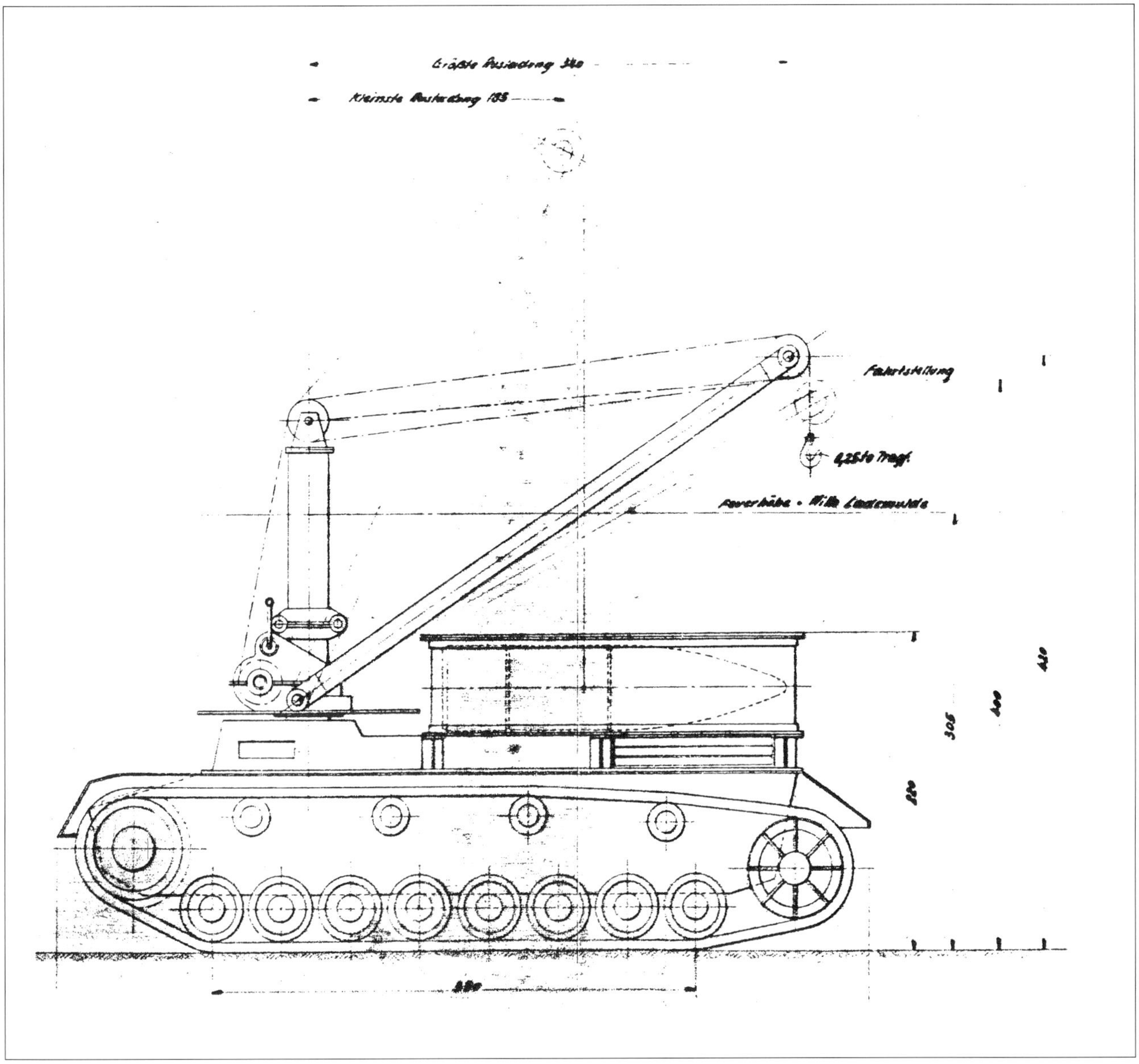

Skizze Munitionsschlepper.

Verlastung des Geschützes als sogenannte Einzellast, lediglich der mit einer Brücke zusammengefaßte Teil der Rohrrücklaufeinrichtung oberhalb des Rohres wurde entfernt, wenn das Transitprofil dies gebot. Bei diesem einlastigen Transport hing das Gerät zwischen zwei fünfachsigen Drehgestellen, gehalten von zwei Trägern. Die Drehgestelle mußten eigens für diesen Spezialtransport entwickelt und gefertigt werden. Die Länge über Puffer betrug 32 Meter (Preußische Normallokomotive = 25 Meter). Bei einer Achsbelastung von 18 Tonnen konnten deutsche Hauptstrecken befahren werden.

Komplizierter gestaltete sich der Transport des Gerätes beim Überwinden schienenloser Strecken mit Hilfe von Culemeyer-Straßenfahrzeugen. Für einen solchen Landmarsch wurde das Gerät zerlegt, wobei in der Regel folgende Fahrzeuge vorgesehen waren: Ein sechs- oder achtachsiges Culemeyer-Fahrzeug nahm

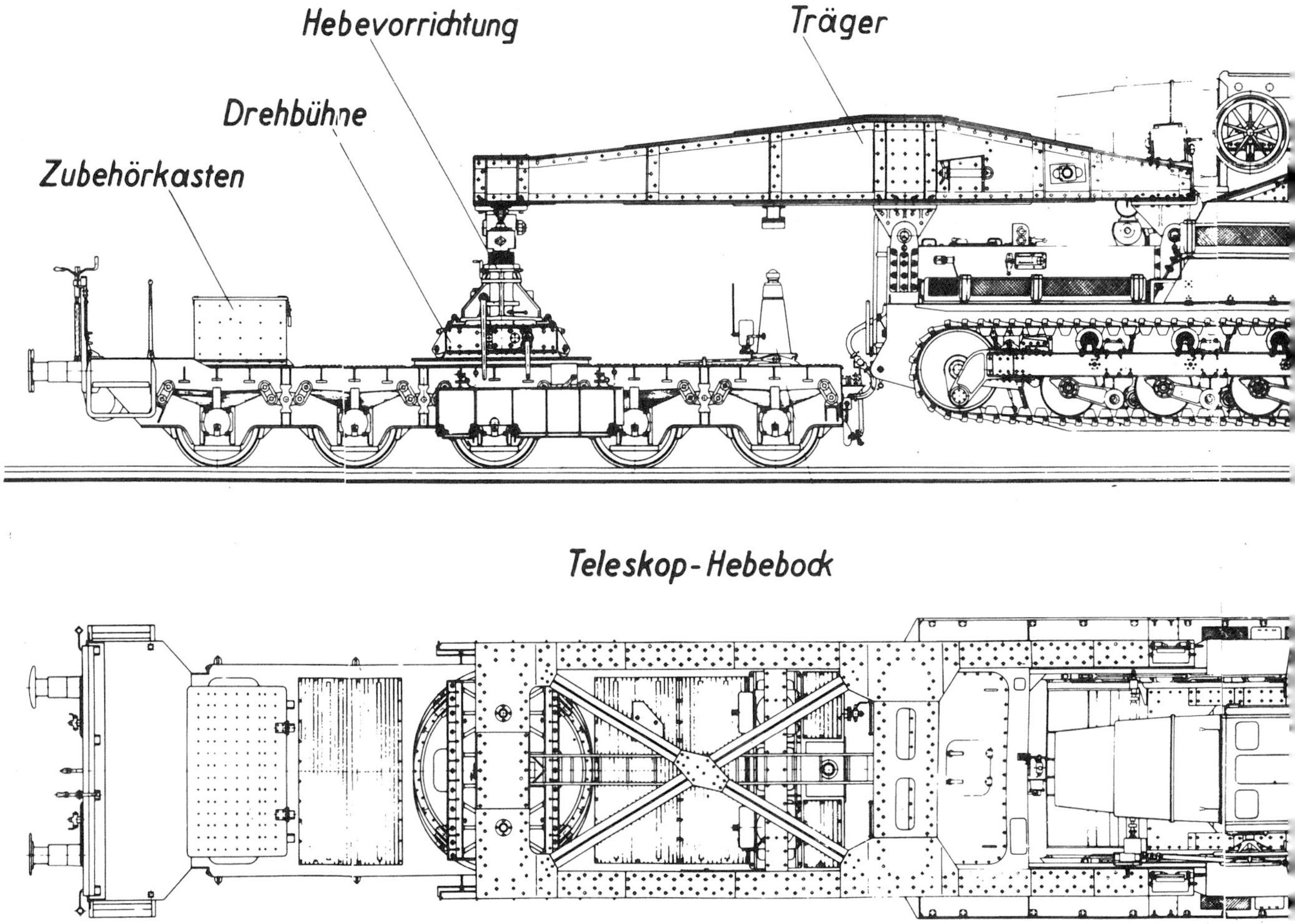

Eisenbahntransport des vollständigen Geschützes (Zeichnung: Rheinmetall)

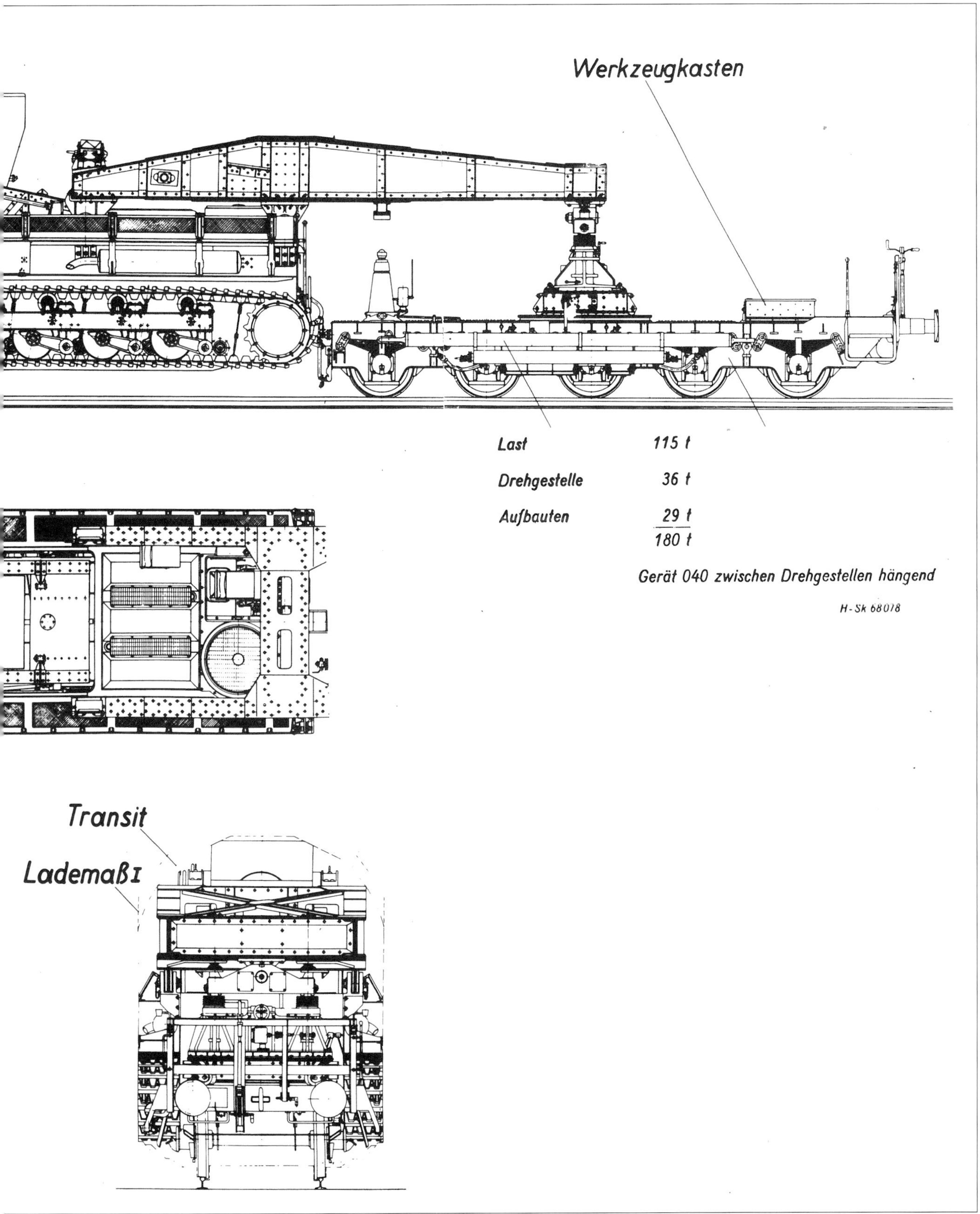

Eisenbahntransport des vollständigen Geschützes.

das Fahrgestell auf, das über eine Rampe selbständig auffuhr. Drei jeweils vierachsige Culemeyer-Fahrzeuge nahmen mit Kranhilfe die Geschützteile auf. Hinzu kamen noch die üblichen Begleitfahrzeuge.
Im einzelnen:

– 1 Pkw (Offiziere);	
– 1 Pkw (Stab), 2 Fahrer, 2 Begleiter, Last: Richtkreis und Meßgerät;	
– 1 5 t-Lkw als Zubehörwagen, 2 Fahrer, 1 Begleiter, Ladung: 2 Sporne komplett mit Pfahlziehern und	
Rammen = 4500 kg Schanzzeuge = 500 kg	5000 kg
– 1 5 t-Lkw als Vorratswagen, 2 Fahrer, 1 Begleiter, Ladung: 1 Hilfskran komplett = 2000 kg, diverses Zubehör, diverse Werkzeuge;	
– Kranfahrzeug mit 30 t-Kran;	
– achtachsiges Culemeyer-Fahrzeug mit Fahrgestell,	
Nutzlast = 48 t Fahrzeuggewicht = 18 t	66 t
Radlast = 2,06 t	
(als Zugkraftwagen diente eine 12 t-Halbkettenzugmaschine [auch 18 t], zugleich Mannschaftswagen, 2 Fahrer, 16 Mann und Gepäck);	
– vierachsiges Culemeyer-Fahrzeug mit Oberlafette und Wiege,	
Nutzlast = 27,4 t Fahrzeuggewicht = 8,0 t	35,4 t
Radlast = 2,2 t	
– vierachsiges Culemeyer-Fahrzeug mit Brücke und Ladevorrichtung,	
Nutzlast = 8,5 t Fahrzeuggewicht = 8,0 t	16,5 t
Radlast = 1,0 t	
– vierachsiges Culemeyer-Fahrzeug mit Rohr und Verschlußblock,	
Nutzlast = 28,4 t Fahrzeuggewicht = 8,0 t	36,4 t
Radlast = 2,3 t	
– 2 Munitionsschlepper (je 25 t), je 2 Fahrer, je 2 Begleiter.	

Auf den Landmarsch mußte beispielsweise zurückgegriffen werden, wenn die Strecke zwischen Schiene und Feuerstellung vom Gerät selbst nicht bewältigt werden konnte, entweder wegen schlechter Wegeverhältnisse oder aber auch, um das Gerät zu schonen. Außerdem verbot sich häufig ein Selbstfahren wegen des verräterischen Motorenlärms. Auch bei größeren Zerstörungen von Eisenbahnlinien, bei zerstörten oder zu schwachen Brücken konnte auf Culemeyer-Verlastung nicht verzichtet werden.

Träger, Hebevorrichtung und Drehbühne.

75-t-Kran für Eisenbahnverlastung.

Fahrgestell fährt selbständig über Rampe auf Culemeyer-Fahrzeug.

Fahrgestell auf Culemeyer-Fahrzeug.

Fahrgestell auf Culemeyer-Fahrzeug (mit Zugmaschine).

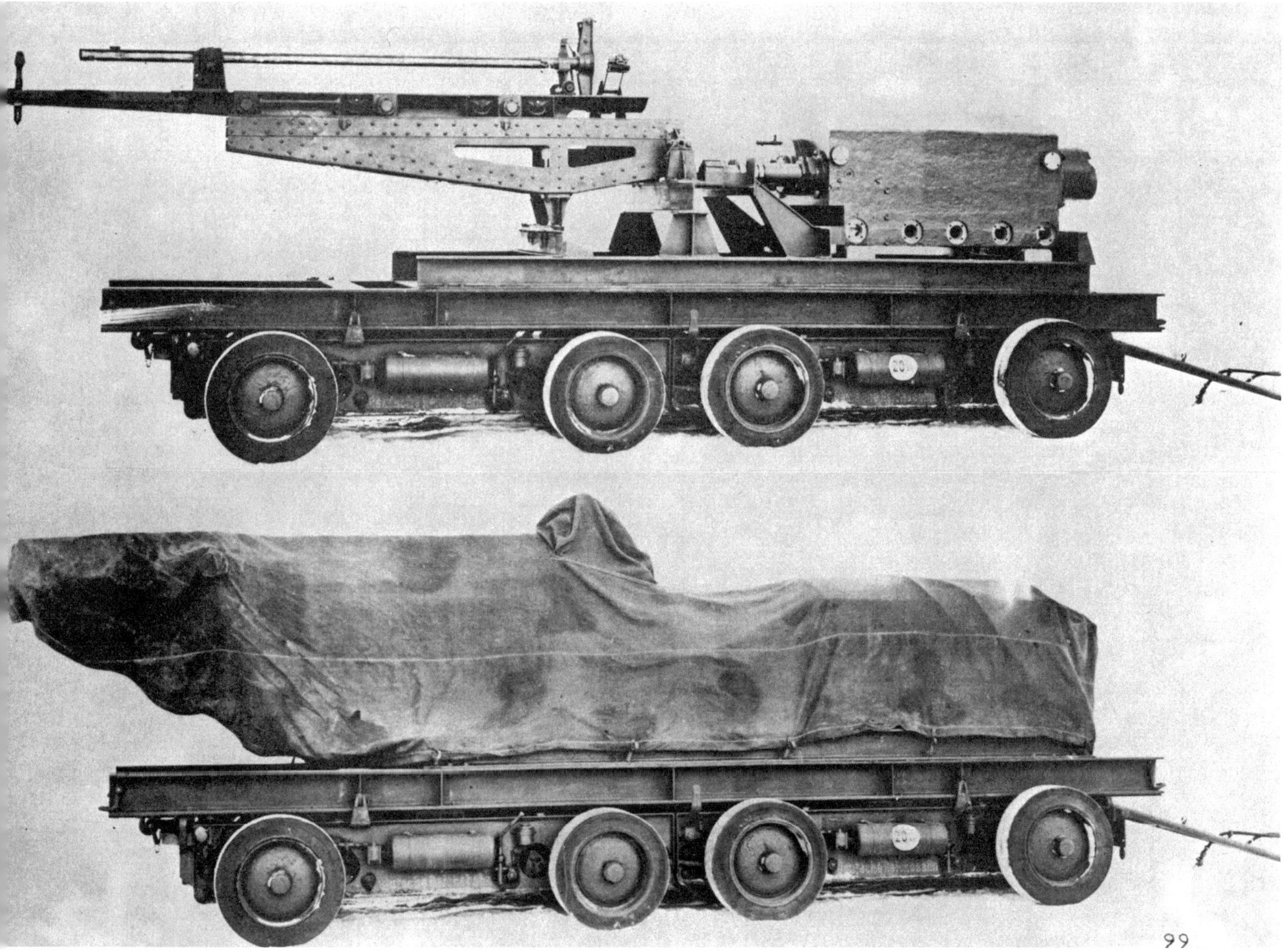

Culemeyer-Verlastung: Brücke und Ladevorrichtung.

Kranfahrzeug mit 30-t-Kran für Verlastung auf bzw. von Culemeyer-Fahrzeuge(n).

Rohr und Verschlußblock.

Oberlafette mit Rohrwiege.

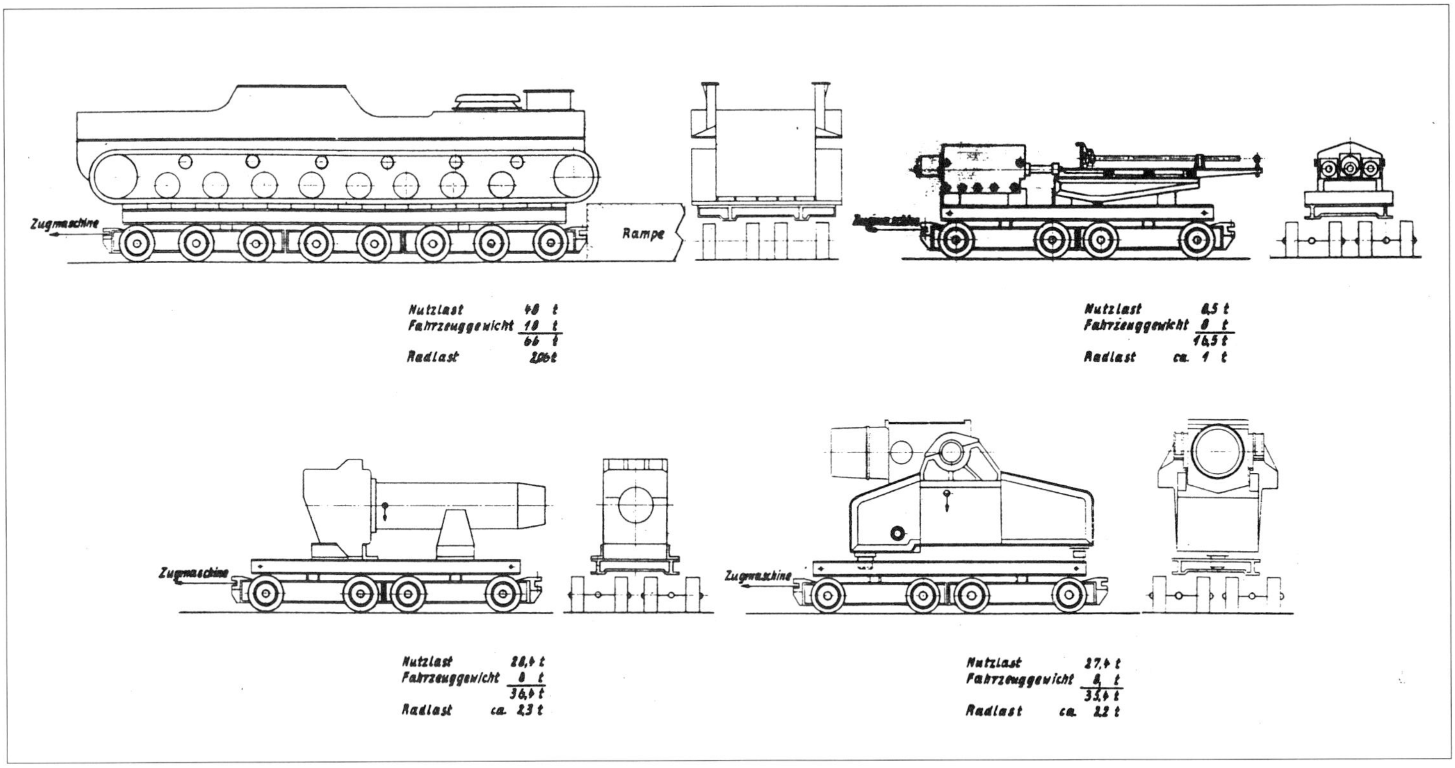

Zeichnerische Darstellung Culemeyer-Verlastung mit Querprofilen.

Gerät auf Landmarsch mit zugehörigen Begleitfahrzeugen.

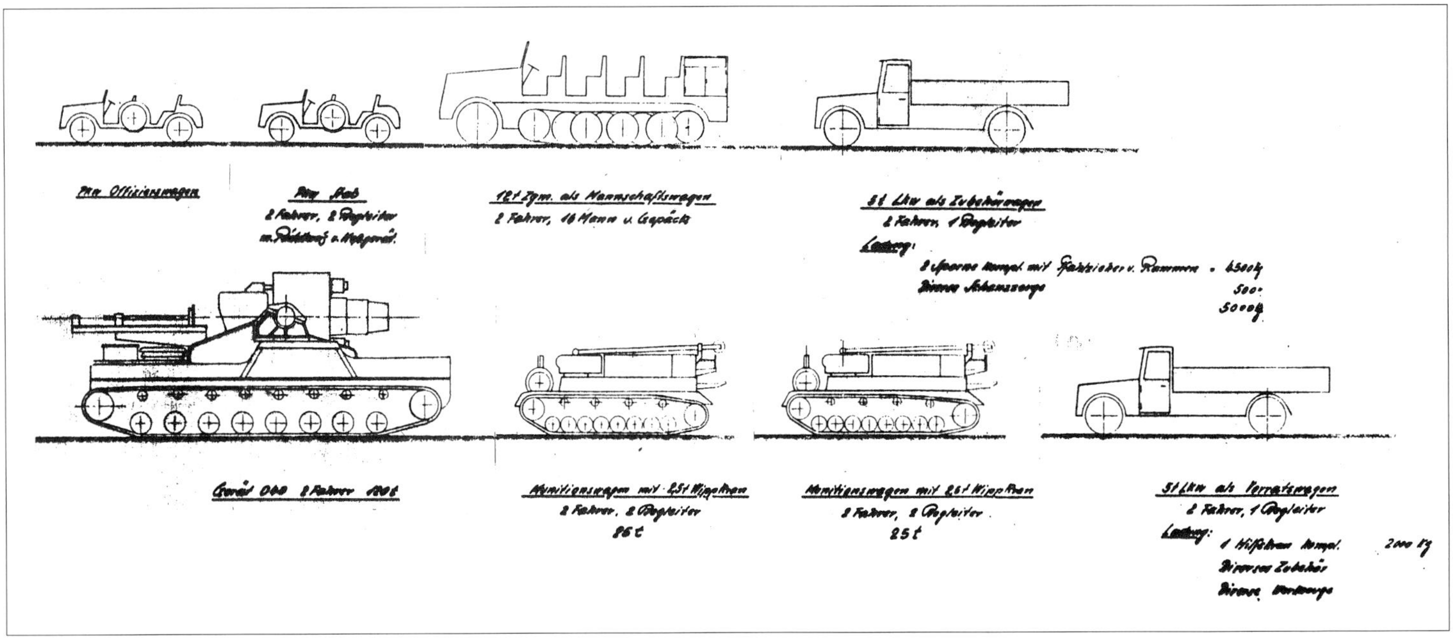

5. AUSBILDUNG AM GERÄT

Zu jeder Waffe gehören Bedienungs- und Ausbildungsrichtlinien, die sich in firmeneigenen Darstellungen und militärischen Vorschriften niederschlagen. Nachfolgend auszugsweise die entsprechende Beschreibung der Herstellerfirma Rheinmetall-Borsig für das Karl-Gerät.

I) Zusammenbau des Gerätes

Nach Beendigung des Landmarsches auf Culemeyer-Fahrzeugen werden die Einzellasten mit Hilfe eines Kranes, der mindestens 30 t trägt, in die Selbstfahrlafette eingesetzt. Als Krangehänge ist eine besondere Traverse vorgesehen. Der Einbau vollzieht sich in folgender Weise:

Zunächst wird die Lafette mit Wiege aufgesetzt und die vorderen und hinteren Klauen gegen Abheben der Lafette festgeschraubt. Dann erfolgt der Einbau des Rohres. Nach Aufsetzen und Befestigen der Brücke auf der Wiege werden die Kolbenstangen der Bremsen und Vorholer mit den Hornansätzen des Bodenstückes gekuppelt. Gleichzeitig ist die Verbindung des Rohrrücklaufmessers mit dem Bodenstück herzustellen. Als letztes wird der Lademuldenträger mit der gesamten Ladevorrichtung an der Lafette angebracht. Der Zu-

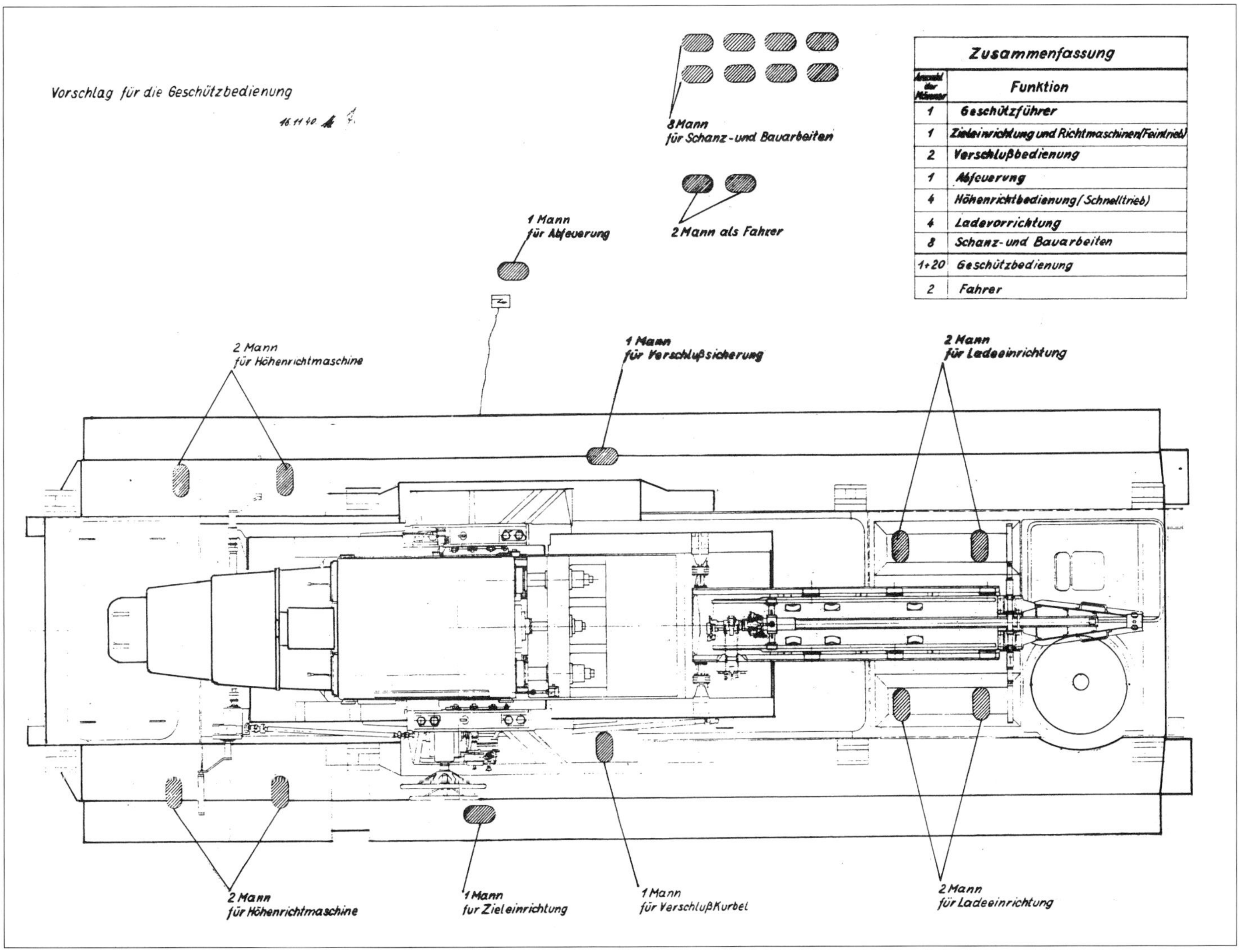

Munitionsschlepper beladen neben dem Geschütz.

sammenbau des Gerätes hat so zu erfolgen, daß zwischen den Gleitbahnen der Lagerschilder und den oberen Gleitbahnen des Fahrzeugkastens ein Spiel von 0,5 bis 1,2 mm vorhanden ist.

II) Bettung

Das Gerät fährt rückwärts in die vorbereitete Stellung, wobei ausgesteckte Richtpfähle die grobe Fahrtrichtung anzeigen. Um beim Schuß eine gleichmäßige Verteilung des Vertikaldruckes auf den Fahrzeugkasten bzw. auf den Fahrzeugboden zu erreichen sowie um Verspannungen des Fahrzeugkastens zu vermeiden, ist es notwendig, daß die Bettung vor dem Einfahren des Gerätes sorgfältig planiert wird.

III) Lafettenzurrung

Ist das Gerät auf der Bettung abgesetzt, und sind die Plattformen heruntergeklappt und die Geländer aufgestellt, so muß zunächst die Lafette aus der Fahrstellung in die Schußstellung gebracht werden. Hierzu ist notwendig, daß die Lafettenzurrbolzen mittels der beiden Kurbeln hochgespindelt und die beiden Zurrstangen zwischen Zurrbolzen und Brücke ausgebaut werden. Für die beiden ausgebauten Zurrstangen sind im Fahrzeugkasten besondere Lagerungen vorgesehen.

IV) Lafettenverschiebung

Durch den Spindeltrieb wird ein auf der Welle verschiebbares Ritzel mit dem innenverzahnten Antriebsritzel der Lafettenverschiebung in Eingriff gebracht. Das sonst lose laufende Ritzel wird dadurch mit dem Antrieb der Lafettenverschiebung gekuppelt, und durch Drehen der Kurbel wird die Lafette über die Zahnstange der Lafettenbremseinrichtung in die Schußstellung vorgebracht. In dieser Stellung muß die Brücke der Lafettenbremseinrichtung durch Herabspindeln der Zurrbolzen mit dem Fahrzeugkasten gekuppelt

Herausheben des Geschosses aus dem Munitionsschlepper mittels Geschoßzange.

werden. Gleichzeitig muß durch Betätigung des Spindeltriebes das verschiebbare Ritzel wieder ausgerückt werden. Hierdurch wird zwangsläufig der Stromkreis der elektrischen Abfeuerung durch einen gesteuerten Sicherschalter wieder geschlossen.

V) Geschützbedienung

Für die Geschützbedienung sind ein Geschützführer und 15 Mann vorgesehen. Über die Tätigkeit der Geschützbedienung siehe Abschn. IX.

VI) Ladevorgang

a) Geschoß

Der Wippkran des Munitionsschleppers legt das Geschoß mit Hilfe der Geschoßzange auf die Lademulde auf. Bei geöffnetem Keil wird nach Betätigung des Zurrhebels der Lademuldenwagen mit dem Geschoß nach vorne gefahren, bis die Zurrung am Bodenstück einrastet. Nachdem der Hebel der Klauensicherung in der hinteren Lagerung (Klauen lose) gelegt ist, wird durch Drehen der beiden Handkurbeln der Ansetzerkopf gegen den Geschoßboden gedrückt und das Geschoß in das Rohr eingeführt bzw. angesetzt. Der Ansetzer wird zurückgekurbelt und nach Betätigung des Zurrhebels mit dem Lademuldenwagen in die Endstellung zurückgefahren.

b) Hülse

Der Wippkran des Munitionsschleppers legt die Hülse mit Hilfe der Hülsenzange auf den vorderen für die Lagerung der Hülse vorgesehenen Teil der Lademulde auf. Nachdem der Hebel der Klauensicherung in der vorderen Lagerung (Klauen fest) gelegt ist, werden die beiden Klauen des Ansetzerkopfes in die an der Hülse vorgesehenen Bohrung eingeführt und durch Verdrehen des Ansetzerkopfes miteinander verriegelt. Nach Betätigung des Zurrhebels wird der Lademuldenwagen mit der Hülse nach vorne gefahren bis die

Herüberschwenken des Geschosses zum Geschütz.

Zurrung am Bodenstück einrastet. Durch Drehen der beiden Handkurbeln wird die Hülse in das Rohr eingeführt bezw. angesetzt. Nach Entriegelung des Ansetzerkopfes wird derselbe zurückgekurbelt und nach Betätigung des Zurrhebels mit dem Lademuldenwagen in die Endstellung zurückgefahren. Der Verschlußkeil wird geschlossen.

VII) Entladevorgang

a) Hülse

Der Verschlußkeil wird geöffnet. Nachdem der Hebel der Klauensicherung in der vorderen Lagerung (Klauen fest) gelegt ist, wird nach Betätigung des Zurrhebels der Lademuldenwagen nach vorne gefahren, bis die Zurrung am Bodenstück einrastet. Die beiden Klauen des Ansetzerkopfes werden in die an der Hülse vorgesehenen Bohrung eingeführt und durch Verdrehen des Ansetzerkopfes miteinander verriegelt. Durch Drehen der beiden Handkurbeln wird die Hülse auf den vorderen Teil der Lademulde gezogen. Nach Betätigung des Zurrhebels wird der Lademuldenwagen mit der Hülse in die Endstellung zurückgefahren. Das Ausziehen von Hülsenklemmer entspricht genau dem Entladevorgang.

b) Geschoß

Zum Lösen des Geschosses wird der Entlader, bestehend aus einem Spannsteg und zwei Spannstücken mit Druckschrauben im Laderaum eingesetzt. Die Ansätze der beiden Spannstücke werden in die Ausnehmungen am Geschoßboden eingeführt. Durch Anziehen der beiden Druckschrauben wird das Geschoß gelöst. Der Entlader wird daraufhin ausgebaut.

Nachdem der Hebel der Klauensicherung in der hinteren Lagerung (Klauen lose) gelegt ist, wird auf dem Ansetzerkopf die Entladezange befestigt. Nach Betätigung des Zurrhebels wird der Lademuldenwagen nach vorne gefahren, bis die Zurrung am Bodenstück einrastet. Die beiden Klinken der Entladezange werden in die Ausnehmungen am Geschoß-

(Anmerkung Verfasser: Bei der wiedergegebenen Zeichnung des Heereswaffenamtes »Vorschlag für die Geschützbedienung« ist von der obigen Zusammensetzung geringfügig abgewichen worden.)

2) Verrichtungen am Geschütz bis zur Feuerbereitschaft.

Für Fahrer:

Aufstellen des Gerätes in die Grundrichtung,
Gerät absenken,
Motor abstellen,
Beifahrersitz abnehmen,
Fahrersitz abdecken.

Für die Geschützbedienung:

Auf das Kommando »An das Gerät, Gerät fertigmachen« legen K 4 - K 12 die langen Laufstege, K 13 - K 15 die kurzen Laufstege aus. Hierzu steigen K 4 - K 7 auf das Fahrzeug und K 8 - K 12 bleiben unten zur Abstützung der Laufstege. Zuerst werden die linken, dann die rechten Laufstege ausgelegt.

K 1 hat nun das Rundblickfernrohr aufzusetzen, das Höhen- und Seitenrichthandrad vom Marschlager zu nehmen und auf die Richtwellen zu stecken. Dann überprüft K 1 die Zieleinrichtung und schiebt den Rücklaufmesser nach vorne. K 2 und K 3 decken die Windkanäle am Fahrzeug zu und nehmen die Mündungskappe ab. K 2 stellt die Sicherungswelle auf »lose«.

K 3 nimmt die Verschlußkurbel vom Marschlager, setzt sie auf den Vierkant der Leitwelle, öffnet den Verschluß und sieht durch das Rohr (Fremdkörper).

K 10 - K 15 wischen das Rohr durch und anschließend K 10 das Keilloch.

K 4 - K 9 bringen die Oberlafette in Schußstellung. Hierzu nehmen K 5 und K 7 die Kurbel vom Marschlager und setzen sie auf den Antrieb der Zurrbolzen. Die Zurrbolzen werden durch Kurbeln hochgezogen. K 8 und K 9 steigen in den Fahrzeugkasten, entfernen die Zurrstangen und legen sie in die angebrachten Schießlager. Während dieser Zeit stecken K 5 und K 7 die Kurbel auf die Antriebswelle der Lafettenverschiebung um. Auf der anderen Seite nehmen K 4 und K 6 die Kurbel vom Marschlager und setzen sie auf das andere Ende der Antriebswelle der Lafettenverschiebung. Wenn K 8 und K 9 den Fahrgestellkasten verlassen haben, bringen auf

Ansetzer führt das Geschoß ein.

Geschoß ist angesetzt (rechts geöffneter Verschluß).

Verschluß geschlossen.

60-cm-Karl-Gerät und Munitionsschlepper.

Der Mörser Karl wird in die richtige Schussposition gebracht. (Bundesarchiv Bild 101I-695-0424-25A, CC-BY-SA-30).

Rohr in befohlener Erhöhung.

Bedienungsmannschaft verläßt vor dem Feuern das Geschütz (Deckung). – Die Bildfolge des Ladevorgangs entstand größtenteils 1944 in Warschau.

Der schwere Mörser Karl. (Fotos: PD).

Adam
На Экспонаты
залезать
категорически
ЗАПРЕЩЕНО!!!

Befehl des Geschützführers K 4 - K 7 die Oberlafette durch Kurbeln in die Schußstellung.

K 5 und K 7 setzen dann die Kurbel auf den Antrieb der Zurrbolzen, spindeln diese herab und rücken das verschiebbare Ritzel aus.

Nunmehr stecken K 4 - K 7 die Kurbeln auf den Grobtrieb der Höhenrichtmaschine um. Dabei ist darauf zu achten, daß die Kurbeln gegeneinander versetzt sind.

Dem Rohr wird die größte Erhöhung gegeben und anschließend das Rohr in Ladestellung gebracht. K 14 und K 15 nehmen die Ansetzer-Kurbeln aus dem Marschlager am Lademuldenträger und setzen sie auf die Antriebswelle des Ansetzers. K 15 löst den Bolzen zum Ansetzer und kurbelt mit K 14 den Ansetzer bis zum Anschlag zurück.

K 12 und K 13 reinigen die Lademulde und K 11 schiebt den Lafettenrücklaufmesser nach vorne.

3) Feuereröffnung

a) vor dem Schuß

K 1 richtet das Geschütz nach den gegebenen Bestimmungen ein. K 3 öffnet den Verschluß.

K 10 - K 15 übernehmen das Geschoß, das vom Kran aus dem Munitionsschlepper gehoben wird, dabei klinken K 12 und K 13 den Greifer aus und K 14 und K 15 säubern das Geschoß. Auf Befehl des Geschützführers klinkt K 11 die Lademulde aus und K 10 - K 15 schieben die Lademulde nach vorne ins Keilloch. Es ist darauf zu achten, daß die Klinke am Bodenstück einspringt.

K 12 - K 15 kurbeln nun den Ansetzer nach vorn und setzen damit das Geschoß an.

Nachdem K 11 die Klinke ausgerückt hat, ziehen K 12 - K 15 die Lademulde zurück.

Dann treten K 10 - K 15 hinter das Geschütz (Deckung).

K 3 und K 9 setzen die Kartusche ein; sie werden dabei von K 8 unterstützt. K 3, K 8 und K 9 kurbeln den Ansetzer zurück und fahren die Lademulde in die Endstellung.

**Mörser Karl im Panzer-
museum Kubinka.
(Foto: Alf van Beem, PD).**

K 3 schließt auf Befehl des Geschützführers den Verschluß und nimmt die Kurbel ab.
K 3, K 8 und K 9 treten jetzt hinter das Geschütz (Deckung).
K 2 legt die Sicherungswelle auf »Feuer« und ruft dem Geschützführer zu: »Rohr fertig.«
K 5 schaltet den Feintrieb der Höhenrichtmaschine aus.
Auf Befehl des Geschützführers geben K 4 - K 7 dem Rohr die grobe Erhöhung.
K 5 schaltet den Feintrieb der Höhenrichtmaschine wieder ein.
K 1 stellt die richtige Erhöhung ein.
Auch K 4 - K 7 treten nun hinter das Geschütz (Deckung).
K 1 überprüft mit dem Geschützführer nochmals die richtige Einstellung der Richtmittel und tritt hinter das Geschütz (Deckung).
Der Geschützführer verläßt die Geschützplattform, begibt sich zur Zündmaschine und meldet dem Batterieoffizier: »xtes Geschütz feuerbereit.«
Auf das Kommando des Batterieoffiziers: »Geschütz entsichern« dreht K 2 den Zündschlüssel auf »Feuer«, zieht ihn ab und übergibt den Zündschlüssel dem Geschützführer.
Auf das Kommando des Batterieoffiziers: »xtes Feuer« löst der Geschützführer den Schuß aus.

b) nach dem Schuß
Auf Befehl des Batterieoffiziers tritt die Bedienung wieder an das Geschütz.
K 5 schaltet den Feintrieb der Höhenrichtmaschine aus, dann kurbeln K 4 - K 7 das Rohr in Ladestellung.
K 2 legt die Sicherungswelle auf »lose«.
K 3 steckt die Öffnerkurbel auf und öffnet den Verschluß.
K 3, K 8 und K 9 nehmen die Kartuschhülse mit dem Abschlußdeckel des Geschosses aus dem Rohr heraus.
K 8 säubert das Keilloch und sieht durch das Rohr (Fremdkörper). Falls keine neue Kartusche genommen wird, wechselt K 9 die elektrische Zündschraube aus.
Nunmehr folgen die Verrichtungen wie bei der Feuereröffnung.

Diese Darstellung der Tätigkeiten vom Instellunggehen bis zur Feuereröffnung vermittelt – trotz des typischen Vorschriften-Deutsches – einen Eindruck von den Anforderungen, denen Mensch und Material ausgesetzt waren. Wenn man bedenkt, daß Karl-Geschützbedienungen bisweilen eine Feuergeschwindigkeit von fünf Minuten pro Schuß erzielt haben, dann kann sich wohl jeder Laie vorstellen, was die Männer zu leisten imstande waren.

6. GEHEIMHALTUNG

Das von Anbeginn als »Staatsgeheimnis« bzw. »Geheime Kommandosache« klassifizierte umfangreiche und zeitlich gestreckte »Karl«-Projekt sowie der Fronteinsatz setzten nicht minder umfangreiche und strenge Sicherheits- und Abschirmmaßnahmen voraus. Nach der Devise »Kenntnis nur wenn nötig« beschränkte man die beteiligten Personen auf einen möglichst kleinen »eingeweihten Kreis«. Im Heereswaffenamt wußten nur die unmittelbar beteiligten Abteilungen von dem Projekt. Bei der Herstellerfirma beschränkte sich die Mitwirkung auf die Spitzenkräfte der Entwicklungs- und Konstruktionsabteilungen. Die mit dem Vorhaben berührten Militärs und Zivilisten mußten sich innerhalb der ohnehin geltenden Geheimhaltungspflicht einer gesonderten »Vergatterung« unterziehen. Schriftverkehr, Notizen, Skizzen, Zeichnungen und dergleichen wurden so knapp wie möglich gehalten, teilweise gingen nur einmal gefertigte Exemplare von Hand zu Hand.
Die Bezeichnung Mörser oder Steilfeuergeschütz im Zusammenhang mit dem Karl-Gerät tauchte nur selten auf, meist benutzte man den Begriff »Sondergerät« oder eben Gerät 040 bzw. 041; nach der Einführung in die Truppe auch Karl-Gerät bzw. Karl-Geschütz. Die Angehörigen der betreffenden Batterien oder Abteilungen verwendeten die truppeninternen Eigennamen der Geschütze.
Die Schieß-, Meß- und Erprobungsgerätschaften wurden von ausgesuchtem Firmenpersonal bedient. Über die Anschießlafetten rollte man beim Ruhen des Schießbetriebes einen als Schuppen getarnten Sichtschutz (der gleichzeitig als Schutz gegen Witterungs-

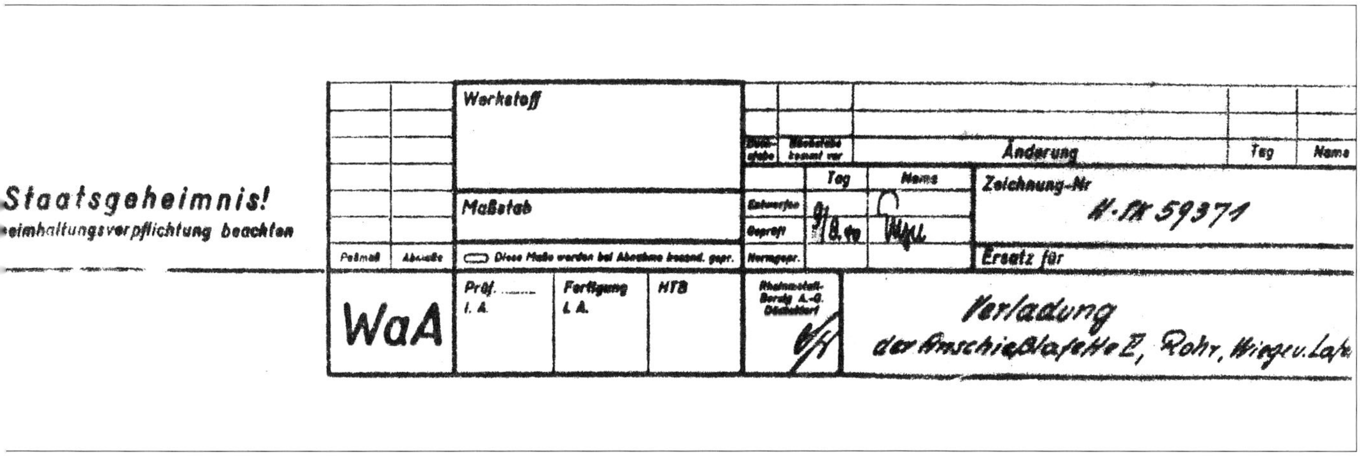

Kennzeichnungsbeispiel »Staatsgeheimnis«.

Wochenschau-Aufnahme (Sewastopol 1942): Mehr durfte vom Karl-Gerät nicht gezeigt werden.

Eine Granate des Mörsers Karl. (Foto: E. Lokajski, PD).

Der schwere Mörser Karl samt Munitionsschlepper.

Bild rechte Spalte: Der Mörser Karl während des Warschauer Aufstandes. (Bundesarchiv Bild 101I-695-0424-15A CC-BY-SA-30).

einflüsse diente). Die Fahrversuche mit dem Fahrgestell erfolgten ohne artilleristischen Aufbau, an seine Stelle traten unverfängliche Stahl- oder Betonplatten gleichen Gewichts. Wegen des allgemeinen Fotografierverbots entstanden nur wenige offizielle Fotos, meist zu Ausbildungszwecken und für die spezifische Dokumentation.

Die NS-Propaganda, die sonst nicht zimperlich war mit der protzigen Zurschaustellung der Wehrmacht und ihrer »unübertrefflichen« Waffen, hielt sich beim Mörser Karl sehr zurück. Die Wochenschauaufnahmen vom Geschütz vor Sewastopol sind eher flüchtige Einblendungen. Nie ist das Geschütz in seiner Gesamtheit zu sehen, und der Kommentator spricht ganz allgemein vom Einsatz »schwerster Kaliber«. Die vom Oberkommando der Wehrmacht herausgegebene Zeitschrift »Die Wehrmacht« brachte auf zwei Seiten einen Bildbericht »Schwerste deutsche Artillerie« unter Verwendung von eben diesen Wochenschaubildern. Der auf einem Foto erkennbare Namenszug »Thor« führte zu der irrigen Annahme, hier würde es sich um die Typ-Bezeichnung handeln. Noch heute findet sich dieses Mißverständnis in der Literatur.

Mehr noch als die westlichen Gegner, versuchte der Russe die deutsche Waffenproduktion auszuspähen. So schienen ihm die deutschen Aktivitäten auf dem Sektor der schwersten und allerschwersten Artillerie nicht ganz entgangen zu sein. Während der Gültigkeit des deutsch-sowjetischen Nichtangriffspakts ließ er offiziell anfragen, was es mit den Kalibern 60 bis 80 cm auf sich habe, ob es sich dabei vielleicht um bloße Propagandawaffen handele? Die Antwort erschöpfte sich naturgemäß in unverbindlichen diplomatischen Floskeln.

Erst mit Fortschreiten des Krieges im Osten erfuhren die Russen im Rahmen normaler militärischer Aufklärungsarbeiten von dem Vorhandensein eines überschweren Mörsers. Als die Amerikaner bei Kriegsende ein Karl-Gerät, von den Deutschen teilgesprengt, zu Gesicht bekamen, war das rein militärische Interesse

Mörser Karl im Tankmuseum Kubinka. (Foto: Galin Vladimir Petrovich, PD).

daran freilich geschwunden. Nur in waffentechnischer Hinsicht erregte es Aufsehen, wurde aber auch als artilleristisches Kuriosum abgetan. Nicht so die fahrtechnische Seite. Fahrgestell, Antrieb, Laufwerk und Absenkvorrichtung fanden großes Interesse bei alliierten Wehrtechnikern. Nach nicht bestätigten Angaben wollten die Amerikaner die Karl-Selbstfahrlafette nach dem Krieg für ihre Atomkanonen weiterentwickeln.

Adam war der Name des ersten der sieben gebauten schweren Mörser vom Typ Karl. (Foto: Alf van Beem, PD).

IV. Fronteinsatz

1. ALLGEMEINES

Der Weg jedes einzelnen Karl-Gerätes bis Kriegsende läßt sich zwar nicht mehr lückenlos nachvollziehen, sicher aber ist, daß der Einsatz dieser Sondergeschütze, auch in der ersten Hälfte des Krieges, längst nicht den Stellenwert hatte wie etwa die »Dicke Berta« im Ersten Weltkrieg. In der Regel behielt sich das Oberkommando des Heeres vor, ob, wann, wo und wie die überkalibrigen Geschütze eingesetzt werden sollten. Die Entscheidungen wiederum hingen ab vom Zustand der Geräte, der Logistik, dem Personal, dem Munitionsnachschub und nicht zuletzt von der Bewegung der Fronten sowie dem Vorhandensein »lohnender« Ziele.

Außerdem legte die artilleristische Führung größten Wert auf einen möglichst abgesicherten Einsatz, um den Verlust der Geräte durch Feindeinwirkung zu verhindern. Nach einem schwerpunktmäßigen Kampfeinsatz wurden die Geschütze weit hinter der Front zurückgehalten oder gar in die Heimat zurückgeführt, wo sie von Spezialisten der Herstellerfirma instandgesetzt wurden. Für solche Heimattransporte stellte die Truppe besondere Rückführungskommandos zusammen. Ein Heimataufenthalt konnte sich über viele Monate hinziehen, zumal dann, wenn neue Bedienungsmannschaften auszubilden waren. Denn nach Rückkehr an die Front war nicht gesagt, daß die Geräte wieder bei der ursprünglichen Batterie oder Abteilung Verwendung fanden. Diese waren in der Zwischenzeit entweder umgegliedert, mit anderen Kalibern ausgestattet oder in Abschnitte verlegt worden, in denen Karl-Geräte keinerlei Nutzen gebracht hätten. Dieses auf den ersten Blick wenig effiziente Verfahren ist unter anderem darin begründet, daß der Feldzug im Osten entgegen den Vorstellungen Hitlers sich in verhängnisvolle Länge zog. So wurden Karl-Geräte für irgendeinen Sondereinsatz zwar wiederholt vorgesehen, dann jedoch wegen der veränderten Lage zurückbeordert oder umdirigiert. In solchen bisweilen chaotischen Situationen konnte es nicht ausbleiben, daß Karl-Geschütze zu Einsatzorten befohlen wurden, die längst in Feindeshand lagen, daß nach Ankunft der Geräte die Munition fehlte.

Die einst nur für das Bezwingen der Maginotlinie entwickelten Steilfeuergeschütze des Typs Karl »genossen« jedenfalls fast bis Kriegsende eine seltsame Aufmerksamkeit höchster politischer und militärischer Stellen. Das mag angesichts der geringen Stückzahl und der immer begrenzter werdenden Einsatzmöglichkeiten grotesk anmuten. Letztlich aber ein typisches Beispiel für die damalige Devise, wonach eine einmal unter großem Aufwand entwickelte und produzierte Waffe gefälligst auch zu »benutzen« ist.

Das Geschehen um das Geschütz im einzelnen sollte nicht ohne kurzes Eingehen auf einige artilleristische Merkmale und Grundsätze aufgezeigt werden. Im Zuge des allgemeinen Heeresausbaues ab 1934 erfuhr die deutsche Artillerie einen ungemein raschen Aufbau in quantitativer und qualitativer Hinsicht. Die mehr als bescheidene Artillerie mit 24 Abteilungen und 288 Feldgeschützen (Höchstkaliber 10,5 cm) wuchs bis 1937 um das Achtzehnfache an. Zu Beginn des Krieges gab es rund 483000 Offiziere, Unteroffiziere und Mannschaften in der Artillerie (12,8 Prozent des Feldheeres). Die Gesamtstärke erhöhte sich im Kriegsverlauf nochmals um das Doppelte (etwa 24 Prozent des Feldheeres).

Schon im Oktober 1935 erfolgte die Trennung der leichten und schweren Artillerie unter gleichzeitiger Vermehrung der schweren Artillerie, deren Anteil rund 37 Prozent erreichte. Auch das traditionsreiche Artillerie-Schulsystem erfuhr einen bemerkenswerten Aufschwung und Wertzuwachs. Die Artillerie-Schule Jüterbog zum Beispiel mit ihren hervorragenden Lehroffizieren prägte Führung, Organisation und Ausbildung. Erwähnt sei ebenfalls die Entwicklung der Aufklärenden Artillerie, deren Vermessungs-, Schallmeß-, Lichtmeß- und Ballonbatterien die modernsten Einsatzmittel erhielten und nach fortschrittlichen Methoden arbeiteten.

Die Grundsätze der Artillerieführung wurden in entsprechenden Vorschriften festgelegt. Unterste Führungsebene war das Regiment, während die Abteilungen und Batterien mit ihren Geschützen, die jegliches Kaliber haben konnten, die eigentlichen Kampf- und Feuereinheiten bildeten. Die Hauptaufgaben des Regimentskommandeurs umfaßten im wesentlichen Erkundung und Aufklärung; Festlegung von Aufmarsch- und Stellungsräumen sowie Wirkungsbereichen nach Seite und Tiefe; Leitung des Feuerkampfes und Zielzuweisung; Überwachung des Zusammenwirkens mit anderen Angriffsverbänden; Durchführung der Artilleriebekämpfung, meist nach Maßgabe der nächsthöheren Führungsebene, des Artilleriekommandeurs.

Der Artilleriekommandeur (Arko) verkörperte die höhere Artillerieführung bei einem Armeekorps, er war als Truppenführer der Korpsartillerie zugleich Berater des Kommandierenden Generals. Er hatte unter anderem die Möglichkeit, je nach Gefechtsabsicht bestimmte Artillerie zwecks Schwerpunktbildung zuzuführen und bevorzugt Munition zuzuweisen. Lediglich über die schwere Artillerie konnte er grundsätzlich nicht verfügen, sie verblieb bei der Armee, weil deren Wirkung über den Bereich des Armeekorps hinausging.

Die Verantwortlichkeit der Artillerieführung auf der Ebene der Armee lag beim Höheren Artilleriekommandeur (HöhArko oder Harko). Dieser steuerte hauptsächlich bei großen Artillerie-Massierungen die Feuerleitung, das Zusammenwirken und bestimmte den Einsatz schwerster Artillerie. Erst 1943, als die gesamte deutsche Artillerie bereits empfindlich geschwächt war, befahl Hitler die Bildung von Artillerie-Divisionen zum Bilden von artilleristischen Schwerpunkten. Als erste entstand die 18. Art.-Div. (aus der 18. Panzerdivision unter Eingliederung von Divisions- und Heeresartillerie). Die Organisation und Gliederung der deutschen Artillerie hat mit Fortschreiten des Krieges derart viele Änderungen erfahren, daß sie hier nicht weiter verfolgt werden sollen, sie würden überdies den Rahmen dieses Buches sprengen.

Nur noch dies: Die schwere Artillerie bestand ebenfalls aus Batterien und Abteilungen, wobei die Batterien aus einem bis vier Geschützen bestehen konnten – je nach Kaliber; die Geschützzahl nahm mit steigendem Kaliber ab. Es gab sogar eine eingeschützige Abteilung, die schwere Artillerie Abteilung (E) 672 mit der 80 cm-Eisenbahnkanone »Dora«.

Selbständige schwere Batterien (zum Beispiel mit Karl-Geräten ausgestattete) besaßen ihre eigenen Nummern in der Reihe der Artillerie-Abteilungen bzw. -Regimenter. Nur in den Fällen, in denen eine Batterie aufgelöst oder in einer Abteilung aufging, wurde die freigewordene Nummer neu besetzt.

Bei Kriegsbeginn standen 117 schwere Abteilungen zur Verfügung, in der Masse mit 10 cm-Kanonen und/oder 15 cm-Feldhaubitzen ausgestattet. Desweiteren bestand die schwere Artillerie, die 1940 in ihrer Gesamtheit Heerestruppe wurde, aus folgenden Kalibern (nicht berücksichtigt Beutegeschütze): 15 cm-, 17 cm- und 21 cm-Kanonen; 21 cm-Mörser; 24 cm-Haubitzen; 24 cm-Kanonen; 30,5 cm-, 35,5 cm-, 42 cm- und 54/60 cm-Mörser (Karl-Geräte).

Zu der schweren Artillerie gehörte auch die gesamte Eisenbahnartillerie in den Kalibern 15, 17, 21, 24, 28, 38, 40 und 80 cm. Die im Krieg in Verlust geratenen schweren Abteilungen (vor allem in Stalingrad) erfuhren – wenn überhaupt – eine Neuaufstellung als leichte Abteilungen. Schließlich bildete die Heeresküstenartillerie eine weitere Gruppe der schweren Artillerie (meist ortsfest im Westwall, später Atlantikwall).

Karl-Montage-Team in Unterlüß (Februar 1941).

General der Artillerie Prof. Dr.-Ing. Karl Becker (Pfeil) beim 50jährigen Jubiläum der Firma Rheinmetall-Borsig 1939.

Artillerie-Offiziere auf dem »Feldherrenhügel« in Jüterbog.

Im Rahmen der Ausstattung der Batterien und Abteilungen mit schweren, schwersten und allerschwersten Kalibern fand nur der Zusatz »schwer« Anwendung. Die im Laufe des Krieges anwachsende Zahl von Geschütztypen (u.a. durch Beute) und die enorme Kalibervielfalt führten zwangsläufig zu teilweise erschreckenden Engpässen bei der Munitionsbereitstellung und -versorgung. Es gab nicht selten Situationen, in denen zwar neue Rohre zur Truppe gelangten, die dazugehörige Munition jedoch noch in der Heimat lagerte, und umgekehrt, wo reichlicher Munitionsvorrat an der Front wegen hoffnungslos »ausgeleierter« Rohre nicht verschossen werden konnte. Ein einziges Beispiel erhellt die Misere: Die vor Leningrad eingesetzte Batterie (E) 695 (»kurze Bruno«) ging mit einem bereits stark belasteten Rohr aber 677 Geschossen in Stellung. In der Heimat lagerten weitere 500 Sprenggranaten und 1400 Panzersprenggranaten. Anstelle neuer Rohre wurde ein Teil der Munition nachgeschoben, der nach Ankunft an der Front nicht mehr seiner Bestimmung zugeführt werden konnte.

2. DAS WIRKEN DES »KARL«

Als am 10. Mai 1940 der Feldzug gegen Frankreich begann, stand noch kein einziges Karl-Gerät der Truppe zur Verfügung. Die Maginotlinie, derentwegen diese Geschütze schließlich entwickelt worden waren, ließen die Deutschen buchstäblich »links liegen«. Bis zum 15. Juni hatten die deutschen Truppen die Linie allseits umgangen und abgeschnitten. Lediglich ein Nebenwerk fiel bereits zu Beginn in deutsche Hand. Abgesehen von lokalen Kampfhandlungen und Zerstörungen durch Stuka-Angriffe befand sich die Maginotlinie insgesamt im einsatzbereiten und intakten Zustand.

Das Umgehen der französischen Betongrenze, der moderne Bewegungs- und Luftkrieg (in den sogenannten »Blitzkriegen« ersetzten meistens Stukas die schwere Artillerie) und die deutsche Luftlandetaktik (beispielhaft vorgeführt am belgischen Sperrfort Eben Emael) zeigten drastisch auf, wie sehr sich eine Anlage wie die Maginotlinie »überlebt« hatte. Mag die Festungsstrategie von Verdun noch eine Berechtigung gehabt haben, im Jahre 1940 hätten die Franzosen nicht mehr ausschließlich daran festhalten dürfen. Die Besatzung der Anlage, rund 300000 Mann, ging im Juli 1940 in deutsche Gefangenschaft. An anderer Stelle hätte man die »einbetonierte Armee« sicherlich effektiver einsetzen können. Am 5. und 7. November 1940 erfolgten die Abnahmebeschüsse für die beiden ersten fertiggestellten Karl-Geräte. Für die unmittelbar Beteiligten verständlicherweise ein besonderes Ereignis, immerhin lagen mittlerweile fünf Jahre zwischen der ersten zu Papier gebrachten Skizze und dem nun truppenreifen Geschütz. Und die Angehörigen des Karl-Teams fragten sich damals, ob ihr Schießkoloß nach dem Waffenstillstand in Frankreich überhaupt noch von Bedeutung sei.

Genau in jenem November 1940 befahl Hitler dem Chef Generalstab des Heeres, die »Grundzüge des Operationsplanes« gegen die Sowjetunion fertigzustellen (damaliger Deckname noch »Fritz«). Anfang 1941, nach Hitlers Unterzeichnung der Weisung

Provisorisch verlastetes Fahrgestell des Karl-Gerätes »Eva«.

Nr. 21 für den Fall »Barbarossa«, liefen die Vorbereitungen bereits auf vollen Touren.

Schon am 31. Januar 1941, kurz nach der offiziellen Aufstellung der schweren Artillerie Abteilung 833 (die mit vier Karl-Geräten ausgestattet wurde), legte das Oberkommando des Heeres im Rahmen der »Artillerie-Verteilung« unter anderem fest:

»1./833 – für H.Gr. Süd = 2 Gesch. Gerät ›Karl‹
2./833 – für H.Gr. Mitte = 2 Gesch. Gerät ›Karl‹«.

Zu den allgemeinen Vorbereitungen zählten Planspiele zur Überprüfung des Entwurfs für Aufmarsch und Kräfteverteilung, den der Quartiermeister I und Vertreter des Chefs des Generalstabes des Heeres, General Friedrich Paulus, gestützt auf Vorarbeiten der Operationsabteilung und weiterer Ressorts, erstellt hatte. Dazu gehörten nicht zuletzt die Eisenbahntransporte seit Januar 1941 mit über 17000 Zügen. Das Ausladen geschah westlich der Linie Radom-Warschau-Neidenburg. Bis Mitte Mai sollten die Vorbereitungen für »Barbarossa« abgeschlossen sein. Der endgültige Angriffstermin wurde auf den 22. Juni 1941 festgesetzt.

Zu den Vorbereitungen des Rußlandfeldzuges, die längsten und kompliziertesten im Vergleich zu anderen Unternehmen im zweiten Weltkrieg, zählten selbstverständlich auch gründliche Erkundungen für die schwere Artillerie. Die schon erwähnte Operationsabteilung des Generalstabes des Heeres erließ die Befehle für den Einsatz von Eisenbahnartillerie – und auch für die Karl-Geräte, für die das Oberkommando des Heeres nun doch noch Aufgaben gefunden hatte. Der entsprechende Befehl soll nachfolgend in Auszügen zitiert werden. Er gibt einen griffigen Eindruck von derartigen vorbereiteten Arbeiten.

Geheime Kommandosache
Chefsache
Nur durch Offizier

Oberkommando des Heeres — den 14.April 1941
Gen St d H/Op.Abt. (III)
Nr. 433/41 g.Kdos.

Befehl

für den Einsatz von E-Artl. und Gerät »Karl«

1) Es ist beabsichtigt, den Heeresgruppen für »Barbarossa« folgende Einheiten zuzuweisen und bis zu den Einsatzorten zuzuführen:

a) der Heeresgruppe Süd:
Eisenbahn-Art.-Abt.Stab 725 von Leipzig nach Tomaszow
1./E.Art.Abt 725 (2 Gesch. Bruno N) von Leipzig nach Tomaszow
2./E.Art.Abt. 725 (1 Gesch. Bruno N) von Leipzig nach Tomaszow
Battr. 701 (1 Gesch. K 12) von Boulogne nach Tomaszow

b) der Heeresgruppe Mitte
Eisenbahn-Artl.Abt.Stab 702 von Calais nach ostw. Siedlce
E-Battr. 710 (2 Gesch. K 5) von Calais nach ostw. Siedlce
E-Battr. 713 (2 Gesch. K 5) von Boulogne nach ostw. Siedlce
Battr. 833 (2 Gesch.Gerät »Karl«) von Hillersleben nach Terespol
Eisenbahn-Artl.Abt.Stab 679 von Ostende nach nordostw. Suwalki
E-Battr. 712 (2 Gesch. K 5) von Calais nach nordostw. Suwalki
E-Battr. 765 (2 Gesch. K 5) von Calais nach nordostw. Suwalki

c) der Heeresgruppe Nord:
E-Battr. 690 (2 Gesch. kz. Bruno) von Ostende nach nordostw. Tilsit
E-Battr. 696 (2 Gesch. kz. Bruno) von Dünkirchen nach nordostw. Tilsit

2) Die Erkundung, durchgeführt durch 1 Offz. des Gen. d. Art. b. ObdH, hat ergeben...:

a) Stellung bei Jaroslaw:
Die Stellung befindet sich unmittelbar an der Grenze und bietet keine Deckung gegen Sicht. Sie ist daher ungeeignet.

b) Stellung bei Tomaszow Lubelski:
Die Strecke von Mazity bis Belzec kann freigegeben werden. Bereitstellungsräume sind vorhanden. Zu den Stellungsvorbereitungen wird 1 Eisb.Pi.Btl. etwa zwei bis drei Wochen benötigt.
Zwischen Belzec – Podlesina befinden sich, durch Wald gegen Sicht gedeckt, zahlreiche Stellungen auf Kurven; die übrigen Stellungen liegen weiter westlich und sind ebenfalls gegen Sicht gedeckt. Auf Kurvenstellung zwischen Belzec – Podlesina oder auf Schwenkbahnstellung bei Zagrodniki kann je 1 Bttr. Bruno N, auf Kreuzbettung bei Zagrodniki oder Mazity 1 Bttr. K 12 eingesetzt werden...

....

d) Stellung bei Brest-Litowsk:
Stellung im Südteil Terespol. Anmarsch bis Terespol auf Eisenbahn; dort ist Ausladung möglich. Deckung gegen Sicht ist vorhanden bezw. zu schaffen. Im Wirkungsbereich der Batterie liegt die alte Zitadelle und einige kleine Bunker.

....

3) Zur Durchführung weiterer Erkundungen und Feststellung der noch notwendigen Arbeiten können die Kommandeure mit einem Offizier ihres Stabes (nicht Adjutant), bezw. durch G.Gr.Nord die Batterie-Chefs, herangezogen werden.

4) Die Eisenbahn-Artillerie wird den Heeresgruppen nur für den Absprung zur Verfügung gestellt. Sobald die Batterien aus den erkundeten Stellungen nicht mehr wirken können, wird ihr Rücktransport an die Kanalküste erfolgen.

5) Die endgültige Entscheidung über die Zuführung behält sich O.K.H. vor. Es sind jedoch alle Vorbereitungen einschließlich der notwendigen Gleis- und Vermessungsarbeiten so zu treffen, daß der Einsatz zeitgerecht erfolgen kann.

6) Zuführung und Rücktransport bereitet Feldtransportabteilung vor.

	I.A.
Verteiler:	Im Entwurf: gez. Paulus
....	Für die Richtigkeit:
....	Unterschrift
	Oberstleutnant i.G.

Zu der unter 1) b) angesprochenen Batterie 833: Es handelte sich um die 1. Batterie (Chef: Hptm Meessmann) der schweren Artillerie Abteilung 833, die im Januar 1941 offiziell aufgestellt wurde (damaliger Kommandeur: Oberstleutnant Robert Schmidt). Die 2. Batterie unter Hptm Freiherr Rüdt von Collenberg (in dem zitierten Befehl noch nicht erwähnt) kam im Raum Lemberg nordöstlich Rzesow am Wielki Dzial gegen eine befestigte russische Sperrstellung zum Einsatz.

An dieser Stelle seien einige Worte zu den truppeninternen Namensgebungen für die Karl-Geräte eingeflochten. Die in der Reihenfolge ihrer Fertigstellung durchnummerierten Geschütze (I bis VI) erhielten mit der Übernahme durch die Truppe zusätzliche Eigennamen. Die Geräte I und II hießen »Adam« und »Eva«. Daß »Eva« soviel wie »Leben« heißt, daran dachte vermutlich niemand der Namenserfinder. »Adam« und »Eva« standen eben für die ersten fertiggestellten Geräte. Die übrigen Namen (aus der nordischen Göttermythologie) gereichten einem Geschütz wie Karl schon eher zur »Ehre«. Nummer III hieß nach dem höchsten germanischen Gott »Odin«, Nummer IV »Thor« (Sohn des »Odin«), Gerät V erhielt den Namen »Loki«, nach dem (hinterhältigen) Gott des Feuers (!). Nummer VI schließlich tauften die Artilleristen »Ziu«, das war jener altgermanischen Gott, dem noch Menschenopfer dargebracht wurden. Diese bei Artilleristen übliche Geschütz-Taufe belegt übrigens, daß sie ihren gewichtigen Waffen nicht nur weibliche Namen gaben, wie das mitunter im Ausland noch heute behauptet wird.

Und noch eine Anmerkung zum Tarnanstrich der Geräte. Als Grundbemalung wurde während der Erprobungsphase Panzergrau, später auch Distelgelb bis Braun gespritzt. Im Fronteinsatz kamen je nach Kriegsschauplatz und lokalen Gegebenheiten grüner oder brauner Fleckanstrich oder auch beide Fleckanstriche gleichzeitig hinzu. Manchmal bekamen die Geschütze kurzfristig auch einen provisorischen schmutzig-weißen Fleckanstrich.

Die Offensive, der Auftakt von »Barbarossa«, am 22. Juni 1941 begann zwischen Karpaten und Ostsee mit einem Feuerschlag der Mehrzahl von nahezu 7200 Geschützen aller Kaliber. Erstmals traten großkalibrige Geschütze (wie Eisenbahnkanonen und Karl-Geräte) an besonderen Schwerpunkten konzentriert auf. Einer der Schwerpunkte (Heeresgruppe Mitte) war Brest-Litowsk, wo die deutschen Angreifer auf einen in dieser Form nicht erwarteten verbissenen Widerstand der Russen stießen.

Allein die nur vier Quadratkilometer große Zitadelle der zu einer starken Festung ausgebauten Stadt erwies sich als ein hartnäckiges Bollwerk, von einer großen

Karl-Transport nach Ankunft auf dem Bahnhof Belzec im Frühsommer 1941, hier Entladen der Culemeyer- Fahrzeuge.

Anzahl Sowjetsoldaten erbittert verteidigt. Gegen diese Zitadelle erfolgte – wie im zitierten Befehl vorgesehen – der erste Fronteinsatz der Karl-Geräte. Die Feuerstellungen befanden sich im Südteil des Ortes Terespol. Bis dorthin waren die Karl-Geräte per Eisenbahn herangeführt und sodann auf dem Landweg in die Stellungen verbracht worden. Sie standen auf vorbereitetem schotterartigem Untergrund.

Beim ersten Feuerschlag auf die Zitadelle verfeuerten neun schwere Batterien in einer halben Stunde rund 2800 Schuß.

In diesem Inferno spielten die beiden Geräte »Adam« und »Eva« nur eine Nebenrolle, darüber täuscht auch der Umstand nicht hinweg, daß die wenigen abgefeuerten schweren Betongranaten ihre gewaltige Zerstörungskraft unter Beweis stellen sollten. Es entbehrt nicht einer gewissen Ironie, daß ausgerechnet das ein-

Zusammenbau vor dem Einsatz: Oberlafette mit Rohrwiege.

zige Karl-Gerät mit weiblichem Namen, nämlich »Eva«, sich launisch zeigte. Schon beim ersten angesetzten Geschoß versagte die elektrische Zündung. Es gelang der Geschützbedienung nicht, das Geschoß sofort und an Ort und Stelle herauszunehmen. »Eva« mußte mit der Granate im Rohr für den Rücktransport verlastet werden. Erst im Werk Düsseldorf konnte das Geschoß herausgedreht werden. Auch beim Gerät »Adam« traten wiederholt Pannen mit der elektrischen Zündung auf. Dadurch bedingt verließen insgesamt nur 16 Geschosse das Rohr. Sie alle wurden auf die Zitadelle abgefeuert.

Nach dem Feuerschlag wurde Feuerwalze befohlen. Die alle vier Minuten um 100 Meter vorspringende Feuerwalze unter Beteiligung von 30 Batterien verwandelte das Zielgebiet in einen Wald von Erd- und Felsfontänen und in ein Meer von Qualm gleichermaßen. Insgesamt gingen eine Woche lang über 14000 Geschosse und zahlreiche 1800-kg-Stukabomben auf die Zitadelle nieder. Beobachter der Karl-Batterie registrierten beim Einschlag der 2-Tonnen-Granaten Sprengwolken von 300 Meter Breite und 170 Meter Höhe. Erst nach diesem Sturmreifschießen konnten Stoßtruppen die Zitadelle einnehmen.

Rohr mit Verschlußblock.

Vorholer.

Munitionsschlepper verläßt Culemeyer-Fahrzeug.

Vor dem Einsatz noch einmal Geschütz-Exerzieren, hier Batterie Hauptmann von Rüdt.

Einschläge schwerster Artillerie im Kampfgelände Zitadelle.

Granattrichter eines Karl-Geschosses am Wielki Dzial.

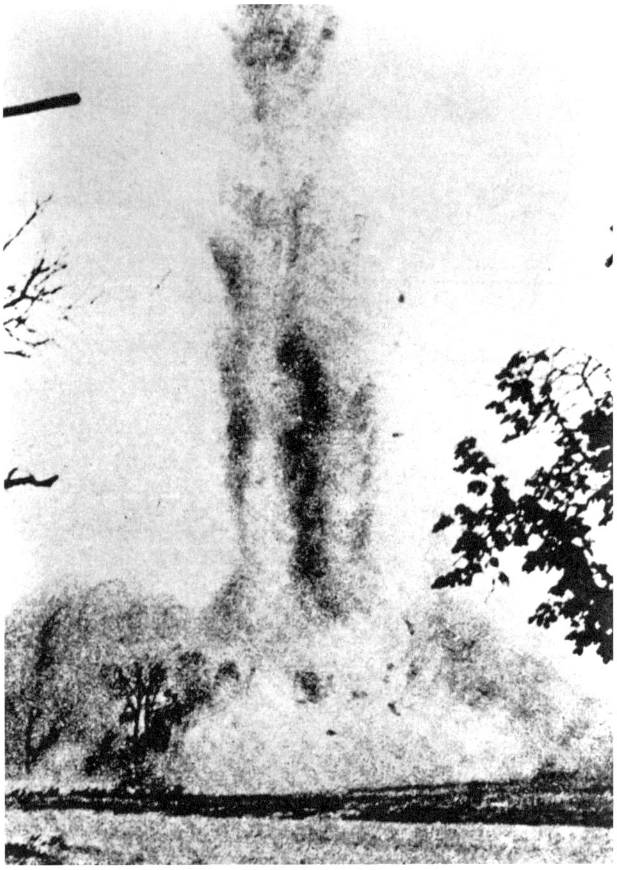

Den Überlebenden stand das blanke Entsetzen in den Gesichtern. Da bedurfte es keiner Vernehmungen mehr, um einen Eindruck von der moralischen Wirkung der Einschläge schwerster Kaliber zu bekommen.

Nachdem die deutschen Truppen ihren Angriff ins Hinterland getragen hatten, suchten Spezialkommandos nach Einschlagspuren der Karl-Geschosse zwecks Beurteilung der Wirkung auf befestigte Ziele. Das auf den ersten Blick hoffnungslos erscheinende Unterfangen – immerhin sah das Gelände teilweise wie eine Kraterlandschaft des Mondes aus – zeitigte dennoch Erfolge.

Das Kommando konnte notieren: Ziegelmauern von zwei Meter Stärke unter der Wucht der Betongranaten zusammengebrochen, zum Teil regelrecht pulverisiert; Betonziele bei Volltreffer bis über zwei Meter durchschlagen; Bunker aus dem Erdreich gehoben und schiefgerückt; Einschläge im Boden mit Trichtern von zehn Meter Tiefe und bis zu 30 Meter Durchmesser.

Solche und ähnliche Meldungen gelangten über Stäbe und Armeekorps bis ins Führerhauptquartier. Hitler nahm sich die Zeit, derartige »Erfahrungsberichte« mit größtem Interesse zu lesen und die beigefügten Fotos eingehend zu betrachten und zu kommentieren. Die Begeisterung des »Führers« sollte auch dem Volk zuteil werden. Und so bekam es Texte wie diese vorgesetzt: »Die Sowjetsoldaten verteidigten die von Polen zu einer starken Festung ausgebauten Stadt Brest-Litowsk mit verbissener Zähigkeit. Unter dem Einsatz schwerster artilleristischer Waffen wurden die Geschütze der Festung zum Schweigen gebracht und der Widerstand ihrer Besatzung gebrochen. Nur noch von der Zitadelle aus wurde das deutsche Feuer erwidert. Die Wirkung der schweren deutschen Artillerie-Einschläge und die Kühnheit unserer Sturmpioniere bewirkten aber, daß die Zitadelle erstürmt und auf ihr die Hakenkreuzflagge gehißt wurde.«

Ein Wort zum Opfermut der sowjetischen Verteidiger, den Generaloberst Guderian übrigens ausdrücklich

»bewundernswert« nannte: Erst nach Stalins Tod fanden die russischen Helden von Brest-Litowsk« in der sowjetischen Kriegsliteratur ihre entsprechende Würdigung und Rehabilitierung, nachdem sie bis 1956 unerwähnt geblieben waren.

Die 2. Batterie im Raum Lemberg hatte ebenfalls Pech mit einem Karl-Gerät. »Odin« erlitt beim Marsch in die Feuerstellung einen schweren Kettenschaden und kam für einen Einsatz nicht mehr in Frage. »Thor« schließlich löste ganze vier Schuß – noch dazu überflüssigerweise, wie sich später herausstellen sollte. Denn die russische Sperrstellung, auf die das Geschütz angesetzt war, erwies sich als noch gar nicht fertig und demzufolge unbesetzt und unbewaffnet. Erwähnenswert allenfalls, daß der Luftdruck der niedergehenden schweren Geschosse die Baum- und Buschwerktarnung hinwegfegte und die Granaten selbst große Verwüstungen anrichteten.

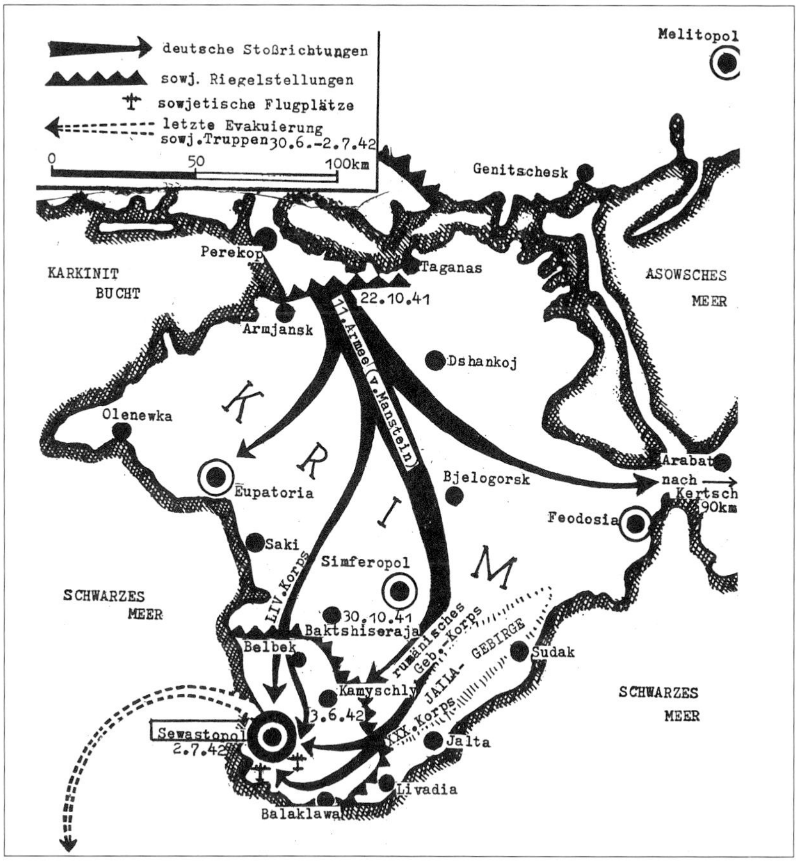

Nach der mehr oder weniger mißglückten Premiere von Brest-Litowsk und Lemberg mußten neben den beiden ausgefallenen auch die übrigen Karl-Geräte wegen etlicher aufgetretener Mängel in die Heimat zurückgeführt werden. Dieser erste Fronteinsatz von vier Karl-Geschützen jedenfalls gab jenen Kritikern recht, die vor einem überhasteten Artilleriekampf mit noch nicht frontreifen Waffen gewarnt hatten. Hitler freilich, der die Frontverwendung zu jener Zeit persönlich verlangt hatte, kaschierte alles mit den erwähnten Fotos der gewaltigen Einschlagspuren. Mehr noch. Befahl er doch wahrhaftig den abermaligen Transport des Gerätes »Adam« von Deutschland nach Brest-Litowsk. Und dort mußte Hauptmann Meessmann mit seinen Männern das Geschütz in die alte Feuerstellung verbringen, um vor den Augen Hitlers, des Besuchers Mussolini sowie zahlreicher Offiziere des Oberkommandos der Wehrmacht exerziermäßig Fahr-, Richt- und sonstige Übungen vorzuführen. Einziger »Schönheitsfehler« des Spektakels: Auf ein scharfes Schießen mußten die Zuschauer verzichten.

Mit der »Führerweisung 41« vom 5. April 1942 legte Hitler, nach Ende der Winterschlacht in Rußland, seine weiteren Ziele offen: »Die nächsten Aufgaben in diesem Rahmen sind es, auf der Krim die Halbinsel Kertsch zu säubern und Sewastopol zu Fall zu bringen.«

Die Eroberung Sewastopols war der 11. Armee unter Generaloberst von Manstein im ersten Anlauf (Ende 1941) nicht gelungen. Nach Abbruch des Angriffs am 31. Dezember 1941 zog sich das LIV. Armeekorps auf die Ausgangsstellungen vom November 1941 – die Höhen nördlich des Belbektales – zurück und ging zur Belagerung über. Die Zeit der relativen Ruhe bis zum zweiten Großangriff im Juni 1942 (Unternehmen »Störfang«) nutzte der Russe, um das ohnehin überaus starke Festungssystem von Sewastopol weiter aus-

Schwere Artillerie Abteilung 833 während einer Marschpause auf der Krim 1942.

zubauen, seine Verbände aufzufüllen und Nachschub sowie Materialreserven über See heranzuschaffen.
Auf deutscher Seite setzten umfangreiche und gründliche Vorbereitungen für den zweiten Angriff auf die größte See- und Landfestung ein. Mit Sewastopol standen die Deutschen einem Bollwerk gegenüber, das mit Verdun, der Maginotlinie oder Brest-Litowsk auch nicht im entferntesten zu vergleichen war. Der spätere Eroberer, General von Manstein, in seinem Buch »Verlorene Siege« über den besonderen Charakter dieser Festung: »Die Stärke der Festung Sewastopol lag nicht so sehr in modernen Festungswerken, obwohl auch von diesen einige vorhanden waren. Sie lag vielmehr in der außerordentlichen Schwierigkeit des Geländes und in seinem Ausbau mit einer Unzahl von kleinen Anlagen. Diese bedeckten wie ein dichtes Netz das gesamte Gebiet vom Belbek-Tal bis zur Küste des Schwarzen Meeres. Insbesondere das ganze Gelände zwischen dem Belbek-Tal und der Sewernaja-Bucht stellte ein stark ausgebautes Festungskampffeld dar.« Das Befestigungssystem außerhalb des Stadtkerns mit drei Hauptverteidigungslinien umfaßte etwa 350 Kilometer Bunkergürtel, Verbindungsstollen und -gräben zwischen betonierten und gepanzerten Werken bzw. Kampfständen. Jedes Fleckchen Erde, das der Russe nicht befestigt hatte, war zumindest mit Stacheldrahthindernissen oder Minenfeldern übersät. Im Rahmen der späteren Angriffshandlungen räumen deutsche Pioniere nicht weniger als 137000 Minen!
Nach damaligen Unterlagen des Armeeoberkommandos befanden sich in der Festung Sewastopol: das Oberkommando der Küstenarmee (General Petrow), sieben Schützen-Divisionen, eine Kavallerie-Division (ohne Pferde), drei Marine-Brigaden sowie mehrere Panzerbataillone und selbständige Regimenter. An Artillerie standen den Verteidigern zur Verfügung: zehn Artillerieregimenter, ein Pak-Regiment, zwei Granatwerferabteilungen und 45 schwere Geschütze; insgesamt rund 600 Rohre und 2000 Granatwerfer.
Das Oberkommando des Heeres beabsichtigte, gegen diese geballte Verteidigungskraft die schwersten und allerschwersten Artilleriewaffen sowie überhaupt jedes erreichbare Rohr bereitzustellen. Um eine derartige Artilleriemassierung optimal zu nutzen, mußten systematische Aufklärungsarbeiten und daraus resultierend die entsprechenden Zielzuweisungen für die verschiedenen Kaliber erfolgen. Während zwei Beobachtungabteilungen und Artilleriestäbe in wochenlan-

Eisenbahnverlastetes Karl-Gerät nach Ankunft im Entladebahnhof südlich Simferopol.

ger Detailarbeit beim ersten Angriff Schall- und Lichtmeßstellen erkundet und die exponierten Angriffziele aufgeklärt hatten, wurden diese artilleristischen Vorbereitungen für den zweiten Großangriff noch ausgedehnt und intensiviert. Ähnlich wie heute Erderkundungssatelliten exakte Meßtischblätter Streifen für Streifen zusammensetzen, »tasteten« die Männer der »aufklärenden Artillerie« die Festungsregionen mit ihren technischen Hilfsmitteln ab und übertrugen ihre Erkenntnisse planmäßig in exakte Angriffskarten. Der Festungskomplex enthüllte so unfreiwillig sein Antlitz, kein Panzerwerk, kein Kampfstand, keine Panzerfalle, kein Einzelgeschütz entging der Aufklärung. Im einzelnen wurden in den Karten markiert: Kampfanlage, bombensicher; Kampfanlage, schußsicher; andere Kampfanlagen; Klein-Kampfanlage; Bereitschaftsraum; Panzergeschützturm; offener Beobachtungsstand; Hochstand; Befehlsstelle; Panzerbatterie; Wanderbatterie; schwere Batteriestellung; leichte Batteriestellung; schwere Flakstellung; leichte Flakstellung; Infanteriegeschützstand oder Einzelgeschütz; Schützennest; ausgebauter Schützengraben; Grabenstück, ausgebaut zur Feldstellung; Flächendrahthindernis; Kampfwagenhindernis; Kampfwagenabwehrgraben; Minenfeld; Funkstelle; Kaserne; Munitionslager; Baracken- oder Zeltlager; Flugplatz; Scheinwerfer; Betriebsstofflager; Flakeinzelgeschütz; Granatwerferstand; Schützen-, Lauf- oder Splittergraben.

Die heranrollenden deutschen Batterien und Abteilungen mit ihren schweren, schwersten und allerschwersten Flach- und Steilfeuergeschützen konnten aufgrund der vorbildlichen Aufklärung so gruppiert werden, daß es quasi kein Planquadrat gab, das nicht im Wirkungsbereich eines Geschützes lag. Zu der aufmarschierten deutschen Artillerie gehörte tatsächlich alles, was »Rang und Namen« hatte. Die Kaliberpalette (hinsichtlich des Munitionsnachschubs keineswegs nur ein positiver Aspekt) reichte von 8,8 cm über 21, 24, 28, 30,5, 42 bis hin zu 60 und 80 cm. Unter den Geschützen befanden sich selbst Veteranen aus dem Ersten Weltkrieg. So beispielsweise die alte Kruppsche 28 cm-Bettungshaubitze und sogar ein Nachbau des Gammagerätes!

Alles in allem verfügte das LIV. Armeekorps (Angriffsschwerpunkt Norden) unter seinem Artillerie-Kommandeur General Zuckertort (Harko 306) über 41 leichte und 56 schwere Batterien sowie 18 Werfer-Batterien und zwei Sturmgeschütz-Abteilungen. Die Artillerie des XXX. Armeekorps (Angriffsschwerpunkt Süden) unter General Martinek konnte aufbieten:

25 leichte und 25 schwere Batterien, sechs Werfer-Batterien und eine Sturmgeschütz-Abteilung sowie eine Panzer-Abteilung (mit ferngesteuerten sprengstoffgefüllten Kleinpanzern = »Goliath«).

Die Verbündeten Rumänen (Gebirgskorps) stellten 22 leichte und 12 schwere Batterien. Die Angriffsartillerie erhielt schließlich noch einen wertvollen Zuwachs durch das VIII. Fliegerkorps (General von Richthofen) mit mehreren Flakregimentern (8,8 cm). Einschließlich der Werfer konnte die deutsche Seite insgesamt 1300 Rohre aufbieten. General von Manstein: »Bei Sewastopol standen dem Angreifer (die Flakbatterien nicht mitgerechnet) 208 Batterien auf einer Front von 35 Kilometern zur Verfügung, also je Kilometer knapp sechs Batterien. Eine Zahl, die naturgemäß in den eigentlichen Angriffsabschnitten ein Mehrfaches betrug.«

Aus dem Bereich Harko 306 ist eine Aufstellung über Geschützzahl, Kaliber und Einheiten erhaltengeblieben, die hier wiedergegeben werden soll (die Abkürzungen zeigen übrigens, wie willkürlich diese verwendet wurden; es gab keine einheitliche Regelung).

Die Karl-Geräte der schweren Artillerie Abteilung 833 sind in dieser Aufstellung deshalb noch nicht enthalten, weil diese erst kurz vor dem Angriffstag herangeführt wurden. Nach der Zuführung (»Odin« und »Thor«) besaßen beide Batterien der Abteilung eine Doppelausrüstung mit je einem Karl-Gerät und je vier 21 cm-Mörsern 18.

Geschütze des Harko 306 vor Beginn »Störfang«:

Einheit	Geschützart	Soll	Ist
917	19,4 cm K. (f)	3	3
III./111	s.F.H. 18	8	7
815	30,5 cm Mrs.	6	6
502	17 cm K.i.ML.	3	3
857	21 cm Mrs.	6	6
641	M/1 30,5 cm Mrs.	1 4	1 4
767	15 cm K. 18 15 cm K.i.ML.	3 3	3 3
I./814	24 cm Hb.	4	5
II./818	10 cm K. 18	12	10
II./54	s.F.H. 18	12	10
I./77	15 cm M 37/t	12	8
833	21 cm Mrs.	9	8
II./815	30,5 cm Mrs.	5	5
E 672	Dora	1	1
688	28 cm lg. Br. K.	3	3
743	28 cm Hb.	4	4
459	Gamma-Mrs.	1	1
458	42 cm Hb./t	1	1
742	28 cm Hb.	4	4
624	21 cm Mrs. 30,5 cm Mrs.	9 6	9 6
741	28 cm Hb.	4	4
734	15 cm M 37/t	8	8
744	28 cm Küst.Hb.	3	2

Die artilleristischen Vorbereitungen im allgemeinen und die Munitionsfrage im besonderen schlugen sich in zahlreichen Befehlen und Meldungen nieder. So heißt es in einer Meldung (Generalkommando LIV. A.K. – Abt. la Nr. 315/42 geh. vom 10. April 1942) an das Armeeoberkommando: »Der Feuerplan ist neben der zur Verfügung stehenden Artillerie insbesondere von der zur Verfügung stehenden Munition abhängig. Beim ersten Angriff auf die Festung vom 17.-30.12.1941 hat sich gezeigt, daß die bei der Div.-Artillerie zur Vorbereitung und Durchführung des Angriffs insgesamt nur zur Verfügung stehenden 2 2/3 Ausstattungen für le. F. H. und 3 1/3 Ausstattungen für s.F.H. sowie die damalige Mun-Ausstattung der Korpsartillerie nicht im entferntesten ausreichen...

Der monatelange weitere Ausbau der feindlichen Feld- und Festungsstellungen einerseits, die starke Verwässerung der angriffsgewöhnten deutschen Infanterie-Divisionen andererseits unterstreichen noch besonders die entscheidende Bedeutung eines ständig wiederholten ›Brescheschießens‹ durch die hintereinanderliegenden starken feindlichen Stellungssysteme mit dem dadurch zwangsmäßig erheblichen Mun.-Einsatz. Unter Zugrundelegung einer nach diesen Gesichtspunkten ausreichenden Munitionierung ist folgender Feuerplan für den Angriffsbeginn beabsichtigt:

... Niederkämpfen der Feind-Artillerie...

... Beginn des Störungsfeuers ins Hintergelände...

... Zerstören einzelner bef. Kampfanla-

Entladen der Karl-Geräte.

Culemeyer-Transport, hier Karl-Fahrgestell mit zwei Zugmaschinen.

Munitionstransport für Karl-Geräte.

Artillerie-Veteran vor Sewastopol: Gamma-Gerät, hier Transport des Rohres.

gen durch schwerste Artillerie...

... Feuerpause für Schall- und Lichtaufklärung.

... Zerstören feindlicher Feldstellungen durch Masse der Artillerie...

... Zusammengefaßtes Feuer gesamter Artillerie auf Einbruchstellen...

Im Rahmen dieses Feuerplanes fallen folgende Feueraufgaben zu:

... K-Gerät: ›Maxim Gorki‹ – ›Bastion‹ (süd-ostw. Ljubimowka) ...«

Man wollte also auf Trommelfeuer verzichten, weil ein solches angesichts der Eigenart des Geländes und der Vielzahl der gegnerischen Einzelanlagen kaum Erfolg versprochen hätte.

Ganz abgesehen davon, daß für ein Trommelfeuer die Munition, vor allem die der schwersten Artillerie, nicht ausgereicht hätte.

Ehe es zur endgültigen Zielzuweisung und Festlegung der Munitionsmenge kam, erfuhren die taktischen Beurteilungen des Munitionseinsatzes für die schwere und schwerste Artillerie noch etliche Änderungen. Hintergrund war natürlich immer das »Gespenst der Munitionsknappheit«. Man wollte und mußte mit dem Vorhandenen das Bestmögliche herausholen. Eingehend und wiederholt beschäftigten die Verantwortlichen sich mit dem Einsatz der schwersten Kaliber. Ganz speziell mit »Dora« und »Karl«. Die Artilleristen wußten, daß der »Führer« sein Augenmerk auf diese »meine Artilleriefäuste« gerichtet hatte. Nachfolgendes Dokument unterstreicht diese Tatsache und möge als Beispiel von mehreren stehen.

Geheime Kommandosache

Armeeoberkommando 11

Abt. Ia Nr. 1444/42 g. Kdos.

A.H.Qu., den 10. April 1942

4 Ausfertigungen

1. Ausfertigung

Betr.: Einsatz Karl-Gerät

An

schw. Artl. Abt. 833

Nach Weisung OKH sind beim Einsatz des Karl-Gerätes folgende Punkte zu berücksichtigen:

a) Bereitstellung weit rückwärts (20 km),

b) Instellungbringen erst in letzter Nacht,

c) Feuerstellung eingraben,

d) Tarnung sicherstellen.

Aus der Meldung der schw. Artl. Abt. 833 (Harko 306, Nr. 82/42 g.Kdos. v. 3.4.42) über Zeitplan und beabsichtigten Einsatz des Karl-Gerätes geht hervor, daß Bereitstellung nur etwa 4 km rückwärts vorgesehen ist.

Begründung hierfür ist gleichzeitig mit den zu c) und d) vorbereiteten bezw. getroffenen Maßnahmen auf dem Dienstwege zu melden.

Für das Armeeoberkommando

Der Chef d. Generalstabes

I.V.

Busse

Verteiler:

Gen. Kdo. LIV.A.K.	= 1. Ausf.
Harko 306	= 2. Ausf.
s.Artl.Abt. 833	= 3. Ausf.
Entwurf	= 4. Ausf.

Aus einer Notiz (PiFü) vom 18. April 1942 sind weitere interessante Einzelheiten über die eigentliche Karl-Feuerstellung zu entnehmen.

Pi. Fü. 18.4.1942

Betr.: Gesch.-Stellung schw. Art.-Abtlg. 833

An Ia.

Gemäß mündlicher Rücksprache Major v. Rüdt, schw.Art. Abtlg. 833, soll die Geschütz-Stellung der Abtlg. bereits jetzt ausgebaut werden, um den Gegner an das veränderte Luftbild zu gewöhnen.

Die Stellungen sind erkundet südl. Mamaschaj, 400 m ostw. BzPkt. 151 und 2,5 km ostw. Bz.Pkt. 151, 1,5 km südl. Bz.Pkt. 156.

Größe der Geschützstellungen: 15 m lang, 10 m breit und 3 m tief. Zur Aushebung dieser Stellungen stehen der Abteilung keine eigenen Kräfte zur Verfügung, während der Ausbau der Schutz- und Splittergräben mit eigenen Kräften durchgeführt werden kann.

Hierzu wird festgestellt:

Der Aushub der 3 Geschützstellungen beträgt überschlägig rund 1500 cbm Erdbewegung. Dies entspricht einer Arbeitsleistung von rund 7000 Arbeitsstunden. Durch das Gelände bedingt können 80-100 Mann eingesetzt werden. Nach Lage der Stellungen (ca. 1-1,5 km rückw. HKL) kommt nur Nachtarbeit in Frage. Daraus ergibt sich eine Bauzeit von rund 90 Tagen.

Bei Verkürzung der Arbeitszeit und Ansatz der doppelten

Die deutschen Angreifer stießen vor Sewastopol auf schwierigstes Gelände.

Zahl von Arbeitskräften kann der Zeitbedarf auf etwa 60 Tage verkürzt werden.

An Geräten ist zur Durchführung der Arbeiten notwendig:

150 x vollständiges Grabwerkzeug

(schwere Kreuzhacken, Schaufel oder Spaten),

3 schwere Kompressoren mit Aufreiß- und Bohrhämmer,

ca 700 kg Sprengmunition,

ca. 1000 Sprengkapseln,

Die Festung Sewastopol. Die Karte wurde 1942 in der OKW-Zeitschrift »Die Wehrmacht« veröffentlicht.

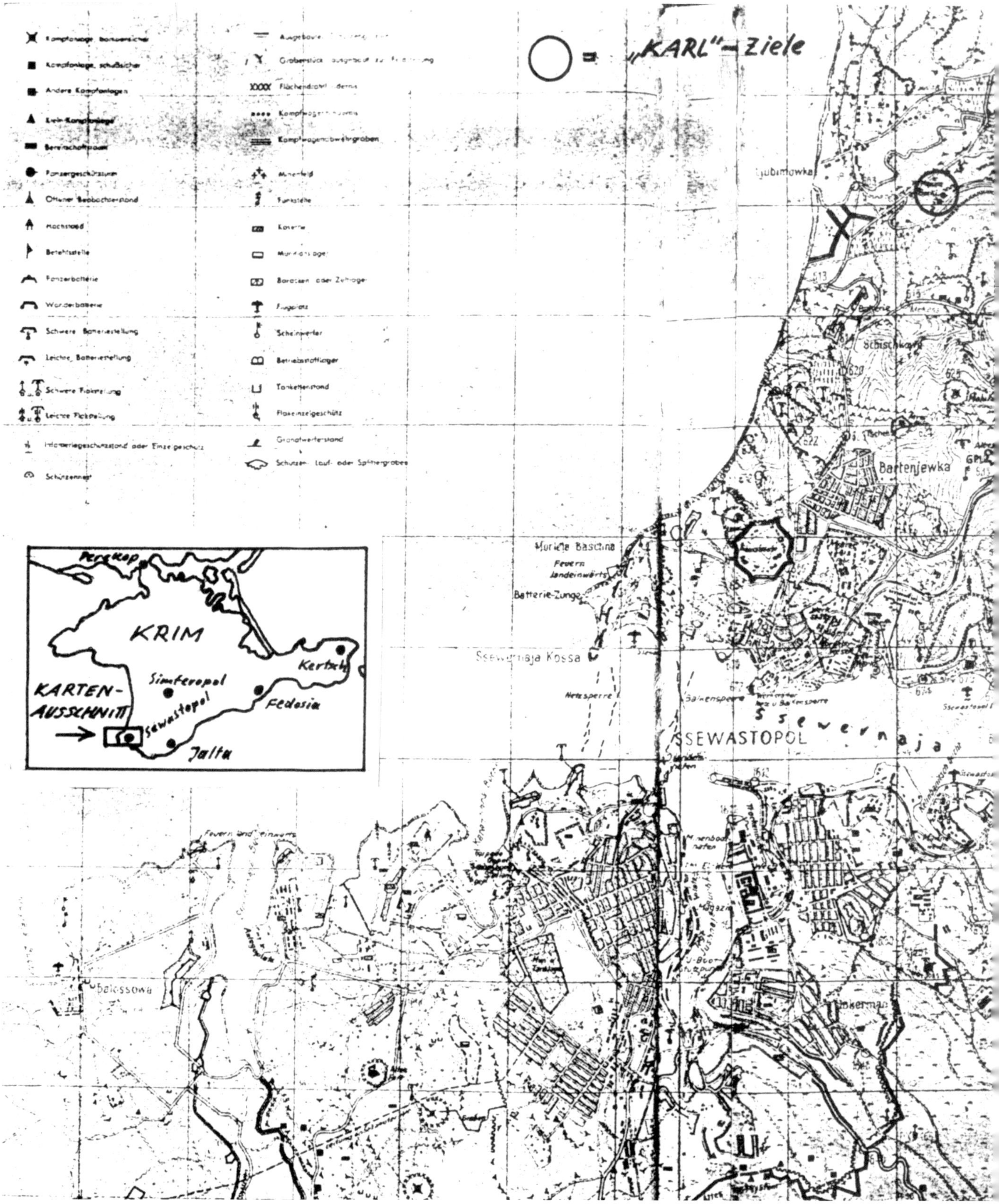

500 m Zeitzündschnur,
25 Schubkarren.
Es werden eingesetzt:
2 Karl und 1 bezw. 2 Mörserbatterien
(handschriftlicher Nachtrag).

Als Arbeitskräfte können eingesetzt werden: 4./Gef.Kp. Pi.22 – Stärke rund 120 Mann –, die z. Zt. in Gegend Arantschi Verbindungsgräben herstellt und Wege verbessert. Eine Beschleunigung der Arbeiten unter Einsatz wesentlich geringerer Kräfte wäre möglich, wenn der z. Zt. bei der Baustelle Bachtschissaraj eingesetzte Bagger zu diesem Zweck zur Verfügung gestellt werden könnte. Auf diese Weise könnten die Arbeiten in etwa 14 Tagen beendet sein, vorausgesetzt, daß der Bagger nicht infolge Feindeinwirkung ausfällt.

Unterschrift
(unleserlich)

Handschriftlicher Zusatz: Pi.Fü. hat Auftrag, die Angelegenheit bei bezw. unter Heranziehung von Major v. Rüdt zu besprechen. 20.4.

Bei dem genannten Bagger handelte es sich um das Gerät, das für den umfangreichen Stellungsbau »Dora« benutzt wurde. Er konnte nicht mehr rechtzeitig für den Karl-Stellungsbau zugeführt werden. Deshalb gelangten schließlich Kosakentruppen für diese Aufgabe zum Einsatz.
Im Mai 1942 begann die Inmarschsetzung der Karl-Geräte mit Ziel Krim. Die Geschütze »Adam« und »Eva« sollten mit einer neuaufgestellten bzw. aufzustellenden Batterie im Bereich des XXX. Armeekorps Verwendung finden. Da über einen tatsächlichen Einsatz vor Sewastopol die noch greifbaren Dokumente keinen Aufschluß geben und Erinnerungsbeiträge ehemaliger Artilleristen diese Geräte nicht erwähnen, muß vermutet werden, daß ein Einsatz – aus welchen Gründen auch immer – entgegen ursprünglicher Planung nicht stattgefunden hat.
Die Geräte »Thor« und »Odin« hingegen gingen für die »Aufgabe Sewastopol« wieder zur schweren Artil-

Artillerie-Kampf um Sewastopol von der leichten…

…über schwere…

…und schwerste…

...zur allerschwersten Artillerie (hier 80 cm-Eisenbahnkanone »Dora«).

lerie Abteilung 833 (im Bereich des LIV. Armeekorps). Nach der kläglichen Vorstellung 1941 standen diese beiden Geschütze nun vor ihrem einzigen »großen Auftritt«, was artilleristische Vorbereitung, Dauerbelastung und Schußzahl betraf. Aber auch der Verbleib der Karl-Geräte »nach Durchführung der Aufgabe S.« (= Sewastopol) wurde bereits vor Angriffsbeginn geregelt (man setzte also einen Erfolg des Angriffs voraus). In einer Notiz vom 24. Mai 1942 (Gen.d.Art.) heißt es unter Nr. 2: »Verbleib der Abt. 833: Karlgerät mit der vorhandenen Doppelbewaffnung 21 cm Mrs. 18 wie vorgesehen als Heeres-Art. bei H.G. Süd unter Rückführung Karlgerät in die Heimat... Evt. Neuaufstellung einer Abt. mit Karlgerät kommt nach Ansicht Gen.d.Art. mit Rücksicht auf Ausb. der Spezialisten und Kfz-Lage nicht in Frage. Für das Karl-Gerät ist außerdem die Mun.-Lage wegen Umstellung auf 54 cm Rohre noch unbestimmt.« Die erwähnte Umrohrung wurde schon nach dem Einsatz vor Brest-Litowsk beschlossen, um künftig größere Schußweiten erzielen zu können, die von der Truppe dringend gefordert wurden.

Am 27. Mai 1942 schließlich regelte das Oberkommando des Heeres endgültig den »Verbleib schweres Art.-Gerät nach Lösung der Aufgabe S.«: Für die schwere Artillerie Abteilung 833 erging der Befehl, diese sofort nach dem Fall der Festung auf »vollbewegliche 21 cm Mrs. 18 umzubewaffnen. »Das Karlgerät der Abt. 833 ist einem aus der Abt. zu bildenden Übernahme-Kommando genau zu übergeben und mit diesem in die Heimat zu überführen.« Zunächst freilich mußte der zweite Großangriff erst einmal erfolgreich beendet sein. An Zielen wurden der schwersten Artillerie endgültig zugewiesen (LIV.A.K. – la Nr. 185/42 g.Kdos. v. 25. Mai 1942):

30,5 cm-Mörser	– Dorf Belbek und Umgebung – Eisenbahnberg – vor 24. Inf.-Div.
35,5 cm-Mörser	– Forsthaus
42 cm-Haubitze (t)	– Bahnhof Mekensiewy – Gory
42 cm-Gammagerät	– Ölberg – Eisenbahnberg
60 cm-Karl-Gerät	– Maxim Gorki – Bastion
80 cm-Dora-Kanone	– Fort Stalin – Fort Molotow – Mun.-Lager »Weiße Klippe«

Nach Abschluß aller Vorbereitungen wie Zuweisung von Feuerstellungen und Haupt-B-Stellen, Ausbau der Stellungen, Unterbringung und Unterstellung der eingetroffenen Heeresartillerie, Regelung der Artillerie-Tätigkeit usw. wartete nun alles auf den 7. Juni, den A-Tag (Angriffstag).
Zuvor hämmerten vom 2. bis 6. Juni nahezu alle Kaliber auf die Festung ein, unterstützt von Luftangriffen. Die Feuerschläge der massierten Artillerie, wie sie in dieser Konzentration auf deutscher Seite nicht wiederholt werden konnten, erreichten am 7. Juni, dem Beginn des Sturmangriffs der Infanteristen und Sturmpioniere, ihren Höhepunkt. General von Manstein: »Ein überwältigender Anblick bot sich uns dar. Es war ein einzigartiger Fall im modernen Krieg, daß der Führer einer Armee das ganze Schlachtfeld übersehen konnte. Nach Nordwesten schweifte der Blick über das Waldgelände, das die schweren Kämpfe des linken Flügels des 54. AK dem Einblick entzog, bis zu den Höhen südlich des Belbek-Tals, um die so hart gerungen werden sollte. Nach Westen zu blickte man auf die Höhen von Gajtany, hinter denen ganz in der Ferne der Ausgang der Ssewernaja-Bucht ins Schwarze Meer aufleuchtete. Im Südwesten drohten die Sapunhöhen und erhoben sich die Felsen des Küstengebirges. Im weiten Rund der Festungsfront aber sah man bei Nacht das Aufblitzen der Geschütze, am Tage die Wolken von Felsbrocken und Staub, die von den Einschlägen der schweren Granaten und der Bomben unserer Flieger emporgeschleudert wurden. Fürwahr ein phantastischer Rahmen für ein gigantisches Schauspiel.«
Zurück zur Karl-Feuerstellung. Nachdem die Geräte südlich Simferopol ausgeladen und vom Ausladebahnhof auf Culemeyer-Fahrzeugen zum Bereitstellungsort verbracht worden waren, hatte der Marsch der Geräte in die Feuerstellung befehlsgemäß bei Nacht (unter Geräuschtarnung durch niedrig fliegende Flugzeuge) über eine vom Gegner einzusehende Hügelkette stattgefunden (Marschgeschwindigkeit 5 km/Stunde). Die Entfernung Feuerstellung – Zielgebiet betrug etwa 3,5 Kilometer.

Feuernde schwere Batterie.

Einschläge leichter…

…und schwerer Granaten.

»Karl-Chef« Major von Rüdt fotografierte die »große Konkurrenz«: feuernde »Dora«, im Vordergrund Flakschutz für »Dora«.

Die in den ausgehobenen Berg-Einschnitten gut gegen Sicht geschützten Geräte traten in der Zeit vom 2. Juni bis 1. Juli 1942 an fünf Tagen durch wirksames Steilfeuer in Erscheinung. Während des 5-Tage-Vorbereitungsfeuers verschossen die Karl-Geräte lediglich 18 Schuß. Am 7. Juni, dem Beginn des Sturmangriffs, waren es 54, am 9. Juni 50, am 30. Juni ebenfalls 50 und schließlich am 1. Juli 25 Schuß. Bei diesen 25 Schuß handelte es sich im Unterschied zu allen anderen nicht um schwere, sondern um leichte Betongranaten. Zu dem Verhalten dieser Geschosse kommt an anderer Stelle der Batterieführer selbst zu Wort.

Bei ohnehin hochsommerlichen Temperaturen auf der Krim kletterte die Quecksilbersäule zeitweise über 40 Grad Celsius, die Feuertätigkeit tat ein übriges, um die Feuerstellungen in einen Brutofen zu verwandeln. Die Bedienungsmannschaften kamen aus dem Schwitzen kaum heraus. Nicht minder die Spezialisten der Herstellerfirma, die die Geschütze aufgrund der enormen Dauerbelastung zu kontrollieren und zu beobachten hatten.

Im Falle einer Entdeckung durch feindliche Aufklärung hatte der Harko 306 befohlen: »Besonderer Schutz für Dora und Karl: Sofern Dora oder Karl unter Artilleriefeuer genommen werden sollten, ist es Aufgabe der Bb. 556 und 31, schnellstens zu melden, von woher das Art.-Feuer kommt. Für den Sonderschutz der schwersten Geräte sind vorgesehen: Bttr. 688, 1./641, Bttr. 502, 1./767 und 2./767. Sofern die B.-Abtn. nicht umgehend die Koordinaten (wiederaufgelebtes, bekanntes Ziel) melden können zwecks Durchführung sofortigen Planschießens, sind sofort die feuernden Bttrn. taktisch (ungefähre Ortsangabe) zu melden, um einen Art.-Flieger ansetzen zu können.« Als »Pfahl im Fleisch« der deutschen Angreifer erwies sich das schwere Panzerwerk Maxim Gorki I mit seinen vier 30,5 cm-Rohren. Nicht von ungefähr ein Hauptziel für die Karl-Batterien. Selbstverständlich verstanden auch die sowjetischen Artilleristen ihr Handwerk, fügten den Angreifern empfindliche Verluste zu.

Zum Beschuß dieses Panzerwerkes. Einer der ersten spektakulären Treffer (Präzisions- oder Zufallstreffer?) findet sogar Eingang in das Kriegstagebuch des LIV. Armeekorps. Der Eintrag: »7.6., 14.55 Uhr. Turm Maxim Gorki nach Beschuß mit Karl seit 13.00 Uhr Geschütze Richtung See festgeklemmt.«

Und in den Bericht »Führung des Artl.-Kampfes« (Höh.Art.Kdr.306 vom 11.6.42 an A.O.K. 11 – la – geheim) heißt es unter anderem: »Zerstörungsfeuer. Auf den Werken... Bastion, Maxim Gorki... wurden mit schwersten Kalibern mehrfach Volltreffer unmit-

telbar in den Kampfanlagen erzielt.« Das bedeutete eingedrückte Bunkerdecken, zerfetzte Betonwände und metertiefes umgewühltes Erdreich.
Dann blieben weitere Erfolgsmeldungen infolge Munitionsmangel aus.
Dieses Dokument spricht für sich:

Geheime Kommandosache (FS)
Oberst Profe-Bracht bei Höh.Art.Kdr. 306
13.6.42
SSD An Gen. d. Art. b. O.K.H.
Chef des Stabes
Mun.-Lage
Infolge des zähen Widerstandes und des starken Ausbaus der Küstenbatterien und der Befestigungswerke im Raum nördl. Sewastopol ist der Verschuß an Art.-Mun. der schwersten Kaliber sehr hoch. Ohne Mun. sind bereits die Bttrn. 458, 459, 2./767 und Karl...
Mit einer baldigen Beendigung der Kämpfe ist nach Lage und Ansicht von Armee und Korps nicht zu rechnen.
Profe-Bracht

In der Tat sollten die Kämpfe sich noch bis zum 1. Juli hinziehen. Die Sondermeldung von diesem Tage: »Sewastopol ist gefallen. Über Festung, Stadt und Hafen wehen die deutschen und rumänischen Kriegsflaggen. Unter Führung des Generalobersten von Manstein haben deutsche und rumänische Truppen, hervorragend unterstützt von dem bewährten Korps des Generalobersten Freiherrn von Richthofen, nach 25-tägigem erbitterten Ringen heute mittag die bisher stärkste Land- und Seefestung der Welt bezwungen. Starke Forts, in Fels gehauene Befestigungswerke, unterirdische Kampfanlagen sowie unzählige Feldbefestigungen wurden in vorbildlichem Zusammenwirken aller Waffen genommen. Gefangenen- und Beutezahlen lassen sich noch nicht

In der Feuerstellung eines Geschütz-Veteranen (alte Kruppsche 28 cm-Bettungshaubitze): Munition.

Fertigmachen der Geschosse.

Geschoß auf dem Weg zum Geschütz.

Richten.

übersehen. Reste der geschlagenen Sewastopol-Armee haben sich auf die Halbinsel Chersones geflüchtet. Auf engstem Raum zusammengedrängt gehen sie ihrer Vernichtung entgegen.« Der schrecklich hohe Blutzoll, der für diesen Sieg auch auf deutscher Seite entrichtet werden mußte, den verschwieg die Propaganda wie üblich. Regimenter waren auf Kompaniestärke zusammengeschmolzen, etliche Kompanien meldeten Verluste von bis zu 90 Prozent. Unabhängig davon machten sich die Stäbe daran, aus den eingehenden Meldungen eine Bilanz zu ziehen. Neben den Gefallenen-, Verwundeten- und Vermißten-Meldungen gehörte dazu makaber anmutende Statistik:

Feuer!

Fertigmachen zum nächsten Schuß.

Fernspruch an Gen. Kdo. LIV.A.K./Ia
Übersicht über die beim Angriff auf Sewastopol in der Zeit vom 2.6.-1.7.42 verschossenen Munition:

Mun.-Art.	Schuß	Tonnen
le.F.H.	391000	9310
s.F.H.	87700	5400
10 cm K.	20000	667
15 cm K.	4670	482
15 cm K. (f)	5500	600
M 37/t	24100	1400
17 cm K.	371	50
19,4 cm K. (f)	2000	500
21 cm Mrs.	13500	2300
24 cm Hb.	2130	530
28 cm Hb	2300	920
28 cm K.Hb.	750	300
Ig. Bruno	897	475
30,5 cm Mrs.	4920	1640
35,5 cm Mrs.	411	400
42 cm Hb./t	192	230
42 cm Gamma	188	225
Karl-Gerät	197	492
Dora-Gerät	48	360
	562944	26281

Der Gegner leistete verbissenen und tapferen Widerstand: Russische Infanterie unter Artilleriebeschuß.

Aber auch die Kleinstarbeit nach dem Sieg, über die im allgemeinen die Propaganda damals und die Literatur heute hinweggeht, soll hier anhand von zwei Beispielen erwähnt werden, zumal die Karl-Abteilung betroffen ist.
So erstellte der Korpspionierführer (LIV.A.K.) nach dem Bezwingen des Werkes Maxim Gorki eine erste Beschreibung:

Vorläufige Feststellungen über Panzer-Batterie ›Maxim Gorki‹.
Gesamtlänge der Kampfanlage 100 m.
Eigene Zufahrtsstraßen, eigenes Normalspurgleis.
2 Panzerdrehtürme mit je 2-30,5 cm-Geschützen, Rohrlänge 15,90 m.
Durchmesser der Panzertürme 10,70 m.
Gesamthöhe 4,80 m, davon]e zur Hälfte über und unter dem Gelände.
Stärke der Deckenpanzerung 20 cm.
Stärke der Seitenpanzerung 30 cm.
Kasematten haben mehrere Stockwerke, etwa 45 Räume (Zahl noch nicht feststellbar).
Ringsherum mehrere betonierte M.G.-Schartenstände.
Hohlgangsystem, dessen Ausdehnung und Lage noch nicht feststellbar.
In etwa 500 m Entfernung 2 Entfernungsmesser mit Basis 10,50 m bezw. 5,30 m unter leichter Panzerung.

In einer Notiz über Aussagen von Gefangenen aus Maxim Gorki heißt es: »Stuka-Bomben verursachten in Maxim Gorki nur leichte Erschütterungen. Unterbrachen in keiner Weise das Geschehen/Leben usw. Moralisch wirksam jedoch (verheerend) das Einschlagen schwerster Kaliber, da man nicht wußte, was da schießt.« Noch ein paar Anmerkungen zur schweren Artillerie Abteilung 833. Während der Kämpfe verlor sie einen Munitionspanzer für das Karl-Gerät. Ein Volltreffer (Zufallstreffer?) zerriß das gerade mit vier schweren Betongranaten beladene Fahrzeug in kleine Stücke. Von den Geschossen, die ins Gelände verstreut wurden, zerlegte sich eines, ohne wirklich zu detonieren. Die anderen verloren teilweise die ballistische Haube, blieben aber unzerlegt.
Ein Großteil der deutschen »Sewastopol-Artillerie«

In der Karl-Feuerstellung: Laden.

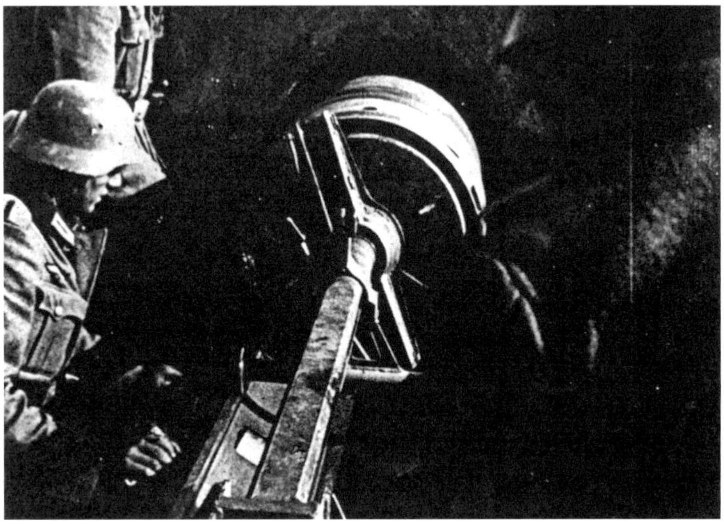

kam nach dem Fall von Sewastopol keineswegs zu einer Verschnaufpause. Im Gegenteil. In gewaltigen Märschen eilten Mensch und Material quer durch das russische Riesenreich in den Norden, nach Leningrad. Darunter auch die Abteilung 833, ausgestattet nur noch mit 21 cm-Mörsern 18. Die Abteilung wurde in Leningrad dem A.O.K. 18 unterstellt. Sie kam mit Karl-Geräten nicht mehr in Berührung. Diese verbrachte man befehlsgemäß in die Heimat. Noch vor diesem Rücktransport schrieb Batterieführer Major Freiherr Rüdt von Collenberg (der später die Abteilung als Kommandeur übernahm) einen privaten Brief an den ihm freundschaftlich verbundenen Ingenieur Jakob Engel, der als Angehöriger des Firmenteams zur Abteilung 833 mit Offiziersrang einberufen worden war, aber wegen einer Erkrankung nicht in Sewastopol dabei war:
»Oblt. Koch steht hier mit verpackten Geräten und wartet auf Abruf in die Heimat. Die Mängel, die Sie erwähnen, stimmen, die Panzer sind mit ihrer Hebevorrichtung einer Dauerbelastung nicht gewachsen. Motor, Kupplung und Kühlung sind zu schwach, bei südlicher Hitze besonders. Die Leichtgeschosse haben bei 7ter Ladung mehrfach Saltos im aufsteigenden Ast gedreht – Pech! Die verschiedenen Beanstandungen sind natürlich mit Hilfe von Erfahrungsberichten längst festgelegt – im Ganzen hat sich Karlchen aber wacker gehalten...«

In dem erwähnten Erfahrungsbericht über den Einsatz der Karl-Geräte vor Sewastopol wird auch eingegangen auf die schlechte Munitionsversorgung überhaupt, auf das Fehlen von Zugmaschinen und schließlich auf die Lebensdauer der Rohre, die weit weniger hoch war als angenommen. Sie wirkte sich negativ auf die Treffsicherheit aus.

Diese Gründe und der unverhältnismäßig große Aufwand bis zur Abgabe eines Schusses sind letztlich dafür verantwortlich, daß Karl-Geräte, obschon nach Sewastopol noch vereinzelt eingesetzt, im Rahmen größerer Artilleriekämpfe überhaupt keine Rolle mehr spielten.

Der weitere Weg der Karl-Geschütze

Die noch vorhandenen Dokumente in den einschlägigen Archiven sowie widersprüchliche Erinnerungsbeiträge lassen ein lückenloses Aufzeigen der weiteren Karl-Einsätze hinsichtlich Ort, Zeit, Munitionsart (Beton- bzw. Sprenggranaten), Berohrung (60 cm = 040 und/oder 54cm = 041) und Unterstellungsverhältnisse nicht zu. Zahlreiche Einsatz-Befehle für Karl-Geräte, die dann wegen der sich rasch ändernden Frontlage wieder aufgehoben werden mußten; in Marsch gesetzte und dann umdirigierte oder zurückbeorderte Karl-Transporte; mangelhafte oder gar keine Munitionszuführung; fehlendes Spezialpersonal; Materialausfälle; Motorschäden usw., usw. spiegeln das Dilemma deutlich wider.

Zwar war laut »Speer-Protokolle« (13.-15. Mai 1943) »Karl 54 cm gemäß Auftrag« weiterzuverfolgen, andererseits aber wies Hitler fast gleichzeitig seinen Generalstab an, wegen der schwierigen Munitionslage Überlegungen darüber anzustellen, »ob alle eingesetzten Waffen nach Art und Anzahl von so großer militärischer Bedeutung sind, daß der dafür notwendige Munitionsbedarf und -verbrauch in vollem Maße verantwortet werden kann... Jede unnötige Verfüllung von Munition ist bei allen Kalibern nicht zu verantworten.«

Die Ergebnisse jener Überlegungen zogen

Gerät »Odin«.

Oben: Richten.

Unten: Nur das schußbereite Rohr verrät die Feuerstellung.

auch die Munitionsfertigung für die Karl-Geschütze in Mitleidenschaft. Kurzum, für einen nennenswerten Einsatz, vergleichbar etwa mit dem von Sewastopol, fehlte es an Voraussetzungen. Mit Hilfe von Kriegstagebüchern, Einsatz-, Aufstellungs- und sonstigen Befehlen, Meldungen sowie Besprechungsnotizen soll der weitere Weg – soweit eben möglich – chronologisch verfolgt werden. Es ist die Chronologie des endgültigen Untergangs des schwersten Steilfeuers überhaupt. In dem Bild jenes modernen Krieges mit seinen ungestümen Waffen-Entwicklungen und -Neuschöpfungen sowie den grundlegenden Wandlungen in Taktik und Strategie geriet der Geschütztyp eines Karl mehr und mehr zu einem Fremdkörper.

1943

Mai

- Hitler befiehlt am 14. Mai die Weiterverfolgung der Umrohrung von 60 cm auf 54 cm zwecks Steigerung der Schußweite.
- Neu- bzw. Wiederaufstellung der schweren Artillerie Abteilung 628 am 24. Mai im Wehrkreis IV (Hauptquartier Dresden) mit zwei Batterien (»schwerste Artillerie«) unter Ausstattung mit zwei Karl-Geräten 040. Es konnte nur ermittelt werden, daß diese beiden Geräte Mitte 1943 nach Deutschland zurückgeführt wurden. Über einen Front-Einsatz (evtl. bei Ismawa?) ist nichts genaues bekannt. Ab Mitte 1943 befanden sich in der Abteilung 628 nur noch 21 cm-Mörser 18.

1944

- Anfang des Jahres erfolgten in Hillersleben Beschüsse der ersten fertiggestellten 54 cm- Rohre.
- Die schwere Batterie 428 (»Einzelbatterie mit schwerster Geschützausstattung«) erhielt Karl-Gerät Nr. I als 040 und Gerät Nr. IV als 040. Beide Geschütze waren jedoch auch als 041 eingerichtet. Die Batterie sollte »im Osten« zum Einsatz gelangen.

Mai

- Eintrag im Kriegstagebuch des »Gen.d.Art. beim Chef d.Gen.St.d.H.« am 5. Mai: »Entwicklung und Fertigungen Karl-Geräte können zurückgestellt werden.« Wahrscheinlich war die Umrohrung von 040 auf 041 gemeint, denn Eintragungen unter dem 8. Mai sprechen unter Berufung auf »Der Führer – OKW – W.F.St. Org.-Nr. 004194/44 g.Kdos. vom 22.4.1944« von Streichungen in bezug auf »Fertigung und Umrohren von Karl-Geräten« sowie von Zurückstellungen der »Mun.-Fertigung für Karl-Geräte«.

August

- In diesem Monat befahl Chef Generalstab des Heeres die sofortige Aufstellung einer eingeschützigen Batterie mit Karl-Gerät, eingerichtet als 041 mit 250 Schuß und den notwendigen Transportfahrzeugen. Die Batterie (schwere Batterie 638 – »Einzelbatterie mit schwerster Geschützausstattung« – wurde »der 9. Armee für die Aufgaben bei Warschau zugeführt«.

Dort hatten sich am 1. August die Warschauer AK-Einheiten (AK = Armia Krajowa), eine aus 350000 Mann bestehende bewaffnete Untergrundorganisation unter General Tadeuz Komorowski-Bor, erhoben.
Die schwere Batterie 638 brachte ihr Karl-Gerät Nr. VI (»Ziu«) in den Warschauer Parkanlagen ohne Ausbau einer Feuerstellung und ohne nennenswerte Tarnmaßnahmen in Feuerposition (übrigens nicht als 041, sondern als 040). Bei der Beschießung der von den Aufständischen besetzten Objekte mit Spenggranaten versagten zahlreiche Aufschlagzünder. Die Polen nutzten diese »Geschenke« auf ihre Weise: Todesmutig gruben sie etliche Blindgänger aus und entnahmen den Sprengstoff, den sie für das Anfertigen von Minen und Handgranaten verwendeten.
– Nach dem Niederschlagen des Aufstandes wurde das Karl-Geschütz nach Hillersleben zurückgeführt. Oberingenieur Klaus Kunder vom Heereswaffenamt Wa Prüf 1, dort beschäftigt mit den gesamten im Heer eingeführten Aufschlag- und Uhrwerkszündern, erhielt den Auftrag, einen funktionssicheren Aufschlagzünder mit und ohne Verzögerung auszuwählen und zu erproben. Kunder: »Nach Durchrechnung der Geschoßdrehzahlen kam nur der ›kurze AZ 1‹ in Frage. Dies war der Aufschlagzünder m. und o. V., der, unter anderen, bei den Infanteriegeschützen eingesetzt war. Wir haben in Hillersleben 5 Schuß mit verschiedenen Ladungen abgefeuert, die alle einwandfrei scharf wurden. Um den aus Blech gefertigten Zünder beim Laden nicht zu gefährden, habe ich die Geschosse mit Zündererersatzstück laden lassen. Nachdem das Rohr auf Erhöhung gedreht war, habe ich dann den Zünder von oben aufgeschraubt. Nach den erfolgreichen Versuchen war der ›kz AZ 1‹ als Zünder vorgeschrieben.«
Trotz des Auftretens zahlreicher Blindgänger ist im

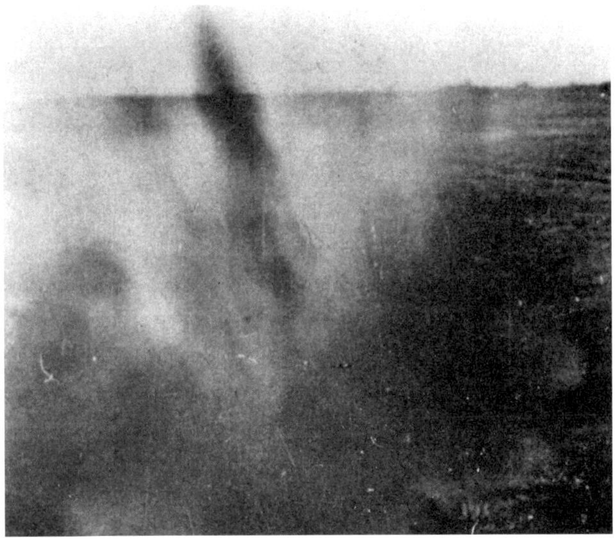

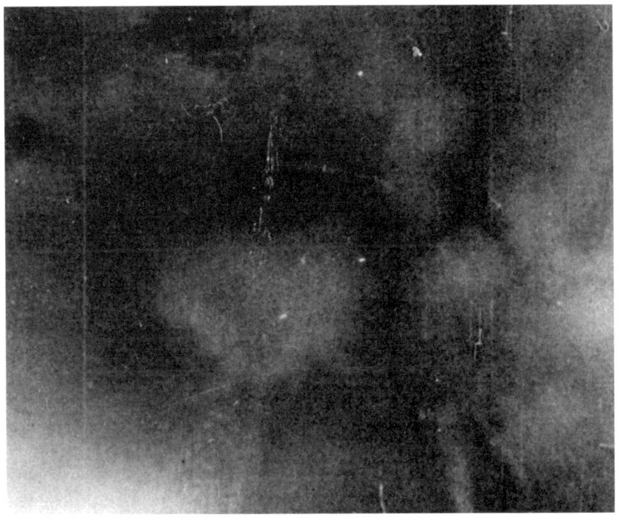

Feuer! (Wochenschau-Aufnahmen).

Feuerndes Karl-Gerät (»Thor«) von der Seite gesehen (Wochenschau-Aufnahme).

Kriegstagebuch (Gen.d.Art.) unter dem 24. August 1944 zu lesen: »Karl-Gerät vor Warschau sehr erfolgreich. Chef Gen.St.d.H. fordert kurzfristig Einsatz eines 2. Geräts in Paris.« Aber das von Hitler persönlich nach dort befohlene Karl-Gerät (041) kam nicht mehr an. Auf dem Eisenbahntransport blieben Zug und Geschütz nach einem Jabo-Angriff liegen. Das Karl-Gerät wurde daraufhin im verlasteten Zustand von den eigenen Truppen gesprengt. In diesem Zustand fanden es später die Amerikaner vor. Die Gerät-Nummer bzw. Name ist nicht bekannt.

Aus bestimmten OKW-Anfragen, verwirrenden Befehlen und Besprechungsnotizen verschiedener Stäbe ist herauszulesen, daß man wohl die Übersicht über noch vorhandene Karl-Geräte einschließlich Zubehörfahrzeuge und Munitionslage verloren hatte. Eine aus diesem Grunde durchgeführte Bestandsaufnahme (Gen.d.Art.) erbrachte folgendes Ergebnis (Stand September 1944):

– **Gerät Nr. I (»Adam«)** befand sich einsatzbereit als 040 bei der schweren Batterie 428.
  Das Gerät war auch als 041 eingerichtet, das heißt, die notwendigen Veränderungen bzw. Vorrichtungen zur Umrohrung auf 54 cm waren vorhanden. Die Batterie 428 sollte »im Osten« zum Einsatz gelangen.
– **Gerät Nr. II (»Eva«)** befand sich (ohne Motor) bei der Artillerieschule Jüterbog, eingerichtet als 040. Der Einbau eines neuen Motors sollte Mitte Oktober abgeschlossen sein.
– **Gerät Nr. III (»Odin«)** war zu 50 Prozent zerstört, nachdem es bei einem Versuchsschießen mit 54 cm-Rohr einen Rohrkrepierer gegeben hatte. Gemäß »Führerentscheid« sollte ein neues Rohr bestellt und das Gerät, in »Füllarbeit« instandgesetzt werden. Einen voraussichtlichen Termin für die Einsatzbereitschaft wollte oder konnte niemand nennen.

Munitionsschlepper nach Volltreffer: Zu erkennen nur noch die Reste des Krans, im Vordergrund lädiertes, aber nicht detoniertes Geschoß.

- **Gerät Nr. IV (»Thor«)** befand sich (neben Gerät Nr. I) als 040 einsatzbereit bei der schweren Batterie 428. Auch »Thor« war als 041 eingerichtet.
- **Gerät Nr. V (»Loki«)** befand sich als 040 in Zuführung zur schweren Batterie 638 (war indes auch als 041 eingerichtet). Die Batterie sollte nach Erledigung der Aufgabe in Warschau nunmehr in Budapest zum Einsatz gelangen. Über den tatsächlichen Einsatzort oder stattgefundene Einsätze konnte nichts ermittelt werden. Die Batterie 638 endete 1945 im Ruhrkessel.
- **Gerät Nr. VI (»Ziu«)** befand sich, aus Warschau zurückgekehrt, zwecks Instandsetzung in Hillersleben. Gemäß Planung sollte es Ende Oktober wieder zur Verfügung stehen.
- **Das sogenannte Versuchsgerät 041** für Schußtafelschießen und Munitionsbeschuß war wegen erheblicher Schäden nicht funktionsfähig. Mit der Instandsetzung rechnete man nicht vor April 1945.
- Von den insgesamt nur sechs (!) bestellten **54 cm-Rohren** waren drei geliefert und in Jüterbog eingelagert worden. Eine beabsichtigte Bestellung von drei weiteren Rohren hätte erst Ende 1945 zur Lieferung geführt.
- An **Culemeyer-Fahrzeugen** befanden sich ein Satz bei der Batterie 428 und ein Satz in Zuführung für die Batterie 638.
- Von den **30-Tonnen-Kränen** standen noch zwei zur Verfügung (für jede Batterie ein Kran). Ein weiterer Kran lagerte in Jüterbog, allerdings ohne Fahrzeug (Totalverlust durch Brand).
- Besser bestellt sah es bei den **Munitionsschleppern** aus. Von den 13 vorhandenen Schleppern befanden sich sechs bei den Batterien 428 und 638, drei andere in Reserve, die restlichen im Umbau (zum Teil für 041).
- Die **Munitionslage** bezeichnete der Wehrmachts-Führungsstab als »katastrophal«. Nicht weiter

Nach dem Volltreffer verlor dieses Geschoß lediglich seine ballistische Haube.

In der B-Stellung: (von links) Major von Rüdt, Abteilungsadjutant Oberleutnant Dauber und ein Melder.

Major von Rüdt.

Zum Gefechtsstand der schweren Artillerie Abteilung 833 vor Sewastopol.

Zerstörtes Eingangswerk »Maxim Gorki«.

»Mondlandschaft« nahe Fort »Maxim Gorki« nah Beschuß durch schwerste Artillerie.

verwunderlich, nachdem diese schon zu Kriegsbeginn als unzureichend galt und später die Fertigung stark eingeschränkt werden mußte.

- Von der »**Mun. 040**« standen ganze 264 Schuß sofort zur Verfügung, von denen die Batterie 638 150 Schuß erhalten sollte. Aus der noch laufenden Fertigung erwartete man knapp 100 Schuß. In Unterlüß (Rheinmetall-Schießplatz) befanden sich weitere 241 Geschosse zum Umlaborieren (Sprengladung).
  Als »täglicher Anfall« wurden zehn Umlaborierungen genannt.
- Die Situation bei der »**Mun. 041**« machte das Desaster am deutlichsten. Für das Schußtafelschießen in Hillersleben mit Betongranaten (vorgesehen für Oktober 1944) waren 50 Stück angeliefert worden. Danach sollte sich die monatliche Lieferung auf 25, allenfalls auf 50 Betongranaten belaufen. Weil aber das Versuchsgerät 041 nicht einsatzfähig war, ruhte der Versuchs-Schießbetrieb.
- **54 cm-Sprenggranaten** standen für einen sofortigen Verbrauch überhaupt nicht zur Verfügung. In Hillersleben erwartete das Erprobungskommando für das Schußtafelschießen 50 Geschosse im November. Allerdings zu Lasten der ursprünglich vorgesehenen Betongranaten-Fertigung. Anfang 1945 sollten dann monatlich je 30 Spreng- und Betongranaten geliefert werden. Das ist weniger, als die Karl-Batterien vor Sewastopol an einem einzigen Tag verfeuert hatten.

1945

Über mögliche Karl-Einsätze in den letzten Kriegsmonaten ließ sich nichts Zweifelfreies ermitteln. Nach sich widersprechenden Aussagen von Teilnehmern an der Ardennen-Offensive und Verteidigern der Brücke

Zerstörtes Eingangswerk »Maxim Gorki«.

von Remagen soll ein Gerät mit 54 cm-Rohr im Raum Aachen in Erscheinung getreten sein. Ein weiteres Gerät (oder dasselbe?) soll die Brücke von Remagen unter Beschuß genommen haben, nachdem die Sprengung seitens der Deutschen mißlungen war.

Das für den Paris-Beschuß vorgesehene und den amerikanischen Truppen in die Hände gefallene Karl-Geschütz gelangte nicht, wie dies der Autor J.B. King in seiner Publikation »Deutsche Geheimwaffen« behauptet, in das US-Army-Museum Aberdeen/Maryland (Prouving Ground). Diese Aussage erwies sich bei Nachprüfung an Ort und Stelle als falsch.

Die noch vorhandenen und in deutscher Hand befindlichen Karl-Geschutze schlachtete man in der letzten Kriegsphase als gegenseitige Ersatzteilspender aus. Devise: »Aus Zwei mach Eins«. Was schließlich noch vorhanden war und nicht mehr zu verwerten schien, sollte in die Hochöfen wandern. Zum Teil geschah dies auch, der buchstäbliche letzte Rest ging nach Kriegsende den Weg der meisten deutschen Waffen: Er landete auf den »Schrottplätzen der Geschichte« und verlor sich auf den Hinterhöfen cleverer Buntmetall-Händler oder in den Hochöfen der Sieger.

Bis auf den heutigen Tag erhalten geblieben sind lediglich mehrere 54- und 60 cm-Geschosse. Sie stammen aus einer Recklinghausener Schrottsammelstelle, die diese vor wenigen Jahren dem Munitionszerlegungsplatz Hünxe zum Entschärfen übergeben hatte. Es handelte sich jedoch um »blindgefüllte« Beton- und Sprenggranaten – vermutlich Überbestände aus der Entwicklungs- bzw. Erprobungszeit. Die ballistischen Hauben sind durch jahrzehntelange Lagerung im Erdreich zerfressen, die Geschoßmäntel selbst jedoch unversehrt. Einige der Geschosse befinden sich heute im Besitz der Wehrtechnischen Studiensammlung des Bundesamtes für Wehrtechnik und Beschaffung

Zerstörter Nordost-Panzerturm »Maxim Gorki«.

Zerstörter Nordost-Panzerturm »Maxim Gorki«.

Getroffenes Kommandogerät für »Maxim Gorki« auf »Bastion«. Im Hintergrund »Maxim Gorki«.

Zerstörter Nordost-Panzerturm »Maxim Gorki«.

21 cm-Mörser 18 der schweren Artillerie Abteilung 833 (das Geschütz konnte in der oberen und unteren Winkelgruppe schießen).

Vorwurf an die entwickelnden Stellen, sondern eine einfache Tatsache, die aus dem Mangel an hinreichenden praktischen Erfahrungen und daraus abzuleitenden theoretischen Grundsätzen resultierte.
Während für die kleinkalibrigen Waffen alle Voraussetzungen für ihre ballistische Entwicklung durch die verschiedensten Arbeiten und Versuche von namhaften Experten fast restlos geschaffen sind, bestehen auf artilleristischem Gebiet noch heute wegen der komplizierten Versuchsführung besonders bei schweren Kalibern gewaltige Lücken. So sind zwar die Ursachen der Rohrabnutzung, die vielseitig und sowohl materieller als auch innerballistischer Natur sind, bekannt, die hieraus abzuleitenden Grundsätze und mathematischen Formeln aber noch unzureichend. Jedenfalls ist die Lebensdauer des Geschützes Karl so gering und sinkt die Treffgenauigkeit nach verhältnismäßig wenigen Schüssen so schnell bis zur Unbrauchbarkeit der Rohre ab, daß man schon aus diesem Grunde erwägen müßte, ob deren Verwendbarkeit lohnt.
Praktisch konnten diese Verhältnisse des Nachlassens der Anfangsgeschwindigkeit und der Treffgenauigkeit bei dem Geschütz Karl nicht genügend geklärt werden, da hierzu langwierige Reihenbeschüsse erforderlich gewesen wären, die aber mit Rücksicht auf Zeitmangel (die Geschütze wurden erst mitten im Krieg fertig), kostbare Munition und geeignete Schießplätze und endlich deswegen nicht durchzuführen waren, weil eine vorzeitige Abnutzung der wertvollen Rohre vermieden werden sollte. Unverständlich ist die Entwicklung solch gewaltiger Geschütze mit einer so geringen Schußweite. Bereits während des Ersten Weltkrieges hatte ich auf die dringenden Forderungen der Truppe und der Obersten Heeresleitung hin umfangreiche Versuche zur Vergrößerung der Schußweiten der im Felde eingesetzten 10- bis 42-cm-Geschütze unter Herabsetzung des Geschoßgewichtes und Verbesserung der Geschoßformen bei gleichbleibender Beanspruchung der Geschütze durchgeführt, deren Haltbarkeit und Standfestigkeit nicht verändert werden durften. Alle Geschütze des Ersten Weltkrieges erhielten der Reihe nach neben der bisherigen Friedensmunition zum Teil stark erleichterte Geschosse schlanker Formen bzw. nachträglich aufgesetzte schlanke Hau-

Karl-Gerät »Thor« mit 54 cm-Rohr (041).

Entwurf für 24 cm-Kanone auf Karl-Fahrgestell. Das Projekt konnte nicht mehr verwirklicht werden.

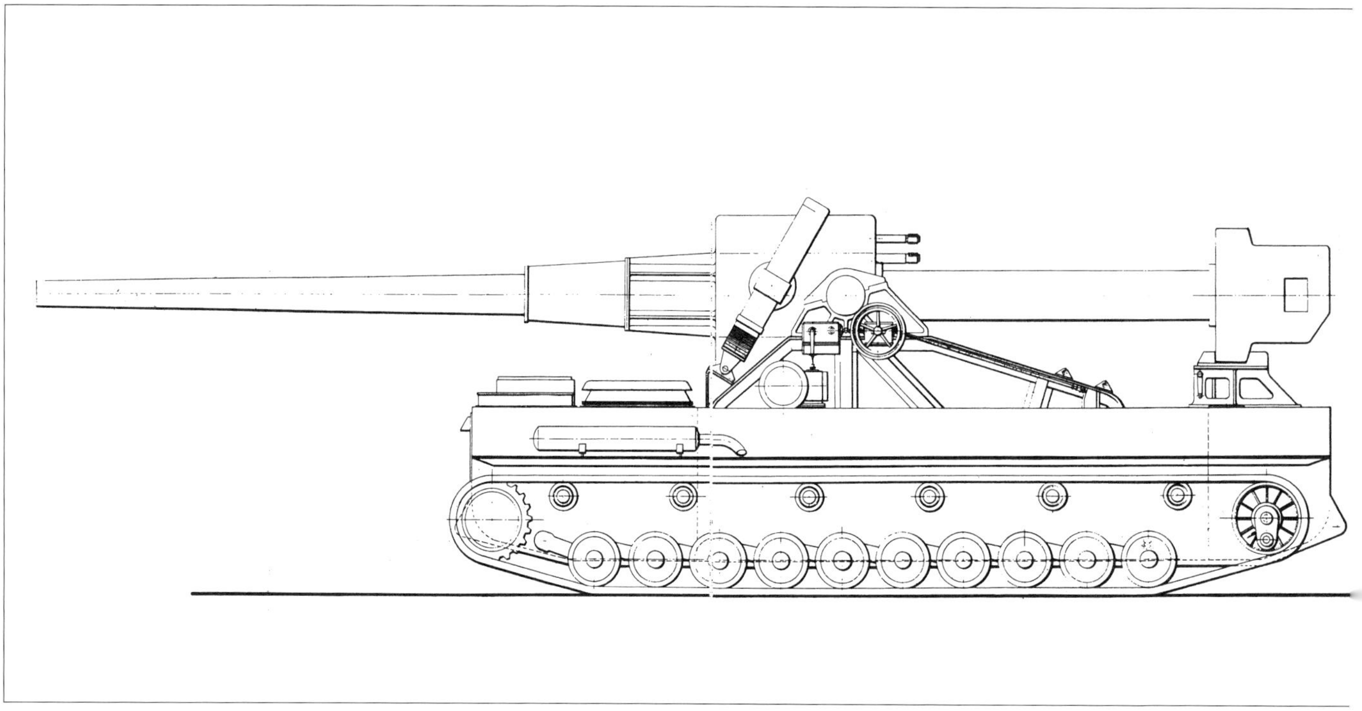

Karl-Gerät »Thor« mit 54 cm-Rohr (041).

Das Ende: Von einem deutschen Sprengkommando teilzerstörtes Karl-Gerät (041) in Eisenbahnverlastung.

ben. Die Schußweitensteigerung betrug durchschnittlich 33 Prozent; die Wirksamkeit der Geschosse aber ging wegen der Verringerung des Geschoßgewichtes und der Sprengladung erheblich zurück; die Streuungsverhältnisse wurden durch die neuen Formen verbessert, jedoch durch die verringerte Querschnittsbelastung auch teilweise verschlechtert. Die Truppe mußte sich damit abfinden. Die Oberste Führung hatte es so verlangt und mußte die Vor- und Nachteile im Rahmen ihrer Absichten gegeneinander abwägen.

Das ballistische beste Geschoßgewicht und die beste Geschoßform (Länge, Spitzenabrundung, Bodenkonus, Gewichtsverteilung, Schwerpunktlage) stehen in engstem Zusammenhang mit vielen innen- und außenballistischen Einflüssen, beispielsweise der jeweiligen Anfangsgeschwindigkeit, der Drallart und Drallgröße, dem Verlauf der Flugbahn und der Geschoßlage zur Flugbahn. Diese wechselseitigen Einflüsse müssen durch praktische Versuche und konstruktive Maßnahmen zu einem erträglichen Kompromiß gebracht werden, was bei Karl aus den erwähnten Gründen nicht möglich war.

Weder die Truppenführung, für die allein die sichere Erringung des Endzwecks maßgebend ist, noch der Techniker dürfen sich im Normalfall damit begnügen, nur eine einzige Geschoßkonstruktion nach einer Faustregel zu entwerfen und lediglich deren Haltbarkeit, maximale Schußweite und Durchschlagsleistung gegen ein Beton- bzw. Panzerziel unter einem idealen Auftreffwinkel mit einigen wenigen Versuchsexemplaren zu ermitteln. Genau das aber ist bei der Entwicklung der Karl-Munition geschehen.

Als Gegenbeispiel führe ich an, daß ich gleich nach dem Ersten Weltkrieg für die uns belassenen Geschütze die Entwicklung einer neuen Einheitsgranate in Angriff genommen hatte. Erst nach fünf Jahren intensivster Erprobungen und unzähliger Treffbildreihen kristallisierte sich endlich die unter dem Namen »1.F.H.Gr.« eingeführte Granate als die geeignetste mit den besten Streuungen auf allen Entfernungen heraus. Sie hat sich bis zum Schluß des Zweiten Weltkrieges voll bewährt.

»Pulja dura« – »die Kugel ist eine Törin«, schrieb einmal ein russischer Dichter. Auch heute weiß das Geschoß, wenn es die Mündung verläßt, nicht, wo es einschlagen wird; es ist buchstäblich wetterwendisch. Ingenieur und Soldat versuchen zwar, dem Geschoß ihren Willen aufzuzwingen, aber immer wieder befreit es sich von solchen Fesseln. Jeder Batterieführer wird bestätigen, daß es ihm trotz aller Sorgfalt der Erkundung, Beobachtung und des Schießverfahrens nicht immer gelang, ein ziemlich großes Ziel auf kleine Schußentfernung zu treffen.

Die 50 prozentige Längenstreuung des Karl nur wenig über 1 Prozent der Schußweite bedeutet, daß die ganze Längenstreuung, auf die es schließlich bei so wenigen Schüssen einer so kostbaren Munition ankommt, zum Beispiel bei 5000 Meter Schußweite mindestens 200 Meter betragen hatte. Diese Streuung ist nicht nur von der Treibladung, den Eigenarten des Geschützes, der Witterung, sondern in erheblichem Maße auch von Unregelmäßigkeiten des jeweiligen Geschosses wie Fertigungstoleranzen, Laborierung, Führung und äußere Form abhängig. Eine gute Treffleistung bei einer zu fordernden Mindestschußweite und Wirksamkeit ist also die wichtigste Forderung, die von der Truppenführung gestellt werden muß. Das Karl-Geschütz hat im Kriegseinsatz einige aufsehenerregende Treffer gegen wichtige Ziele verbuchen können, aber ein nicht geringer Prozentsatz der kostbaren Geschosse verfehlte sein Ziel beträchtlich (Längen- und Breitenstreuung).

Die leitenden Ingenieure einer Waffenfabrik und Ballistik-Theoretiker können sich schwerlich immer eine richtige Vorstellung vom Wert und Bedeutung eines Geschützes im Rahmen einer großen Operation bzw. eines örtlichen Kampfes machen; ihnen fehlen alle praktischen Erfahrungen, die man nur allmählich im Laufe systematischer Reihen- und Wirkungsbeschüsse zur Ermittlung der Leistungen unter kriegsmäßigen Bedingungen erlangen kann. Die Ingenieure und Ballistiker kennen zwar die Formeln der Schußbeanspruchung, der Festigkeitsberechnung von Rohr und Lafette, kennen die Formeln für Luftwiderstand, Schußweiten, Erhöhungs- und Fallwinkel sowie auch die Formeln für die Durchschlagsleistung gegen harte Ziele; von den oft gewaltigen Streuungen und der oft bestehenden Aussichtslosigkeit, ein Ziel zu treffen, sowie von der tatsächlichen Wirkung unter den erschwerenden Kriegsverhältnissen machen sie sich nur ein unzureichendes Bild. Sie sind zunächst darauf bedacht, einen gutfunktionierenden und haltbaren Geschützmechanismus zu entwerfen und die Fertigungsgrundlagen für eine möglichst einfache und rationelle Fabrikation zu schaffen; ihre Gedanken reichen im allgemeinen nur bis zum Einsatz des Geschützes in der Stellung. Wie und unter welchen Schwierigkeiten der Einsatz, das Schießverfahren, der Erfolg vor sich gehen, das können sie nicht ermessen. Das ist Sache der Soldaten und vor allem derjenigen, die mit der Führung und Durchführung der kriegerischen Operationen betraut sind. Wenn hier die notwendige technische Erkenntnis und Zusammenarbeit fehlen, entstehen zwar gewaltig anzuschauende und in Form und Mechanismus vollendete Waffengebilde. Die aber sind ohne Seele und Verwendungsmöglichkeiten.

Die Voraussetzungen und Erwägungen seitens des Generalstabes, des Kriegsministeriums und der Artillerie-Prüfungs-Kommission, die bereits Ende des vorigen Jahrhunderts zur Konstruktion eines 30,5 cm-Mörsers und zu Beginn des 20. Jahrhunderts zur Konstruktion der »Dicken Berta« geführt hatten, sowie die Erfahrungen bei den vielseitigen Erprobungen und endlich die Schlußfolgerungen, die sich aus dem Einsatz und den Leistungen der »Dicken Berta« im Ersten Weltkrieg ergeben hatten, diese Erfahrungen bezüglich Treffleistungen, Wirkungsgrößen. Munitionsaufbau, Rohrabnutzung, Rohrdetonierern, taktischem und operativem Einsatz hätten bei der Entwicklung des Geschützes Karl unbedingt Pate stehen müssen. Sie taten es nicht.

Bleibt anzumerken, daß es letztlich den Batterie- und Geschützführern sowie den Kanonieren aufgrund ihres Ausbildungsstandes und Waffenstolzes anzurechnen ist, wenn sie trotz all dieser Mängel aus ihrer Waffe das Bestmögliche herausgeholt und sogar noch Erfolge erzielt haben.

V. Sewastopol im Zweiten Weltkrieg

DER ERSTE ANGRIFF – 17. BIS 31. DEZEMBER 1941

Die Perekop-Enge, das Tor zur Krim, haben die Sowjets mit einem tiefgestaffelten Verteidigungsfeld verschlossen. Kernstück der deckungslosen Ebene mit ihren Draht- und Minensperren sowie Panzergräben ist ein 20 Meter tiefes und 20 Meter hohes Graben- und Wallsystem, der sogenannte Tatarengraben.
Am 17. September 1941 übernimmt Generaloberst von Manstein die Führung der 11. Armee.
Mit massiver Unterstützung schwerer und schwerster Artillerie gelingt es unter härtesten Angriffsbedingungen und verlustreichen Einzelaktionen gegen Erdbunker und Feldbefestigungen sowie wiederholter Abwehr feindlicher Gegenstöße, das Perekop-Bollwerk bis zum 29. September 1941 aufzubrechen. Bernhard Fering, damals Gefreiter und MG-Schütze der 7. Kompanie des Infanterieregimentes 105 (72.I.D.) erinnert sich: »Die Kompanie verteilte sich in einer Schützenkette zum Angriff. Meinen zweiten Schützen traf ein acht Zentimeter großer Granatsplitter in den Oberschenkel. Das fing nicht gut an: Wir waren kaum zweihundert Meter weit gekommen. Nach weiteren einhundert Metern wurde es mir unheimlich: Es fielen nur vereinzelt Schüsse, aber jedesmal fiel einer meiner Kameraden um. Wir kamen nur sehr, sehr langsam voran. Wir liefen drei Schritte, lagen dann flach. Bei einem dieser Sprünge verspürte ich plötzlich einen Schlag gegen das Knie, auch spürte ich, wie mir das Blut in den Stiefel rann. Ein Sanitäter kroch vorsichtig auf mich zu und verband mich. Unteroffizier Meyer übernahm mein Maschinengewehr. Trotz meines Hinweises auf einen zu seiner Linken befindlichen russischen Scharfschützen war er einige Minuten später tot. In einer kleinen Mulde ruhte ich aus. Um mich herum meine gefallenen Kameraden. Mein Gott, so viele! Ich wurde zu einer Kate zurückgetragen. Dort lagen schon eine Menge Verwundeter. Der Soldat, der mich zurückbrachte, erkannte in mir einen Dorfkameraden aus Ehrang an der Mosel. Er trug mich zu einem Panjewagen, mit diesem ging es zur Verladestation. Unser Hauptfeldwebel kam unterwegs vorbei und fragte: Ist jemand von der Siebten dabei? Ich meldete mich; er gab mir eine Tafel Schokolade und ein Päckchen Zigaretten. Auf meine Frage, wieviele durchgekommen seien, antwortete er, daß von 128 Mann nur noch 34 am Leben seien. Du hast Glück, meinte er, die meisten sind tot. Mach's gut.«
Der Weg für die 11. Armee scheint frei, da stoßen in der Nogaischen Steppe frische Kräfte der sowjetischen 9. und 18. Armee durch. Das »Bereinigen der Lage« nimmt drei wertvolle Wochen in Anspruch. Die Deutschen denken nicht mehr an einen Handstreich; sie gehen in eine lange und blutige Schlacht.
Am 1. November fällt Simferopol, drei Tage später Feodosia. Das Sprungbrett zum Kaukasus, Kertsch, wird am 16. November genommen. Aber unter welchen Opfern! Allein der Durchbruch bei Perekop (und später Ischun) hat dem LIV.A.K. 1920 Gefallene und 7273 Verwundete gekostet. Im offenen Gelände ist der Gegner geschlagen. Vor Sewastopol indessen verstärkt sich sein Widerstand. Beim Vorrücken der abgekämpften Divisionen auf die Festungsvorfelder gelingt es nur dem 105. Infanterie-Regiment am 14. November, das Fort Balaklawa-Süd im Handstreich zu nehmen – das einzige Festungswerk, das auf Anhieb erobert wird. Noch scheint ein schneller Zugriff auf Sewastopol denkbar. Gelände- und Wegeverhältnisse,

Wetter und Nachschubprobleme verzögern aber wiederholt das Losschlagen. Die Rote Armee nutzt die Zeit, die Festungsbesatzung um 34000 auf 90000 Mann zu verstärken.
Der Angriffstermin wird schließlich auf den 17. Dezember, 6.10 Uhr, festgelegt. Die Armee setzt voll auf Überraschung und verzichtet deshalb auf Artillerievorbereitung. Den vergleichsweise schwachen Angriffskräften des LIV.A.K. im Norden (22., 24., 50. und 132 I.D) und des XXX.A.K. (72., 170.I.D. und 1. rumänische Gebirgsbrigade) im Süden stehen sechs voll aufgefüllte und zusätzlich verstärkte Divisionen mit zahlreichen Sonderverbänden, starker Heeresartillerie und Luftwaffe gegenüber.
Erst mit dem Angriffsbeginn der deutschen Divisionen setzt stärkstes zusammengefaßtes Artilleriefeuer auf die Feindstellungen und zum Niederhalten der gegnerischen Artillerie ein. Es sind keine ausgeruhten deutschen Truppen, die da zum Sturm auf Sewastopol antreten. Sie haben Eilmärsche mit Leistungen von täglich bis zu 35 Kilometern (!) bei Kälte, Nässe und Schnee auf verschlammten und vereisten Wegen hinter sich.
Die Verteidiger wehren sich tapfer und erbittert. Sie müssen sich zähen Nahkämpfen stellen. Ihre Granatwerferbatterien setzen den deutschen Nahkämpfern schwer zu und reißen schreckliche Lücken. Im Norden rücken die Angreifer bis auf zwölf im Westen auf sieben bis acht Kilometer, im Südwesten bis auf etwa zehn Kilometer an die Stadt Sewastopol heran.
Bis zum 23. Dezember erobert das LIV. A.K. das befestigte Plateau zwischen dem Katscha- und Belbek-Tal. Hier fallt die Schirmlafettenbatterie drei Kilometer südwestlich von Mamaschai in deutsche Hand. Während sich das LIV. A.K. in zähen Kämpfen dem Angriffsziel, der Sewernaja-Bucht, nähert, landen die Sowjets an 26. Dezember mit Teilen der 51. Armee beiderseits Kertsch und am 29. Dezember mit der 44. Armee bei Feodosia. Diese Landungen quasi im Rücken der deutschen 11. Armee zwingen dazu, erhebliche Teile der Angriffstruppen von Sewastopol abzuziehen, um – wieder einmal – die bedrohliche Lage zu »bereinigen«. Der Angriff auf Sewastopol aber läuft weiter. So nahe vor dem Ziel will man nicht aufgeben. Nur noch eine große Anstrengung, eine letzte, und der entscheidende Stoß würde die Festung zu Fall bringen. Tatsächlich aber muß am 31. Dezember der »Sturmlauf« auf Sewastopol eingestellt werden. Der deutsche Landser kann nicht mehr. Er ist total erschöpft, zermürbt vom Hämmern der russischen Artillerie, krank infolge der Kälte und Entbehrungen jeglicher Art. Die Korps gehen auf die Ausgangsstellungen vom 4. November zurück. Sie richten sich zur Belagerung ein.
Am 15. Januar 1942 ergreifen die Deutschen wieder die Initiative. Den von Sewastopol abgezogenen Kräften gelingt vom 15. bis 19. Januar zunächst die Wiedereinnahme von Feodosia und die Abschnürung der Halbinsel Kertsch hart westlich der Parpatsch-Stellung. Der Versuch, mit vier Großangriffen (»Stalin-Offensive«) den deutschen Riegel aufzubrechen, mißlingt. Schließlich schaffen die deutschen Truppen mit dem Zerschlagen von drei Armeen der russischen Kertsch-Front (Unternehmen »Trappenjagd« vom 8. bis 15. Mai 1942) die Voraussetzungen für den zweiten Großangriff auf Sewastopol.

DER ZWEITE ANGRIFF – 7. JUNI BIS 1. JULI 1942

Festungsanlagen/Bauweisen – Zustand im Jahre 1942 und die heutige Situation

Bis zum zweiten Angriff vergeht rund ein halbes Jahr. Diese Zeit nutzt der Verteidiger intensiv zum Heranschaffen von Personal und Material über See sowie zum weiteren Ausbau und zur Verstärkung der ohnehin hindernisstarrenden Festungsstadt. Das äußerst verteidigungsgünstige Gelände stellt für die sowjetischen Truppen einen wertvollen Verbündeten dar. Entgegen mißverständlicher bis falscher Angaben in der Literatur sind es nicht die »zahllosen Panzerwerke mit mehrstöckigen Kasematten tief im Felsen«, die den Angriff beinahe scheitern lassen und die der Grund für den Aufmarsch schwerster und allerschwerster Artillerie waren. Vielmehr ist es die Raffi-

nesse und Geschicklichkeit des Gegners, die Geländestruktur für eine optimale Verteidigung auszunutzen. Die Sowjets stützen sich auf vier taktische Verteidigungszonen; die Nordfront, Ostfront-Nord, Ostfront-Süd und Südfront. Im Hügelland der Nordfront (nördlich der Sewernaja-Bucht bis zum Belbek-Tal) mit seinen zahlreichen Mulden und Schluchten befindet sich eine Vielzahl von sich überlagernden und flankierenden Befestigungen mit jeweils ausgezeichnetem Schußfeld. Die in deutschen Angriffskarten und Berichten sowie Kriegstagebüchern wiederholt auftauchenden Erkennungsnamen wie zum Beispiel »Ural«, »Wolga«, »Sibirien«, »Tscheka« oder »Nordfort« sind entweder Erdschanzen noch aus Krimkrieg-Tagen oder schwach gemauerte Kampfstände und kaum schußsichere Kasematten. Ihre eigentliche Stärke liegt zum einen im zähen Widerstandswillen der Besatzungen und zum anderen in der Kenntnis und Anpassung an das unübersichtliche Gelände. Die deutsche Artillerie, vor allem die in der Literatur teilweise als »Wunderwaffe« gepriesene 80-cm-Eisenbahnkanone »Dora« konnte gegen die alten Erdschanzen-Kampfstände kaum etwas ausrichten. Der Beschuß von »Stalin« etwa bewegte »nur« gewaltige Erdmassen und verschüttete Unterstände. »Stalin« wie auch andere Stützpunkte konnten meist erst in blutigen Nahkämpfen ausgeschaltet werden. Eine Ausnahme bilden die legendären und literaturbekannten Panzerbatterien Maxim Gorki I und II.
Die Ostfront ist geprägt von einem schroffen, tief zerklüfteten Bergland, das insbesondere im Osten von mächtigen Felsschluchten durchschnitten wird. Ein ostwärts von Gaitani verlaufender Bergwald und nördlich davon sich ausdehnender Busch mit Zwergeichen und Dornengestrüpp bieten den Verteidigern gute Möglichkeiten, die Deutschen aus nächster Nähe überfallartig mit Feuerstößen und Handgranaten zu attackieren. Artillerie und schwere Infanteriewaffen sind machtlos gegen diese meisterhaft getarnten Verstecke.
Die Südfront stellt sich ähnlich der Nordfront dar; allerdings ist sie großräumiger. Markante Punkte sind

Die Batterie Schischkowa während eines Stuka-Angriffs (aufgenommen von Hauptmann Otto Schmidt, 7./St. G. 77).

im Süden das Gebirgsmassiv von Balaklawa- und der Baltscha-Bucht sowie im Norden ein tiefes Becken, von drei Seiten flankiert durch Höhenzüge. Sie bieten ideale Beobachtungsmöglichkeiten und erlauben das Bekämpfen jeglicher Annäherung aus flankierenden Feuerstellungen. Die sich nahezu zehn Kilometer in Nord-Süd-Richtung erstreckenden Sapun-Höhen bilden ein natürliches Bollwerk gegen ein Vordringen von Osten. Die Halbinsel Chersones mit dem gleichnamigen Kap besitzt zahlreiche Buchten unterschiedlicher Größen. Das Gelände ist eben. Auch hier überlagern und flankieren sich alle Verteidigungsabschnitte gegenseitig.

Die Abteilung »Auswertung fremder Landesbefestigungen« des Oberkommandos des Heeres kommt in ihrem »Nachtrag zu den Denkschriften über fremde Landesbefestigungen« zu folgender Beurteilung von Gelände und Befestigungen:

Im Nordabschnitt ist ein stützpunktartiger Ausbau erkennbar, in dem sich an vorhandene Werke Feldstellungen ankristallisieren. Das Zwischenfeld zwischen diesen Stützpunkten ist locker ausgebaut. Der Stützpunkt ist durch Eindecken von Artillerie und Vernebeln auszuschalten und nach Durchbruch durch die Zwischenfeldanlagen im Vorbeistoßen durch Angriff von hinten zu nehmen.

Im Südabschnitt sind ohne Zweifel auch Widerstandszentren für die Verteidigung gebildet; allein sie sind weder im Luftbild noch durch Erdbeobachtung als solche auszumachen. Schmale Laufgräben, tiefe, enge Schützenlöcher, MG-Nester, betonierte Kampfstände für MG und Geschütze, Kampfwagen- und Infanteriesperren, Minenfelder und dazu zahlreiche Scheinanlagen breiten sich über den weiten Raum aus und bieten weder der Artillerie noch der Luftwaffe irgendwelche greifbaren lohnenden Ziele oder auch nur Anhaltspunkte für die Lage und Ausdehnung der eigentlichen Widerstandszentren. Diese Auflösung der Befestigungen läßt sich sinngemäß vermutlich auch für den Ausbau ständiger Befestigungen anwenden, wobei man stärkere Bauwerke, wie Panzerbeobachtungsstände, Geschütze unter Panzern, betonierte Unterstände u.a. so geschickt einschieben kann, daß der Gegner sie unter der Masse der Anlagen nicht herausfinden und einzeln bekämpfen kann, sturmfreie Stützpunkte, aber als solche nicht erkennbar, vollkommen aufgelöst, keine scharfe Umränderung durch tiefe Gräben und dgl.

Der waldige und buschartige Ostabschnitt ist übersät von engen, tiefen Schützenlöchern. An kleineren Blößen und MG-Nester, die bisweilen durch kurze wurmartige Grabenstücke nach rückwärts verbunden sind. Zahlreiche Granatwerfer sind eingebaut. Jeder Mann ist auf sich allein gestellt und verteidigt sich aus seinem Schützenloch zäh und verbissen bis zur Selbstaufopferung. Sehr stark unterstützen die Granatwerfer die Verteidigung. Sie finden überall günstige Stellungen. Die Ausbauweise dieser Kriegsbefestigungen reicht nach Widerstandsfähigkeit selten über das Maß der Feldbefestigung hinaus. Die Gräben und Schützenlöcher sind so schmal und eng wie nur möglich gehalten und tadellos getarnt, so daß man sie schwer sehen und schwer treffen kann. Dadurch sind diese Anlagen ziemlich unempfindlich gegen Bombenabwurf und Stukaangriff. Die betonierten Kampfstände kann man in der Regel nur als halbständige Bauwerke bewerten. Sie sind meistens aus leichten Formsteinen nachlässig zusammengesetzt und können so einem Volltreffer aus dem Feldgeschütz nicht widerstehen. Vielfach sind einzelne Geschütze zur Längsrichtung wichtiger Straßen und Schluchten in Betonschartenstände eingebaut. Weitere flankierende Schartenstände, z.B. in den Werken ›Lenin‹, ›Stalin‹, ›Tscheka‹, ›Makensie‹, ›Zangenschlucht ‹, sind in erster Linie für Pakgeschütze und für den Nahkampf bestimmt. Äußerst gewandt nützt der Bolschewist (Wehrmachtsterminologie) Steilhänge aus, an die er Schützen- und MG-Nester anklebt, und in denen er Granatwerfer so geschickt und getarnt aufstellt, daß sie weder durch Luftbild noch durch Erkundung ausgemacht werden können, vielfach flugbahnmäßig überhaupt nicht zu erreichen sind ...

Insgesamt zieht sich halbkreisförmig ein bis zu 15 Kilometer tiefes Kampffeld um den Stadtkern von Sewastopol. Gespickt mit sechs schweren Küstenbatterien, 14 Forts unterschiedlicher Größe, 3600 Beton- und Erdbunkern sowie Kampfständen, etwa 350 Kilometer Schützengräben, ungezählte Schützenlöcher und rund 150000 Landminen.

Nachfolgend eine nähere Betrachtung von Einzelanlagen, die während der Kämpfe eine besondere Rolle ge-

Schischkowa nach Artilleriebeschuß und Bombardement.

spielt haben oder wegen ihrer Bauweisen erwähnenswert erscheinen.

Nordfort mit dem Kampfstand »Lenin«

Das Nordfort liegt einen Kilometer westlich von Bartenjewka und wurde bereits 1807-1811 aus Kalkstein und Erde errichtet und 1834 noch einmal baulich verändert. Die achteckige Anlage von 170 bis 210 Metern Seitenlänge besaß auf vier vorspringenden Ecken Kaponniere (Laufgräben) mit Erdbrustwehren, in der jeweils drei Geschütze Deckung fanden. Die restlichen vier Ecken waren ebenfalls mit je drei Geschützen bestückt. Hinter dem etwa fünf Meter breiten und 3,20 Meter tiefen Graben mit gemauerten Kalksteinwänden erhob sich ein vier Meter hoher und rund zehn Meter breiter Wall. Dieses Graben-Wall-System umgab die gesamte Anlage, die einen Durchmesser von 500 beziehungsweise 600 Metern besaß.

Diese veraltete und in ihrer Befestigung dürftige Kampfanlage wurde bis Mai 1942 zur Verteidigung hergerichtet. Die Unterkellerungen der Kasernengebäude dienten als Schutz für Bereitschaften. An schweren Waffen befanden sich im Nordfort nur Granatwerfer in feldmäßigem Einsatz. Alle festungsbaumäßigen Unzulänglichkeiten glichen die Verteidiger mit äußerst erbittertem Widerstand aus.

Die Anlage wird heute von der Schwarzmeerflotte als Depot benutzt. Von außen noch gut zu erkennen sind die Contrescarpe (Gegenböschung), der Graben und die Escarpe mit dem Wall. Der sich nordwestlich an das Nordfort anschließende Kampfstand »Lenin« war mit Flak und Pak (in flankierenden Schartenständen) versehen. Diese Anlage ist heute bewaldet.

Batterie Schischkowa

Zwischen der Jahrhundertwende und 1914 errichtete die russische Armee im Bereich des Hafens und an der Küste rund 20 Batterien als ständige Anlagen. Zu ihnen gehörte die Batterie »Schischkowa« (Nr. 20). Sie liegt vier Kilometer nördlich der Sewernaja-Bucht am Küstensaum des Schwarzen Meeres. Die in den Jahren 1908 bis 1912 entstandene Anlage gehörte zu den älteren Küstenbatterien. Diese bestanden teils aus Kalksteinquadermauerwerk, teils aus Beton und Eisenbe-

Teilanlage Schischkowa mit Beobachtungsstand.

ton mit Kalksteinschotter von geringer Festigkeit. Die Deckungsstärken erreichten kaum mehr als zwei Meter. Abgesehen von gepanzerten Beobachtungsglocken war von Panzerteilen nur wenig Gebrauch gemacht worden. Gasschutz war nicht vorhanden. »Schischkowa« besaß vier 12-cm-Geschütze in Pirotlafette auf Betonsockeln.

Die in der gleichen Zeit erbaute und auch baugleiche Batterie »Strelitzka« (Nr. 24) auf der Landzunge gegenüber Sewernaja-Kossa war eine sogenannte Doppelbatterie mit sechs 25,4-cm-Geschützen sowie vier Geschützen kleineren Kalibers. Die Batterie hatte vor und zwischen den Geschützständen sowohl eingeschossige wie auch zweigeschossige Mannschafts- und Munitionsräume. Die Anlage verlor noch Mitte der dreißiger Jahre ihre Funktion als leichtere Sperrsowie schwerere Festungsbatterie. Ihre Kasematten fanden Verwendung als Werkstatt- und Lagerräume. Während des Kampfes um Sewastopol wurden »Schischkowa« und »Strelitzka« behelfsmäßig mit Feldgeschützen bestückt.

Beide Batterien sind heute noch als Teilruinen vorhanden; sie sind großenteils begehbar. Es sind noch die Betonsockel für die Geschützlafetten, Panzerbeobachtungsglocke, Mannschafts- und Munitionsräume sowie Reste der Munitionstransportanlage und der -aufzüge vorhanden. Relativ gut erhaltene Teile von »Schischkowa« beziehungsweise behelfsmäßig reparierte Kasematten dienen heute einer kleinen privaten Pilzzucht und als Stallungen für ein paar Schafe und Schweine. In »Strelitzka«, gleich nach dem Krieg als Notunterkunft für die Zivilbevölkerung genutzt, befinden sich gegenwärtig kleine private Werkstätten. Beim Untersuchen der Anlage im Herbst 1993 durch die Gruppe Egger war man gerade dabei, weitere Abschnitte des Komplexes mit Türen und Fenstern zu versehen.

Schirmlafettenbatterie »Mamaschai«

Die Schirmlafettenbatterie »Mamaschai« zehn Kilometer nördlich von Sewastopol, zeichnete sich durch eine aufgelockerte Bauweise aus. Die vier 20,3-cm-Geschütze befanden sich in Abständen von je 34 Metern in offenen Kesselbettungen.

Ihre Rundumwirkung von 360 Grad erlaubte den Einsatz auch landeinwärts. Von den etwa 50 Meter rückwärts gelegenen Munitionsräumen führten Schmalspurgleise in zwei Meter tiefen Gräben zu den

Diese nur geringfügig beschädigte Geschütz wurde deutscherseits bis zum Verbrauch der Munition gegen die Russen eingesetzt.

Zerstörter Bunker im Abschnitt Strelitzka.

Reduit Malakoff von der Kehlseite aus gesehen.

Reduit Malakoff von der Frontseite aus gesehen.

Geschützen. Rückwärts gestaffelt lagen ebenfalls die Mannschaftsunterstände und die Nachrichtenzentrale. Der Befehlsstand mit E-Messer war 50 Meter seitwärts des hinteren Flügelgeschützes abgesetzt. In einem Abstand von 200 Metern befand sich nördlich der Batterie ein Scheinwerferstand. Eine Drahtsperre verlief um die Gesamtanlage, die selbst in ihren einzelnen Teilen mit Laufgräben verbunden waren. Die Brüstungen der Kesselbettungen bestanden aus vermauerten Kalksteinquadern; die anderen Bauwerke aus Beton. Befehlsstand und Munitionsräume besaßen Wandstärken von 40 bis 65 Zentimetern.
Den Beobachtungsraum des Befehlsstandes deckte eine 1,5 Zentimeter starke, gewölbte Stahlblechplatte ab. Der offene Sehschlitz erlaubte einen Blickwinkel von rund 180 Grad. Die geringen Deckungsstärken wurden in Kauf genommen, weil die aufgelockerte Bauweise der Batterie die Trefferwahrscheinlichkeit ihrer Einzelglieder herabsetzte. Die »Mamaschai«-Batterie wurde von der Gruppe Egger aus organisatorischen Gründen nicht aufgesucht. Sie existiert nur noch in Resten; das Gelände ist Brachland.

Fort Malakoff

Diese geschichtsträchtige Anlage aus dem Krimkrieg liegt am Südostrand von Sewastopol auf der Nordwestnase eines sich von Inkerman zur Sewernaja-Bucht hinziehenden flachen Landrückens. Sie gehörte zu den neun Bastionen, die dem Stadtring vorgelagert waren. Hier entschied sich nach aufreibenden Kämpfen im September 1855 das Schicksal der Stadt, nachdem die Franzosen Malakoff erstürmt hatten.
Im Zweiten Weltkrieg hatten die Sowjets den »Stützpunkt Fort Malakoff« zu einem Artillerie- und Infan-

»Kanonenallee« im Malakof Parkgelände – eine Reminiszenz an den Krimkrieg.

teriewerk ausgebaut. Verstärkt wurden zum Beispiel die Gewölbe des Reduit (Malakoff-Turm). In das den Turm umgebende parkähnliche Gelände installierte man unter anderem zahlreiche Feldunterstände, Laufgräben, MG-Nester, zwei Flakstellungen und eine Batterie mit zwei 13-cm-Kanonen in Schirmlafette auf gemauerter Kesselbettung. Heute steht der gesamte Malakoff-Bergrücken unter Denkmalschutz. Der restaurierte Malakoff-Turm (gemauerter Kalkstein) beherbergt heute ein Museum mit Exponaten aus dem Krim- wie aus dem Zweiten Weltkrieg. Nahe des Turms stehen (aus einem Wrack geborgene) zwei 152,4-mm-Schiffsgeschütze (mit Spritzwasserschutz), modifiziert als Küstengeschütz. Als Quasi-Denkmale sollen sie an die hier 1942 eingesetzten Geschütze erinnern. Die zu der einstigen Batterie gehörigen Einrichtungen wie Feuerleitstand, Mannschafts- und Munitionsbunker sind noch rudimentär vorhanden, teilweise zugeschüttet und überwachsen. Der zerzauste Rest eines Laubbaumes, liebevoll abgestützt und mit einem Schutzgitter umgeben, ist der einzige Baum, der das Inferno von 1942 überdauert haben soll. In seiner Nähe hat man auf einem Steinsockel die bronzene Reliefplatte der Bastion Malakoff des vorigen Jahrhunderts etabliert. Hinweise auf Tafeln informieren über Standorte der ehemaligen Krimkrieg-Batterien und Konterminengänge. Letztere waren die russischen Antworten auf die französischen Angriffstruppen, die mittels eines bestimmten Grabenplanes immer näher an die Befestigungen heranrückten.

Nord- und Südfort/Balaklawa

Nach der Jahrhundertwende begann die russische Armee mit dem Bau von zwei starken Infanteriestützpunkten östlich von Balaklawa, 15 Kilometer südostwärts von Sewastopol (in deutschen Karten Höhe 212). Ort und Hafen waren 1942 in den äußeren Verteidigungsgürtel Sewastopols einbezogen. Die beiden Stützpunkte, deutscherseits auch benannt als Fort Balaklawa – Nord und Fort Balaklawa – Süd, zeigten grundsätzlich gleiche Bauformen. Während das nördliche Fort zur Rundumverteidigung eingerichtet war, ersetzten beim südlichen Fort die steilen Felsabstürze der Schwarzmeerküste eine Verteidigungsflanke. Merkmal der Anlagen war ein Netz von drei Meter tiefen und drei Meter breiten Schützengräben, einge-

Befehlsstand oberhalb der Bucht von Balaklawa.

Hafenausfahrt Balaklawa.

sprengt in den Kalkfels. Der Felsaushub war feindwärts zu einem Wall mit Brustwehr aufgeschichtet. Die feindwärtigen Böschungen hatte man durchgehend stark betoniert und nach jeweils etwa zehn Metern Grabenlänge mit Ausfalltreppen und alle 30 Meter mit Bereitstellungsnischen versehen. Das Ganze ähnelt einem in Beton erstarrten Schützengraben aus dem Ersten Weltkrieg.

West- und Ostgraben (Nordfort) waren mit einem betonierten Unterkunftsstollen von 124 Metern Länge verbunden. Bei einer Breite von 2,6 und einer Höhe von 3,5 Metern (ein Meter Deckungsstärke im Scheitel) fanden hier 240 Betten Platz. In Abständen von rund 25 Metern befanden sich Ausstiegsschächte mit Wendeltreppen oder Steigeisen. Der betonierte Befehlsstand am Westende des Unterkunftsstollens besaß Wandstärken von 1,50 und Deckenstärken von 2,20 Metern. Am Ostende des Wohnstollens findet sich ein Schacht für den Einbau einer Panzerglocke. Dieser Einbau erfolgte nie, weil 1917 sämtliche Bauarbeiten an den Festungsanlagen eingestellt wurden. Von diesem Baustopp

Nicht mehr fertiggestellter Unterstand.

künden auch unfertige Betonunterstände und andere »Betonklötze«, die in ihren ausgesprengten Felsvertiefungen wie Brückenfundamente anmuten. In den »Rohbauten« fehlen überdies explosions- und gassichere Raumabschlüsse sowie festungsmäßige Schartenverschlüsse und Panzerteile. Die vorgesehenen 7,5-cm-Geschütze in Panzerkuppeln kamen ebenfalls nicht mehr zum Einbau. 1941/42 war das Nordfort behelfsmäßig mit Feldgeschützen und schweren Granatwerfern bestückt. Zahlreiche, provisorisch in die Brustwehren eingelassene MG-Nester verstärkten die Anlage.

Das Fort ist in großen Teilen erhalten und begehbar. Die Schützengräben sind in ihrer Bauweise gut erkennbar. Die meisten feldmäßig überdacht gewesenen Unterstände in den Grabenwänden sind zerstört, die betonierten Unterstände im nördlichen und südlichen Zipfel des Festungsareals geborsten beziehungsweise gesprengt. Der Befehlsstand weist mittlere bis schwere Beschußspuren auf, ist aber teilweise zu begehen. Von den drei Ausstiegsschächten ist der steigeisenbewehrte noch zu benutzen, die beiden anderen sind mit Schutt gefüllt, die Treppen verrostet und brüchig.

Vom Südfort hat die Gruppe Egger nur die meerwärts liegenden Abschnitte dicht an der Steilküste in Augenschein genommen. So unter anderem einen betonierten Laufgraben, der zu einem halbrunden Beobachtungsstand aus Stahlblech führt und über den Rand des Felsabhanges hinausragt. Von diesem idealen »Aussichtspunkt« sind die Hafeneinfahrt von Balaklawa und die Berge jenseits des Hafenbeckens sowie die Steilküsten in Richtung Osten und Westen zu überblicken. Die Ruinen der Genuesen-Türme aus dem 13. Jahrhundert weisen bereits auf die strategische Bedeutung der Bucht von Balaklawa hin.

Alte Küstenforts

Zur Sicherung der Einfahrt der Sewernaja-Bucht und der Reede dienten neben drei Erdbatterien fünf gemauerte: Die Forts Konstantin, Michael und Katharina auf der Nordseite sowie die Forts Nikolaus und Paul auf der Südseite der Bucht.

Konstantin, auf einer Landzunge strategisch günstig postiert, war ein zweistöckiger Kasemattenbau in Hufeisenform aus Kalk- und Bruchsteinen. Die 94 Geschütze der Batterie (1853) verteilten sich auf die beiden »Decks« und die Plattform (Flachdach hinter einer Brustwehr).

Von den Verteidigungsbauten aus dem Krimkrieg war Konstantin im Zweiten Weltkrieg einer der mit am schwersten umkämpften Komplexe.

Die Batterie wurde anläßlich der 200-Jahr-Feier der Stadtgründung kosmetisch auf Vordermann gebracht. Die Außenmauern erhielten eine Verkleidung aus Kalksteinplatten. Die effektvoll aus den Geschützpforten ragenden Kanonenrohre bestehen aus Holz und Kunststoff. Alle drei Besuchergruppen haben die wieder militärisch genutzte Bilderbuch-Anlage, auf ihrem Dach ist der Schiffsmeldedienst des Hafens installiert, von der Bucht- und Seeseite her »aufs Korn« genommen. Das an exponiertem Standort weiterhin sichtbare Fort stellt einen markanten Blickfang des Hafens von Sewastopol dar.

Das Fort Michael, ebenfalls zweigeschossig und mit einer Plattform versehen, bestand aus dem Mittelteil und zwei Seitenflügeln von zusammen rund 200 Metern Länge. Im Herbst 1853 war Michael mit rund 400 Mann besetzt und mit 77 Kanonen bestückt. Diese 1942 gleichfalls umkämpfte und beschädigte Batterie präsentiert sich heute größtenteils im Originalzustand. Die unversehrten Innenräume dienen der Schwarzmeerflotte als Depot.

Das Fort Katharina, ein auf das Jahr 1793 zurückgehender und in der Folgezeit mehrfach umgebauter Komplex aus Kalkstein, Lehmziegeln und Erdanschüttungen, diente im Sommer 1942 als Standort der Flugabwehr. Das Fort ist heute zum Teil überbaut, eine Besichtigung der Reste nicht möglich.

Auf dem Gelände des ehemaligen Forts Nikolaus erstreckt sich seit den siebziger Jahren Sewastopols Küstenboulevard. Auf dem Platz des einstigen Forts Paul steht heute das Lazarett der Schwarzmeerflotte.

Zerstörtes Fort Konstantin vom Eingang (Landseite) aus gesehen (1942).

Sonstige Befestigungen

Die Kampfstände, Stützpunkte, Batterien oder auch Festungswerke der Nordfront wurden von der Gruppe Egger, sofern Genehmigungen Vorlagen oder die Umstände (– das Erreichen war nur mit einem Geländefahrzeug möglich –) es erlaubten, aufgesucht.

»Stalin«. Die Flakbatterie rund 1000 Meter südwestlich des Bahnhofs Mekensiewy-Gory galt als Eckpfeiler des inneren Verteidigungsgürtels. Im »Nachtrag zu den Denkschriften ...« gehen die Autoren näher auf diesen Stützpunkt ein:

»Etwa am höchsten Punkt des Geländes liegt der betonierte Befehlsstand der Flakstellung mit offenem E-Messer. Um ihn gruppieren sich 3 gemauerte, mit Stahlträgerlage und 40 cm starker Betondecke geschützte Unterstände sowie 4 Flugabwehrkanonen 7,65 cm in offenen gemauerten Kesselbettungen auf Schwenksockeln fest eingebaut. In der Brustwehr des Kesselstandes befindet sich auf jeder Seite eine Munitionsnische. Im Verlaufe der Belagerung der Festung wurden die Flak für den Erdkampf eingesetzt und die Anlage durch äußerst geschickt dem Gelände angepaßte Feldstellungen, etwa 20 MG- und Scharfschützennester und 4 feldmäßige MG-Schartenstände, zur Bestreichung der Abhänge des Hügels verstärkt. Ein Drahtzaun, 1,60 m hoch und 0,50 m breit, umgab die gesamte Anlage. Die Verminung war schwach.

Die nach dem Krieg vorübergehend wieder als Flakbatterie genutzte Anlage ist heute restlos zerstört. Buschwerk, Dornengestrüpp und Hungergras überdecken die Relikte wie geborstene Träger, pulveresiertes Mauerwerk und verrostetes Metall. Sogenannte »Archäologen«, wie der Begleiter Dimitrij J. Stognij die Leichenfledderer und Schlachtfeldschleicher nennt, haben überall ihre Spuren hinterlassen: aufgekratzte Erde, achtlos beiseite geworfene Uniformreste, Stiefel – und auch menschliche Knochen. Die Raubgänger sind scharf auf Goldzähne, Eheringe oder auch Orden und Erkennungsmarken, die auf dem entspre-

MG-Stand, von der Eingangsseite aus gesehen.

chenden Markt die heißbegehrten Devisen einbringen.
»Wolga«. Der Infanterie-Stützpunkt lag in unmittelbarer Nähe der Flakbatterie »Stalin«. Er bestand aus mehreren Bunkern, einem Grabensystem, MG-Nestern und war in Erwartung des deutschen Angriffs mit Feldgeschützen und Granatwerfern verstärkt worden. Nach dem Krieg diente »Wolga« den Sowjets noch einige Zeit als Flakstellung. Heute ist die Anlage eingeebnet. Das Gelände erinnert an eine Heidelandschaft. Von hier besteht Sichtkontakt zum Standort des einstigen Kampfstandes »GPU«. Das Gelände ist teilweise überbaut.

»Tscheka«. Ein Beispiel für die aus dem Krimkrieg stammenden älteren Kampfanlagen beziehungsweise Erdschanzen. Der »Nachtrag zu den Denkschriften ...« im einzelnen:

Sie lag 2 bis 3 Kilometer nördlich der Swernajabucht als Stützpunkt der inneren Verteidigungslinie und bestand ursprünglich nur aus 3,5 m hohen Wällen und 3 m tiefen geböschten Gräben. Im Stützpunkt Tscheka waren, nach der Bauweise zu urteilen, schon vor dem Weltkrieg zwei die feindlichen Gräben flankierende äußere Grabenstreichen für Infanteriewaffen eingebaut. Die Seitenwände bestanden aus 1,50 m starkem Beton, die über einer Eisenträgerlage angeordnete Betondecke war 1,1 m stark. Ein Hohlgang führte unter der Grabensohle zu den in den Wall eingebauten zweistöckigen Betonunterständen. Einen dritten Betonunterstand barg ein Wallstück im Innern des Forts, In die Dammkrone des Ringwalles war ein in Holz gezimmerter Vierschartenstand eingebaut; er sollte die Bestreichung des völlig flachen Vorgeländes mit MG ermöglichen. Zahlreiche Unterstände in behelfsmäßiger Bauart, am Fuß der äußeren Graben- und inneren Wallböschungen angeordnet, sowie Postenlöcher und Schützengrabenstücke in den Dammkronen vervollständigten den Verstärkungsausbau. In der hier beschriebenen Weise waren fast sämtliche älteren Erdschanzen zu Knotenpunkten der inneren Verteidigungslinie in ständigem oder behelfsmäßigem Ausbau hergerichtet worden.

Von »Tscheka« ragen heute nur noch geborstene Betonteile etwas aus der ansonsten eingeebneten Anlage. Diese ist allseits von fruchtbaren Rebenfeldern umge-

MG-Stand aus Eisenbeton mitten in der Stadt (1993).

Geschützstand aus Eisenbeton auf der Straße Sewastopol-Balaklawa (1992).

ben. In Sichtweite Richtung Nordosten ragt ein Antennenwald an der Stelle aus dem Grün der Felder, wo sich ehedem der Kampfstand »Molotow« befand. Über den derzeitigen Zustand war diesmal nichts zu erfahren – militärisches Sperrgebiet der Sonderklasse. Die Antennen deuten auf eine Nachrichten- beziehungsweise Fernmeldezentrale hin.

Kleinkampfanlagen

Die Einzelgeschütz-, MG- und Beobachtungsstände waren meist aus Eisenbeton, nichtarmiertem Stampfbeton und Betonformsteinen errichtet, manchmal auch aus Kalkstein, den man in der näheren Umgebung gebrochen hatte. Für die Bauwerksdecken dienten häufig Schienen oder Baustahlträgerlagen. Der »Abteilung Auswertung fremder Landesbefestigungen« war die Bauweise der verschiedenen Schartenstände mehrere Seiten Beschreibung wert. Hier einige Auszüge:

Anfangs ging die Gestaltung der Formsteinbauelemente von der vorgegebenen Normalform eines bestimmten Kampfstandes aus, der durch gekröpfte Schnitte in eben noch transportable Großteile von 20 bis 60 Zentnern Gewicht zerlegt wurde. Zu einem bestimmten Bauwerkstyp gehörten also die für ihn besonders vorgesehenen Formsteinteile, die sich schon beim losen Zusammenbau durch zweckmäßigen Fugenschnitt fest ineinanderkeilen ließen. Dem Vorteil des festen Gefüges standen aber der Nachteil der schweren Einzellasten, die damit verbundene Transport- und Bauerschwernis und die engbegrenzte Verwendbarkeit gegenüber. Die im Festungsbereich von Sewastopol angetroffene Bauweise scheint diese Nachteile vermeiden zu wollen. Sie bedient sich einiger weniger, gleichsam wie zu einem Stein- oder Holzbaukasten gehörender genormter Block- und Balkenformate, die im Gewicht viel leichter (2 bis 6 Zentner) und in ihren Abmessungen so aufeinander abgestimmt sind, daß sich mit 9 bis 12 Steintypen eine Menge einfacher Kampfstandsformen wie MG-Ein- und Mehrschartenstände, Geschütz-, Granatwerferstände usw. aufbauen läßt. Man kann sich sehr wohl denken, daß zum schulmäßigen Einüben der Bauweise kleine Modellbaukästen geschaffen worden sind.

Die zerstörten Panzertürme aus der Stuka-Perspektive.

Aus einem erbeuteten Baumusterheft ist eines der zahlreichen Anwendungsbeispiele ausgewertet. Die Steine haben genau aufeinanderpassende Löcher, die eine gegenseitige Verankerung der einzelnen Schichtfolgen mittels einzubetonierender senkrechter Stahlbolzen ermöglichen.
Diese neuere Bauweise ist in Sewastopol außerordentlich häufig, aber in großer Eile ohne Sorgfalt angewandt worden. Die einzelnen Bauelemente waren schon von der Fabrik aus nachlässig hergestellt, zeigten Kiesnester und verbogene Eiseneinlagen, die nicht die erforderliche Betonüberdeckung hatten, die Bauwerksfugen waren nicht vermörtelt und die Ankereisen meist weggelassen oder, wo vorhanden, nicht einzementiert. Während die früher beschriebenen Baukörper in Versuchsschießen erst durch 3 Schüsse der 8,8 cm Flak aus 800 m Entfernung zerstört wurden, wobei die Formsteine selbst nur unwesentlich litten, zeigten die Formsteine im Bereich von Sewastopol zweifellos eine geringere Widerstandskraft, die in erster Linie auf die mangelhafte Verarbeitung, aber auch auf die um ein Drittel geringere Baustärke und das viel geringere Gewicht der Einzelteile zurückzuführen ist.
Neben der Betonformsteinbauweise vertrauten die Sowjets auch auf die Holzblockhausbauform. In der Parpatschwj wurden zudem Stahlgußhauben mit einer Wandstärke von 1,5 Zentimetern sowie Betonringe mit Wandstärken von 15 Zentimetern aufgefunden. Sie dienten zum raschen Bau von MG-Ständen. Als Pfähle im Fleisch der deutschen Angriffstruppen wirkten die schweren Panzerbatterien Maxim Gorki I und II. Sie bildeten die Hauptstützen der Sewastopoler Festungsartillerie. Ganz bewußt an den Schluß dieses Kapitels gestellt, sollen auch Waffentechnik und Besonderheiten eingehend behandelt werden. Einzelheiten ihrer Einnahme finden sich im Kapitel »Die Erstürmung«.

Maxim Gorki I

Die in den Jahren 1914 bis 1934 errichtete Panzerbatterie Maxim Gorki I (russ.: Batterie Nr. 30) liegt fünf Kilometer nördlich des Hafens von Sewastopol. Der Batterieblock befindet sich auf der Westnase eines schmalen Höhenrückens. Dieser senkt sich nach Norden hin ins Belbek-Tal und teilweise auch nach Süden, wo er steil und geröllig abfällt. Nach Osten hin steigt er wellig an und geht in ein breiteres Höhengelände über. Die Entfernung von der Batterie zum Küstensaum beträgt etwa 1000 Meter. Die beiden Zwillingstürme mit zusammen vier 30,5-cm-Rohren (Länge 15,82 Meter) waren um 360 Grad schwenkbar und konnten mit Hilfsbeobachtung auch gegen Landziele wirken. Die maximale Reichweite betrug 44 Kilometer. Ansonsten aber war die Batterie seewärts ausgerichtet. Der Deckenpanzer maß 20, der Seitenpanzer 30 Zentimeter. E-Meßstand, Funk- sowie Feuerleiterstand entsprachen neuzeitlichem Stand (1942). Diese Geräte befanden sich rund 750 Meter von der eigentlichen Batterie nach Osten abgesetzt, auf einer erhöhten Schwelle des Bergrückens; von Deutschen als »Fort« oder »Bastion« bezeichnet. Batterie und Bastion waren mit einem tiefliegenden Hohlgang von etwa 500 Metern Länge miteinander verbunden.
Der Batterieblock aus Eisenbeton, der eine sorgfältig geleitete Bauausführung erkennen ließ, umfaßte rund 5000 Quadratmeter Grundfläche und besaß drei bis vier Meter Deckungsstärke (nach dem Krieg verstärkt auf fünf bis sechs Meter). Die seitlich gestaffelte äußere Kraftstation entsprach der gleichstarken Bauweise. Batterieblock und Bastion waren rundum gesichert durch Minen, Drahtsperren, in den Fels gesprengte oder betonierte Schützengräben sowie Granatwerfer- und MG-Stände. Die Turmgeschütze waren in der Lage, mit Schrappnell in den Nahkampf einzugreifen. Die Besatzung umfaßte rund 300 Mann; sie wurde vor dem Sturmangriff um 120 Mann verstärkt zur Rundumverteidigung.
Die weitere bau- und waffentechnische Beschreibung ist aus Gründen der Authentizität dem schon mehrfach erwähnten »Nachtrag« entnommen. Die Autoren weisen zunächst ausdrücklich daraufhin, daß beide Batterien (Maxim Gorki I und II) alle bisher in Rußland bekannt gewordenen an Umfang und Baustärke übertreffen. Hier die Beschreibung von Maxim Gorki I, wobei wegen der vorgefundenen Zerstörungen nur die wesentlichen Einzelheiten nach Maß und Zweck

mehr oder weniger sicher festgestellt werden konnten: Die in ihrer Erhöhung voneinander unabhängigen Geschütze (Anm.: gemeint sind Rohre) waren alter Bauart (1914) ohne Rohrrücklauf. Der Rückstoß des Schusses wurde starr über die Schildzapfenlager auf die rd. 2,5 m hohen und 10 m langen kastenförmig genieteten Blechträger der Lafette übertragen, die zum Teil auch das Gewicht der rd. 300 t schweren Turmpanzerung aufnahmen. Letztere hatten Aussparungen für den Durchgriff der Geschützrohre sowie für 3 Beobachtungshauben, von denen 2 kleinere vorn beiderseits der Rohre und eine größere am linken Turmrand lagen. Der Seitenpanzer bestand aus 11 bis 12 kegelschalig gewölbten Platten von 2,5 m mittlerer Länge, zusammengehalten mittels schwalbenschwanzförmiger Nuten und Federn. Die Deckplatte zerfiel in 5 bis 6 Teilstücke, die mit dem Seitenpanzer und untereinander über Winkeleisen und Profilstahlrahmenträger verschraubt waren. Der um 360° schwenkbare Kopf des Panzerturms ruhte mit ringsumlaufendem Kugellager auf einem festen zylindrischen Unterteil. Für jedes Geschütz war ein am drehbaren Turmoberteil befestigter, die Ladeschwinge führender Munitionsaufzug eingebaut. Zum seitlichen Transport der Munition von den aus den Munitionsräumen kommenden Förderbändern zum Aufzug diente eine im Turmunterteil eingebaute Drehbühne. Alle Bewegungsvorgänge des Panzerturmes, seiner Geschütze und ihrer Munition wurden von Elektromotoren bedient. Auf der obersten Turmplattform angebrachte Preßluftflaschen dienten wahrscheinlich als Hilfsmittel zur Rohrreinigung. Zu jedem Geschützturm gehörten zwei Geschoß- und zwei Kartuschkammern, beide rd. 4,5 m breit und 20 m lang. Die Geschoßkammer war mit den erforderlichen Winden und Kranen für den Transport der Geschosse vom Lager zum Förderband, die Kartuschkammer unter anderem mit selbstschreibenden Wärme- und Luftfeuchtigkeitsmessern ausgestattet. Jedem Geschützturm entsprach ein eigener Werkzugang, der nach außen in einem geräumigen Querflur mit 2 Ausgängen mündete, als Gasschleuse ausgebildet war und mit Dusch- und Umkleideräumen in Verbindung stand. Zwischen westlichem und ostwärtigem Werkzugang erstreckten sich die Räume für die Maschinenanlage des Werkes, für die Heizung, Lüftung und Luftreinigung. Zahlreiche weitere Räume dienten als Unterkunft, Vorratslager und sonstige Versorgungseinrichtungen. Küche, Revierstube, Operationsraum und Kasino fehlten nicht. Fast alle Räume waren durch 1,5 bis 3 cm starke Panzertüren voneinander getrennt, doch besaß der große Längsflur keine Zwischenabschottungen ... Die Eisenbetondecke ruhte auf einem Gewölbe von Stahlträgern, U-Profil 30 cm, die mit Flanschen nach unten dicht an dicht verlegt und mit einer 20 cm starken Asphaltmakadamschicht überdeckt waren. Diese bezweckte den Schutz der Innenräume gegen Feuchtigkeit und gegen Erschütterungen beim Beschuß, zumal letztere unter Wölbflächen besonders in Erscheinung treten. Die obersten 30 cm der Bauwerksdecke bestanden aus dichtem Granitschotterbeton auf Asphaltfilzunterlage und dienten als harte Auftreffschicht.

Die Deckenstärke des Batterieblocks schwankte je nach Raumlage, denn das Bauwerk schmiegte sich in der Längs- und Querrichtung dem Längs- und Querprofil des Höhenrückens an, wobei Höhenunterschiede zwischen den Räumen meist durch Stufen und Treppen, in den Fluren aber durch Längsgefälle ausgeglichen wurden. Die Gesamtanlage war grundsätzlich einstöckig, wenn man davon absieht, daß man den Panzerturm mit seiner mittleren und oberen Plattform als dreigeschossig bezeichnen könnte (Anm.: Es handelt sich also nicht um einen dreistöckigen Batterieblock, wie in Sekundärquellen angegeben). Jedoch waren die Räume der Maschinen- und Gasfilteranlage, teils in Anpassung an das Gelände, teils zur Erzielung der nötigen Raumhöhe, etwa 1,5 m tiefer gelegt als die anderen Räume. Ferner waren einzelne Räume zur Aufnahme von Vorratsbehältern, Zisternen und Rohrleitungen unterkellert, wie z.B. der den Batterieblock längs durchlaufende Hauptflur.

In der Nordostecke des Batterieblocks führt ein Betonschacht von 1,3 m Durchmesser mit Steigleitern zum 10,5 m tiefer liegenden Hohlgang, der im Querschnitt 0,90 auf 1,90 m mißt. Seine gegen den standfesten Kalkstein betonierten Wände tragen die Leitungen für Licht und Kraft sowie für die Nachrichten- und Befehlsübermittlung. Unter der Hohlgangssohle liegen Abwasserrohre mit Gefälle zur Mitte der rd. 600 m langen Strecke, wo sie durch einen nach Süden quer ablaufenden bekriechbaren betonierten Entwässerungsstollen zu der im Tal liegenden Absitzanlage

geführt werden, den Höhenunterschied in mehreren Fallschächten überwindend.
An das Ostende des Hohlganges ist das Untergeschoß des Feuerleitstandes angeschlossen. Das etwa 37 m unter Tage liegende Untergeschoß enthält in seinem westlichen Teil (links) außer einer kleinen Dieselkraftanlage, die es notfalls vom Batterieblock unabhängig macht, Räume für Heizung, Lüftung und Luftfilterung. Im ostwärtigen Teil liegen der Befehlsstand des Kommandeurs, der Raum für das Rechengerät und der Planraum. Im rechten Drittel der Anlage befindet sich ein Schacht, der mit Steigleitern und Personenfahrstuhl aufwährts führt ... Der Feuerleitstand enthält einen unter kräftigem Panzer gedeckten Beobachtungsstand für Periskopbeobachtungen sowie eine Funkstation in einem Eisenbetonbau, der Deckungsstärken von 2,5 bis 3,5 m aufweist. Von dem in üblicher Weise gestalteten Bauwerksausgang führt ein Hohlgang zum E-Messer.
Der Energiebedarf des Werkes war sehr groß. Für das Schwenken der Panzertürme und der Drehbühne, das Bewegen der Geschützrohre, den Munitionstransport aus den Munitionslagern über die Förderbänder und die Aufzüge bis zum Rohr, für das Ansetzen und Einschieben der Munition in das Rohr dienten Elektromotoren. Luftkompressoren für das Einspritzen des Heizöles in die Kessel, deren überhitzter Dampf zum Anwärmen der angesaugten Frischluft diente, wie überhaupt die ganzen Luftfilter- und Luftverteilungsanlagen wurden elektrisch betrieben. Dazu kam der Stromverbrauch für den Antrieb der Wasserversorgungspumpen, der Maschinen in den Werkstatträumen, für den Fahrstuhlbetrieb, für die Funk- und Fernsprechanlage, die artilleristischen Kommandogeräte und die Akkumulatoren der Notstromversorgung sowie das ganze Lichtnetz. Der erforderliche Strom konnte sowohl aus dem Überlandnetz bezogen als auch im Werk selbst erzeugt werden.
Im Transformatorenbau, also außerhalb des Batterieblocks, standen ein mit Dieselmotor betriebener Stromerzeuger von rd. 50 kW sowie ein Transformator zur Umwandlung einer aus dem Überlandnetz bezogenen Drehstromleistung von 6000 Volt auf 400 Volt mit 180 kW und ein entsprechender Motorengenerator, der diese Leistung von 400 Volt Drehstrom in 220 Volt Gleichstrom umformte. Im Batterieblock dienten zwei Transformatoren von zusammen 320 kW zur Umwandlung einer Überlandnetzspannung 35000 Volt in 400 Volt Drehstrom, der mittels zweier Motorengeneratoren in Gleichstrom 200 Volt umgeformt wurde. Ferner waren zwei Dieselaggregate aufgestellt, die zusammen 220 Volt Gleichstrom mit 1680 Ampère = 370 kW hergeben konnten. Eine kleine Dieselanlage im Untergeschoß des Feuerleitstandes lieferte als Notstromanlage 26 kW.
Insgesamt waren also die ungewöhnlich hohe Leistung von 450 kW Eigenerzeugung und 500 kW Fremdbezug eingebaut (mit 1000 kW können über 20000 Stück 40kerzige Glühlampen gespeist werden). Da die Stromleitungen vielfach offen, ohne Panzerschutz verlegt waren und Kurzschlußschalter fehlten, fielen unter den Kampfeinwirkungen in kurzer Zeit alle Maschinenanlagen aus.

Heutiger Zustand Maxim Gorki I

Die 1942 eroberte, aber keineswegs entscheidend zerstörte Anlage wurde ab 1954 wieder hergerichtet. Unter weitgehender Beibehaltung des alten Grundrisses wurden vor allem Wände und Decken von drei bis vier Meter Stärke auf fünf bis sechs Meter verstärkt. Diese Veränderungen führten zur Anhebung der Oberfläche des Batterieblocks und damit zu einem Herausheben der Panzertürme über das einstige Geländeniveau. Die zerstörten Zwillingstürme wurden durch Drillingstürme des Schlachtschiffes **Poltava** der **Gangut**-Klasse ersetzt. Das Schiff war 1922 in Petrograd (heute St. Petersburg) nach einem Brand an Bord außer Dienst gestellt worden und diente fortan bis zu seiner endgültigen Abwrackung (vermutlich 1946) als Ersatzteillieferant. Der Geschütztyp wurde in den Jahren 1912 bis 1914 auf den Schlachtschiffen der **Gangut**- sowie der **Imperatrica-Marija**-Klasse als schwere Hauptartillerie eingebaut (pro Schiff = vier Drillingstürme). Vier Geschütze dieses Typs bauten die Deutschen im Zweiten Weltkrieg in die Marineküstenbatterie »Mirus« auf der Kanalinsel Guerney ein. Die 30,5-cm-Rohre (30,5 L/52) wiegen jeweils 49 Tonnen bei einer Länge von gut fünfzehn Metern. Gegenüber der Gruppe Neumann gaben die Marineartilleristen des »neuen-alten« Maxim Gorki I das Geschoßgewicht mit 350 bis 600 Kilogramm, die Reichweite mit

42 Kilometern an. Man betritt das Werk durch den gleichen Osteingang wie damals. Auch die Raumaufteilung und die gewölbte Deckenkonstruktion sind im wesentlichen unverändert geblieben. Panzertüren, das vorherrschende Marinegrau im über 100 Meter langen Mittelgang sowie das trübe Deckenlicht lassen an das Innere eines Kriegsschiffes denken.
Während der Gruppe Neumann im Mai 1992 noch die meisten Teile des Komplexes verborgen bleiben (Fotografierverbot sowieso), werden der Gruppe Egger im September 1993 etliche Privilegien zuteil. Oben auf dem Batterieblock angekommen, schwenken die Geschütztürme gleichsam zur Begrüßung, bewegen sich die Rohre wie winkend auf und ab. Mehr noch: Der Kommandant, ein russischer Major, läßt zu Ehren der Gäste Geschützexerzieren demonstrieren. Ein Rollenförder bringt zunächst die Geschosse aus der Tiefe des Munitionsraumes durch das mit Stahlschotten gesicherte Übergabefenster in die Turmbasis. Eine Segmentschwinge übernimmt das Geschoß und befördert es auf einer kurzen Transportstrecke zum Geschoßaufzug weiter. Auf der gegenüberliegenden Seite passiert ähnliches mit den Kartuschen. Nachdem Geschosse und Treibladungen an den Verschlußblock gelangt und Ansetzer die Fracht ins Rohr geschoben haben (dies freilich wurde nur simuliert), fehlte als Abschluß eigentlich nur noch der scharfe Schuß. Wenn heute die Batterie feuern würde, der letzte Schuß soll in den sechziger Jahren abgegeben worden sein, würden die inzwischen überall mehr oder weniger illegal gebauten Schuppen, Ställe, Häuschen und Datschen rund um das Werk wie Kartenhäuser davonstieben, erläutern die als »Bärenführer« abgestellten Batterieoffiziere. Diese sind mit Begeisterung bei der Sache, tauen nach etlichen fachlichen Fragen seitens der Besucher zusehends auf und führen ihre Batterie voller Waffenstolz vor. Welch ein Wandel innerhalb eines Jahres! Der Abschied fallt dann auch überaus herzlich aus. Wie schon beim ersten Besuch treten alle oben auf der Bunkerdecke zum Gruppenfoto an. Im Hintergrund die Geschütze. Die sind mittlerweile von den Tarnnetzen befreit, fotofreundlich gewissermaßen. Ob sich tief im Innern des Werkes taktische Nukleargefechtsköpfe befinden, wie gerüchteweise zu hören ist, das will die Gruppe nicht erfragen; will die Gastgeber nicht in Verlegenheit bringen.

Maxim Gorki II

Die Panzerbatterie Maxim Gorki II (Batterie 35), zwei Kilometer südostwärts von Kap Chersones dicht am Rand der Steilküste, besaß, wie die Schwesterbatterie im Norden, eine moderne technische Ausstattung und hohe Kampfkraft. Sie verfügte ebenfalls über vier 30,5-cm-Marinerohre in zwei Geschütztürmen. Ihre Bauzeit lag zwischen 1912 und 1934. Vom Grundkonzept her identisch, gab es im Grundriß allerdings erhebliche Unterschiede. Wie Maxim Gorki I hatte auch Maxim Gorki II den Nachteil des Zusammenballens stärkster Feuerkraft in einen einzigen Baukörper und der leichten Erkennbarkeit ihrer massigen, über den Horizont hinausgehobenen Panzertürme.
Auch die Geschütze dieses Werkes waren allseitig schwenkbar und somit gegen Landziele einzusetzen. Freilich fehlten auch hier planmäßig vorbereitete B-Stellen. Die Sowjets behalfen sich für den artilleristischen Fernkampf mit Feldkabelanschluß und nach dessen Ausfall mit Planschießen. Wie die Schwesteranlage im Norden besaß auch Maxim Gorki II einen eigenen Vollspurgleisanschluß.
Die 1942 nachhaltig zerstörte und 1944 zusätzlich gesprengte Batterie wurde nicht wieder aufgebaut. Man hat sozusagen alles stehen und liegen gelassen – bis auf den heutigen Tag. Von der einstigen Kernanlage künden nur noch gewaltige verrostete Basiszylinder sowie geborstene Betonfundamente des einstigen Batterieblocks sowie der Kehleingang, über den man die Ruine eher kriechend und tastend »betreten« kann. Das labyrinthartige, unterirdische und stockdunkle Chaos aus zerschmettertem Beton, in Trümmern eingequetschten Geschossen sowie Stahl- und Eisenträgergewirr und eingestürzten Decken ist nur unter Lebensgefahr zu durchdringen. Überall lauern im Boden Löcher, Schachtzugänge und andere Öffnungen. Beim maulwurfartigen Kriechen und gebücktem Vortasten

erkennt man im Schein der Taschenlampen zerstörte Unterkünfte, Maschinenräume, Werkstätten, Tanks, Entlüfter, Luftreiniger, Heizung und natürlich die ehemaligen Geschoß- und Kartuschräume, diese teilweise normal begehbar. Die beim ersten Untersuchen entdeckten, in die Tiefe oder seitwärts wegführenden Stollen und Gänge führen tatsächlich zur Steilküste und zu den übrigen Batterieanlagen, wie die zweite und gründlichere Untersuchung ein Jahr später ergibt. Diese zweite Untersuchung durch die Gruppe Egger ist systematischer: Nach dem Betreten des Batterieblocks über die ehemalige Gasschleuse beziehungsweise die Dekontaminationsräume liegen geradeaus auf der Achse des Eingangs die Sockelreste des einstigen ersten Geschützturmes (mit Geschoß- und Kartuschräumen) und dahinter, auf gleicher Achse, die Reste des zweiten Geschützturmes. Relativ gut ist der rechte Teil des Werkes zu begehen. Hier befanden sich die Unterkünfte, Toiletten, ein Maschinenraum, Heizung und Küche, soweit diese noch zu identifizieren waren. Der linke Flügel ist schwierig bis überhaupt nicht mehr begehbar. In den zerstörten Munitionsräumen finden sich noch Geschoßreste, halbverschüttet, geplatzt oder ausgeblasen. In den kreisrunden Betonwänden mit ihren rostbraunen Stützringen der (nicht mehr vorhandenen) Drehtürme sind hinter Gestrüpp und Buschwerk die Geschoß- und Kartuschfenster zu erkennen, durch die die Munition nach oben zu den Rohren befördert wurden.

Der gesamte Komplex birgt noch etliche Geheimnisse; ein Eldorado für Festungsforscher. Das gilt nicht zuletzt für die zahlreichen Einzelanlagen rund um den Batterieblock. Dazu gehören unter anderem:

- Artillerie-Beobachtungsstand mit 45-cm-Panzerung (teilweise abgeschweißt). Zum Stand gehörte eine offene Kesselbettung für ein E-Langbasisgerät. Zwei Tiefschächte führten zum Feuerleitstand, der mit dem Batterieblock verbunden war.
- Melde- und Postunterstand aus Kiesbeton; der 3 x 3 Meter große Raum hatte einen gedeckten Zugangsschacht.
- MG-Schartenstand aus Schotterbeton für drei MG.
- Maschinensatzbunker mit gedecktem Zugang.

Auf der Decke über dem Eingang des Batterieblocks steht eine Gedenktafel mit folgendem Text: »Das 35. Küstenbataillon unterstützte während der heldenhaften Verteidigung von Sewastopol 1941-1942 mit der Feuerkraft seiner Waffen die Verteidiger der Stadt. Die letzten Tage der Verteidigung befand sich der Stab des Verteidigungsbezirkes Sewastopol beim Bataillon.«

Die Erstürmung

Am Sonnabend, dem 7. Juni 1942, beginnt die 11. Armee unter Generaloberst von Manstein mit siebeneinhalb deutschen und anderthalb rumänischen Divisionen auf der Halbinsel Krim das Unternehmen »Störfang«, den Angriff auf Sewastopol, die stärkste Festung der Welt. Der 11. Armee stehen 24 Werferbatterien, 86 leichte Batterien sowie 81 schwere und schwerste Batterien zur Verfügung. Dazu gehören auch die Mörser »Thor« und »Odin« mit einem Kaliber von 61,5 Zentimetern sowie das Riesengeschütz »Dora« – das größte Geschütz der Welt – mit einem Kaliber von 80 Zentimetern und einem Granatengewicht von 7,1 Tonnen, das hier zum ersten und einzigen Mal zum Einsatz kommt. Auf einer Frontbreite von 35 Kilometern stehen insgesamt etwa 600 Geschütze.

Unterstützt wird die 11. Armee von sieben Kampfflugzeuggruppen, drei Stuka-Gruppen und vier Jagd-Gruppen des VIII. Fliegerkorps unter Generaloberst Freiherr von Richthofen, die Angriffe auf die einzelnen Forts der Festung Sewastopol fliegen.

Inzwischen haben Schiffe der sowjetischen Schwarzmeerflotte unter Vizeadmiral Oktjabrski die Besatzung der Festung durch neue Truppen verstärkt, sie mit Nachschub versorgt und Verwundete sowie Zivilpersonen aus Sewastopol abtransportiert.

An diesem Tag erheben sich um 3.50 Uhr die Gruppen, Züge und Kompanien des LIV. A.K. aus der Melzer-Schlucht und stoßen durch die verbissen verteidigte Kamyschly-Schlucht vor. Im Laufe dieses ersten Angriffstages klettert die Quecksilbersäule auf 50 Grad Celsius! Am 11. Juni tritt das XXX. A.K. im Süden

50 Grad Hitze! Freund und Feind sind nach einem Angriff vor Erschöpfung kaum zu unterscheiden.

zunächst gegen die Sapun-Höhen an. Der Gegner ist keineswegs überrascht. Mit erschreckender Deutlichkeit zeigt sich bereits an diesem ersten Tag die ganze Zähigkeit des sowjetischen Widerstandes. Seine Artillerie, vor allem die schwere Panzerbatterie Maxim Gorki I, zeichnet sich durch gut liegendes starkes Feuer aus. Es erschwert besonders im Abschnitt des LIV. A.K. das Nachführen von Truppen und schweren Waffen durch das Belbektal und die Kamyschly-Schlucht. Zahlreiche schwere Granatwerfer-Batterien des Gegners können selten rechtzeitig bekämpft werden, weil ihr Abschußknall kaum zu hören war. Der Verteidiger setzt alles daran, den sich abzeichnenden Durchbruch des LIV. A.K. zur Sewernaja-Bucht zu vereiteln, indem er unter großem Munitionseinsatz ein pausenloses Feuer aller Kaliber auf die deutschen Angriffsspitzen legt.

Die Verluste auf beiden Seiten sind extrem hoch. Die 50. Infanteriedivision beispielsweise verliert an einem Tag bereits 50 Offiziere und 529 Mann. Im Süden blutet die übereilt eingesetzte 28. leichte Division in schweren Vorfeld-Kämpfen aus, ohne daß die Artillerie im zerklüfteten und unübersichtlichen Gelände helfend einspringen kann. Um »Blut zu sparen«, wird der Hauptangriff in zeitlich gestaffelte Teilangriffe zerlegt, weil nur so eine Artillerieunterstützung optimal wirken kann. Zeitraubendes Minenräumen, fast im ganzen Bereich der Nordfront, verhindert das rasche Vorstößen – wie ursprünglich geplant.

Erst am 10. Juni gelingen der 22. I.D. sowie dem rechten Flügel der 50. I.D. unter hohen Verlusten nennenswerte Geländegewinne. Am 13. Juni kommt es zum erbitterten Kampf um den Stützpunkt »Stalin«. Es ist der erste, der in deutsche Hände fällt. Die Einzelheiten dieses Ringens um eine größere Kampfanlage sind dem »Nachtrag« entnommen:

Mit der Erstürmung der Kampfanlagen war Pionierbataillion 744 beauftragt. Die Wolfsschlucht und der in ihr längslaufende Bahneinschnitt erleichterten ihm die Bereitstellung in unmittelbarer Nähe. Der auf den 13.6. angesetzte Angriff

wurde an den Vortagen durch schwere und schwerste Artillerie vorbereitet. Trotz verheerender Wirkung des Zerstörungsfeuers, das einzelne Teile der Kampfanlage gleichsam umpflügte, gelang es nicht, die Oberflächenverteidigung nachhaltig auszuschalten und alle Kampfanlagen zu vernichten. In 2 Stoßzüge, je 2 Gruppen und 1 Nachschubgruppe gegliedert, durchbrach 3./Pi.744 um 3.00 Uhr morgens ohne vorangegangenen Feuerschlag der Artillerie die schwache Drahtsperre am Osthang. Gleichzeitig gingen Sturmgeschütze von Norden her gegen die Kampfanlagen vor und lenkten das heftige Abwehrfeuer von den Stoßtrupps ab. Der Angriff verlief jedoch nicht in dem gedachten Schwung, da eines der Sturmgeschütze zu weit rückwärts gestaffelt stand und in dem Qualm die vordere Linie nicht erkennen konnte. Ein Stoßtrupp mit Flammenwerfern blieb im Feuer liegen, der Flammenwerfer fiel aus, doch gelang dem ersten Stoßtrupp, geführt vom Kompanieführer, der im Verlauf dieses Angriffs dreimal verwundet wurde, die Vernichtung eines noch feuernden Flakgeschützes. Der Feind schoß jetzt Sperrfeuer mit schweren Kalibern. In diesem zweiten Vorstoß wurde im harten Nahkampf, insbesondere durch Werfen von geballten Ladungen, der Kern des Verteidigungssystems bald niedergerungen. In geschickt angelegten Feldstellungen kämpfte der Gegner bis zur Vernichtung weiter, und in einem größeren, von weitem kaum erkennbaren Kampfstand, aus dem auch ein Granatwerfer durch eine Öffnung in der Betondecke schoß, verteidigten sich 38 Bolschewisten (Wehrmachtsterminus) **unter Führung zweier Kommisare besonders hartnäckig. Auch dieser Kampfstand mußte erst durch geballte Ladungen gesprengt werden. Mit der Vernichtung seiner Besatzung war auch der letzte Widerstand gebrochen. Bemerkenswert war das ausgezeichnete Zusammenwirken der Infanterie mit den Pionierstoßzügen, das sich in gegenseitiger Orientierung über erkannte Kampfanlagen, im Bereinigen der Feldstellungen und in der sich ergänzenden Befehlsdurchgabe bewährte.**

Dieses Beleuchten einer einzigen Szene des Schauspiels »Die Erstürmung von Sewastopol« erhellt, was hinter den lapidaren Meldungen des täglichen Wehrmachtsberichtes steckt: »Unsere Angriffsverbände nahmen gestern ein wichtiges Werk des Festungsgürtels.

An der Südfront gelingt es der 72. I.D., nach Vorbereitung durch Artillerie und Luftwaffe, das wichtige Stützpunktsystem vor den beherrschenden Sapun-Höhen südwärts Sewastopols zu nehmen.

Für den letzten entscheidenden Sturmlauf werden die Armeekorps vom 14. bis 16. Juni noch einmal umgruppiert. Die Artillerie wird vorgezogen. Am 17. Juni eröffnen die schweren Batterien der Nordfront für zehn Minuten das Feuer. Mehr erlaubt der allgemeine Munitionsmangel nicht. Zu diesem Zeitpunkt sind die Batterien/Abteilung 458 (42-cm-Haubitze); 459 (»Gamma«-Gerät = 42-cm-Steilfeuergeschütz) und 833 (»Karl«-Gerät = 60-cm-Steilfeuergeschütz«) bereits ohne Munition. Andere schwere Batterien haben nur noch geringe Munitionsausstattungen. Demgegenüber hat die gegnerische 30,5-cm-Panzerbatterie »Maxim Gorki I« keine Munitionsprobleme; sie setzt den Angreifern schwerer zu. Sie verschießt im Verlauf der Verteidigung rund 600 Granaten.

Im Belbek-Tal ist neben anderen die 1./857 mit einem 21-cm-Mörser 18 in Stellung gegangen. Der B-Offizier Leutnant Ottmar Gschwender erinnert sich: »Ich hatte meine B-Stelle während der Belagerung auf der Höhe des Belbek-Tales mit Sicht auf Maxim Gorki I, dessen donnernde Geschosse über unsere Köpfe hinwegflogen. Ein Geschoß meiner Batterie hat mit vom Kommandeur, Major Kazmeier, persönlich gelenkten direkten Schuß mit Panzergranaten des 21-cm-Mörsers, der offen schoß, einen Geschützturm durch Volltreffer ausgeschaltet.« Vermutlich handelte es sich um den Südwestturm, denn der Nordostturm war bereits durch »Karl«-Beschuß und Stuka-Bomben getroffen worden.

Am 17. Juni gelingt der 24. I.D. in blutigen Nahkämpfen die »Wegnahme« (Wehrmachtsterminus) von »GPU«, »Molotow« und »Tscheka«. Die 22. I.D. nimmt nach mehrmaligen Versuchen »Sibirien«, »Wolga« und »Ural«. Die 50. I.D., kommt an Mekensiewy Gori heran.

Am Nachmittag des 17. Juni fällt Maxim Gorki I. Über die Erstürmung dieses stärksten Bollwerks finden sich in der Literatur unterschiedliche bis falsche Darstellungen. Deshalb hier die »Nachtrag«-Aufzeichnungen:

Zum Nahangriff waren angesetzt: I.R. 213, 1. und 2./Pi.132 und I./Pi. 173. In den frühen Morgen- und Vormittagsstunden des 17.6.1942 wurde der Angriff über einen den Rücken ostwärts Bastion überquerenden Panzergraben hinweg nach Westen gegen zähen Feindwiderstand vorgetragen. Frontale und flankierende Widerstandsnester wurden mit Infanterie- und Artilleriegeschützen niedergekämpft. 1. und 2./Pi. 132 rollten die Kampfanlagen der Bastionshöhe auf während I.R. 132 den Kampf an den Süd- und Westhängen dieser Kampfanlage führte. Starkes Artillerie- und Granatwerferfeuer, z.t. aus dem Belbek-Tal und den südlich gelegenen Hängen, Scharfschützen und Gegenangriffe erschwerten das Vorwärtskommen. Gegen 14.30 Uhr war nach erneutem Angriff der Westrand der Bastionshöhe endgültig genommen. Der Eingangshof zum Feuerleitstand (Ostende des Hohlgangs) wurde besetzt. 14.45 Uhr tritt II./I.R. 213 zur Gewinnung des Osthanges der Batteriestellung an und erreicht 15.15 Uhr zerstörte Feldstellungen 400 m ostwärts des ersten Panzerturms, während 1. /Pi. 173 folgt, um diesen unter Feuerschutz der Infanterie zu stürmen. 15.45 Uhr springen 6 Pioniere mit geballten Ladungen den Turm an und vernichten dessen Besatzung. Die Besatzung des zweiten Turmes verteidigt sich zäh durch Gewehrfeuer aus einer in den Panzerplatten durch Artilleriewirkung entstandenen schartenartigen Öffnung. Unter seitlichem Feuerschutz der Infanterie gelingt dann der Pionierangriff auf diesen Panzerturm. Mit geballten Ladungen wird der Gegner in den Turmschächten niedergehalten. Inzwischen längs des Nordhanges vorgegangene Infanterie übernimmt die Sicherung des Westhanges. 16.30 Uhr gehen die Pioniere gegen die stark verteidigten Haupteingänge vor, die trotz wiederholter Versuche nicht bezwingbar sind.

MG(-Schützen) werden zur Blockierung der Eingänge in Stellung gebracht. Die Besatzung ist nunmehr im Bauwerk eingeschlossen.

An den folgenden Tagen wird der Gegner im Werkinnern mit Sprengladungen, Benzin und Flammöl bekämpf. Rund 1000 kg Sprengmunition und 1000 l Brennstoff werden nach und nach in die Panzertürme eingebracht. Einzelne Überläufer verraten den Aufbau des Werkes. Am 20.6., während der Vorbereitungen weiterer Sprengladungen, erfolgt im Westturm eine Gegensprengung, die 3 Pionieren das Leben kostet. Im Werk haben die Sprengungen heftige Brände und Rauchschwaden verursacht, die ein Eindringen unmöglich machen, zumal der Verteidiger die Eingänge immer wieder neu besetzt. Am 22.6. wird 1./Pi. 173 durch 3./Pi. 22 abgelöst. Die Besatzung wird durch Sprengung des Notausganges und Abbrennen von Nebelkerzen und Öl weiter bekämpft.

Der Kommandant bricht am 25.6. durch den Abwasserkanal aus, wird aber am folgenden Tage festgenommen. Am 26.6. dringt ein Stoßtrupp in das Werk ein und macht noch 40 Gefangene. Ein großer Teil der Besatzung ist durch die Spreng- und Raucheinwirkungen ums Leben gekommen. Die Anhäufung leicht entzündlicher Gegenstände in den Gängen hat den Brand genährt. Die Panzertüren wurden in der Nähe der Detonationsherde eingedrückt, an anderen Stellen vom Detonationssog ausgebeult, so daß Rauchschwaden auch in Bereitschaftsräume eindringen konnten. Das Eisenbetonbauwerk selbst hat durch die Detonationen nicht wesentlich gelitten.

Vor dem Erstürmen von Maxim Gorki I wurden allein am Vormittag des 17. Juni rund 400 Geschosse mittleren, schweren und überschweren Kalibers auf das Werk verfeuert und Bomben aus 20 Ju 87 abgeworfen. Nach Aussagen von Gefangenen haben dieser Beschuß und das Bombardement kaum Eindruck auf die Besatzung gemacht. Die Schwachstellen der Panzerbatterie waren makabererweise ihre Panzertürme, durch die der Angreifer zunächst überhaupt ins Werk gelangen konnte.

Am 19. Juni nimmt die 132. I.D. die Küstenbatterie »Schischkowa« und andere Batterien. Dem Vorstoß der 24. I.D. setzt zunächst das stark ausgebaute sogenannte Nordfort energischen Widerstand entgegen. Schließlich können, nach vier vorangegangenen blutigsten Anläufen, Sturmpioniere dieses zwar alte, aber optimal verteidigte Fort erobern. Zum Verlauf des Angriffs die »Denkschrift«:

Am 21.6, 8.30 Uhr, brechen die ersten Pionierstoßtrupps planmäßig aus einer inzwischen vorgeschobenen Bereitstellung auf die Einbruchstelle vor. Die beiden Pak eröffnen das Feuer auf die Bunkerscharten. Die Stoßtrupps erreichen zunächst in einem Sprung den Graben, werden jedoch so-

fort von einsetzendem MG-Feuer flankiert, wobei erste Verluste eintreten. Trotzdem gelingt es einigen Männern des Stoßtrupps, über den Graben zu kommen und drüben einzubrechen. Nach Aussagen der später zurückkommenden Leute und von Verwundeten sind diese sofort unter Anwendung von Nebel gegen ihre Ziele vorgestoßen, kamen aber in starkes, sich kreuzendes MG- und Schützenfeuer des Feindes. Dazu unternahm der Bolschewist (Wehrmachtsterminus) sofort Gegenstöße, die zu Nahkämpfen führten, ohne eine Entscheidung zu bringen.

Da von außen die Lage nicht geklärt werden kann, werden weitere Stoßtrupps beider Kompanien (Anm.: 1. und 2./Pi. 24) zur Verstärkung nachgezogen. Diese geraten jedoch bereits auf dem Sprung zum Graben unter starkes Feuer. Nur wenige erreichen den Graben und können über den Wall vorstoßen. (Anm.: Hier wird, wenn auch abmildernd formuliert, keineswegs der hohe Blutzoll gerade der Sturmpioniere verschwiegen. Der war in der Tat mörderisch. Alfred Wenck, ehemals 2./Pi. 22.: »In drei Wochen mußte meine Kompanie mehrmals aufgefüllt werden. Als die Kompanie wieder einmal nur noch aus sieben bis acht Mann bestand, wurden wir am 24. Juni '42 unter einem Vorwand aus dem Einsatz genommen und in Kur geschickt. Der Spieß sagte damals, ein paar Männer der Kompanie müßten schließlich übrigbleiben).

Inzwischen ist auch die Pak der rechten Angriffsgruppe außer Gefecht gesetzt worden. Die in offener Feuerstellung eingesetzten s.MG. werden nach zähem Ausharren zum Schweigen gezwungen. Aus nicht zu erkennenden Stellungen schießen MG und Scharfschützen des Feindes von allen Seiten.

Ein vom 3. (mot)/Pi. 88 schneidig vorstoßender Trupp, der, auf sich selbst gestellt, zunächst die ersten Häuser erreicht und dort in Nahkämpfe verwickelt wird, ist bald der Übermacht des Feindes erlegen und muß sich zum Wall zurückziehen ... Ähnlich geht es den Stoßtrupps der 3. (mot)/Pi. 24, die sich nur im Schutz genommener Bunker und Feldstellungen am Wall halten können. Da kein Melder unverwundet durchkommt, wird die Lage völlig haltlos; mit den jenseits des Walles festsitzenden Männern besteht nicht einmal Sichtverbindung.

Die auf der Innenseite des Walls in Erdlöchem und Bunkern sich haltenden Pioniere können weder vor noch zurück. Selbst sofort eingeleitetes Zerstörungsfeuer der Artillerie auf die beiden Spitzen, wobei die Gefährdung durch Streuung in Kauf genommen wird, zwingt den Feind nicht nieder. In zahlreichen Gegenstößen wirft er Handgranaten an der Einbruchsstelle über den Wall, doch die Pioniere halten Stand und treiben den Gegner mit Handgranaten immer wieder zurück. Aus einem innenseits des Walles liegenden Schartenstand, der eine Durchsicht in das Innere des Forts erlaubt und in dem sich 8 Pioniere halten, leitet plötzlich ein Pionier durch klar zu erkennende Zeichen mit den Händen das Artilleriefeuer gegen das Innere des Forts. Diese Gelegenheit wird ausgenutzt, um auch mit Granatwerfern Feuer dicht an die inneren Seiten des Walles heranzuziehen, so daß die erreichten Ziele, wenn auch ohne rückwärtige Verbindung, bis zum Einbruch der Dämmerung gehalten werden können. In dieser Lage, die sich aus der nicht zu erwartenden Stärke der Gegenwehr trotz der starken Artillerie- und Stukavorbereitung ergeben mußte, ist an eine Fortführung des des Angriffs in der geplanten Art nicht mehr zu denken.

Um in einem Stoß gegen die Nordspitze einen neuen Einbruch zu erzwingen, beginnt 18.30 Uhr der Kompanieführer der 3. (mot)/Pi. 24 mit dem vorgeschobenen Beobachter der Mörserabteilung ein gut geleitetes Zerstörungsfeuer auf die Nordspitze. Von 15 Schuß werden 3 Volltreffer erzielt. 19.30 Uhr scheint die Nordspitze niedergekämpft, zumindest stark erschüttert. Anschließend wird beobachtetes Störungsfeuer auf die Nordspitze und die Häuser südlich und südwestlich davon bis 21.30 Uhr weitergeführt.

Gegen die Nordspitze wird dann ein Stoßtrupp mit fast der gesamten Kampfkraft der 3. (mot)/Pi. 24, im weiten Bogen ausholend, angesetzt. Dieser dringt 22.00 Uhr, verstärkt durch 1 Granatwerfer und 1 s.MG., über Sturmleitern in die Nordspitze und besetzt sie nach harten Nahkämpfen. Hierbei werden mehrere Feldstellungen vom Feind gesäubert (Wehrmachtsterminus), der MG-Bunker restlos zerstört und dabei 13 Gefangene gemacht. Auch in dieser Stellung hält sich der Pionierstoßtrupp gegen mehrfache Gegenstöße des Feindes mit Handgranatensalven und weist sie im Nahkampf ab. Gegen Mitternacht wird die 7./I.R. 31 der

3. (mot)/Pi. 24 unterstellt und zur Stützung der Einbruchstelle eingesetzt. Anschließend gelingt es, durch Überrumpelung der feindlichen Widerstandsnester beiderseits der Nordspitze den Einbruch bis Nordwestecke und hart südlich Südostecke (alte Einbruchsstelle des Angriffs) zu erweitern. Pi. 24 stößt gegen das Innere des Forts vor und dringt nach Überwindung nunmehr schwachen feindlichen Widerstandes bis über die Mitte ein. 3.45 Uhr sickert auch der rechte Nachbar von dem inzwischen gestürmten Fort »Lenin« aus in das Nordfort ein. Er geht, dort anscheinend ohne Feindwiderstand, gegen die Westspitze und Südwestecke vor. Von Osten her stoßen die Pionierkompanien ebenfalls in das Innere des Forts und besetzen dieses planmäßig ohne Widerstand des Feindes, der sich nun willenlos, wo er angetroffen wird, ergibt. Hunderte von Gewehren, mehrere MG und Granatwerfer sowie eine große Menge Munition werden erbeutet. Nach Gefangenenaussagen haben sich in der Nacht vom 21.6. auf 22.6. nach erfolgtem Einbruch in die Nordspitze des Forts alle Kommissare und Offiziere erschossen.

Der für den 28./29. Juni festgelegte Generalangriff des LIV. A.K. mit dem Übersetzen über die Sewernaja-Bucht sowie des XXX. A.K. im Süden soll die Entscheidung bringen. Noch einmal raffen sich die verdreckten, abgerissenen und erschöpften Infanteristen und Pioniere auf. Noch am 28. Juni nimmt die 50. I.D. die feindlichen Schlüsselstellungen Gajtani und Inkerman, letztere eine regelrechte kleine Stadt im Inkerman-Felsmassiv östlich von Sewastopol. Die hier in den Felsen getriebenen sowie die natürlichen Stollen und Aushöhlungen dienten als Depots, Lazarett und, während der Kämpfe, als ein riesiger Luftschutzbunker für die Zivilbevölkerung. Der Inkermanfelsen soll von einem Kommissar (oder mehreren) auf einer Breite von rund 300 Metern in die Luft gesprengt worden sein. Wie auch immer die näheren Umstände wirklich waren, sie bedürfen noch der Klärung; die Sprengung hat es gegeben. Unübersehbar liegen die gigantischen und zersplitterten Felsstücke im Inkermantal. Unter ihnen sollen sich noch die umgekommenen Verwundeten, Kinder, Frauen und Greise befinden – ein mysteriöses Kapitel in der Geschichte Sewastopols.

Nach dem Überqueren der Sewernaja-Bucht durch das LIV. A.K. im Norden gelingt im Süden dem XXX. A.K. am 30. Juni das Erstürmen der gefürchteten Sapun-Höhen fast in ihrer ganzen Ausdehnung. Damit ist der letzte Verteidigungsgürtel endgültig aufgebrochen. Am gleichen Tag erreicht das LIV. A.K. mit seinen vier Infanteriedivisionen und der 4. rumänischen Gebirgsdivision die Innenstadt von Sewastopol. Am Mittag des 1. Juli 1942 steht Manstein auf dem Lenin-Platz. Am 3. Juli fällt das letzte russische Bollwerk, das Fort Malakoff. Das XXX. A.K. stößt südlich von Sewastopol vorbei nach Westen. Die 170. I.D. geht gegen den äußersten Westzipfel, die Halbinsel Chersones, vor. Die 72. I.D. stößt längs der Küste vor, wo es am 4. Juli zum letzten größeren Artillerieeinsatz gegen die Panzerbatterie »Maxim Gorki II« kommt, die schließlich von der 72. I.D. genommen wird.

Rund 50 Jahre später steht Jakob Heyer vor den Trümmern dieser Batterie, damals ein blutjunger Mensch und MG-Schütze: »Da ist so eine Sache passiert, das ist schwierig, das richtig zu erzählen ... So viele Russen waren drin, und wir riefen: Ruki werkh – Hände hoch! Kam aber keiner. Dann doch, 100, 200 Mann. Auf jeden Fall, dazwischen war eine Frau. Auf einmal alle Gewehre auf diese Frau, und dann – schossen sie die tot. Ich wußte gar nicht, warum? Die Landser waren so verbittert, mich hat's erschreckt. Wie die Frau da ...«

Die Reste der russischen Küstenarmee sind auf den Zipfel der Halbinsel Chersones zusammengedrängt; wortwörtlich und im übertragenen Sinn an den Rand des Abgrunds getrieben. Die Verteidiger Sewastopols haben tapfer bis zur Selbstaufopferung gekämpft. Die Überlebenden der russischen Küstenarmee gehen in Gefangenschaft – oder ziehen den Tod von eigener Hand vor. Die Kämpfe enden am 4. Juli, die sogenannten »Säuberungen« dauern bis Mitte Juli. Die Krim und Sewastopol sind endgültig in deutscher Hand.

Die Statistiker des Todes ziehen Bilanz. Die deutschen Verluste betragen: 190 Offiziere gefallen, 671 verwundet, 11 vermißt; 4147 Unteroffiziere und Mann-

Juli 1942 – Sewastopol ist gefallen.

schaften gefallen, 17512 verwundet, 1580 vermißt = 24111 Mann oder rund ein Drittel der gesamten Angriffsstärken. Die rumänischen Verluste betragen 800 Gefallene. Die russischen Verluste: 40000 Gefallene und 97000 Gefangene, darunter der stellvertretende Armeeführer, General Nowikow. Erbeutet oder vernichtet wurden 467 Geschütze, 26 Panzer, 824 Maschinengewehre, 758 Granatwerfer, 86 Panzerabwehrkanonen und 69 Fliegerabwehrkanonen. Genommen wurden 3597 Bunker und Befestigungsanlagen aller Art, darunter die beiden modernsten und stärksten Kampfwerke Maxim Gorki I und II. Geräumt wurden 137000 Minen. In der Zeit vom 2. Juni bis 4. Juli wurden 23751 Angriffsflüge durch Kampfmaschinen aller Art durchgeführt, 123 feindliche Flugzeuge abgeschossen und 18 am Boden zerstört. An eigenen Flugzeugen gingen 31 verloren. Versenkt wurden vier Zerstörer, ein U-Boot, drei Transporter und etliche kleinere Einheiten.
Insgesamt verloren die Sowjets auf der Krim in der Zeit vom 21. September 1941 bis 4. Juli 1942 430000 Mann an Gefangenen, 1198 Panzer und 2102 Geschütze. (Angaben nach Oberkommando der Wehrmacht vom 7. Juli 1942).

Besonderheiten des artilleristischen Kampfes

Nach dem übereinstimmenden Urteil britischer, französischer und amerikanischer Fachleute zeichnete sich die deutsche Artillerie durch

- Vorplanung und Vorbereitung, erstklassige Leistungen der »Aufklärenden Artillerie«;
- Beweglichkeit und Präzision des Schießens;
- Feuermassierung sowie
- hervorragende VBs (d.h. Vorgeschobene Beobachter) und Funker – im äußersten Fall Feuerlenkung auf eigene Stellung aus.

Von Anbeginn aber litt sie unter der Vielzahl der Geschütztypen und demzufolge unter Nachschubproblemen und Munitionsmangel. Auch diese Umstände trafen auf die Lage um Sewastopol voll zu. Eher noch erschwerend wirkte sich der Einsatz der veralteten Geschütze (z.T. aus dem Ersten Weltkrieg) eigener und fremder Produktion aus. Es handelte sich erstens um Bettungsgeschütze, die also unbeweglich waren (wenngleich im Rahmen einer »Belagerung« gerade noch vertretbar), und zweitens war ihre Munitionsausstattung zu gering, es gab nach dem Verschießen keine Munitionszuführung mehr.

Um diese Mängel auszugleichen, sollte das vorhandene Gerät mit möglichst wenig Munition große Wirkung erzielen. Das bedurfte genauer Zielzuweisungen. Diese wiederum fußten auf systematischer Aufklärungsarbeit.

Während zwei Beobachtungsabteilungen und Artilleriestäbe in wochenlanger Detailarbeit schon beim ersten Angriff günstige Schall- und Lichtmeßstellen erkundet und exponierte Ziele aufgeklärt hatten, wurden die artilleristischen Vorbereitungen für den zweiten Großangriff noch ausgedehnt und intensiviert.

Ähnlich wie heute Erderkundungssatelliten exakte Abbilder bestimmter Regionen liefern, »tasteten« die Männer der Aufklärenden Artillerie das Festungsgelände mit ihren »Sensoren« ab und übertrugen ihre Erkenntnisse planmäßig in die Angriffskarten oder Luftbildaufnahmen. Der Festungskomplex enthüllte so unfreiwillig sein Antlitz. Keine Batterie, kein Kampfstand, Stützpunkt und Einzelgeschütz entging den Augen der Aufklärung (Ausnahmen bildeten Einzelstellungen, MG-Nester und Schützenlöcher in bergigem und bewaldetem Gelände). Im einzelnen ergab sich ein Abbild des Festungsareals, das übersät war (Terminologie gemäß deutscher Angriffskarten): Kampfanlage, bombensicher / Kampfanlage, schußsicher / andere Kampfanlagen / Klein-Kampfanlage / Bereitschaftsraum / Panzergeschützturm / offener Beobachtungsstand / Hochstand / Befehlsstelle / Panzerbatterie / Wanderbatterie / schwere Flakstellung / leichte Flakstellung / Infanteriegeschützstand oder Einzelgeschütz / Schützennest / ausgebauter Schützengraben / Grabenstück, ausgebaut zur Feldstellung / Flächendrahthindernis / Kampfwagenhindernis / Minenfeld / Funkstelle / Kaserne/Munitionslager/Baracken- oder Zeltlager / Flugplatz / Scheinwerfer / Betriebsstofflager / Flakeinzelgeschütz / Granatwerferstand / Schützen-, Lauf- oder Splittergraben.

Die heranrollenden deutschen Batterien und Abteilungen mit ihren Flachbahn- und Steilfeuergeschützen sowie Haubitzen wirklich aller zur Verfügung stehenden Kaliber werden so gruppiert, daß praktisch jedes größere Ziel in deren Wirkungsbereich liegt. Der 11. Armee stehen für den Angriff (Unternehmen »Störfang«) zur Verfügung: 66 leichte Batterien; 81 schwere und schwerste Batterien, 1 Sonderabteilung; 24 Werferbatterien; 3 Sturmgeschützabteilungen; 3 Beobachtungsabteilungen; mehrere Flakregimenter im Erdeinsatz und die Panzerabteilung 300 mit ferngelenkten Ladungsträgern »Goliath«. Die verbündeten Rumänen bieten 22 leichte und 12 schwere Batterien auf.

Wegen des Angriffsschwerpunktes im Norden unterstehen die Einheiten größtenteils dem LIV. A.K. mit dem Artillerie-Kommandeur 306 (Harko 306) – Generalleutnant Johannes Zuckertort. Kurz vor Angriffsbeginn stehen dem Harko 306 an Einheiten und Geschützarten zur Verfügung (Abkürzungen gemäß Befehl für die »Artillerietätigkeit beim Unternehmen »Störfang ...«):

Einheit	Geschützart	Ist
917	19,4 cm K. (f)	3
III./111	s.F.H.18	7
815	30,5 cm Mrs.	6
502	17 cm K.I.ML.	3
857	21 cm Mrs.	6
641	M/I 30,5 cm Mrs.	1 4
767	15 cm K. 18 15 cm K.i.ML.	3 3
I./814	24 cm Hb.	5
II./818	10 cm K. 18	10
II.54	s.F.H. 18	10

Einheit	Geschützart	Ist
I./77	15 cm M 37/t	8
833	21 cm Mrs.	8
II./815	30,5 cm Mrs.	5
E 672	Dora	1
688	28 cm lg.Br.K	3
743	28 cm Hb.	4
459	Gamma. Mrs.	1
458	42 cm Hb./t	1
742	28 cm Hb.	4
624	21 cm Mrs. 30,5 cm Mrs.	9 6
741	28 cm Hb.	4
734	15 cm M 37/t	8
744	28 cm Küst.Hb.	2

Später kamen hinzu: 2 »Karl«-Geräte/60-cm-Steilfeuergeschütze auf Selbstfahrlafette der Schw.Art.Abt. 833.

Die Artillerie des XXX. A.K. an der Südfront untersteht dem Arko 19 (Generalleutnant Robert Martinek). Ohne die Batterien der Rumänen, Sturmartillerie und Flak sind 171 Batterien mit über 600 Geschützen und 1300 Rohren auf einer Breite von rund 35 Kilometern feuerbereit.

Eine Fülle von Artilleriebefehlen, speziellen Zielzuweisungen, insbesondere für die schweren Kaliber, Einzelanweisungen regelt die Bekämpfung nach Zeit, Ziel, Munitionsart und Anzahl der Schüsse sowie Tarnung und Schutz (z.B. Schall, Nebel). Dem eigentlichen Angriff der Infanterie am 7. Juni 1942 geht ein fünftägiges pausenloses Vorbereitungsfeuer voraus (A-5 bis A-1 Tag), unterstützt vom VII. Fliegerkorps mit täglich bis zu 2000 Einsätzen. Laut Feuerplan erfolgte das planmäßige Zerstörungsfeuer unter Einsatz aller Kaliber. Allerdings verzichteten die Deutschen auf Trommelfeuer wie im Ersten Weltkrieg, weil ein solches wegen der Eigenart des Geländes und der Vielzahl der gegnerischen Einzelziele sowie der nur begrenzten Munitionsbestände kaum Erfolg versprochen hätte.

Der Feuerplan sieht diese Abfolge vor (Auszug):

- Niederkämpfen der Feindartillerie...
- Beginn des Störungsfeuers ins Hintergelände ...
- Zerstören einzelner befestigter Kampfanlagen durch schwerste Artillerie (z.B. »Gamma«, »Karl« und »Dora«) ...
- Zusammengefaßtes Feuer gesamter Artillerie auf Einbruchstellen.

Nach Anfangsschwierigkeiten des artilleristischen Kampfes – die Wirkung des zusammengefaßten Feuers kann nicht überall sofort und voll ausgenutzt werden, weil die angreifende Infanterie durch Abwehrfeuer aufgehalten wird – spielt sich das Zusammenwirken von Infanterie und Artillerie sowie Luftwaffe bald ein. Die Stärke und Tiefe der feindlichen Stellungen sowie das schwierige Gelände und der Zustand der (überbeanspruchten) Divisionen erfordert laufend einen hohen Munitionseinsatz. Bereits am 7. Juni erbittet AOK 11, Ia, »laufende Zuführung eines zusätzlichen Munitions- Nachschubs«.

Im Verlauf der fortschreitenden Angriffe hält vor allem die schwere und schwerste Artillerie Kampfstände und Stützpunkte nieder. Die unbeweglichen Bettungsgeschütze kommen hier letztmalig zu nennenswerter Wirkung. Zur Abwehr sowjetischer Gegenstöße wird Sperrfeuer gelegt.

Größere Angriffspausen nutzt die deutsche Artillerie zu planmäßigem Zerstörungsfeuer im Einzelschuß gegen Bunker, Kampfstände und Feldstellungen. Infolge der zahlreichen Feuerzusammenfassungen gegen besonders hartnäckigen Widerstand sowie der feindlichen Artillerie und des Sonderschutzes für »Karl« und »Dora« haben bereits Mitte Juni etliche schwere und schwerste Batterien ihre Munition verschossen.

Am 1. Juli 1942 schweigen die Geschütze: »Sewastopol ist gefallen!«

Die Statistiker erstellen eine »Übersicht« über die beim Angriff auf Sewastopol in der Zeit vom 2. Juni bis 1. Juli 1942 verschossene Munition (Auszug):

Mun.-Art	Schuß	Tonnen
le.F.H.	391000	9310
s.F.H.	87000	5400
10 cm K	20000	667
15 cm K.	4670	482
15 cm K.(f)	5500	600
M 37/t	24100	1400
17 cm K.	371	50
19,4 cm K.(f)	2000	500
21 cm Mrs.	13 500	2300
24 cm Hb	2130	530
28 cm Hb.	2300	920
28 cm K.Hb	750	300
lg. Bruno	897	457
30,5 cm Mrs.	4920	1640
35,5 cm Mrs.	411	400
42 cm Hb./t	192	230
42 cm Gamma	188	225
»Karl«-Gerät	197	492
»Dora«-Gerät	48*	360
Gesamt	562944	26281

* Zu diesen 48 Panzergranaten kamen noch fünf Sprenggranaten, von denen nur eine voll laboriert war.

»Die übrigen waren Versuchsgeschosse, um V_0, Rohrbeanspruchung und Schußweite festzustellen. Bei diesen Geschossen war zu befürchten, daß sie ohne Sprengladung allein durch den Aufschlag nicht zertrümmert würden. Um zu vermeiden, daß diese Geschosse dem Feinde in die Hände fielen, wie es mit einem abgeprallten »Karl«-Geschoß nach Gefangenenaussagen geschehen ist, wurden sie auf See verschossen. Der befohlene Versuchszweck wurde damit erreicht« (Meldung des AOK 11 Ia ... an das Führerhauptquartier vom 26. Juni 1942).

Bereits am 1. Juli beginnt das Herauslösen der Heeres- und Korps-Artillerie aus der Truppe. Sondergerät wie »Gamma« und »Karl« werden zwecks Ausmusterung oder Instandsetzung Richtung Heimat in Marsch gesetzt. Die 80-cm-Eisenbahnkanone »Dora« wird der Heeresgruppe Nord (Leningrad) übergeben. Die übrige »Sewastopol-Artillerie« geht an die verschiedenen Fronten. Die schwersten und nachhaltigsten Verluste erleidet die deutsche Artillerie, vor allem die Heeresartillerie, in Stalingrad. Von diesem Aderlaß sollte sie sich nie wieder erholen.

In der Bewertung des Geschützmaterials von Sewastopol kommen die Fachleute zu folgenden Urteilen:

Die 8,8-cm-Flak im Erdeinsatz hat sich voll und ganz bewährt. Sie fungierte häufig als »Feuerwehr« in extrem kritischen Situationen. Die direkten Präzisionsschüsse auf Schartenstände und Bunker haben wesentlich zum Niederringen dieser hartnäckig verteidigten Ziele beigetragen und der Infanterie viel Blut erspart. Insgesamt wurden rund 181800 Geschosse der »Acht-acht« im Kampf um Sewastopol verschossen. Mit den Standardgeschützen wie die 10,5- und 15-cm-Feldhaubitze, 17-cm-Kanone und 21-cm-Mörser 18 verfügte die deutsche Artillerie über leistungsstarkes Gerät. Es hat sich auf der Krim bewährt.

Die sogenannten »schwersten« und »überschweren« oder auch »allerschwersten« Gruppen (28 bis 80 cm) bekämpften ihre Sonderziele aus Beton und natürlichen Deckungen (Felsen) im großen und ganzen »mit guter Trefferlage« (aus »Bericht über Artl.-Kampf Sewastopol« des Harko 306).

Bedurften die schweren Geschütze, und hier besonders die veralteten Bettungsgeschütze, eines unverhältnismäßig hohen personellen und logistischen Aufwands, so verkörperten die allerschwersten Geräte wie »Karl« und »Dora« (60 bzw. 80 cm) eine nicht mehr zu vertretende Kaliberübersteigerung der Rohrartillerie (Einzelheiten siehe Kapitel »Letzte Hypertrophie der Rohrartillerie«).

LETZTE HYPERTROPHIE DER ROHR-ARTILLERIE (»KARL« UND »DORA«)

»Karl«

Im Bereich Harko 306 kommen die schwersten Steilfeuergeschütze zum Einsatz, die sogenannten »Karl«-Geräte (benannt nach dem General der Artillerie Karl Becker) im Kaliber 60 cm. Ursprünglich von »Rheinmetall« für die Bekämpfung der Maginotlinie entwickelt, erfährt dieses Geschütz vor Sewastopol seine größte Bewährungsprobe. Die Feuerstellungen der beiden Geräte mit den Truppen-Eigennamen »Odin« und »Thor« der schweren Artillerie-Abteilung 833 befinden sich südlich Mamaschai und nördlich des Belbek-Tals, etwa 1,5 Kilometer der Hauptkampflinie. Den beiden Geschützen werden am 25. Mai 1942 vom LIV. A.K. die Ziele »Maxim Gorki I« und »Bastion« zugewiesen. Die Entfernung Feuerstellung – Zielgebiet beträgt etwa 3,5 Kilometer. In der Zeit vom 2. Juni bis 1. Juli verschießen »Odin« und »Thor« 172 schwere und 25 leichte Betongranaten, wobei »auf den Werken mehrfach Volltreffer unmittelbar in den Kampfanlagen erzielt wurden« (Meldung Harko 306 an LIV.A.K.). Einer der spektakulären Treffer findet Eingang in das Kriegstagebuch des Armeeoberkommandos 11: »7.6., 14.55 Uhr. Turm Maxim Gorki nach Beschuß mit Karl seit 13 Uhr Geschütze Richtung See festgeklemmt.« Mit »Geschütze« sind natürlich die Rohre eines Turmes (Nordostturm) gemeint. Ein Teil der insgesamt verschossenen »Karl«-Munition entfällt auf das Fort Malakoff. Der erforderliche Stellungswechsel erfolgte nachts.

Nach dem Fall von Sewastopol fertigen die Spezialisten der Herstellerfirma »Rheinmetall«, die die Geschütze im Einsatz zu beobachten und zu kontrollieren hatten, ihre Erfahrungsberichte. Nach positiven Beurteilungspunkten (z.B. Durchschlagsleistung) notieren sie auch Kritisches:

Die Geräte seien noch zu unerprobt für einen Fronteinsatz, die Technik im nichtartilleristischen Bereich zu anfällig. In einem privaten Brief an einen befreundeten Ingenieur von »Rheinmetall«, der an der Entwicklung des »Karl«-Geräts beteiligt war, schreibt Batterieführer Major Freiherr Rüdt von Collenberg (der später die Abteilung als Kommandeur übernahm) unter anderem: »Die Mängel, die Sie erwähnen, stimmen, die Panzer (Anm.: gemeint sind die Munitionsschlepper auf Fahrgestell Kampfpanzer IV) sind mit ihrer Hebevorrichtung einer Dauerbelastung nicht gewachsen. Motor, Kupplung und Kühlung sind zu schwach, bei südlicher Hitze besonders ... Die Leichtgeschosse haben bei 7ter Ladung mehrfach Saltos im aufsteigenden Ast gedreht – Pech! Die verschiedenen Beanstandungen sind natürlich mit Hilfe von Erfahrungsberichten längst festgelegt ...

Das Gerät in Vollketten-Selbstfahrlafette besaß ein Maximalgewicht von 124 Tonnen und war nur bedingt geländegängig. Beim Feuern wurde mittels Motorkraft der Fahrzeugkasten abgesenkt (deutsches Geheimpatent), weil die Gleisketten den Rückstoßdruck von 700 Tonnen nicht allein hätten abfangen können. Die insgesamt sechs gefertigten Einsatz-Geräte mit der offiziellen Durchnummerierung von I bis VI wurden angetrieben von wassergekühlten 12-Zylinder-Daimler-Benz-Dieselmotoren mit einer Leistung von je 580 PS. Die Geräte trugen die Deckbezeichnung 040 (für 60-cm-Rohre) und 041 (für die später teilweise vorgenommene Umrohrung auf 54 cm = zur Reichweitensteigerung). Die Truppe gab den Geschützen eigene Namen: Für I = »Adam«, II = »Eva«, III = »Odin«, IV = »Thor«, V = »Loki« und VI = »Ziu«. Gegen Ende des Krieges erhielten auch »Adam« und »Eva« Namen aus der germanischen Göttermythologie: »Baldur« und »Wotan«.

Munition (hier nur für 60 cm):

Gewicht schwere Betongranate	2200 kg
Gewicht Sprengstoff	240 kg
Gewicht größte Ladung	32 kg
Durchschlagleistung Beton Panzerstahl	 2500 mm 450 mm
Bodenzünder Schußweite max.	4300 m

Sonderfahrzeuge und Transport:
Zu jedem Geschütz gehörten zwei Munitionsschlepper mit einem Kran für die Geschoßführung. Für den Transport des Geschützes über große Entfernungen wurde das Gerät auf Spezialeisenbahnwaggons als Einzellast gefahren. Für den Landmarsch über kürzere Strecken kamen Culemeyer-Fahrzeuge zum Einsatz, die das Geschütz in mehreren Teilen transportierten. Selbstfahrbetriebe erfolgten nur zum Einfahren in die Feuerstellung oder bei Stellungswechsel innerhalb eines kleinen Sektors.
Eine Waffe wie das 60-cm-Steilfeuergeschütz hat auch nach dem Krieg wiederholt zu Beurteilungen herausgefordert. Abgesehen davon, daß man »hinterher immer klüger ist«, gilt ganz allgemein: »In seinen ballistischen Leistungen stellen ›Karl‹ und seine Munition nicht das Ideal einer rationellen Verwertung dar, wie man das von diesem Geschütz im Rahmen seiner Sonderaufgaben verlangen muß« (Oberst a.D. Karl Justrow, Artillerie-Offizier und Ballistiker). Schließlich: Der Aufwand an Personal, Material und Logistik stand in keinem Verhältnis zum »Nutzen«.

»Dora«
Vor Sewastopol kommt auch das größte und schwerste Geschütz aller Zeiten zum Einsatz: die 1350-Tonnen-Eisenbahnkanone »Dora« im Kaliber 80 cm! Das waffentechnisch ohne Zweifel aufsehenerregende Geschütz wurde auf Betreiben Hitlers 1936 bei Krupp in Auftrag gegeben und unter strengster Geheimhaltung – die ausnahmsweise perfekt funktionierte – entwickelt und gebaut. Die Schwesterkanone »Schwerer Gustav II« kam nicht mehr zu Einsatz.
Auch »Dora« (Truppen-Eigenname) war ursprünglich für das Niederringen der Maginotlinie gedacht. Sie wurde nicht »rechtzeitig« fertig. Aber Hitler will seine »gewaltigste Artilleriefaust« eingesetzt sehen. Und so ergeht der Befehl, das größte Geschütz gegen die größte Festung der Welt in Stellung zu bringen. Ein wahnwitziges Unternehmen. Denn zu diesem Zweck muß die Riesenkanone bis auf die rollenden Teile zerlegt, auf Spezialeisenbahnwaggons verlastet und tausende

Das 80-cm-Eisenbahngeschütz »Dora« (hier in Rügenwald/ Pommern 1943).

Bau der Feuerstellung für 80-cm-Eisenbahngeschütz »Dora« bei Bachtschissarai (April/Mai 1942).

»Dora« in der Feuerstellung vor Sewastopol.

von Kilometern durch Feindesland transportiert werden. Das im feuerbereiten Zustand 1350 Tonnen wiegende »Monstrum« auf 80 Rädern, hoch wie ein dreistöckiges Haus, fast 50 Meter lang und sieben Meter breit – es rollt in der Feuerstellung auf einem speziellen Doppelgleis – beansprucht im zerlegten Zustand einschließlich Zubehör fünf Sonderzüge mit 105 Waggons! Nochmals zwei Sonderzüge müssen für die Spezialgleise in der Feuerstellung bereitgestellt werden. Für »Dora« wird eigens die 500 Mann umfassende Schwere Artillerie-Abteilung (E) 672 aufgestellt (12 Stabs- und 1 Geschützbatterie) und im April 1942 in Richtung Krim in Marsch gesetzt.

Für die Feuerstellung wird vom Abteilungskommandeur Oberstleutnant Robert Böhm, ein Areal rund 25 Kilometer nordöstlich der Hauptkampflinie, zwei Kilometer südlich der Stadt Bachtschissarai – fünf Bahnstationen von Sewastopol entfernt – erkundet. Vom Bahnhof Bachtschissarai wird zunächst ein Zugführgleis zur Feuerstellung gelegt. Noch vor der eigentlichen Feuerstellung fächert sich das Zuführgleis auf in eine dreigleisige Anlage (u.a. für die Montage des Geschützes und zum Heranführen von Munition und Ersatzteilen). Diese dreigleisige Montage- und Nachführanlage läuft in die zweigleisige Schießkurve aus. Das Geschütz selbst findet in einem künstlichen Hügeleinschnitt relativ gute Deckung gegen Sicht, während der gesamte Gleiskomplex mit seinen über sechs Kilometer umfassenden Schienensträngen mit Tarnnetzen gegen Seiteneinsicht geschützt wird. Für den Bau der Feuerstellung kommen insgesamt 1500 Hilfswillige sowie etwa 1000 Mann der Organisation Todt und 60 Krupp-Spezialisten zum Einsatz. Vom ersten Spatenstich bis zur Fertigstellung dieses an einen Rangierbahnhof erinnernden Komplexes werden rund vier Wochen benötigt. Die Geschützmontage bewältigen die »Dora«-Leute in drei Tagen zu je rund 16 Stunden.

Im Juni 1942 verschießt die Superkanone an fünf Schießtagen ihren gesamten Munitionsbestand von 48 7-Tonnen-Panzergranaten. Diese »Litfaßsäulen«- Projektile durchschlagen einen Meter Stahl, acht Meter Beton oder 32 Meter gewachsenen Boden – wenn sie denn treffen. Die Trefferlage wie überhaupt das Wirken dieses Sondergeschützes muß seitens der Armee dem Führerhauptquartier regelmäßig gemeldet werden. Von den 48 Geschossen können fünf als Volltreffer, weitere sieben oder acht als Treffer gelten. Das ist immerhin beachtlich, wenn man die winzigen Punktziele von wenigen 100 Metern Seitenlänge in Entfernungen von 25 bis 35 Kilometern berücksichtigt sowie die Tatsache, daß es sich bei »Dora« um eine praktisch unerprobte Waffe handelt. Schließlich zeigt sich, daß die theoretische Lebensdauer des Rohres von 100 Schuß weit unterschritten wird. Die rund 2-Tonnen-Treibladung brennt das Rohr derart aus, daß schon nach dem 15. Schuß die Trefferlage miserabel aussieht. Nur mit Laboriermanipulationen und anderen »Tricks« ist noch ein gelegentliches Treffen möglich. Ziele sind unter anderen »Stalin«, »Molotow«, »Sibirien«, Munitionslager »Weiße Klippe«, Kasernen und Küstenbatterien. Später beschießt »Dora« noch mit fünf (anderweitig eingesparten) Schuß »Maxim Gorki I«, ohne jedoch zu treffen. Wie sich später herausstellt, war das Beschießen von »Stalin« und anderen Erdschanzen wenig sinnvoll beziehungsweise völlig unwirksam.

Der Beschuß des Munitionslagers »Weiße Klippe« hingegen, ein in einen Fels getriebenes Tunnelsystem am nördlichen Ufer der Sewernaja-Bucht, richtete große Zerstörungen an. Hitler persönlich verurteilte diese Beschießung jedoch, untersagte den weiteren Beschuß und befahl »Feuer frei nur noch auf betonierte Kampfstände«.

Um einen Eindruck zu erhalten, wie »Dora« und ihr Wirken an »höchster Stelle« beobachtet wurde, hier im Wortlaut eine von der »Dora«-Abteilung angeforderte »Meldung über Verteilung der »Dora«-Munition auf die einzelnen Ziele (hierin wird auch das Beschießen »Weiße Klippe« als sinnvoll verteidigt):

Die Abteilung meldet...:

1. **Fort Stalin: befohlen 8 Schuß – abgegeben 6 Schuß, davon letzter Schuß 19.58 Uhr. Schießen wegen Dunkelheit abgebrochen. Auf Verfeuern der restlichen 2 Schuß**

am nächsten Tage mußte verzichtet werden, da ein erneutes Einschießen unter neuen Wetterbedingungen mit 2 Schuß nicht möglich war und da ohnehin schon von den 6 Schuß 4 im Ziel lagen.

2. Fort Molotow: Befohlen 8 Schuß – abgegeben 7 Schuß. Der 8. Schuß konnte nicht mehr verfeuert werden, da die im Klimawagen temperierten Kartuschen inzwischen verbraucht waren und die durch Änderung der Pulvertemperatur verursachten Streuungen bei der geringen Zielausdehnung einen Treffer nicht mehr erwarten ließen. Zudem trat vom nächsten (23.) Schuß ab ein weiterer, besonders großer Temperatursprung auf. Rein theoretisch können diese Änderungen der Pulvertemperatur schußtafelmäßig berücksichtigt werden. Praktisch jedoch ist das nicht möglich, da die bis zu rund 1800 kg schweren Dora-Kartuschen nicht gleichmäßig durchtemperieren, wenn sie nicht mindestens 3 Tage im Klimawagen gelagert werden. Dies kann durch Beschaffung von 2 weiteren Klimawagen (z.Zt. nur einer für 18 Schuß vorhanden) erreicht werden.
3. Batterie 649a und c: Befohlen 12 Schuß – abgegeben 8 Schuß. Trotz der verhältnismäßig großen Streuungen gelang es, an die beiden Türme je 1 Schuß auf 10 m kurz und 2 Strich rechts bzw. 10 m weit und 2 Strich links heranzubringen. Wegen der zuweilen starken Sichtbehinderung durch Verqualmung des Zielgeländes infolge massierten Stuka-Einsatzes konnte der 8. Schuß erst um 15.40 Uhr abgegeben werden. Das Schießen auf dieses Ziel mußte somit abgebrochen werden, damit der noch für den gleichen Tag befohlene Beschuß des Zieles »Fort Stalin« durchgeführt werden konnte. Dieses Schießen konnte auch (vergl Ziff. 1) erst im Einbruch der Dunkelheit erfolgreich beendet werden. Bei den beschossenen Geschütztürmen 649a und c handelt es sich um Einzeltürme von schätzungsweise höchstens 10 bis 12 m Durchmesser, die jedoch auf einem Gebiet unterirdischer Befestigungsanlagen stehen, wie aus den auf den Luftbildern sichtbaren Stolleneingangen hervorgeht. Die erzielten Treffer in nächster Nähe der Türme ließen somit Erfolg erwarten.
4. Die eingesparten Schüsse wurden, bis auf einen, auf Ziel »Weiße Klippe« verfeuert. Auf dieses Ziel wurde zuerst durch den Herrn Kommandierenden General des LIV.A.K hingewiesen. Auch der Artl.Kdr. 138 hat die Wichtigkeit dieses Zieles für Dora-Gerät schriftlich besonders betont. Nähere Untersuchungen, die durch Abt. Dora durchgeführt worden sind, haben ergeben, daß dieses unterirdische Munitionslager, wie aus Luftbildern ersichtlich, mindestens 20 auf 3 Abschnitte verteilte große Eingänge, sowie eigene Gleisanlage und Ladestraßen besitzt. Die Vernehmung eines im Januar auf deutsche Seite übergegangenen und bis dahin in Sewastopol dienstlich tätigen russischen Marine-Artl.Offz., der die unterirdische Anlage »Weiße Klippe« aus eigener Anschauung genau kannte, hat weiter ergeben, daß die unterirdischen Munitionsstollen in 3 Etagen übereinander angelegt sind und daß die einzelnen Stollen mehrere hundert Meter Länge besitzen. In der Anlage sind nach Gefangenenaussagen Munitions- und besonders Sprengstoffvorräte für den gesamten Bedarf der Festung Sewastopol auf 2 Jahre eingelagert. Die natürliche Felsdeckung über dem Ziel beträgt an den für den Beschuß vorgesehenen Stellen etwa 15-20 m. Dieses Ziel »Weiße Klippe« mußte somit als für Dora-Beschuß ganz besonders geeignet angesprochen werden, da es a) infolge seiner großen Ausdehnung Treffer erwarten ließ und b) wegen der starken Deckung durch keinerlei andere Artl. Geschosse und auch nicht durch schwerste Stuka-Bomben mit Erfolg bekämpft werden konnte.
5. Das Verfeuern eingesparter Schüsse auf die gem. Artl. Befehl Nr. 5 ... befohlenen Ziele wurde nach fernm. Rücksprache mit Höh.Artl.Kdr. 306 der schießenden Abteilung anheim gestellt, gez. Böhm – Oberstlt. und Kommandeur.

Jedenfalls hat »Dora« die »Weiße Klippe« mit insgesamt 16 Schuß bekämpft und gemäß KTB-Eintrag am 6. Juni mehrere Volltreffer erzielt. Die Beobachtung lautete: »120 Meter hohe, schnell ausschießende Rauchwolke«.

Diese ins Kriegstagebuch und in die Literatur eingegangenen »Volltreffer« müssen als Irrtum oder Propaganda angesehen werden, wenn stimmt, was Dimitrij J. Stognij dazu recherchiert hat. Nach der deutschen

Version hat mindestens ein 7-Tonnen-Panzergeschoß die Felsdeckung durchschlagen und mit dem Detonieren im Innern einen Teil der natürlichen Decke sowie Außenwände und Eingänge zerstört. Nach der jetzigen Version haben ein oder mehrere Geschosse zwar auch getroffen, allerdings Munition, die gerade gelöscht wurde und in den Stollen verbracht werden sollte. Entweder hätte die deutsche Seite geglaubt, das Lager getroffen zu haben, so die Vermutung, oder aber die Truppe hätte ein Alibi für den beanstandeten Beschuß gebraucht. Eine weitere Möglichkeit wäre, den Treffer-Erfolg als Rechtfertigung für den »Dora«-Einsatz überhaupt hinzustellen. Wie auch immer, bei allen Diskussionen scheint man den Umstand aus den Augen verloren zu haben, daß die Geschosse Munition getroffen haben – ob nun innerhalb oder außerhalb des Lagers. Andererseits zeigt das Beschäftigen mit diesem Geschehen von vor 50 Jahren, wie es noch heute die Gemüter bewegen kann.

Der »Dora«-Einsatz vor Sewastopol war der erste und einzige. Das Geschütz wurde, wie das Schwestergerät, später von deutschen Kommandos gesprengt. Heute noch vorhandene Relikte wie Drehgestelle, Granaten und Kartuschen sind begehrte Besichtungsobjekte bei Historikern, Wehrtechnikern, Artilleristen und Modellbauern.

Allgemeine Daten zum Geschütz »Dora«	
1936	Auftrag des Oberkommandos des Heeres an Krupp zur Entwicklung eines Eisenbahngeschützes mit bislang unerreichter Durchschlagsleistung.
1941/42	Erprobungs- und Schußtafelschießen auf den Heeresversuchsschießplätzen Hillersleben und Rügenwalde.
März/April 1942	Vorbereitungen zum Einsatz im Osten, vor allem Üben/Exerzieren von Auf- und Abbau des Geschützes.
Juni 1942	Einsatz vor Sewastopol.
März 1943	Vorführung der »Dora« im Schuß vor Hitler und seinem Gefolge in Rügenwalde.
1944	Erfolglose Versuche, das (zu modifizierende) Geschütz gegen England einzusetzen.
April 1945	Zerstörung der artilleristischen Teile durch deutsches Sprengkommando in Grafenwöhr.

Technische Daten zum Geschütz »Dora«	
Kaliber	80 cm
Gewicht in Feuerstellung	1350 t
Rohrlänge gesamt	32 m
Rohrgewicht gesamt	400 t
Geschützlänge (über Puffer)	47,97 m
Geschützbreite	7,1 m
Geschützhöhe	11,6 m
Zahl der Drehgestelle	8
Zahl der Achsen je Drehgestell	5
Stärke der Elektrodieseldoppellok (zum Bewegen des Geschützes in der Schießkurve)	2 x 1000 PS
Rohrkonstruktion	Mantel- und Seelenrohr
Geschützeigenantrieb (zum Feinrichten in der Schießkurve)	1 Elektromotor je Drehgestell
Munition (Panzergranate): Gewicht	7,1 t
Länge ohne ballistische Haube	2,4 m
Länge der Haube	1,53 m
Zünderart	Bodenzünder, el.
Schußweite, max.	38000 m
Gewicht der Sprengladung	250 kg
Treibladung	1 x Hülse und 2 x Beutel
Gewicht Treibladung	1850

DAS ENDE AUF DER KRIM (1944)

Am 8. April 1944 beginnt die 4. Ukrainische Front ihren Befreiungsschlag aus den Brückenköpfen südlich des Siwasch sowie nördlich von Kertsch. Die nach Süden und Südwesten vorstoßenden Panzerverbände treffen auf keinen nachhaltigen Widerstand. Schon fünf Tage später stehen russische Panzerspitzen vor Simferopol. Die vom Festland abgeschnittene 17. Armee zieht sich nach Sewastopol zurück.

Zusammen mit dem Seekommandanten Krim und Vertretern des A.S.M. (Admiral Schwarzes Meer) werden Pläne für die Räumung und den Abtransport über See ausgearbeitet. Nach dem Rückzug aus Odessa steht nur noch der 200 Seemeilen lange Seeweg nach Konstanza/Rumänien offen.

Ende April befinden sich im Verteidigungsbereich Sewastopol einschließlich der rumänischen Truppen rund 125000 Mann. Vom noch intakten Flugplatz Chersones fliegen außer Kampfflugzeugen (noch) Kurier- und Versorgungsmaschinen, die beim Rückflug Verwundete mitnehmen. In der klaren Erkenntnis, daß Sewastopol nicht zu halten war, beantragt der Oberbefehlshaber der 17. Armee, Generaloberst Jänicke, zum wiederholten Male die planmäßige Räumung Sewastopols. Hitler lehnt abermals ab; Jänicke wird abgelöst. Nachfolger ist General der Infanterie Hartmann.

Am 7. Mai holt die Rote Armee zum entscheidenden Schlag aus. 29 Schützendivisionen, 4 Artilleriedivisionen, 4 Panzer- und 2 Marinebrigaden sowie 6 Panzerabwehrregimenter erobern die Sapun-Höhen zurück, erreichen am 8. Mai die Sewernaja-Bucht und befreien Sewastopol. Am gleichen Tag dringen ihre Verbände in die Nikolajewka-Stellung ein, neben der Chersones-Stellung letztes schwaches Hindernis auf der Halbinsel Chersones, hinter der sich die geschlagenen Reste der 17. Armee drängen und versuchen, über das Schwarze Meer zu entkommen.

Jetzt wiederholt sich die Tragödie einer untergehenden Armee unter umgekehrten Vorzeichen. Die dramatischen Ereignisse überschlagen sich von Stunde zu Stunde. Der Seekommandant Krim erbittet beim Admiral Schwarzes Meer in Konstanza um schnellste Zuführung des gesamten verfügbaren Schiffsraums zum Abtransport der sich in Auflösung befindlichen Truppen. Am 10. Mai fällt der letzte deutsche Flugplatz aus. Die sowjetischen Truppen rücken bis auf wenige Kilometer an die wenigen noch brauchbaren Einschiffungsplätze heran. In rollenden Luftangriffen werden die deutschen Schiffe mit Bomben und Torpedos belegt. An den nur noch sehr wenigen Anlegestellen kommt es infolge der an Bord drängenden Soldaten zu schrecklichen Szenen. Panik breitet sich aus. Schiffe legen, nur halb gefüllt und entgegen bestehenden Befehlen, zu früh ab. Andere, überfüllt, sinken nach Bombentreffern. Boote, Marinefährprähme und Dampfer nehmen die Flüchtenden überhastet an Bord. Hohe Offiziere lassen ihre Einheiten im Stich. Die Moral zerbricht.

Der Seekommandant Krim, zusammen mit General Hartmann, sitzen in der zerschossenen Batterie »Maxim Gorki II« und versuchen, einigermaßen Ordnung in das Chaos zu bringen, um so einen »geordneten Rückzug« zu gewährleisten.

Der Marineoffizier Erwin Damian schildert in seinen Aufzeichnungen »Taurisches Tagebuch« eine erschütternde und bezeichnende Szene aus dem Batteriebau, damals Hauptverbandsplatz: »Tagsüber sind wir jetzt hauptsächlich mit Verwundetentransporten beschäftigt. Ich war heute zweimal auf dem Hauptverbandsplatz in den unterirdischen Gewölben von Maxim Gorki II, aber ich müßte mich wohl stundenlang hinsetzen, um das Grauen zu schildern, das dort herrscht: Verwundete, Sterbende, Tote liegen dicht gedrängt in den engen Stollen, am Stolleneingang, an den Wänden der Operationsräume, die von Seufzern, Klagen und herzzerreißenden Schreien erfüllt sind. Das weitläufige Innere mit dem unverputzten Mauerwerk seiner Gänge und Stollen, in denen sich die armseligen Hinterlassenschaft der Verstorbenen mit dem Spülicht und Kehricht von Wochen vermischt, wird von Blut-, Schweiß- und Uringerüchen durchzogen, die einen längeren Aufenthalt unmöglich machen. Wünsche,

Die Lage April/Mai 1944.

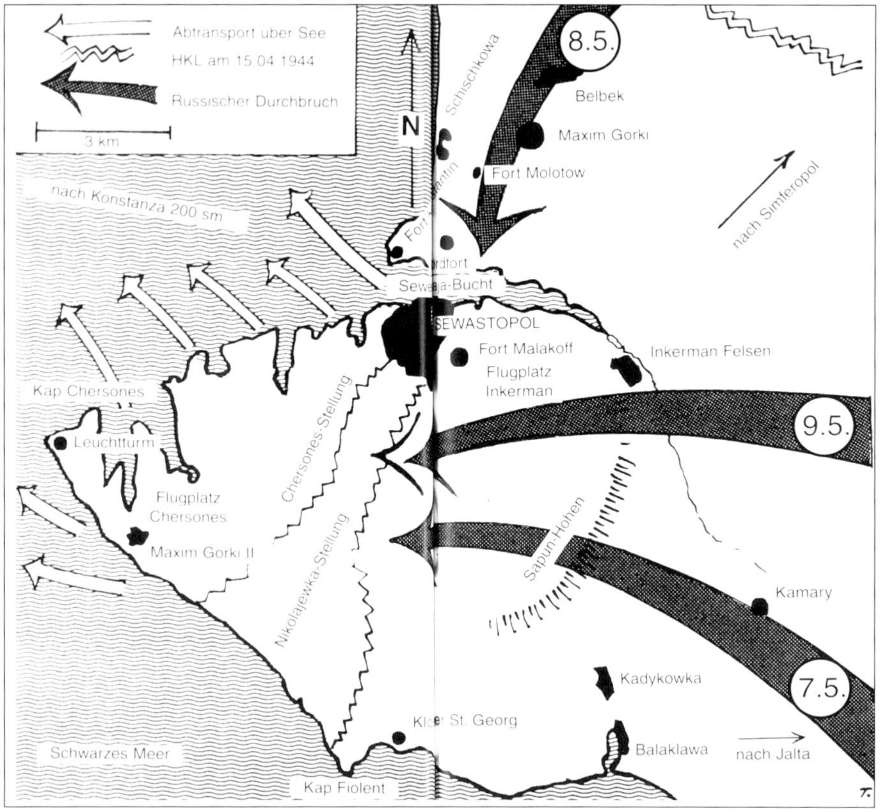

Gebete, Flüche aus einem Lager von Lumpen dringen dem Vorübergehenden ans Ohr, es ist jedesmal wie ein Gang durch die Unterwelt, wenn man mit der Tragbahre hindurch muß, um den unzähligen zu Schmerz und Leid Verdammten einen neuen Verlorenen, einen ebenso namenlosen ›Fall‹ hinzuzufügen. Wir haben die Halbinsel bis auf diesen letzten Zipfel geräumt ... Was wird mit den Verwundeten geschehen? Wer von den Tausenden, die bei den Anlegestellen auf die Fähre warten, wird das rettende Ufer erreichen ...?

Am Ende sind es keine Fähren mehr. Vielmehr S- und Räumboote, die unter Artilleriebeschuß bis zur Steilküste vordringen und hier Versprengte einsammeln. Am 12. Mai 1944 erlischt der allerletzte Widerstand auf Chersones. In der Nacht vom 13. auf den 14. Mai nähern sich letzmalig Boote der 1. S.-Flottille der Steilküste bei »Maxim Gorki II« bis auf rund zehn Meter. Erst das Knirschen des Felsgrundes am Rumpf stoppt sie. Die Besatzung kann 61 Offiziere, Unteroffiziere und Mannschaften von Flößen und aus Höhlen bergen. Wohl die letzten, die der Krim und damit der Gefangenschaft entkommen.

Mai 1944 – Das Fiasko der Deutschen Wehrmacht.

Nach Aufzeichnungen des Admirals Schwarzes Meer konnten im April/Mai 1944 rund 116000 Mann von der Krim über See abtransportiert werden. Nach sowjetischen Quellen sind etwa 25000 Mann in Gefangenschaft geraten. Nach deutschen Einschätzungen können die auf der Krim verbliebenen Reste der 17. Armee einschließlich der Gefallenen und Verwundeten nicht mehr als 9000 Mann betragen haben.

VI. Bildteil Gestern – Heute

Bei den Aufnahmnen dieses Bildteils handelt es sich um Fotos aus den zweiten Weltkrieg, die aus dem Bundesarchiv Koblenz dem »Nachtrag zu den Denkschriften über fremde Landesbefestigungen« und von ehemaligen Angehörigen der Deutschen Wehrmacht stammen.

Die aktuellen Fotos hat der Autor während seiner Besuche in den Jahren 1992 und 1993 aufgenommen. Trotz gewaltiger Audbauleistungen in Sewastopol ist es doch erstaunlich, wie die Spuren der wechselvollen Geschichte teilweise unverwischt geblieben sind.

»Hafentor« mit »Kai des Grafen«.

Martello-Turm zwischen Sewastopol und Balaklawa aus dem 14./15. Jahrhundert.

Munitionslager »Weiße Klippe« mit »Dora«- Beschuß-spuren.

Küstenbatterie »Schischkowa«.

Russisches Eisenbahngeschütz. Text des Erläuterungsschildes: »Die 180 mm Eisenbahn-Artillerieanlage TM-1-180, die aktiv an den Kampfhandlungen während des Großen Vaterländischen Krieges 1941 bis 1945 bei dem 16. Eisenbahn-Artilleriebataillon der Küstenverteidigung der Schwarzmeerflotte beteiligt war.«

Inkerman-Massiv unter Beschuß. Unter dem gesprengten Berg sollen sich noch tausende Tote befinden.

Südost-Panzerturm von Maxim Gorki I.

Nordwest-Panzerturm von Maxim Gorki I.

Maschinenraum mit Schaltanlage in Maxim Gorki I.

Ost- bzw. Haupteingang Maxim Gorki I.

Zerstörte Panzertürme Maxim Gorki II (im Vordergrund Turm Nr. 2, im Hintergrund Nr.1).

Zerstörter Panzerturm Maxim Gorki II. (Turm 2) – Blick von der Landseite auf See.

Chronologie einer Zerstörung: Feuerndes Geschütz Maxim Gorki II (April/Mai 1942); außer Gefecht (Juli 1942) und Spuren 50 Jahre später.

Nach dem Fall von Sewastopol wehen auf dem zerstörten Dach des »Panorama«-Gebäudes die deutsche und rumänische Kriegsflagge. In dem wiederaufgebauten »Panorama« wird der Kampf um Sewastopol während des Krimkrieges gezeigt. Es handelt sich um ein Rundumgemälde mit gegenständlichem Vordergrund.

VII. Schlussbemerkung

Die für dieses Buch ausgewerteten Originaldokumente erwiesen sich als lückenhaft. Die ohnehin aus Geheimhaltungsgründen nur sparsamst erstellten Unterlagen erfuhren durch Kriegseinwirkungen erste Dezimierungen. Nach der Kapitulation sorgten Beschlagnahme oder Vernichtung für weiteren Schwund. Einige der einst erbeuteten Dokumente sind inzwischen an die Bundesrepublik Deutschland zurückgegeben worden. Sofern von Belang, fanden sie Eingang in dieses Buch. Außerdem sorgten ehemalige Angehörige des Heereswaffenamtes, der Firma Rheinmetall-Borsig und der schweren Artillerie Abteilung 833 mit Originalmaterial oder Erinnerungsbeiträgen für authentische Ergänzungen. Ihnen sei dafür an dieser Stelle herzlich gedankt.

Da mit einer restlosen Komplettierung einstiger Unterlagen nicht mehr zu rechnen ist, eine solche überdies die Gesamtdarstellung nicht wesentlich verändern würde, wäre ein weiteres Zuwarten wenig sinnvoll gewesen. Dennoch sind Verlag und Autor für entsprechende Hinweise oder Anregungen selbstverständlich dankbar.

VIII. Anhang

Nachfolgend eine Auswahl einiger Originaldokumente. Ihre Wiedergabe soll den Eindruck um das Geschehen einer Sonderwaffe abrunden bzw. vertiefen.

Geheime Kommandosache

Chefsache

Oberkommando des Heeres den 14.April 1941.
Gen St d H/Op.Abt.(III) Nur durch Offizier
Nr.433/41 g.Kdos.

16 Ausfertigungen
. Ausfertigung

Gen. St. d. H. 2. Abt.
Nr.:
Eing.:

B e f e h l

für den Einsatz von E-Artl.und Gerät "Karl".

1.) Es ist beabsichtigt, den Heeresgruppen für "Barbarossa" folgende Einheiten zuzuweisen und bis zu den Einsatzorten zuzuführen:

a) der Heeresgruppe Süd:

Eisenbahn-Artl.Abt.Stab 725	von Leipzig nach Tomaszow
1./E.Art.Abt.725(2 Gesch.Bruno N)	" " " "
2./E.Art.Abt.725(1 Gesch.Bruno N)	" " " "
Battr. 701(1 Gesch. K 12)	" Boulogne " "

b) der Heeresgruppe Mitte:

Eisenbahn-Artl.Abt.Stab 702	von Calais n.ostw.Siedlce
E-Bttr. 710 (2 Gesch.K 5)	" " " " "
E-Bttr. 713 (2 Gesch.K 5)	" Boulogne" " "
Battr. 833 (2 Gesch.Gerät"Karl")	" Hillersleben nach Terespol
Eisenbahn-Artl.Abt.Stab 679	von Ostende nach nordostw.Suwalki
E-Battr.712 (2 Gesch.K 5)	" Calais " " "
E-Battr.765 (2 Gesch.K 5)	" " " " "

c) der Heeresgruppe Nord:

E-Bttr.690 (2 Gesch.kz.Bruno)	von Ostende nach nordostw.Tilsit
E-Bttr.696 (2 Gesch.kz.Bruno)	" Dünkirchen " " "

2.)

Geheime Kommandosache Ia 60/42 g.K.

Armeeoberkommando 11 A.H.Qu., den 1o. April 1942
Abt. Ia Nr. 1444/42 g.Kdos.

4 Ausfertigungen 10.4.
1. Ausfertigung

Betr.: Einsatz Karl-Gerät.

An

schw. Artl. Abt. 833.

Nach Weisung OKH sind beim Einsatz des Karl-Gerätes folgende Punkte zu berücksichtigen:

a) Bereitstellung weit rückwärts (2o km),
b) Instellungbringen erst in letzter Nacht,
c) Feuerstellung eingraben,
d) Tarnung sicherstellen.

Aus der Meldung der schw. Artl. Abt. 833 (Harko 3o6, Nr. 82/42 g.Kdos. v. 3. 4. 42) über Zeitplan und beabsichtigten Einsatz des Karl-Gerätes geht hervor, daß Bereitstellung nur etwa 4 km rückwärts vorgesehen ist.

Begründung hierfür ist gleichzeitig mit den zu c) und d) vorbereiteten bezw. getroffenen ~~Maßnahmen~~ auf dem Dienstwege zu melden.

Für das Armeeoberkommando
Der Chef d. Generalstabes
I. V.

Verteiler:

Gen. Kdo. LIV.A.K.	= 1. Ausf.
Harko 3o6	= 2. Ausf.
s.Artl.Abt.833	= 3. Ausf.
Entwurf	= 4. Ausf.

Artillerie - Kommandeur 138 — Gef.-Stand, den 18.4.1942
Ia Nr. 243 / 42 geh.

Bezug: 1.) Gen.Kdo. LIV.A.K. Ia Nr. 252/42 g. v. 5.4.42
2.) Gen.Kdo. LIV.A.K. Ia Nr. 49/42 g. K. v.5.4.42

Betr.: Einsatz "Karl" und "Dora".

Ia 407/42 geh

Dem

Generalkommando LIV.A.K.

1.) Zu obigem Bezug werden gemeldet als Ziele:

a) für "Karl" - Bastion u. Maxim Gorki
b) " "Dora" 1) Stalin
2) Molotow
3) Bahnhof
4) Forsthaus
5) Kaserne
6) evtl.eine der Battr.auf der "Nordspitze".

2.) Die erkundeten Meßstellen der Abteilung Böhm reichen für die angegebenen Ziele voll aus. Eine überlagernde Beobachtung von Meßstellen der Beob.Abt. ist möglich.

Als beste B-Stellen für "Karl" zur Bekämpfung von "Bastion" und "Maxim Gorki" sind erkundet:

1) V.B. 1./767	Koord.	r 46 532	h = 49 564
2) B.St.2./815	"	r 48 430	h = 50 075
3) B.St.4./815	"	r 50 470	h = 49 720

3.) Die Koordinaten der 10 Ziele gem. Planpause sind durch die Beob.Abt. wie folgt festgelegt:

1) "Ölberg"	r 48 320	h = 47 945
2) Eisenbahnberg	48 820	47 005
3) Maxim Gorki	44 450	47 050
4) Bastion	45 195	47 185
5) Stalin	46 650	44 790
6) Kaserne	46 400	45 540
7) Bahnhof	nicht vermessen, da entw. gar nicht oder nur von einer Stelle aus einzusehen.	
8) Forsthaus		
9) Molotow		
10) Lenin		

Koordinaten sind der Abteilung Böhm bereits unmittelbar zugeleitet.

4.) Für Stereo-Aufnahmen der angegebenen Ziele gem. Abs.1) eignen sich die Meßstellen Schwarz, Weiss u. Rot der Abt. Böhm.

Ia/Pi

Pi. Fü. — 18.4.1942.

Betr.: Gesch.-Stellung schw. Art.-Abtlg. 833.

Einsatz Karl!

An Ia.

Gemäß mündlicher Rücksprache Major v. Rüdt, schw.Art. Abtlg. 833, soll die Geschütz-Stellung der Abtlg. bereits jetzt ausgebaut werden, um den Gegner an das veränderte Luftbild zu gewöhnen.

Die Stellungen sind erkundet südl. Mamaschaj, 400 m ostw. Bz.Pkt. 151 und 2,5 km ostw. Bz.Pkt. 151, 1,5 km südl. Bz. Pkt. 156.

Grösse der Geschützstellungen: 15 m lang, 10 m breit und 3 m tie
Zur Aushebung dieser Stellungen stehen der Abteilung keine eigenen Kräfte zur Verfügung, während der Ausbau der Schutz - und Splittergräben mit eigenen Kräfte durchgeführt werden kann.

Hierzu wird festgestellt:

Der Aushub der 3 Geschützstellungen beträgt überschlägig rund 1500 cbm Erdbewegung. Dies entspricht einer Arbeitsleistung von rund 7000 Arbeitsstunden. Durch das Gelände bedingt können 80 - 100 Mann eingesetzt werden. Nach Lage der Stellungen (ca. 1 - 1,5 km rückw.HKL) kommt nur Nachtarbeit in Frage. Daraus ergibt sich eine Bauzeit von rund 90 Tagen.

Bei Verkürzung der Arbeitszeit und Ansatz der doppelten Zahl von Arbeitskräften kann der Zeitbedarf auf etwa 60 Tage verkürzt werden.

An Gerät ist zur Durchführung der Arbeiten notwendig:

150 x vollständiges Grabwerkzeug (schwere Kreuzhacken, Schaufel oder Spate),
3 schwere Kompressoren mit Aufreiß-und Bohrhämmer,
ca 700 kg Sprengmunition,
ca1000 Sprengkapseln,
500 m.Zeitzündschnur,
25 Schubkarren.

LIV. A.K.

Armeeoberkommando 11 — Vorgesch.Gef.Stand, den 8.6.42
Abt. Ia Nr.2475/42 geh. — 11,45 Uhr

Ia Nr. 557/42 geh

Der erste Angriffstag hat gezeigt, dass es nicht überall gelungen ist, die Wirkung des zusammengefassten Artl.-Feuers und der Luftwaffe sofort und voll auszunutzen.

Zum Teil lag es daran, dass die angreifende Infanterie durch meist flankierendes Feuer aufgehalten wurde oder dass die Schwierigkeit des Geländes den rechtzeitigen Einbruch erschwerte.

Für das Zusammenwirken der Infanterie und Artillerie im Angriff und ihre Unterstützung durch die Luftwaffe befehle ich:

1.) Kurze Feuerzusammenfassungen, die den Gegner nur vorübergehend moralisch erschüttern, nicht aber vernichtend treffen können, sind nur anzuwenden, wenn vorher die Infanterie sich so nah an den Gegner herangearbeitet hat, dass die sofortige Ausnutzung der Wirkung dadurch und durch den angriffsbereiten Zustand der Truppe absolut sichergestellt ist.

2.) Wo dies im Angriff zunächst nicht der Fall ist, ist der Gegner in ruhigen planmässigen Feuer in seinen Deckungen niederzuhalten, während sich die Infanterie auf Einbruchsentfernung heranarbeitet. Während dieses Niederhaltungsfeuers haben sich auch die an der dem Einbruch vorhergehenden Feuerzusammenfassung beteiligten Bttrn. einzuschiessen.

Erst wenn die Infanterie einbruchsbereit ist, erfolgt die Feuersteigerung als letzte Vorbereitung. Sie kann in einem durchgehenden oder in mehreren kurzen Schlägen mit Pausen von einigen Minuten bestehen. Art und Dauer dieser Feuerzusammenfassung müssen der Infanterie genau bekannt sein. Sie muss auf die Sekunde genau einsetzen und aufhören, damit mit Schluss die Infanterie automatisch zum Einbruch antreten kann.

3.) Für den Einbruch selbst ist das Abschirmen der Angriffs-Infanterie gegen mögliche Flankierungen usw. genauestens vorzubereiten.

- 2 -

- 2 -

4.) Ziele für die Luftwaffe werden im allgemeinen sein:

a) Niederhalten der feindlichen Batterien, soweit die Korps-Artl. dazu nicht in der Lage ist.

b) Unmittelbare Unterstützung des Angriffs durch Stuka, wobei es vor allem darauf ankommt, diese Wirkung unmittelbar vor dem Einbruch und dicht vor der Infanterie sicherzustellen.

5.) Das Niederhalten der feindlichen Granatwerfer-Bttrn, sei es durch Artl. oder durch Stuka, ist besonders wichtig. Die Aufklärung der Räume (Schluchten), in denen sie stehen, ist mit allen Mitteln zu versuchen.

6.) Gefechtsaufklärung muss feststellen, ob im Angriffsstreifen grössere Minenfelder liegen. Ihre Beseitigung muss während des Vorbereitungsfeuers gem. 2.) erfolgen. Auch die Gefechtsaufklärung ist durch Niederhaltungsfeuer zu decken.

Der Oberbefehlshaber
i.A. gez. von Manstein

Verteiler:
Gen.Kdos.,
Divisionen,
rel.Kdr. (Harkos u. Arkos),
VIII. Fliegerkorps,
Chef, Ia, O1, KTB, K., Ic,
Nachr.Abt.Gruppe C.

F.d.R.
Oberst i.G.

IX. Quellen- und Bildnachweis

Archiv Taube
Archiv Pawlas
Bundesarchiv Koblenz
Bundesarchiv/Militärarchiv Freiburg
Daimler-Benz AG (Archiv), Stuttgart-Untertürkheim
Dauber / privat
Engel / privat
Dokumentation Rheinmetall GmbH, Düsseldorf
Historisches Archiv Friedrich Krupp Essen
Imperial War Museum
Oberkommando des Heeres, Abteilung Auswertung fremder Landesbefestigungen (Berlin 1943)
Persönliche Aufzeichnungen und Unterlagen von Teilnehmern der Kämpfe auf der Krim 1941 bis 1944
v. Rüdt / privat
Wladimir Schawschin und Dimitrij J. Stognij (Tonbandaufzeichnungen und schriftliche Unterlagen)
Zeitgenössische Aufsätze (unveröffentlicht)

Mitteilungen und Auskünfte von Zeitzeugen:

Gisbert Dauber, Ratingen (ehemaliger Abteilungsadjutant der schweren Artillerie Abt. 833)

Jakob Engel, Düsseldorf (ehemaliger Ingenieur bei der Firma Rheinmetall-Borsig, Angehöriger des »Karl-Teams«, später im Rang eines Offiziers eingezogen zur schweren Artillerie Abt. 833)

Klaus Kunder, Mettmann (Ingenieur und ehemaliger Angehöriger des Heereswaffenamtes – WaPrüf 1)

Oberst a.D. Freiherr Rüdt von Collenberg (ehemaliger Batterieführer in der schweren Artillerie Abt. 833, später Kommandeur dieser Abteilung)

WEITERE INTERESSANTE BÜCHER ZUM THEMA

Eisenbahngeschütze galten seinerzeit, als einziges Mittel, um hinter den feindlichen Linien Schaden anzurichten. Diese Spezialausgabe von Gerhard Taube zeigt und beschreibt Entwicklung, Technik und Einsatz der deutschen Eisenbahngeschütze.
184 Seiten, 348 Bilder, Format 230 x 265 mm
ISBN 978-3-613-03975-9
€ 19,95 / € (A) 20,60

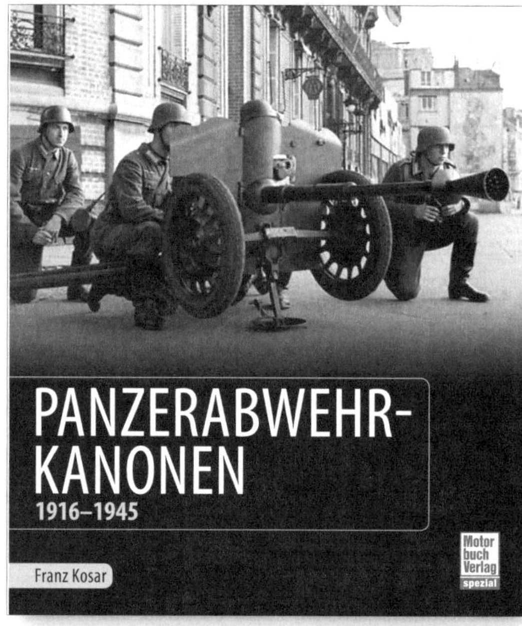

Im Ersten Weltkrieg kamen die ersten Panzerkampfwagen zum Einsatz, so musste eine Abwehrwaffe gefunden werden – die Panzerabwehrkanone. Franz Kosar beschreibt die gesamte Entwicklung von 1916 bis in die Zeit nach dem Zweiten Weltkrieg.
192 Seiten, 350 Bilder, Format 230 x 265 mm
ISBN 978-3-613-04014-4
€ 19,95 / € (A) 20,60

Wolfgang Fleischer schildert in diesem Band die Entwicklung, den praktischen Einsatz und die Technik von Handgranaten, Granatgewehren, Panzernahbekämpfungsmitteln, Brand-, Spreng- und Zündmitteln sowie von Waffen zur Tieffliegerabwehr.
336 Seiten, 700 Bilder, Format 170 x 240 mm
ISBN 978-3-613-04057-1
€ 39,90 / € (A) 41,10

Wolfgang Fleischer betrachtet von Panzer- über Schützen- und Kampfstoffminen, bis hin zu Zündmitteln alle wichtigen Bereiche für den interessierten Leser und bietet kompetente Überblicke zu Technik, Aufgabenbereichen und historischen Hintergründen.
144 Seiten, 240 Bilder, Format 215 x 280 mm
ISBN 978-3-613-03923-0
€ 19,95 / € (A) 20,60

Stand Februar 2018
Änderungen in Preis und Lieferfähigkeit vorbehalten.

Überall, wo es Bücher gibt, oder unter
WWW.MOTORBUCH-VERSAND.DE
Service-Hotline: 0711 / 78 99 21 51

Motor buch Verlag

Dittmar Dahlmann

Ludwig Knoop

1821–1894

Ein russischer Textilbaron aus Bremen

Mit einem Beitrag von Christof Steuer

Herausgegeben vom Förderverein Knoops Park e.V. Bremen

CARL SCHÜNEMANN VERLAG

Inhalt

4. Kapitel

Epilog

Christof Steuer, Förderverein Knoops Park e.V. (Hrsg.)

Zur zweiten Auflage

Die zweite Auflage eines Buches stimmt fast immer alle Beteiligten, Verlag, Herausgeber und Autor, glücklich, denn augenscheinlich war die Erstauflage ein Erfolg. Dies war in diesem Fall ganz eindeutig. Die Erstauflage erschien pünktlich am 15. Mai 2021 zum 200. Geburtstag von Ludwig Baron Knoop und war binnen acht Monaten restlos ausverkauft und ist heute auch antiquarisch schwer zu beschaffen. Auch neuere Forschungen, auf die ich gleich hinweisen möchte, ergänzen unsere Kenntnis, bieten aber keine Grundlage für eine Überarbeitung. Genug Gründe also, eine unveränderte Zweitauflage zu publizieren.

Dieses Vorwort bietet die Möglichkeit, auf einige Arbeiten und Forschungen über das Firmenimperium der Brüder Ludwig und Julius Knoop hinzuweisen, die fast gleichzeitig mit der Erstauflage erschienen sind bzw. erst danach bekannt wurden. Die wichtigsten Neuerscheinungen waren die Publikationen von Werner Plumpe und Martin L. Müller zum 150-jährigen Bestehen der Zentrale der Deutschen Bank in Berlin 2020 und der Filiale in Bremen 2021. Aufgrund neuer Quellenfunde im Archiv der Deutschen Bank konnten sie ausführlicher auf die Geschäftsbeziehungen zwischen den Gebrüdern Knoop und der Deutschen Bank zwischen 1871 und 1876 eingehen.[I] Mehr als zehn Jahre später, am Ende der 1880er-Jahre, bestand eine Geschäftsbeziehung mit der Berliner Privatbank Robert Warschauer & Co., wie dies Laura Herr in ihrer Studie über dieses Bankhaus gezeigt hat.[II] Leider gibt es darüber kaum Material, da das Archiv der Bank nur rudimentär überliefert ist. Wir können daraus sehen, dass Knoop seine Geschäftsinteressen auch in seinem Heimatland, in dem er über keinerlei Niederlassung verfügte, intensiv verfolgte.

Nach wie vor bietet das Buch über Ludwig Knoop, das nun in zweiter Auflage erscheint, ein lebendiges Bild von Unternehmern und Unternehmertum im 19. und beginnenden 20. Jahrhundert. „Die plastische Erzählung des Lebens der Gebrüder Knoop im engen historischen Kontext ist eine herausragende Stärke dieser Monografie.“[III]

Bremen im August 2024
Dittmar Dahlmann
Förderverein Knoops Park e.V. (Hrsg.)

Vorbemerkung

Die Lebensgeschichten der Brüder Ludwig und Julius Knoop, geboren in den frühen 1820er-Jahren in einer „normalen" Bremer Kaufmannsfamilie, und einiger ihrer Nachkommen bieten ausreichend Stoff für einen oder mehrere Romane. Sie stiegen aus diesen „einfachen" Verhältnissen auf zu Millionären mit entsprechenden Schlössern oder Villen, wurden in Russland bzw. Preußen zu Baron und Freiherr und verkehrten mit Kaisern und anderen illustren Personen der Weltgeschichte. Gerne wüssten wir doch, was Ludwig Baron Knoop 1873 in seinem Schloss Mühlenthal mit Generalfeldmarschall Helmuth von Moltke besprochen hat oder worüber seine Tochter Adele 1870 mit Rudolf Grimm, dem Sohn von Wilhelm Grimm, redete. Julius Freiherr von Knoop empfing in seiner Villa Kaiser Wilhelm I. zur Jagd und zum Dinner. Worüber mögen sie gesprochen haben? Dieses Buch hat darauf keine Antworten, denn es orientiert sich an der Überlieferung der Akten und sonstiger Dokumente und die ist sehr dünn. Es bleibt also den Leser/innen überlassen, ihre Fantasie zu entwickeln und sich beispielsweise vorzustellen, worüber Ludwig Baron Knoop und Werner von Siemens in den frühen 1880er-Jahren in Berlin – außer über eine Fabrikbeleuchtung – noch gesprochen haben könnten und was es später zu essen und zu trinken gab.

Die Datierung folgt dem in West- und Mitteleuropa gebräuchlichen Gregorianischen Kalender auch für die Datierung der Ereignisse im Russischen Reich, in dem bis zum 1./14. Februar 1918 der Julianische Kalender galt, der im 19. Jahrhundert um 12 und im 20. Jahrhundert um 13 Tage zurückblieb. In Zweifelsfällen sind beide Daten angegeben.

Die Transliteration des russischen Alphabets in kyrillischen Buchstaben folgt den Regeln der Katalogisierung (RAK) bzw. der DIN-Norm 1460 und verwendet die im Tschechischen, Slowakischen und Kroatischen üblichen diakritischen Zeichen. Dies sieht schlimmer aus, als es ist und im Prinzip sehr einfach. Gesprochen klingt dies so:

C	wie Z in Zucker
č	wie tsch in Peitsche
š	wie sch in Schule
ž	wie j in Journal
šč	wie schtsch
ė	wie deutsches ä
y	wie ein dumpfes i.

Im Deutschen gebräuchliche russische Namen und Begriffe werden nicht transliteriert, also „Zar" und nicht „Car" oder „Moskau" und nicht „Moskva".

Die Zeichen „'" und „-" erweichen oder erhärten den vorangehenden Buchstaben. Jedes „e" im Russischen, wenn es nicht ein „ė" ist, wird, vor allem immer am Wortanfang, mit einem „J-Vorschlag" gesprochen, so dass aus „Enisej" gesprochen „Jenisej" wird. Das „j" am Ende des Wortes ist so gut wie unhörbar.

Dittmar Dahlmann, im Januar 2021

Einleitung

Wer im Freundes- und Bekanntenkreis fragt, ob jemand eine russlanddeutsche Unternehmer- oder Kaufmannsfamilie kenne, erntet fast immer einen fragenden Blick und bekommt keine Antwort. Dabei gab es sie vor dem Ersten Weltkrieg und der Oktoberrevolution des Jahres 1917 in nicht geringer Zahl. Das bekannteste Beispiel ist sicherlich der Sänger und Komponist Udo Jürgens, 1934 als Jürgen Udo Bockelmann (1934–2014) geboren, dessen Vater Rudolf (1904–1984) in Moskau als Sohn des Bankdirektors Heinrich Bockelmann (1870–1945), Mitinhaber des Bankhauses Junker, geboren wurde. Udo Jürgens hat über seine Familie gemeinsam mit Michaela Moritz den Roman „Der Mann mit dem Fagott" geschrieben, der für das Fernsehen verfilmt wurde.[1] Die Villa Hammerschmidt, Bonner Sitz des Bundespräsidenten, verdankt ihren Namen einem deutschen Unternehmer in Russland; Rudolf Hammerschmidt (1853–1922) verdiente dort sein Geld mit Baumwolle, bevor er sich an den Gestaden des Rheins mit Blick auf das Siebengebirge niederließ. Abgekauft hatte er die Villa seinem Landsmann im doppelten Sinne, dem gleichfalls deutschstämmigen Leopold Koenig (1821–1903), in Russland als „Zuckerkönig" bekannt, der zuvor dort gewohnt hatte. Einer seiner Söhne, Alexander Koenig (1858–1940), widmete sich mit seinem Erbe der Zoologie und ließ das der Villa schräg gegenüberliegende Museum erbauen, das er in den 1920er-Jahren der Stadt Bonn schenkte.[2] Am längsten kontinuierlich im Russlandgeschäft ist jedoch die Familie Siemens, die seit 1851 einige Jahrzehnte dort eine eigene Firma unterhielt, die Werner von Siemens' (1816–1892) Bruder Carl (1829–1906) leitete.[3]

In diesen Kontext gehören auch die beiden Brüder Ludwig (15.5.1821–16.8.1894) und Julius Knoop (17.11.1822–6.4.1893) aus Bremen, die im Mittelpunkt dieser Geschichte stehen. Sie wurden am Anfang der 1820er-Jahre in eine eher mäßig erfolgreiche Kaufmannsfamilie hineingeboren, stiegen seit der Mitte des 19. Jahrhunderts im globalen Baumwollgeschäft zu Millionären auf, bauten adelig-bürgerliche Paläste in Wiesbaden und in der Nähe Bremens und erhielten russische bzw. preußische Adelstitel. Von ihrem Leben und ihrem einstigen Reichtum findet sich heute kaum noch eine Spur. Die Geschichte der Brüder Knoop spielt über alle Grenzen hinweg auf vier Kontinenten, in Europa, Amerika, Afrika und Asien: in Bremen, Manchester und Salford, in Moskau, St. Petersburg, Narva, New York, New Orleans (Louisiana), Savannah (Georgia), Charleston (South Carolina), Mobile (Alabama), Alexandria und Bombay (heute Mumbai), aber auch in Wiesbaden und Bad Sooden-Allendorf. Kaiser Wilhelm I. (1797–1888) kam zu Julius Freiherr von Knoop zum Frühstück, sein Enkel Wilhelm II. (1859–1941) mit Gemahlin zum Kinderfest von Theodore Freifrau von Knoop (20.2.1826–17.6.1902), Julius' Witwe. Die Feste der beiden Brüder waren legendär, das Leben arbeitsreich, aber auch luxuriös.

Die Brüder Knoop, ihre sechs Geschwister und ihre Familien durchlebten große Teile des 19. Jahrhunderts, das Eric J. Hobsbawm (1917–2012) als das „lange 19. Jahrhundert" bezeichnete und Jürgen Osterhammel als Zeit der „Verwandlung der Welt" charakterisierte.[4] Max Weber (1864–1920) sprach als Zeitgenosse von der „Entzauberung" der Welt, vom Prozess der Rationalisierung und Bürokratisierung, und dass der Mensch in einem „ehernen Gehäuse der Hörigkeit" lebe, zumindest aber bald leben werde.[5] Es war das Jahrhundert der fast durchgängigen Industrialisierung Europas und Nordamerikas, der rasanten Internationalisierung der Weltwirtschaft und damit einer ersten Phase der Globalisierung.[6]

Ludwig Knoop, der ältere der Brüder, erblickte am 15. Mai 1821 als viertes Kind von Gerhard Knoop (25.12.1782–24.5.1862) und seiner Frau Anna Rebecka (14.2.1793–23.2.1878), geb. Frerichs,[7] im Bremer Stephaniviertel das Licht der Welt. Am 22. November 1822 folgte ihm sein jüngerer Bruder Julius. Zu jenem Zeitpunkt, wenige Jahre nach dem Ende der Napoleonischen Herrschaft auch in Bremen, zählte die Hansestadt rund 38.500 Einwohner und damit etwa 30.000 Menschen weniger als die rheinische Metropole Köln.[8] Manchester hatte um 1800 bereits 90.000, Moskau rund 250.000 Einwohner.[9]

Im Zuge der ‚Neuordnung' Europas nach dem Ende der Napoleonischen Zeit durch den Wiener Kongress von 1814/15 hatte Bremen mit einiger Mühe seinen Status als Freie Hansestadt behaupten können, nun umgeben von Gebieten des Königreichs Hannover und des Großherzogtums Oldenburg. Preußen konnte als einer der Gewinner auf dem Wiener Kongress sein Territorium erheblich erweitern und rückte immer näher an Bremen heran. Eine Vereinigung deutscher Staaten allerdings lag noch in weiter Ferne und war nur das Wunschdenken nationaler und liberaler Kräfte. Der größte Gewinner des Wiener Kongresses war das Russische Reich, das sich im Kampf gegen das Napoleonische Frankreich eine Vormachtstellung auf dem europäischen Kontinent erkämpft hatte. Die industrielle Spitzenposition gehörte allerdings Großbritannien, doch das Inselreich konzentrierte sich jetzt wieder auf sein überseeisches Imperium und seine führende Rolle als Seemacht.

Die Befreiungskriege und Kämpfe gegen Napoleon hatten Zerstörungen mit sich gebracht, aber auch neue Kräfte geweckt. In Großbritannien setzte sich die Entfaltung des industriellen Zeitalters fort. Das Leben der beiden Brüder verlief gleichsam parallel mit den großen industriellen und technischen Neuerungen des 19. Jahrhunderts. Als Ludwig und Julius Knoop am Ende der 1830er- und zu Beginn der 1840er-Jahre in Manchester, Salford und Moskau lebten, hatte die Entwicklung des Eisenbahnverkehrs gerade begonnen. Nach der „Stockton and Darlington Railway", die im Jahre 1825 ihren Betrieb aufgenommen hatte, wurde 1830 die wichtige Verbindung zwischen Manchester und Liverpool eröffnet, es folgten die Strecken nach Birmingham und London bis zum Ende der 1830er-Jahre.[10]

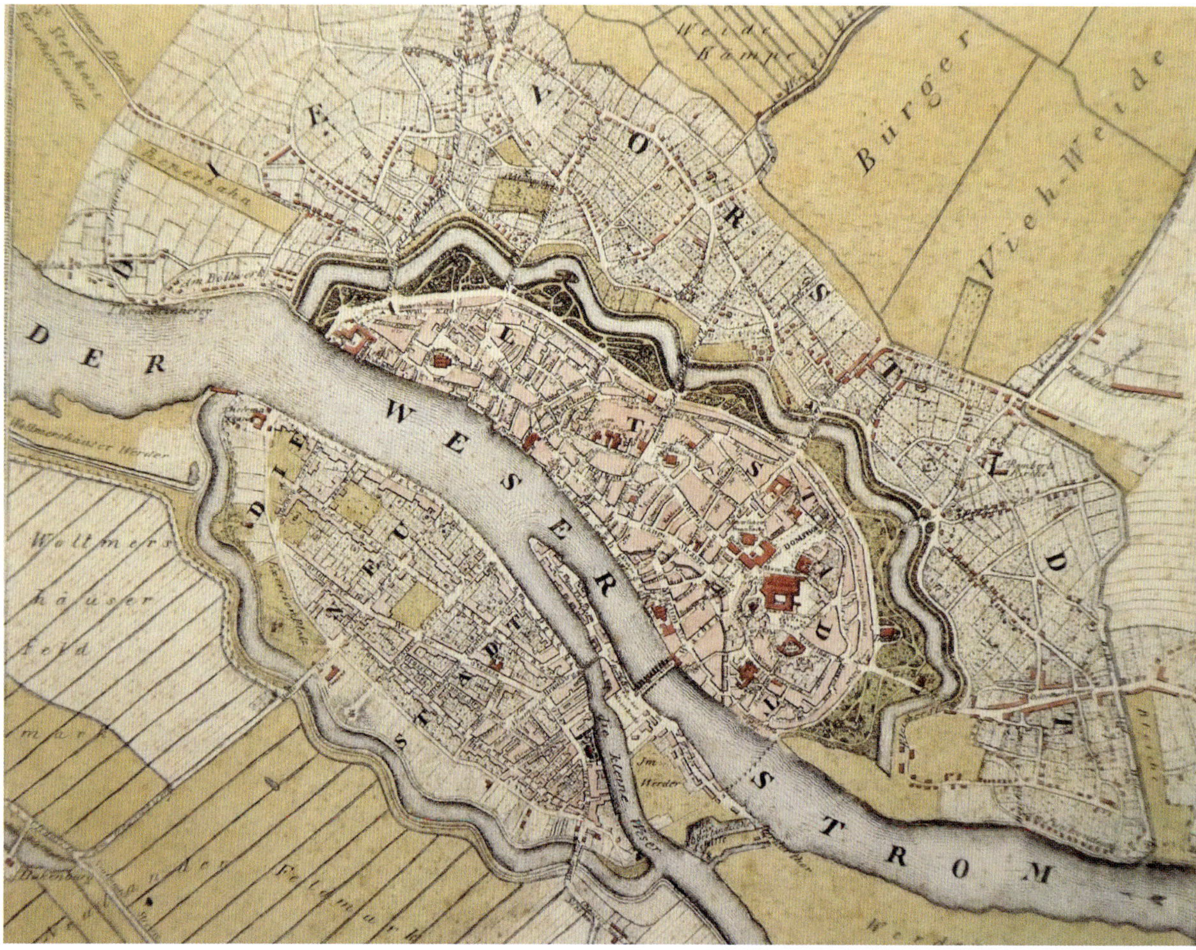

Abb. 1 *Das Stephaniviertel in Bremen, der westliche Teil der Altstadt, Stadtplan um 1830*

Deutschland und Russland waren Spätentwickler im Eisenbahnbau. In Deutschland begann das Eisenbahnzeitalter 1835 mit der Verbindung zwischen Nürnberg und Fürth, Bremen wurde erst 1847 an das Streckennetz nach Hannover angeschlossen und war seit 1872 durch die Hamburg-Venloer-Bahn auch ein Teil der Verbindung von Berlin nach Paris.[11] Wiesbaden war seit 1840 mit Frankfurt am Main und dem rechtsrheinischen Mainz-Kastel durch eine Bahnlinie verbunden. Der weitere Ausbau erfolgte allmählich bis zum Beginn des 20. Jahrhunderts, als zum einen auch Mainz durch einen Brückenbau erreicht wurde und zum anderen 1906 ein zentraler Bahnhof eröffnet werden konnte.[12] Aber immerhin gab es die Rheindampfer, die die Strecke von Mainz über Köln bis Rotterdam in etwa zwanzig Stunden zurücklegten, wobei allerdings in Köln übernachtet wurde.[13]

Im Russischen Reich begann das Eisenbahnzeitalter 1837 mit der Eröffnung der Strecke von der Hauptstadt St. Petersburg zur zarischen Sommerresidenz in Carskoe Selo (Zarendorf) und weiter nach Pavlovsk, insgesamt waren es 48 Kilometer. Das zweite Projekt hatte bereits erheblich größere Dimensionen, denn es verband seit 1848 das damals zum Russischen Reich gehörende Warschau mit Wien, der Hauptstadt der Habsburgermonarchie. Seit 1851 waren St. Petersburg und Moskau miteinander verbunden. Reval (heute Tallinn), Narva und Riga im Baltikum konnten ab den 1870er-Jahren per Bahn erreicht werden. In jenem Jahrzehnt erfolgte auch der Abschluss der Linie von St. Petersburg über Pskov nach Dünaburg (heute Daugavpils) und weiter nach Warschau, womit der Anschluss an die deutschen und österreichischen Linien erreicht war.[14] Während der Ausbau der internationalen Streckennetze schon in den 1880er-Jahren zu bequemen und schnellen Verbindungen geführt hatte, die es Ludwig und Julius Knoop, ihren Familien und den Direktoren des Unternehmens ermöglichten, zwischen Bremen und Moskau oder zwischen Manchester und Wiesbaden mehrmals jährlich zu reisen, blieben die lokalen Verbindungen häufig schwierig. 1891 schrieb der Schriftsteller und Literaturkritiker Hermann Bahr (1863–1934): „Von Petersburg nach Paris, erste Klasse, Schlafwagen, Courirzug, das ist Kinderei, aber von Lambach nach Gmunden im Bummelzug, das übersteigt die menschlichen Kräfte."[15] Zwischen den beiden österreichischen Städten liegen gerade einmal 25 Kilometer.

Für eine Hafenstadt wie Bremen, vor allem aber für den internationalen Handel mit Baumwolle, war die Entwicklung der Schifffahrt mindestens genauso wichtig. Nach ersten Anfängen im Laufe des 18. Jahrhunderts begann das Zeitalter der Dampfschiffe oder Dampfer in den 1810er-Jahren.[16] Es dauerte jedoch noch bis in die 1840er- und 1850er-Jahre, bevor ein regelmäßiger und zuverlässiger Verkehr von Bremen über den Atlantik nach New York etabliert werden konnte. 1853 vereinbarten die Bremer Dampfergesellschaft und die New Yorker Ocean Steam Navigation Company (OSNC) einen vierzehntägigen Dienst. Mit der Gründung des Norddeutschen Lloyd auf Initiative des bremischen Kaufmanns und Unternehmers Hermann Henrich Meier (1809–1898) im Jahre 1857 verstetigte sich dieser Liniendienst, der in den folgenden Jahren entsprechend erweitert wurde.[17] Dem ersten Verwaltungsrat des Lloyd gehörte auch Johann Hinrich Frerichs (27.12.1811–19.3.1868) von der Firma De Jersey & Co. in Manchester an.[18] Von 1868 bis 1893 war Ludwig Knoop, wie zahlreiche weitere Angehörige der führenden Kaufmannsfamilien Bremens, Mitglied des Verwaltungs- bzw. Aufsichtsrates des Norddeutschen Lloyd.[19]

In den 1840er-Jahren begann auch der Aufbau leistungsfähiger und -starker Telegrafenlinien in Europa und Übersee. Wie kaum anders zu erwarten, gab es das erste Liniennetz in England, bald folgten Linien in den USA und im übrigen Europa, die anfangs vor allem von den Interessen des Militärs bestimmt und daher von staatlicher Seite initiiert waren. Allerdings wurde bald der zivile Nutzen dieses schnellen Kommunikationsmittels erkannt, und der Ausbau ging zügig vonstatten. In Deutschland war es vor allem die Firma Siemens & Halske mit den drei Brüdern Werner (1816–1892), Carl (1829–1906) und Wilhelm Siemens (1823–1883), die auch international agierte, vor allem in Russland und Großbritannien.[20] Im Russischen Reich baute Siemens, federführend war dort Carl Siemens, seit 1895 Carl von Siemens, ab 1852 Telegrafenlinien, deren Ausbau seit dem Beginn des Krimkrieges 1853 forciert wurde.[21] Nach der katastrophalen Niederlage des Russischen Reiches in diesem Krieg gegen Großbritannien und Frankreich, denen sich das Osmanische Reich und Italien als Verbündete angeschlossen hatten, fehlten Russland vorläufig die finanziellen Mittel, um dieses Netz weiter auszubauen. Zugleich hatte der Krieg, der 1856 mit dem Frieden von Paris endete, die hoffnungslose wirtschaftliche und militärische Rückständigkeit des Landes gezeigt, das bis dahin noch als stärkste Landmacht Europas, wenn nicht der Welt, gegolten hatte.[22] Siemens jedoch setzte nun andernorts seine Aktivitäten fort und kam im Laufe der 1860er-Jahre beim Bau der Indo-Europäischen Telegrafenlinie erstmals mit Ludwig Knoop ins Geschäft.[23] Diese Verbindungen blieben über Jahrzehnte hinweg bestehen und betrafen auch den Prozess der Elektrifizierung in Deutschland und Russland. In beiden Ländern spielte wiederum das Unternehmen Siemens eine erhebliche Rolle und war bis zur Wende vom 19. zum 20. Jahrhundert weitgehend konkurrenzlos.[24] Ludwig Knoop verfügte seit Beginn der 1870er-Jahre auf seinem Landsitz Schloss Mühlenthal an der Lesum bei Bremen nicht nur über einen Telegrafen-, sondern auch über einen Eisenbahnanschluss. 1892, zwei Jahre vor seinem Tod, erlebte er in seiner Heimatstadt noch die Elektrifizierung der Pferdebahnlinie von Horn zum Herdentor, die damit zur Straßenbahn wurde.[25]

Besonders zügig verliefen die Entwicklung und Verbreitung des Telefons. Es dauerte 1875/76 kaum ein Jahr von der Patentanmeldung bis zum ersten Ferngespräch. Die Vorreiterrolle übernahmen dabei Kanada und die USA, aber auch in Europa war der Fernsprecher, wie das Telefon in Deutschland zunächst genannt wurde, bis Mitte der 1880er-Jahre in fast allen Ländern eingeführt worden. Auch dabei spielte Siemens eine wichtige Rolle. Übrigens bestand 1883 zwischen Bremen und Bremerhaven die längste Telefonverbindung Deutschlands.[26]

Zu den neuen Medien, die das Leben im Laufe des 19. Jahrhunderts fundamental veränderten, gehörte auch die Fotografie, deren Entwicklung bereits 1826, wenige Jahre nach der Geburt von Ludwig und Julius Knoop, einsetzte. Glücklicherweise waren weder Ludwig und Julius noch deren Familien kamerascheu, sodass eine Fülle von Fotos vorliegt. Filme, damals als Lichtspiele bezeichnet, haben allerdings erst deren Kinder sehen können.

Sowohl Voraussetzung als auch Folge dieser Entwicklung war die geradezu explosionsartige Entfaltung der Wissenschaften, insbesondere der Naturwissenschaften, aber auch der Ingenieurwissenschaften, der Medizin und der Geistes- und Sozialwissenschaften. Nicht wenige Unternehmer, wie etwa Werner von Siemens, waren zugleich auch Erfinder und Wissenschaftler, die ihre „Entdeckungen" unmittelbar in die Praxis umsetzen konnten.[27] Den Wissenschaften war auch die ‚Vermessung der Welt' zu verdanken, wie sie etwa Alexander von Humboldt (1769–1859) betrieb, der um die Mitte des 19. Jahrhunderts eine europäische Berühmtheit war. Gleichzeitig wurde die Welt immer älter. Während die christliche Zeitrechnung bis zur Wende vom 18. zum 19. Jahrhundert ein Weltalter von etwa 6.000 Jahren annahm, schätzten Physiker wenig später ihr Alter auf rund 100 Millionen Jahre. So, wie sich die Vergangenheit ausdehnte, schrumpfte die Zeit in der Gegenwart, denn als Charakteristikum galt die Beschleunigung des Lebens bzw. die Geschwindigkeit. Das Leben wurde als „rastlos" empfunden, Schiffe und Eisenbahnen fuhren immer schneller.[28]

Ludwig und Julius Knoop sowie ihre Familien und Unternehmen waren auf vielfältige Weise in diese Entwicklungsprozesse involviert und gestalteten sie zudem aktiv mit. Die Brüder bewegten sich am Puls der Zeit. In Manchester schlug das Herz der industriellen Entwicklung und in Deutschland machte man sich auf den Weg, die mit der Industrialisierung verbundenen Prozesse intensiv zu beschleunigen. Englisches und deutsches Know-how transferierten sie gemeinsam nach Russland. Diese Umbrüche betrafen sämtliche Lebensbereiche. Schriftsteller wie Theodor Fontane (1819–1898) erlebten sie nicht nur hautnah mit, sondern verarbeiteten sie auch literarisch.[29]

Allerdings gibt es bei unserer Geschichte ein grundlegendes Problem. Es fehlen sprechende und erzählende Quellen. Keiner unserer Protagonisten und kaum jemand aus ihrem Umfeld hat seine Lebensgeschichte aufgezeichnet oder Tagebuch geführt. Auch existieren die Archive der Firmen nicht mehr oder nur noch rudimentär. Sie sind in den Stürmen des 20. Jahrhunderts vernichtet worden. Über Ludwig Knoop, 1877 vom russischen Kaiser Alexander II. (1818–1881) in den Stand eines erblichen Barons erhoben, sind wir wenigstens durch ein kurzes „Erinnerungsbild" seiner Tochter Adele Wolde (6.3.1852–27.6.1932) unterrichtet, das Ende der 1920er-Jahre in Bremen erschienen ist.[30] Sie konnte noch die private Korrespondenz des Vaters und andere Aufzeichnungen nutzen, die nicht mehr vorhanden oder nicht mehr zugänglich sind. Heute weiß offensichtlich niemand mehr, was mit dem Familienarchiv seit den 1930er-Jahren geschehen ist.

Bei einer erneuten Lektüre von Adele Woldes Buch stellte ich allerdings einige fehlerhafte Datierungen fest. So verstarb ihre Großmutter Anna Rebecka Knoop (14.2.1793–23.2.1878) 1878 und nicht 1877, auch wurde die Giftmörderin Gesche Gottfried (1785–1831) 1831 und nicht 1829 hingerichtet. Ludwig war also bereits zehn Jahre alt und möglicherweise einer der „35.000 Schaulustigen", die angeblich oder tatsächlich auf dem Domshof zur letzten öffentlichen Hinrichtung in Bremen zusammenkamen.[31] Nicht zu belegen sind zudem die zwei Bankrotte des Großvaters, Gerhard Knoop, in den Jahre 1826 und 1833. Die Auflösung des gemeinsamen Unternehmens der Brüder Adolf Wilhelm (13.1.1780–8.9.1858) und Gerhard Knoop (25.12.1782–24.5.1862), das seine Geschäftsräume im Geeren 30 (das Comptoir) bzw. in der Faulenstraße 45 und 54 hatte, wurde schon für das Jahr 1821 mitgeteilt.[32] Vom folgenden Jahr an führten beide eine eigene Firma. Auch für die weitere Insolvenz 1833 findet sich in den Rubriken des Bremer Adressbuchs „Veränderte Firma's" (sic!) bzw. „eingegangene Etablissements" oder „eingegangene Firma's" (sic!) für die Jahre von 1832 bis 1835 kein Hinweis.

Zudem lassen sich in den Bremer Adressbüchern keine Wohnungen oder Geschäftsräume der väterlichen Familie in der Langenstraße nachweisen, sondern nur in deren Verlängerung, dem Geeren. Zumeist lebten und arbeiteten die Knoops jedoch in der Parallelstraße, der Faulenstraße, oder „hinter bzw. vor Stephanikirchhof".[33] Ebenso wenig lässt sich ein Umzug in jenen Jahren nach dem Buntentor feststellen. Während die Gründe für die falschen Datierungen wohl eher auf Irrtümern oder fehlerhafter Erinnerung beruhen, lässt sich vermuten, dass für die Angabe der Wohnadresse in einem „großen Haus" in der Langenstraße und die behaupteten Insolvenzen andere Gründe vorliegen. Wer Bremen kannte, der wusste, dass die Langenstraße eine der besten Adressen der Stadt war, in der Bürgermeister und Ratsfamilien wohnten. Die überlieferten Bilder aus der Mitte des 19. Jahrhunderts zeigen dies deutlich. „Die Langenstraße war seit alters her die Straße der Kaufleute", in der sich die Stadtwaage befand und an der Ecke der Hakenstraße der erste Schütting, das Gildehaus der Bruderschaft der Kaufleute.[34] Die Bedeutung und Rolle der Langenstraße im Leben der Stadt zeigt darüber hinaus, dass das Stephaniviertel

Abb. 2 und 3 *Carl Johann Lasch (1822–1888): Porträts der Eltern von Ludwig und Julius Knoop: Gerhard und Anna Rebecka Knoop um 1860*

keineswegs, wie häufiger zu lesen, ein Stadtteil der kleinen Leute war. Dies wurde es wohl erst nach der Wende vom 19. zum 20. Jahrhundert. Ein Wegzug bedeutete eher einen sozialen Abstieg.

Ludwig Knoop jedoch schaffte als Selfmademan, der höher im Kurs stand als der Erbe eines Vermögens, den Aufstieg weit über das frühere soziale Niveau hinaus. Noch 30 Jahre nach Adele Woldes Schrift betonte dies der Bremer Historiker Rolf Engelsing (1930–1986) 1958 in seiner umfangreichen Abhandlung über „Bremisches Unternehmertum".[35] Zwar sei, so schrieb er, Ludwig Knoop in der siebten Generation Kaufmann geworden, aber da der Vater Bankrotteur gewesen war, verdankte er „seinen Aufstieg jedoch ausschließlich eigener Kraft und eigenem Glück; war er kein Neuling, so doch Selfmademan".[36] Es schmälert meines Erachtens Ludwig Knoops Lebensleistung in keiner Weise, dass er mit einiger Wahrscheinlichkeit doch kein ‚reiner Selfmademan' war.

Über Julius, ebenfalls 1877 zunächst in den preußischen Adelsstand, dann 1887 in den persönlichen Freiherrenstand erhoben, wissen wir noch weit weniger als über seinen älteren Bruder. 2015 legte Andreas Freiherr von Hünefeld, der mit Daniela von Knoop, Julius' Ururenkelin, verheiratet ist, unter dem Titel „Lass die Dohlen schreien" ein „kleines Bilderbuch" zur Familien- und Unternehmensgeschichte vor.[37] Nach seinen Angaben gibt es kaum noch Unterlagen der Familie und des Unter-

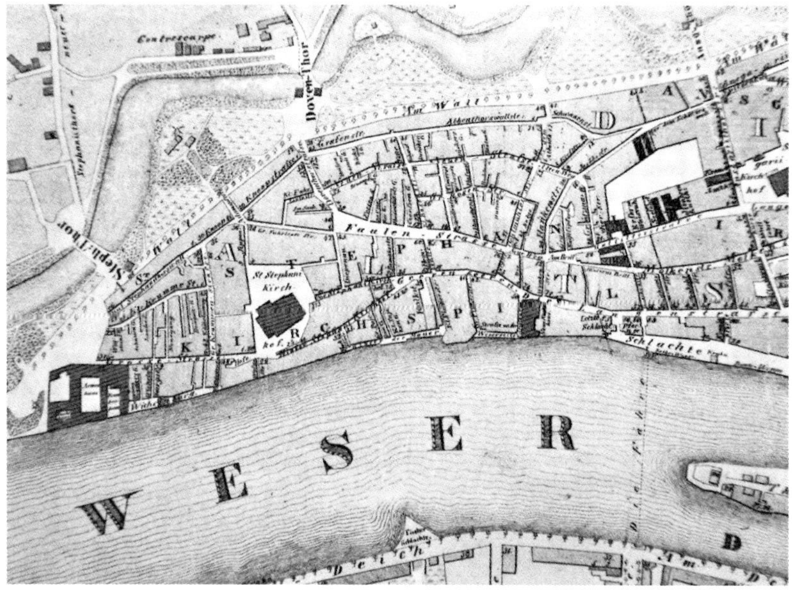

Abb. 4 *Geeren (ein keilförmiges Flurstück) war und ist die Verlängerung der Langenstraße; um 1850. Lange Zeit wohnte die Familie von Gerhard und Anna Rebecka Knoop in dieser Straße im Bremer Stephaniviertel.*

nehmens De Jersey & Co. in Manchester und Salford. Hilfreich sind hier die Überlieferungen im Stadtarchiv Wiesbaden, im Hessischen Staatsarchiv Wiesbaden und in der Presse, die jüngst Bernd-Michael Neese zusammengestellt hat.[38] Im Unterschied zu seinem eineinhalb Jahre älteren Bruder kehrte Julius nach langen Jahren in Großbritannien nicht mehr nach oder in die Nähe Bremens zurück, sondern zog mit seiner Frau Theodore, seiner Cousine, nach Wiesbaden. Sie führten dort ein großbürgerlich-adeliges Leben, engagierten sich in hohem Maße karitativ und für die Belange der Stadt. Persönliches allerdings findet sich wenig. Wir wissen kaum etwas über ihr Familienleben, über das Geschäftsgebaren oder die politische Orientierung.

Schon aus diesen Gründen ist es unmöglich, eine wie auch immer geartete Unternehmensgeschichte oder eine Doppelbiografie der Brüder zu schreiben. Dieses Buch ist daher beides. Es erzählt die Geschichte der Familie und der Unternehmen. Über die familiären Beziehungen und Verhältnisse der übrigen sechs Knoop'schen Geschwister, über ihre Beziehungen zu Eltern und Großeltern oder zu den Kindern und Enkeln sowie über deren Geschäfte wissen wir noch weniger. All das lässt sich immer wieder nur punktuell beschreiben, und wir können daraus nur vage Rückschlüsse ziehen.

Dennoch ist es verlockend, anlässlich des 200. Geburtstages von Ludwig Baron Knoop am 15. Mai 2021 und meiner mehr als zwei Jahrzehnte umfassenden Beschäftigung mit dem Thema, eine Geschichte zu schreiben, die sein Leben und das seiner Familie erzählt und es in den Kontext der Zeit stellt. Sein erster Biograf, der deutsche Nationalökonom und Wirtschaftshistoriker Gerhart von Schulze-Gaevernitz (1864–1943),[39] bezeichnete ihn 1899, fünf Jahre nach seinem Tod, als eine Mischung aus John D. Rockefeller (1839–1937) und Sir Richard Arkwright (1732–1792) und als „den größten Industriellen Rußlands". Sein Erfolg und der seines Bruders Julius sind untrennbar miteinander verbunden, denn die Familie war die Grundvoraussetzung ihres Aufstiegs.[40]

Familienunternehmen stehen seit einiger Zeit nicht nur wieder im Blickpunkt der wirtschaftsgeschichtlichen Forschung, sondern spielen immer noch in der Volkswirtschaft Deutschlands eine große Rolle, denn sie bieten zur Zeit etwa zwei Drittel aller Arbeits- und 80 Prozent der Ausbildungsplätze,

Abb.5 *Die Langenstraße, eine der Hauptstraßen des Stephaniviertels, bei der letzten Schlachtpforte, um 1890*

auch wenn sie „nur" 40 Prozent aller Umsätze der deutschen Wirtschaft erwirtschaften.[41] Auf die Bedeutung von Familienunternehmen nicht nur für die Volkswirtschaft verwies auch die Wirtschaftsjournalistin Inga Michler unmittelbar nach der Finanzkrise 2010 in ihrer Studie „Wirtschaftswunder 2010", in der sie vor allem die Ausgewogenheit von Tradition und Innovation sowie die Unabhängigkeit von der Börse betonte.[42] Als Familienunternehmen gelten jene, in denen eine Familie oder eine begrenzte Zahl von Eigentümern mit verwandtschaftlichen Beziehungen maßgeblich das Unternehmen leiten und/oder besitzen. Die Knoops sind dafür, wie etwa auch die Familie Siemens, ein Paradebeispiel.

Dieser „Familienkapitalismus" funktionierte auch im Russischen Kaiserreich über zwei, drei oder sogar vier Generationen hinweg, bis die bolschewikische Revolution von 1917 das bestehende Wirtschaftssystem radikal zerstörte. Gute Beispiele dafür sind Familien wie die Morozovs, die anfangs Eigentümer führender Textilunternehmen waren und mit denen auch Ludwig Knoop Geschäfte machte. Sie waren so innovativ, dass sie nicht nur Garne, Baumwolle, Maschinen, Zubehör, Vorarbeiter und Ingenieure, sondern auch den Fußball nach Russland importierten.[43]

Es ist hier nicht der Ort, ausführlich darüber zu diskutieren, was denn in der wirtschafts- und kulturhistorischen Forschung unter „Unternehmer", unter „Familienkapitalismus" sowie unter „Netzwerken" verstanden wird oder werden soll.[44] In Anlehnung an die Forschung der letzten 25 Jahre ist mit Unternehmer diejenige Person gemeint, „die die mit der höchsten formalen Autorität ausgestattete Position in einem Wirtschaftsunternehmen innehat". Dies umfasst „eine Einzelperson ebenso wie die gleichrangigen Mitglieder einer Firmenleitung, Eigentümer-Unternehmer ebenso wie angestellte Unternehmer".[45] Netze oder Netzwerke sind bekannt seit dem Telefon, dem Funk und vor allem dem Computer. Hier sind soziale Netzwerke gemeint, die sowohl Personen als auch Unternehmen miteinander verbinden. Diese können gelenkt und gesteuert werden, häufiger funktionieren sie aber auch auf „natürlichem" Wege. Sie beruhten im unternehmerischen Bereich des 19. Jahrhunderts oftmals auf dem Prinzip des Vertrauens. Familiennetzwerke im kaufmännisch-unternehmerischen Bereich sind eine besondere Erscheinungsform.[46] Über Jahrzehnte hinweg wurde der Abschluss von Geschäften mit einem Handschlag besiegelt, was dieses gegenseitige Vertrauen zum Ausdruck brachte. Historiker lässt dies allerdings oft verzweifeln, weil nichts Schriftliches vorliegt, aus dem Art, Umfang und Termin des Handels hervorgeht. Diese Netzwerke bezeichnete der französische Soziologe und Sozialphilosoph Pierre Bourdieu (1930–2002) als „soziales Kapital“.[47] Das Problemfeld der Bürgertumsforschung, inwieweit die Familie Knoop als ein „typisches Beispiel“ des bremischen, deutschen oder sogar europäischen Wirtschaftsbürgertums charakterisiert werden kann, will ich nur kurz anreißen. Jürgen Osterhammel äußerte erhebliche Zweifel an der Existenz des Bürgertums als Schicht oder Klasse, möglicherweise sei dies ein Mythos des 19. Jahrhunderts gewesen. Die umfangreichen Forschungen und Diskussionen hätten im Grunde nur zu der Erkenntnis geführt, dass ein Bürger derjenige sei, der sich dafür gehalten und seine Überzeugungen zum Ausdruck gebracht habe.[48]

Als bürgerliche Lebensform und bürgerliche Lebensordnung ließe sich dagegen, wie es Gangolf Hübinger, auf Ausführungen von Thomas Mann (1875–1955) und Max Weber fußend, das „Gewebe von ‚Christentum und Geschäftssinn‘“ bezeichnen, das im „vergötterten Begriff“ der Firma gipfelte. Dazu gehörte, vielleicht nicht durchgängig, aber doch grundlegend, eine spezifische Form der Askese, die „Arbeit als Beruf“ und den beständigen Willen zur eigenen Leistung als Grundlagen der Lebensführung ansah, verbunden mit einer Hypostasierung der Nation als „oberstem Kulturwert und verbindliche[r] Ordnungsidee“.[49] Was Thomas Mann in den „Betrachtungen eines Unpolitischen“ über sich selbst schrieb, trifft mehr oder minder pointiert auch auf die Brüder Knoop zu, die „Kindheit und erste Jugend in einer staatlich selbständigen, oligarchischen Stadtdemokratie des Nordwestens, einem altbürgerlich gravitätischen Gemeinwesen von stark konservativem Gepräge“ verbrachten.[50] Mit den Studien von Andreas Schulz und Rolf Engelsing sowie von Thomas Weichel zum Bürgertum und zur Unternehmerschaft Bremens und Wiesbadens sowie den exemplarischen Arbeiten von Dietmar von Reeken und Lydia Niehoff über alteingesessene bremische Unternehmerfamilien liegen grundlegende Untersuchungen vor.[51]

Bereits die konkurrierenden Zeitgenossen schenkten der Entwicklung der aufstrebenden russischen Textilindustrie seit der Mitte des 19. Jahrhunderts ihre mehr oder minder intensive Aufmerksamkeit. 1866 berichtete Thomas Michell (Lebensdaten unbekannt), Attaché der britischen Botschaft in St. Petersburg, „by command of Her Majesty“ beiden Häusern des Parlamentes über die russische Textilindustrie. Ohne Nennung des Namens von Ludwig Knoop verwies er auf die Monopolstellung eines Moskauer Unternehmens für den Import von Maschinen durch die Firma Platt Bros. in Oldham und fügte hinzu, dass darüber hinaus zugleich auch englische Vorarbeiter und Ingenieure, die sehr gut bezahlt würden, verpflichtet würden. Zudem wurde auch „Krenholm“ als größte Fabrik des Landes genannt, wobei es wiederum keinen Hinweis auf die Eigentümer gab.[52]

Zum Gegenstand wissenschaftlicher Forschungen sind die Unternehmen von Ludwig und Julius Knoop seit den 1890er-Jahren geworden, als der deutsche Nationalökonom Gerhart von Schulze-Gaevernitz sich mit „Volkswirtschaftlichen Studien“ in Russland beschäftigte, dabei zwar die beteiligten englischen Firmen erwähnte, doch Julius mit keinem Wort würdigte.[53] Schulze-Gaevernitz hatte zuvor eine Studie über die internationale Baumwoll-

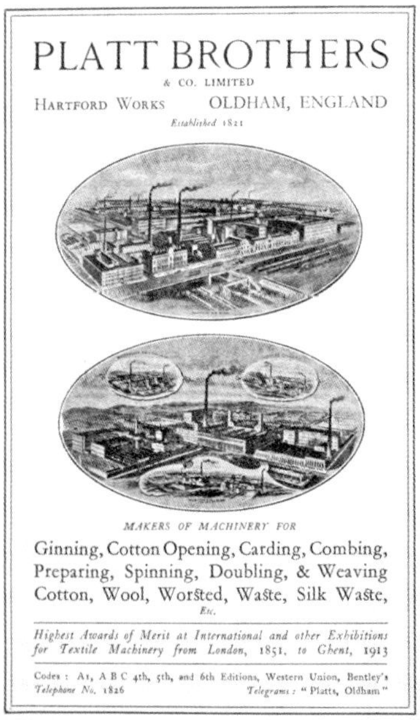

***Abb. 6** Werbung der Firma Platt Bros., Oldham, Großbritannien, deren Alleinvertretung die Firmen De Jersey, Manchester, und L. Knoop & Co., Moskau, in Russland hatten*

industrie veröffentlicht und war offensichtlich in diesem Kontext auf die Entwicklungen in Russland gestoßen. Leider ist der Nachlass von Schulze-Gaevernitz nur sehr unvollständig überliefert, sodass es keine Materialien mehr gibt, die dem Werk zugrunde lagen. Aus seinen tagebuchartigen Einträgen wissen wir jedoch, dass er seit 1892 an dem Buch arbeitete, dafür auch Russisch lernte und Feldstudien vor Ort betrieb.[54] Für fast alle folgenden Forschungen, deren Zahl nicht allzu groß war, blieb dies der Ausgangspunkt.

In Bremen verfassten Friedrich Prüser (1892–1974) am Ende der 1930er-Jahre und Herbert Schwarzwälder (1919–2011) in den 1970er-Jahren Aufsätze über Knoop, gleichfalls fast ohne Erwähnung von Julius und bedauerlicherweise auch ohne jeden Nachweis.[55] Seit den 1980er-Jahren beschäftigt sich der britische Historiker Stuart Thompstone erstmals auf der Grundlage britischen und russischen Archivmaterials ausführlicher mit der „englischen" Seite der Knoop'schen Unternehmen, bevor seit den 1990er-Jahren vor allem Jurij A. Petrov, Michail L. Gavlin und ich die Forschungen fortsetzten.[56] In Sven Beckerts „King Cotton" finden sich einige wenige Hinweise auf Ludwig Baron Knoop und seinen Sohn Andreas, die fast ausschließlich auf Gavlins Ausführungen basieren und am Kern der Sache völlig vorbeigehen. Insbesondere hat er Julius Freiherr von Knoop und dessen Rolle im globalen Baumwollgeschäft, von dem er so gerne redet, völlig übersehen.[57] Auf weitaus besserer Literatur- und Quellenkenntnis basieren die Arbeiten von Stanley D. Chapman „The Rise of Merchant Banking" und „Merchant Enterprise in Britain" aus den 1980er- und 1990er- Jahren.[58] Allerdings hat auch Chapman Julius Knoops Rolle und Funktion im Knoop'schen Imperium nicht richtig verstanden, denn er hielt ihn für Ludwigs in New York residierenden Vater. Zudem meinte er, dass in diesem Unternehmensgeflecht die Peripherie, gemeint ist Russland, das Zentrum, gemeint ist Manchester, dominiert habe.[59] Grundsätzlich aber gab es zwei, wenn nicht sogar drei beinahe gleichberechtigte Zentren: Moskau, Krähnholm und Manchester, und da die beiden Brüder und weitere Familienmitglieder und Kompagnons fast immer an allen Unternehmen beteiligt waren, konnte weder Manchester Moskau noch Moskau Manchester überstimmen oder dominieren, von Krähnholm einmal ganz abgesehen. Die beiden Studien Chapmans sowie Stuart Thompstones Arbeiten sind vor allem deshalb von Bedeutung, weil darin die gesammelten Berichte, Aufzeichnungen und Korrespondenzen wichtiger europäischer, hauptsächlich britischer Banken über die Kreditaktivitäten und -würdigkeit ihrer Klienten ausgewertet wurden: der Bank of England, des Bankhauses Kleinwort, Sons & Co., des Bankhauses Baring Bros. & Co. Ltd. und des Bankhauses William Brandt's Son & Co. (vormals E. H. Brandt & Co.) sowie des seit 1841 bestehenden New Yorker Wirtschaftsinformationsdienstes R. G. Dun & Co. (heute The Dun and Bradstreet Corporation).[60] Zur Geschichte und wirtschaftlichen Bedeutung der Baumwolle gibt es kaum Besseres als den von Douglas A. Farnie (1926–2008) und David J. Jeremy herausgegebenen Sammelband „The Fibre That Changed The World" und Henry Hobhouses „Fünf Pflanzen verändern die Welt".[61]

Relevante autobiographische Texte sowie Erinnerungen aus dem familiären Umfeld liegen nur in geringem Maße vor. Hinzuweisen ist auf die Memoiren des Moskauer Industriellen Pavel A. Buryškin (1887–1955) sowie auf die Aufzeichnungen des Moskauer deutschen Bankiers Andreas von Zenker (1855–1926) und des Unternehmers Georg Spies (1861–1926), die Wolfgang Sartor 2002 bzw. 2004 ediert bzw. neu ediert hat.[62] Die von Ludwig Knoops Tochter Adele Wolde für die Familie verfassten „Erinnerungsbilder" an ihren Vater habe ich schon erwähnt. Hinzuweisen ist auf die als Privatdruck erschienenen Publikationen von Friedrich Carl Albrecht, Ludwig Baron Knoops Ururenkel, „Drei Generationen Knoop" und „Friedrich Carl Albrecht. Ein Lebensbild meines Großvaters".[63]

Dieses Buch ist eine Zwischenbilanz, denn einiges Material in estnischen, britischen und amerikanischen Archiven ist bisher noch nicht aufgearbeitet worden. Es basiert teilweise auf meinen bisherigen Publikationen über Ludwig Baron Knoop, seine Familie und seine wirtschaftlichen und kulturellen Aktivitäten sowie meinen Aufsätzen über die Unternehmerschaft im Russischen Reich im 19. und frühen 20. Jahrhundert seit der Mitte der 1990er-Jahre. Im Prolog ihrer Maria Theresia-Biografie hat Barbara Stollberg-Rilinger in Anlehnung an Christian Meier jüngst darauf hingewiesen, dass Historiker und Leser „zunächst einmal von der strukturellen Andersartigkeit der vergangenen Epoche auszugehen haben und zu fragen, was für die historischen Figuren, um die es geht, ‚nennenswert und auf bedeutungsvolle Weise anders war als für uns'". Das, was für uns heute selbstverständlich ist, war mit einiger Sicherheit damals grundlegend anders. Dies gilt für Begriffe ebenso wie für Normen, Gefühle, Regeln, Konventionen und die Logik des Handelns. Zudem empfiehlt es sich, ein wenig Abstand zu den ‚Helden und Heldinnen' unserer Geschichte zu halten und sie eher als Fremde denn als Vertraute zu sehen. Zu viel Nähe schadet mehr als sie nützt.[64]

Die sogenannte Urkatastrophe des 20. Jahrhunderts, der Erste Weltkrieg (1914–1918), führte den Zusammenbruch des globalen Knoop'schen Imperiums herbei. Beide Unternehmensgruppen sowohl im Russischen Reich als auch in Großbritannien wurden von „feindlichen" Ausländern geführt, auch wenn Ludwig und seine Söhne russische Staatsbürger geworden waren. Gleiches galt für Julius und seine Kinder. Die Fabrik Krähnholm (estnisch und schwedisch Kreenholm, deutsch: Kräheninsel) bei Narva, nach dem Ende des Ersten Weltkrieges und der Revolution im nunmehr unabhängigen Estland gelegen, konnte mit einer kurzen Unterbrechung am Ende der 1930er- und zu Beginn der 1940er-Jahre, also zwischen dem Hitler-Stalin-Pakt und dem deutschen Überfall auf die Sowjetunion noch bis 1944 weitergeführt werden, alle übrigen Standorte wurden sozialisiert oder mussten Bankrott anmelden. Binnen weniger Jahre brach das Familienimperium weitgehend geräuschlos zusammen. Vor allem die Mitglieder des „russischen" Zweigs wurden in alle Winde zerstreut, worüber noch zu berichten sein wird.

Erstes Kapitel

Die Familien Knoop und Frerichs in Bremen, Manchester und Moskau

1. In Bremen und Manchester

Für Ludwig und Julius Knoop war die Familie die Grundvoraussetzung ihres Aufstiegs zu den reichsten Männern nicht nur Deutschlands, sondern auch Europas und der Welt. Sie bildete nicht nur im Leben, sondern auch im Geschäft den Kern der Existenz. Aus diesem Grund liegt es nahe, mit der Familiengeschichte zu beginnen. Leider fehlen dafür fast alle Voraussetzungen, denn weder sind schriftliche Zeugnisse wie Tagebücher, Lebenserinnerungen oder Briefe überliefert, noch liegen uns für die Zeiten vor der Mitte des 19. Jahrhunderts die gewünschten Bilder vor. Die vorhandenen Stammbäume liefern zumeist nur rudimentäre Lebensdaten, also Geburt, Hochzeit, Kinderzahl und Tod, bisweilen gibt es äußerst knappe Hinweise auf den Beruf oder die ausgeübte Tätigkeit. Hilfreich in vielerlei Hinsicht ist das Adressbuch Bremens, das 1794 erstmals erschien.

Seit dem Ende des 16. Jahrhunderts lässt sich die Familie Knoop in Bremen anhand mehrerer Stammbäume, die sich allerdings häufiger widersprechen, nachweisen.[65] Überliefert ist zudem ein gedruckter Stammbaum der Familie Knoop, der von Anna Rebecca Knoop, der Schwester von Ludwig und Julius, erstellt und 1897 bei H. M. Hauschild in Bremen gedruckt wurde, aber nicht durchgängig zuverlässig ist. Auch Adele Wolde, Ludwig Knoops Tochter, beginnt das „Erinnerungsbild" ihres Vaters mit einer knappen Darstellung der Vorfahren, die auf diesem Stammbaum basiert.[66] Die Familie wohnte seit alters her im Stephaniviertel (Steffenstadt) im Nordwesten der Bremer Altstadt, das durch einen Bombenangriff in der Nacht vom 18. auf den 19. August 1944 weitgehend zerstört wurde. Woldes Erzählung fängt mit dem Kaufmann Gerhard Knoop (1570–1640) an, der mutmaßlich aus Westfalen zugewandert sei, wofür jedoch alle Belege fehlen.

Gerhards Sohn Henricus (Heinrich), geboren 1595, auch er Kaufmann, soll 1628 zum Eltermann gewählt worden sein, verlor allerdings während des Dreißigjährigen Krieges große Teile seines Vermögens. Sein Sohn Daniel Gerhard, geboren 1627, ging daher 1652 nach Holland, trat dort zunächst in den Staatsdienst ein, ließ sich dann aber als Kaufmann nieder und kehrte 1694 zusammen mit seinem 1662 geborenen Sohn Heinrich und dem Enkel Daniel Diederich nach Bremen zurück. Daniel Diederich, geboren 1710, gestorben 1795, soll 1734 in der Faulenstraße, die sich immer noch mittig durch das Viertel zieht, einen Gewürzhandel und eine kleine Tabakfabrik sowie eine Mühle am Stephanitor betrieben haben. 1734 habe er ein Grundstück unterhalb der Festungsmauer verkauft. Seit dieser Zeit hieß die Straße, die seit den Zerstörungen des Zweiten Weltkrieges nicht mehr existiert, Knoopstraße. Sein gleichnamiger Sohn (1750–1817),[67] verheiratet seit 1776 mit Gesine Kulenkamp (getauft 19.8.1753–19.7.1806), übernahm das Geschäft, ging aber bankrott und verarmte völlig.

In mehreren anderen Fassungen beginnt die Geschichte der Familie Knoop mit dem Magister und Pastor Berend Knoop, der um 1490 als Sohn des sehr wohlhabenden Bremer Bürgers Johann Knoop, der um 1535 gestorben sein soll, geboren wurde. Über deren Herkunft ist nichts bekannt. Als Nachkommen werden ein Sohn namens Berend, geboren um 1550, der Schulmeister gewesen sein soll, genannt, dessen Sohn Johann (vor 1579 und nach 1619), von Beruf Kaufmann bzw. Kramer, dessen Sohn Berend (um 1599, begraben 8.6.1651), auch er Kaufmann bzw. Kramer, dessen Sohn Johann (1641–1709), Tuchhändler, dem der Sohn Henricus (1681–1721) folgte. Er soll auf einer Reise nach Indien verstorben sein und war Anwalt am Obergericht sowie Kaiserlicher Notar. Dessen Sohn Adolph (Adolphus, 1721–1789), war Innungsmeister der Bäcker und mit Helene Soltau (1710–?), gleichfalls aus einer Bäckerfamilie verheiratet. In einer weiteren überlieferten Version findet sich als vermutliches Geburtsdatum das Jahr

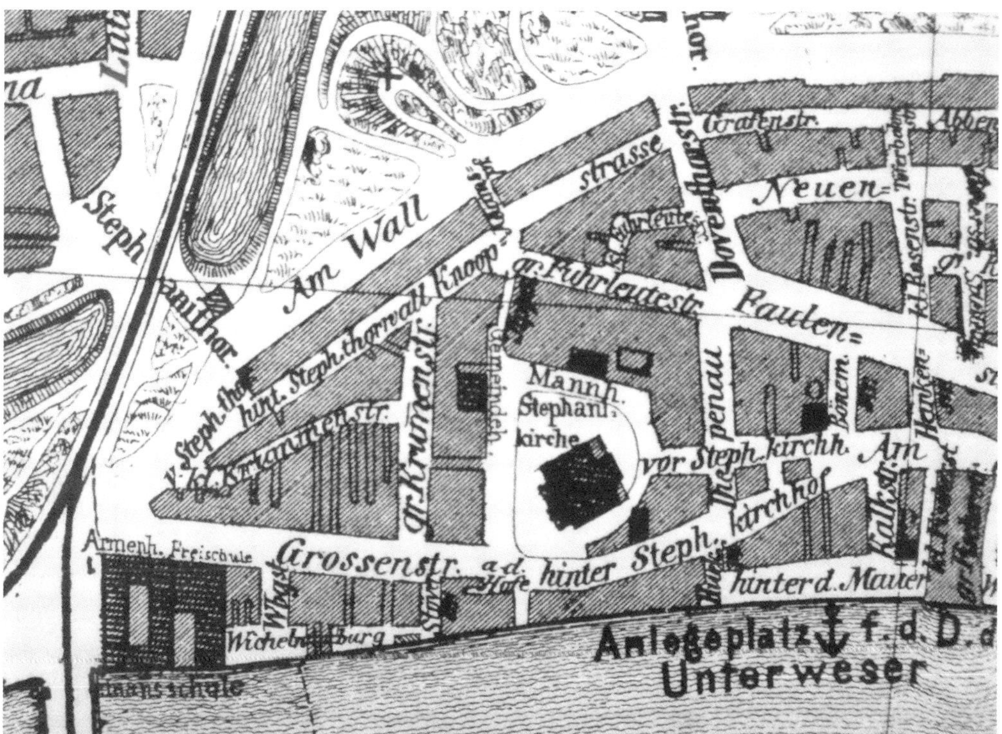

Abb. 7 *Die Knoopstraße, unterhalb Am Wall, im Stephaniviertel, seit den 1730er-Jahren so benannt, existiert sie nach der fast völligen Zerstörung des Stephaniviertels durch einen Bombenangriff im August 1944 heute nicht mehr*

Abb. 8 *Packhäuser vor St. Stephani, ca. 1833; die St. Stephanikirche besteht seit dem 12. Jahrhundert. Im Zweiten Weltkrieg stark zerstört, erfolgte der Wiederaufbau bis 1959. Das Mittelschiff dient heute als Kulturkirche.*

1715, die Eheschließung fand um 1740 statt. Das Taufdatum sei in den Kirchenbüchern nicht zu finden, sodass auch die Eltern nicht feststellbar seien. Als deren Sohn treffen wir nun auch in dieser Linie auf eine Person, nicht zwei, mit dem Namen Daniel Diederich oder Dieterich, getauft in der Stephani-Kirche am 6.10.1745 und verstorben am 18.11.1817 mit dem Wohnsitz in der Faulenstraße 33/34. Aufgelistet ist er im „Dritten Abschnitt" des „Bremischen Adreß-Buches" von 1794, in dem „Gelehrte, Kaufleute, Handwerker etc." aufgeführt sind. Hinter seinem Namen ist angegeben „Tobacksfabrik und Gewürzwaaren".[68] Er war verheiratet mit Metta Gesine (Gesche) Kulenkamp. Die Heirat fand im Mai 1776 statt.[69] Nach einer 30-jährigen Ehe gab es neun noch lebende Kinder, darunter Gerhard, Hinrich, Daniel Died(e)rich (auch Diet(e)rich) – dieser Vorname wurde häufig benutzt – und Wilhelm Adolf (13.1.1780–8.9.1858).[70]

Mit einiger Sicherheit waren Adolf und Helene Knoop die Urgroßeltern und Daniel Diedrich und Gesine die Großeltern von Ludwig und Julius Knoop. Ihr Vater Gerhard wurde am 25.12.1782 geboren, war seit Mai 1815 mit Anna Rebecka Frerichs verheiratet und starb am 24.5.1862. Anna Rebecka wurde am 14.2.1793 geboren und starb am 23.2.1878. Die Frerichs waren ursprünglich Bauern in dem damals noch nicht zu Bremen gehörenden Oslebshausen, dann in Gröpelingen, wo sie sich auch als Blaufärber betätigten.[71] Anna Rebeckas Eltern waren Peter Frerichs (13.6.1764–24.12.1811) und Anna Rebecca, geb. Weber (29.7.1775–29.10.1853), seine Stiefschwester. Als Beruf des Vaters ist im Adressbuch von 1805 Färber angegeben und als Adresse „hinter Stephani Kirchhof".[72] In den letzten drei Generationen waren die Vorfahren von Ludwig und Julius Kaufleute, Gewerbetreibende und/oder Unternehmer. Reichtum erlangte keiner von ihnen und somit gab es nichts zu vererben. Folgen wir den Angaben in den Bremer Adressbüchern der Zeit, so haben sie das Stephaniviertel selten verlassen. Mit einigen Familien, auch das war nicht unüblich, waren die Knoops mehrfach verwandt und verschwägert.

Die Frerichs waren soziale Aufsteiger, die es aus bäuerlich-handwerklicher Herkunft in die Schicht der Kaufleute geschafft hatten. Eine zweite familiäre Beziehung zwischen den Familien Knoop und Frerichs entstand durch die Ehe zwischen Wilhelm Adolf, Gerhards Bruder, und Helene Frerichs (29.1.1792–14.5.1878), Anna Rebeckas Schwester. Einer ihrer Brüder, Andreas Hinrich (22.1.1799–3.11.1866), ging um das Jahr 1825 nach Manchester, wo er sich zunächst im Tabakhandel betätigte. Aufgrund seiner Bekanntschaft mit dem Engländer Carey B. de Jersey beteiligte er sich 1827 an der Firma De Jersey, die 1825 gegründet worden war und mit Baumwollgarnen (Twisten) handelte.[73] Für die Familien Frerichs und Knoop galt das Jahr 1827 als Gründungsjahr der Firma, weshalb alle Jubiläen entsprechend gefeiert wurden. Johann Hinrich Frerichs (27.12.1811–19.3.1868) folgte in den 1830er-Jahren seinem Bruder nach Manchester. Peter Frerichs (1801–?), ein weiterer Bruder, blieb hingegen in Bremen und heiratete dort im Mai 1825 seine Stiefschwester Henriette Pieper (23.7.1787–?).[74] Deren Tochter Theodore (20.2.1826–17.6.1902) heiratete im Mai 1847 in Cheltenham (Gloucestershire) Julius, Ludwigs jüngeren Bruder.[75] Johann Hinrich Frerichs heiratete viermal und kehrte schließlich in den 1850er-Jahren nach Deutschland zurück. Er besaß sowohl ein Haus in Bremen Am Wall als auch, seit 1861, das Rittergut Lucklum bei Braunschweig.[76] 1859/60 finden wir ihn in New York. Im dortigen Adressbuch wird er sowohl privat als auch als Firmeneigner von J. H. Frerichs & Co. am Exchange Place 45, auch heute noch in unmittelbarer Nähe der Börse gelegen, geführt.[77] Seine Bindung an die Heimatstadt blieb dennoch lebenslang bestehen, denn er gehörte seit der Gründung des Norddeutschen Lloyd 1857 dessen Verwaltungsrat an und blieb dessen Mitglied bis zu seinem Tod 1868.[78]

Ludwig und Julius Knoop hatten väterlicherseits acht Onkel und Tanten und mütterlicherseits drei Onkel und eine Tante. Ihre Kinder hatten sieben Onkel und Tanten aus der eigenen Familie und diese acht Geschwister hatten zusammen 34 Töchter und Söhne, von denen zwei im Kindesalter verstarben, dazu Cousins und Cousinen;[79] von der weiteren Verwandtschaft ganz zu schweigen. Bei Familienfesten kamen so problemlos mehr als 100 Angehörige zusammen.

Gerhard Knoop und seine Frau Anna Rebecka hatten acht Kinder: Anna Rebecca (17.4.1816–20.7.1881), Daniel Diederich (22.10.1817–18.10.1893),[80] der durch seine Heirat mit Charlotte Amalie Dorothee Hoyer (18.2/2.3.1830–11.2.1905), der Schwester von Ludwigs Frau Louise Mathilde Hoyer (2./14.6.1824–26.1.1894), am 24.4.1851, auch der Schwager seines jüngeren Bruders Ludwig wurde, Andreas Heinrich (20.5.1819–14.3.1864), Johann Ludwig (15.5.1821–16.8.1894), Julius Carl Gerhard (17.11.1822–6.4.1893),[81] Helene Adolfine Wilhelmine (26.1.1824–1910), Johanne Hermine Dorothee Auguste (21.4.1828–9.12.1861) und Hermann August (6.6.1831–17.7.1877).

Abb. 9 *Die Familie von Gerhard und Anna Rebecka Knoop: In der hinteren Reihe von links nach rechts: Ludwig, Hermann August, Andreas Heinrich, Daniel Diederich und Julius, vorne von links: Helene Adolfine, Vater Gerhard, Großmutter Anna Rebecca Frerichs, geb. Weber, Mutter Anna Rebecka, geb. Frerichs, Anna und Johanne*

Über deren Kindheit und Jugend wissen wir wenig. In den Kaufmannshäusern der Zeit fanden sich häufig noch Kontor, Lager und Wohnräume in einem Haus, also das „gesamte Haus" (der Oikos), die Sphären des Geschäfts, des gesellschaftlichen Verkehrs und des familiären Lebens bestanden unter einem Dach. Das bot hinreichend Platz für Kinderspiele. Besucht wurde auch der traditionelle „Freimarkt", der sich seit den 1810er-Jahren zu einer Mischung aus Warenmarkt und Volksfest entwickelte und einen gewissen Ausnahmezustand in der Stadt hervorrief. Er wurde und wird, wie im Rheinland der Karneval, in Bremen als „fünfte Jahreszeit" bezeichnet. Ludwig Wolde, Ludwig Knoops Enkel, schrieb in seinem 1931 erschienenen Roman „Der gefährliche Weg", dass in den elf Tagen dieses Volksfestes „der strengste Vater nachgiebig, das Alter milde, der Bittere versöhnlich, der Verdrießliche heiter" werde, „und sogar der Kranke ein bißchen Lebensfreude" gewänne.[82] Beliebt waren auch Besuche bei der Familie der Mutter in den Dörfern Gröpelingen und Marßel.[83]

Adolf Wilhelm und Gerhard Knoop gründeten gemeinsam ein Tabakgeschäft, das aber, so Adele Wolde, 1826 bankrottging.[84] Das Bremer Adressbuch für 1821 verzeichnete die Trennung der Brüder jedoch bereits in diesem

Jahr in den Rubriken „veränderte Firma's“ (sic!) und „eingegangene Etablissements“ mit der Bemerkung: „Die Brüder Knoop haben sich getrennt.“[85] In den folgenden Jahren firmierte Adolf Wilhelm Knoop in der Faulenstraße 54 als „Kram-, Gewürz-, Farbe- und Materialwaarenhandel“, Gerhard als Kaufmann in der Faulenstraße 45 und Daniel Diederich und Heinrich Knoop als „Gewürzwaaren und Tabacksfabrik“ in der Faulenstraße 33. Hin und wieder wechselte für Gerhard Knoop die Adressangabe und verzeichnete Geeren 30 als „Comptoir“ der Firma „Knoop et Comp.“ und „hinter Stephanikirchhof 33“ als Wohnung.[86] Auch die zweite „Liquidation“, von der Adele Wolde berichtete, lässt sich anhand der Adressbücher nicht nachweisen. Sie wird zwischen 1832 und1836 nicht genannt.[87] In den folgenden Jahren finden sich für die Familie und das „Comptoir“ unterschiedliche Adressen. Die letzte war in der Osterstraße 1A, in unmittelbarer Nähe des Buntentorsteinwegs, wo Gerhard 1862 verstarb. In welchem Maße die Familie danach tatsächlich verarmte, erscheint doch fraglich.[88] Wenn denn die familiären Beziehungen zwischen dem Vater und seinen erfolgreichen Söhnen Ludwig, Julius, Daniel Diederich und Andreas Heinrich sowie Hermann August noch einigermaßen intakt waren, wovon auszugehen ist, so werden sie sicherlich spätestens seit dem Beginn der 1850er-Jahre, als ihr Aufstieg begann, die Eltern entsprechend unterstützt haben. In diesem Punkt ist möglicherweise auch Adele Wolde nicht gänzlich zuverlässig.[89]

Die Familie war, anders als bisher angenommen, ausweislich der Sterbeurkunde für Hermann August Knoop nicht lutherischer, sondern reformierter Konfession und gehörte damit in Bremen zur konfessionellen Mehrheit, denn bald nach der Reformation wurde das reformierte Bekenntnis Calvinscher Prägung in Bremen eingeführt und blieb bis ins frühe 20. Jahrhundert die dominierende Kraft.[90]

2. Bremen im Wandel

Wenden wir uns kurz der Historie Bremens zu, dem Ausgangspunkt unserer Geschichte. 782 erstmals urkundlich erwähnt, lag der Ort im äußersten Nordwesten des Fränkischen, später des Deutschen Reiches, war Bischofssitz und Handelsstadt an der Weser mit dem Blick nach Westen und Norden. Über die Jahrhunderte hinweg wandelte sich die Stadt von einem „städtischen Gemeinwesen zu einer regionalen Territorialmacht an Unterweser und Nordseeküste“.[91] Seit 1358 war Bremen Mitglied der Hanse; als Zeichen städtischer Macht entstanden 1404 die Statue des Roland und von 1405 bis 1409 das gotische Rathaus.[92] 1451 konstituierte sich das Selbstverwaltungsorgan der Kaufmannschaft, deren erstes bekanntes Haus, das „Kopmanns Hus“ oder der „Schütting“ an der Ecke von Langen- und Hakenstraße im Stephaniviertel stand.[93]

Spätestens seit 1646 kann Bremen „Freie Reichsstadt“ genannt werden,[94] an deren Spitze jedoch schon seit dem frühen 13. Jahrhundert ein Rat stand, dessen Macht sich mehr und mehr verfestigte und bald zur Herrschaft eines Patriziats weniger Familien wurde. Es bestand bis zum Ende des 18. Jahrhunderts hauptsächlich aus Theologen, Ärzten und Juristen, die eine akademische Ausbildung durchlaufen hatten.[95]

Die Ratsherren bezeichneten sich insgesamt als „Wittheit“ (niederdeutsch für Weisheit), und der Rat ergänzte sich durch Zuwahl.[96] Aktiv waren die Bremer Kaufleute im Getreidehandel mit England, Frankreich und Spanien. Traditionell handelten sie aber auch mit Norwegen und den Niederlanden, vor allem mit Bier und Fisch.[97] Am Ende des 18. Jahrhunderts konnte Bremen als neutrale Stadt aus den Verhältnissen der Napoleonischen Zeit ihren Nutzen ziehen, der unter anderem auf dem Aufschwung im Nordatlantikhandel mit den USA basierte. So wurde seit 1788 in Bremen mit Baumwolle gehandelt,[98] zudem brachten die Geschäfte mit Afrika und der Karibik exotische Waren wie Tabak, Rohrzucker und Kaffee in die Stadt. Davon profitierten auch die am Schiffbau beteiligten Gewerbe Bremens.[99]

In der Stadt entwickelte sich dadurch „eine gewisse Weltoffenheit und aufgeklärte Liberalität". Man orientierte sich modisch an ausländischen Vorbildern, traf sich in Logen und gelehrten Gesellschaften bzw. naturwissenschaftlichen Vereinen wie dem 1783 gegründeten „Museum". Knapp zwanzig Jahre zuvor war schon ein Theater entstanden, aus dem 1792 das Schauspielhaus am Ostertorwall hervorging.[100] Etwa zur gleichen Zeit wurden die mittelalterlichen Wälle beseitigt und durch Parkanlagen ersetzt. 1810 erfolgte die Eingliederung Bremens in das Kaiserreich Napoleons, die jedoch nur drei Jahre Bestand hatte, denn schon im Oktober 1813 zogen die Franzosen wieder ab, und die alten Verhältnisse wurden wieder hergestellt. Es gelang dem amtierenden Bürgermeister Johann Smidt (1773–1857), Bremen im Juni 1815 als selbstständiges Bundesland, ebenso wie Hamburg und Lübeck, in den Deutschen Bund zu führen. Dieses Bundesland war zwar republikanisch, aber nicht demokratisch und besaß auch keine einheitliche Verfassung. Trotz mehrerer Anläufe gelang es bis 1848 nicht, eine neue Verfassung in Kraft zu setzen. Von 1854 bis 1918 galt in Bremen das sogenannte Achtklassen-Wahlrecht.[101] Die alten Handelsgeschäfte nach Übersee und Europa wurden wieder aufgenommen. Während das Handwerk stagnierte, entstand ein leistungsfähiges Bankwesen, das für die Entwicklung des Schiffbaus und der Werften wichtig war. Schon 1817 fuhr das erste Dampfschiff auf der Unterweser.[102] Ein nicht unerhebliches Problem für den Bremer Handel war die beständig fortschreitende Versandung der Weser, die erst 1826/27 durch den Erwerb von Gebieten aus hannoverschem Besitz an der Wesermündung und durch den Bau von Bremerhaven entscheidend gelöst wurde. Schon 1830 war das erste Hafenbecken mit Schleuse fertig.

Das Stadtgebiet erweiterte sich, und einige Kaufmannsfamilien bauten ihre Villen an der Contrescarpe in der Vorstadt oder sie bezogen im Sommer Landhäuser in der Umgebung. Diese Oberschicht Bremens im 19. Jahrhundert, vor allem den Überseekaufmann, bezeichnete der Historiker Percy Ernst Schramm (1894–1970) einmal als „Großklüngel", der die Gesinnungen und Anschauungen prägte und in den man entweder von Geburt an hineingehörte oder durch Tüchtigkeit Einlass gewann. In diesen Kreisen brauchte man nicht zu protzen, da alle bemittelt waren.[103] Erika Brandes (Lebensdaten unbekannt) ergänzte dies durch den Hinweis auf familiäre Verflechtungen in geschlossenen Heiratskreisen.[104] Dass der Tüchtige „Einlass" bekommen konnte, zeigt sich am Beispiel von Ludwig Knoop, ebenso aber, dass die „Heiratskreise" keinesfalls hermetisch verschlossen waren.

In diesen Zeiten eines rasanten Wandels wurden die Söhne und Töchter von Gerhard und Anna Rebecka Knoop geboren. Bremen blieb zwar mit seinen rund 35.000 Einwohnern eher eine Provinzstadt, aber der beständig wachsende Überseehandel beschleunigte die wirtschaftliche Entwicklung und führte auch zur Errichtung neuer Bauten wie dem Stadthaus (1823) und dem Krankenhaus (1826). Zudem legte der bremische Staat nun mehr Wert auf Bildung und baute das Schulwesen seit dem Ende der 1810er-Jahre erheblich aus.

Adele Wolde berichtet in ihrem „Erinnerungsbild“ des Vaters, dass Ludwigs älterer Bruder Daniel Diederich 1835 mit Johann Hinrich Frerichs, dem jüngeren Bruder der Mutter, nach Manchester bzw. Rochdale gegangen sei. Nach seiner Rückkehr habe er 1838 mit seinem Bruder Andreas Heinrich in der Neustadt, Osterstraße 53, ein Tabakgeschäft gegründet.[105] Beide waren zu diesem Zeitpunkt noch sehr jung, Daniel Diederich gerade 21, sein jüngerer Bruder erst 19 Jahre alt. Für das folgende Jahr, 1839, weisen das Bremer Adressbuch und die vorliegende Literatur Andreas Heinrich, nunmehr 20 Jahre alt, unter der Adresse seines Vaters als Kaufmann aus, die Firma „Gebr. Knoop“ unter der Adresse Geeren 30, die seinerzeitige Anschrift des Comptoirs von „Knoop & Comp.“.[106] Im Bremer Adressbuch ist Daniel Diederich jun. allerdings erst ab 1841 als „Associé“ von Gebr. Knoop nachgewiesen. Das Comptoir befand sich im Geeren 30, die Wohnung Am Wall 22C, im Haus 22B lebten Gerhard und Andreas Heinrich Knoop.[107]

Ludwig besuchte bis zu seinem 14. Lebensjahr die Schule und wurde im Jahre 1835 von Pfarrer Friedrich Ludwig Mallet (4.8.1792–5.5.1865), einem bedeutenden Vertreter der Erweckungsbewegung des 19. Jahrhunderts, in der Stephani-Kirche konfirmiert.[108] Ihr Vater habe, so Adele Wolde, durch dessen Einfluss, „ohne ausgesprochen kirchlich zu sein, eine echte Religiosität und die Überzeugung von dem Segen kirchlicher Institutionen mit ins Leben genommen“.[109] Danach absolvierte er eine dreijährige kaufmännische Lehre bei Gerhard Meyer, der in der Buchtstraße in Bremen eine Tabaksfabrik betrieb sowie ein Ofen- und Fliesenlager unterhielt.[110] Dies entsprach durchaus den Gepflogenheiten in Kaufmannsfamilien, wie Andreas Schulz sie für Bremen beschrieben hat.[111] Schließlich ging Ludwig Knoop im

Abb. 10 *Friedrich Engels, in seiner Zeit in Bremen. 1840 gezeichnet von G. W. Feistkorn (1811–1843)*

Jahr 1838 nach Manchester und arbeitete dort in der Firma De Jersey & Co. seiner beiden Onkel Andreas und Johann Hinrich Frerichs.

In jenem Jahr, als Ludwig Knoop nach Manchester ging, kam der nur wenige Monate ältere Barmer Fabrikantensohn Friedrich Engels (28.11.1820–5.8.1895) nach Bremen, um seine kaufmännische Ausbildung fortzusetzen, die er nach seiner vorzeitigen Beendigung der Höheren Schule im väterlichen Unternehmen in Barmen, heute ein Ortsteil von Wuppertal, begonnen hatte. Von Ende Juli 1838 bis April 1841 arbeitete er bei dem Großhandelskaufmann und sächsischen Konsul Heinrich Leupold (1805–1865). Leupold handelte hauptsächlich mit Leinen, aber auch mit Kaffee und Zigarren. Sein Wohn- und Packhaus lag in der Martinistraße 11. Engels wohnte schräg gegenüber im Hause des Pfarrers der Martini-Kirche Georg Gottfried Treviranus (12.1.1788–22.8.1868).[112] Ludwig Knoop und Friedrich Engels können sich in dieser Zeit nicht kennengelernt haben, aber möglicherweise trafen sich Engels und Ludwigs jüngerer Bruder Julius schon hier in Bremen, denn die Knoop'sche Wohnung im Stephaniviertel lag nur wenige hundert Meter entfernt. Später lebten beide in Manchester, worauf noch zurückzukommen sein wird. Engels wird landläufig nur als Mitbegründer des Kommunismus sowie als enger Freund und Mitkämpfer von Karl Marx (5.5.1818–14.3.1883) gesehen. Er war aber auch ein sehr erfolgreicher Kaufmann und Unternehmer, der trotz seiner Neigung zum Sozialismus bzw. Kommunismus die angenehmen Seiten des großbürgerlichen Lebens durchaus zu schätzen wusste und sowohl in seiner Jugendzeit in Bremen als auch in Manchester ein „Doppelleben" führte.[113]

3. In Manchester

Als Ludwig Knoop 1838 nach Manchester kam, war die Stadt, wie wir heute sagen würden, ein „boomtown", das Zentrum der britischen Textilindustrie und damit auch der sogenannten „industriellen Revolution". Die Leitsektoren waren die Textil- und die Eisenindustrie, neuere Entwicklungen im Transportwesen und ein Wandel der Infrastruktur im Dienstleistungsbereich.[114] Dabei gab es regionale Zentren und eine starke Konzentration der industriellen Produktion, denn 1841 waren gerade einmal fünf Prozent der Bevölkerung Fabrikarbeiter. In Manchester vollzog sich dieser Prozess der Entwicklung einer maschinellen Massenproduktion im Laufe von noch nicht einmal zwanzig Jahren. Gab es 1786 gerade einmal einen Fabrikschornstein, so existierten 1801 schon 50 dampfgetriebene Textilfabriken.[115] Friedrich Engels hat die Entwicklung und die Lage in der Stadt mit ihren gewaltigen Schattenseiten als Zeitgenosse beschrieben.[116] Zwischen 1800 und 1850 wuchs ihre Bevölkerung um rund 300 Prozent. Stadt und Region boten entsprechend ausgesprochen gute Möglichkeiten für Zuwanderer mit und ohne Kapital. Diese Chancen ergriffen auch eine ganze Reihe aufstrebender deutscher Unternehmer, die in dem von Zollschranken durchzogenen Deutschen Bund keine adäquaten Marktchancen sahen. Das bekannteste Unternehmen bis heute war sicherlich die Firma „Ermen & Engels", die genau in jenen späten 1830er-Jahren, im Mai 1838, gegründet wurde.[117]

Das Unternehmen De Jersey & Co., für das Ludwig Knoop arbeitete und an dem seine beiden Onkel beteiligt waren, existierte zu jenem Zeitpunkt schon 13 Jahre. Die Firma handelte mit Twisten und Garnen, also Baumwollprodukten, die unter anderem auch nach Russland verkauft wurden.[118] Die Frerichs und die Knoops wechselten, dies sei an dieser Stelle angemerkt, ihre Branchen bzw. Ausrichtungen. Waren deren Mitglieder bisher, wie die Knoops, seit Generationen im Tabak-, Gewürz- und Kramhandel tätig gewesen, so trat nun Baumwolle an deren Stelle. Die Frerichs, seit einiger Zeit als Färber im Geschäft, gingen von der Herstellung zum Handel über. Als Beginn ihrer kaufmännischen Aktivitäten feierten die Familien Knoop und Frerichs, in Moskau, Manchester, Bremen und Narva, das Jahr 1827, als Andreas J. Frerichs Teilhaber bei De Jersey & Co. wurde. Julius von Knoop feierte 1889 sein 50-jähriges Berufsjubiläum bei De Jersey, sein Bruder konnte zudem auch noch die Jubiläen seiner Firmengründungen im Jahre 1852 (Moskau) und 1857 (Krähnholm) feiern.

In Manchester waren die deutschen Zuwanderer eine kleine, aber dennoch „die wichtigste ethnische Minderheit", die um 1870 etwas mehr als 1.000 Personen umfasste.[119] Zu ihnen gehörte auch Johann Wilhelm Jakob Blank (1821–1892), ein Schulfreund von Friedrich Engels, der zunächst in London und dann in Manchester für die Firma De Jersey & Co. arbeitete.[120] Viele davon waren Kaufleute oder Unternehmer, die einen erheblichen Einfluss auf das kulturelle Leben der Stadt ausübten.[121] Sie organisierten sich, wie kaum anders zu erwarten, in diversen Vereinen und Klubs, von denen „Albert" und die „Schiller Anstalt" die wichtigsten und bedeutendsten waren. Coates nennt als Mitglieder des „Albert", dessen Namensgebung und Gründungsdatum unklar sind, neben Friedrich Engels und dessen Geschäftspartner Godfrey Ermen auch Ludwig Knoop. Da der Klub allerdings erst in den frühen 1840er-Jahren gegründet wurde, wird wohl Julius Knoop gemeint sein, denn Ludwig lebte seit 1839 in Moskau.[122] Im Adressbuch für Manchester und Salford aus dem Jahr 1829 ist übrigens nur Johann Hinrich Frerichs sowie die Firma De Jersey nachweisbar, eine Adresse für Andreas Frerichs findet sich nicht.[123] Zwölf Jahre später lässt sich der Aufstieg der Firma an der Wohnadresse des Mitinhabers ablesen. Johann H. Frerichs lebte nun, wie es Friedrich Engels formulierte, „auf den luftigen Höhen von Cheetham Hill, in einer freien, gesunden Landluft, in prächtigen, bequemen Wohnungen",[124] teils in privaten Parkanlagen gelegen, deren Eingänge bewacht wurden.[125] Engels führte, wie dies vor allem Roy Whitfield gezeigt hat, in Manchester ein Doppelleben wie zu seinen Bremer Zeiten. Er war Mitglied wohl aller deutschen Klubs, wohnte als Unternehmer in den besseren Gegenden der Stadt – auch in Cheetham Hill – und frönte der Jagd. Mit seiner Geliebten Mary Burns, die er als Arbeiterin einer Spinnerei kennenlernte, und deren Schwester Lydia lebte er unter falschem Namen ein paar Ecken weiter.[126]

Ein Jahr nur lebte Ludwig Knoop in Manchester bei seinen beiden Onkeln Andreas und Johann Hinrich. Über diese Zeit, die sehr arbeitsreich gewesen sei, berichtete nur Adele Wolde. Ludwig sei aber schon in die „höhere Geschäftsführung" eingeführt worden und habe seine Zeit genutzt, um die Textilfabriken in Rochdale zu besuchen und gute Kenntnisse über die benutzten Maschinen zu erwerben, also die Fachkenntnisse, die „ihm in späteren Jahren nützlich werden sollten".[127]

Als Ludwig 1839 das Angebot seiner Onkel annahm und zur Niederlassung der Firma in Moskau wechselte, folgte ihm in Manchester sein jüngerer, 18-jähriger Bruder Julius.[128] Über dessen Schulbesuch und die sicherlich absolvierte kaufmännische Lehre sind wir nicht informiert. In der Firma seiner beiden Onkel wird er die Tätigkeiten seines Bruders übernommen haben. Die nur in geringem Umfang indirekt überlieferte Korrespondenz zwischen den Brüdern und einige weitere Indizien deuten darauf hin, dass der Kontakt zwischen ihnen recht eng gewesen sein muss.

Am 7. Mai 1847 heiratete Julius in Cheltenham (Gloucestershire) Henriette Karoline Theodore Frerichs, die Tochter des dortigen Kaufmanns Peter Frerichs.[129] Das Paar hatte sechs Kinder, von denen zwei im Kleinkindalter verstarben: Gerhard Johann Julius (März 1848–6.9.1849),[130] Andreas Wilhelm (Willy) (11.1.1851–6.10.1901), Emma Harriet Johanna Rebecca (19.5.1853–18.1.1925), Louise Dorothea Catherina (?–26.7.1855),[131] Theodor Eduard (1.9.1859–28.2.1894) und Karl Ludwig (Louis) (24.2.1863–19.3.1935). Die drei älteren Kinder wurden in Manchester, Karl Ludwig, im Kreis der Familie Louis gerufen, in Rusholme, heute ein Stadtteil Manchesters, geboren.

Ein Eintrag in das Adressbuch von Manchester und Salford findet sich für Julius Knoop erst für das Jahr 1850 in Woodland Place, Camp Street in Broughton. Als sein Beruf wurde „yarn agent", also Garnhändler, angegeben.[132] Ab 1850 erscheinen die Brüder Frerichs, von denen meist nur Johann Hinrich aufgeführt ist, nicht mehr im Adressbuch Manchesters. Mit zahlreichen weiteren Unternehmern (manufacturers) nahm Julius im Oktober 1851 an einem Empfang anlässlich eines Besuches des Prinzen von Wales in Manchester teil.[133] Die Firma De Jersey findet sich mit wechselnden Adressen im Adressbuch der Stadt, seit den 1860er-Jahren war das „Warenhaus" (warehouse) in der Blackfriars Street 7, danach in Nr. 14–16.[134] Seit 1861 lebten Julius Knoop und seine Familie im weitläufigen Regent House, Wilmslow Road in Rusholme, das in den 1870er-Jahren erweitert und umgebaut wurde. Es verfügte über mehrere Salons und Schlafzimmer sowie ein Billardzimmer, Ställe und Gartengebäude.[135]

4. In Moskau

Die Firma De Jersey & Co. unterhielt in Moskau eine Niederlassung, die von Franz Holzhauer (1822–?) geleitet wurde. Über ihn ist nur wenig bekannt.[136] Die Brüder Frerichs besaßen zudem in der Nähe St. Petersburgs eine Textilfabrik, Ochtinskaja kompanija, die sie unter dem Firmennamen „Frerichs & Co." führten.[137] Ludwig Knoop kam, gerade 19 Jahre alt, erneut in eine ihm unbekannte Welt. Dies war jedoch, wenn wir einen Blick auf andere zugewanderte deutsche Unternehmerfamilien werfen, die ähnlich erfolgreich waren wie Knoop, eher die Regel als die Ausnahme.[138]

Das Russische Reich, nicht nur wirtschaftlich seit der Mitte des 18. Jahrhunderts gegenüber anderen europäischen Mächten in einen erheblichen Rückstand geraten, galt dennoch den Zeitgenossen als einer der zentralen Machtfaktoren Europas und damit auch der Welt. Das Land bot aufstiegswilligen und wagemutigen Kaufleuten und Unternehmern zahlreiche Chancen, erfolgreich Karriere zu machen. Moskau, die alte Hauptstadt, seitdem Peter I. (1672–1725) das aus dem Boden gestampfte St. Petersburg 1712 zur neuen Hauptstadt erklärte hatte, war dafür ein in jeder Hinsicht geeigneter Ort. Die Stadt und ihr Umland waren eines der ältesten und am stärksten industrialisierten Zentren Russlands. In Moskau lebten einige religiöse, insbesondere die sogenannten Altgläubigen, und ethnische Minderheiten, vor allem Deutsche, relativ konfliktfrei zusammen. Der Adel und das aufstrebende Bürgertum betrachteten sich als Repräsentanten echten Russentums, was immer das heißen mochte, verstanden sich aber auch als liberal im Gegensatz einerseits zum westlich orientierten St. Petersburg und andererseits im Widerstreit mit der staatlichen Bürokratie.[139]

Die deutschen bzw. deutschsprachigen Einwohner der Stadt machten zwar nur etwa 1,7 Prozent der Gesamtbevölkerung aus, waren aber noch vor Polen, Ukrainern, Juden und Tataren die größte ethnische Minderheit mit einer eigenen Zeitung, der „Moskauer Deutschen Zeitung", die zwischen 1870/71 und 1918 erschien.[140] Die meisten waren Protestanten, seien es Lutheraner, Reformierte oder Calvinisten, weniger als ein Drittel war katholisch. Um die Mitte des 19. Jahrhunderts war die Zugehörigkeit zu einer Konfession bzw. Religion fast immer von größerer Relevanz als die ethnisch-nationale.[141] Es gab deutsche Hotels wie „Dresden", „Berlin" oder „Alpenrose", teils mit angeschlossenen Restaurants, in denen überwiegend deutsch gekocht und Pils aus-

***Abb. 11 und 12** Carl Johann Lasch: Porträts der Eltern von Louise Knoop, geb. Hoyer: Johann und Dorothea Hoyer um 1850*

geschenkt wurde. Die Süßwarenfabrik und Konditorei von Einem, später von der Familie Heuss übernommen, besaß vier Geschäfte mit angeschlossenen Cafés in der Stadt. Es gab deutsche Buchhandlungen, Ärzte und vor allem Apotheker, insbesondere aber mehrere deutsche Kirchen und damit verbundene Schulen sowie Vereine.[142]

Adele Wolde beschrieb in ihren „Erinnerungsbildern", dass das Verhältnis zwischen Ludwig Knoop und dem Ehepaar Holzhauer schlecht gewesen sei. Es habe Schikanen gegeben, Ludwig habe unter Heimweh gelitten und seine Briefe aus jenen Zeiten traurig und bedrückt geklungen.[143] Andreas Zenker bestätigte in seinen Memoiren, dass Holzhauer, der mit seinem Vater befreundet gewesen sei und im Hause Zenker verkehrt habe, durchaus konservativ gewesen sei und keine Neuerungen geduldet habe.[144] Ludwig lernte allerdings bald die deutschbaltische Familie Hoyer kennen. Der Vater, Johann Christoph Hoyer (1796–9.1.1869), aus Riga stammend, war gleichfalls Kaufmann, seine Frau Dorothea, eine gebürtige von Folkmann (18.2.1798–27.1./6.2.1887), stammte aus dem damals kurländischen, heute lettischen Mitau (Jelgava). Das Ehepaar hatte fünf Kinder, vier Töchter und einen Sohn, und eine zahlreiche Verwandtschaft, die im Haus verkehrte.

Johann Hoyer engagierte sich, wie viele andere deutsche Kaufleute, in der Gemeinde und den damit verbundenen Schulen. In diesem Falle war es die Petri-Pauli-Kirche, in deren Vorstand er aktiv war,

Abb. 13 *Carl Johann Lasch: Porträt von Louise Hoyer, Ehefrau von Ludwig Knoop, Mitte der 1840er-Jahre*

was fast automatisch auch eine entsprechende Aktivität in der zugehörigen Schule einschloss. Solche Bindungen waren in dieser Schicht weit verbreitet und beinhalteten zumeist eine regelmäßige finanzielle Zuwendung für Kirche und Schule und deren karitativem und sozialem Engagement, also die Unterstützung der zahlreichen karitativen Vereine auf konfessioneller Grundlage. Dies galt in gleicher Weise für Ludwig Knoop und seine Familie, die sich in dieses Sozialleben integrierten, das sie und ihre Nachkommen veränderten und ausbauten. Die entscheidenden Prägungen erfolgten durch ihre religiösen Bindungen, ob nun lutherisch, reformiert oder katholisch. Die deutschsprachigen Kaufleute und Unternehmer zahlten nicht nur ihre obligatorischen Beiträge in die Gemeindekasse, sondern sie spendeten reichlich für karitative und mildtätige Zwecke. Für Ludwig Knoop ließ sich keine größere Spende nachweisen, aber sein Sohn Andreas initiierte 1903 einen Neubau der Petri-Pauli-Kirche in der Starosadskij pereulok (Alte Garten Gasse) und spendete wie sein Bruder Theodor je 15.000 Rubel. Andreas leitete zudem den Gemeindekirchenrat.[145]

Im Hause Hoyer herrschte ein reges gesellschaftliches Leben, in das bald auch der junge Ludwig Knoop eingebunden war, der als besonders schüchtern charakterisiert wird, zumindest den jungen Damen gegenüber.[146] Im Sommer lebten die Hoyers, wie fast alle Angehörigen des Adels und des Bürgertums, auf einem Landsitz in der Nähe der Stadt, der inzwischen fast sprichwörtlichen „Datsche".[147] Ludwig verliebte sich in die älteste Tochter Louise. Adele Wolde beschrieb ihre Mutter als das genaue Gegenteil ihres Vaters: lustig, voller Humor, von übersprudelnder Lebhaftigkeit, anmutig und liebreizend. Ludwig war offensichtlich nicht der einzige Bewerber, aber Louise entschied sich für ihn und so wurde am 10. Juni 1843 auf dem Landsitz Pokrovskij „eine ländliche, sehr lustige Hochzeit" gefeiert.[148] Ludwigs Onkel Andreas Frerichs hatte dazu seinen Segen gegeben, von den Eltern war keine Rede. Ludwigs älterer Bruder Daniel Diederich heiratete übrigens im April 1851 Louises jüngere Schwester Charlotte Amalie und einer der leitenden Angestellten der Firma L. Knoop & Co. in Moskau, der aus Thorn (heute Toruń) gebürtige Johann Prowe (1833–23.1.1901) heiratete im Mai 1858 in Moskau Emilie Hoyer (7.19.10.1834–1886), eine weitere Schwester von Louise und Charlotte.[149]

Ludwig Knoop gelang es zwischen 1839 und der Mitte der 1840er-Jahre, das Vertrauen der russischen Kaufleute und Unternehmer zu gewinnen. Dazu ge-

Abb. 14 *Der Landsitz oder die Datscha Pokrovskij, früher im Besitz der Adelsfamilie Glebov-Streżnev, liegt heute rund zwölf Kilometer vom Moskauer Stadtzentrum entfernt im Nordwesten der Stadt*

hörte nicht nur „ein guter Magen", sondern auch ein guter Kopf. Er verkehrte mit seinen russischen Kollegen auf familiärer Basis und besuchte mit ihnen nicht nur die Nobelrestaurants, in denen normalerweise diniert wurde, sondern auch die sogenannten „Traktire",[150] bürgerliche Gast- und Wirtshäuser, in denen es bisweilen auch etwas lauter und deftiger zugehen konnte. Pavel A. Buryškin, Spross einer Moskauer Unternehmerfamilie, schilderte in seinen Memoiren das wirtschaftliche, soziale und private Leben der Unternehmerschaft aus der Sicht eines Insiders und widmete Knoop, den er offensichtlich sehr schätzte, auch wenn er ihn persönlich nicht gekannt hat, und dessen Bedeutung für die russische Textilindustrie einige aufschlussreiche Seiten.[151] Beliebt war es, „zu den Zigeunern" zu gehen, worunter

Abb. 15 und 16
Der erste Moskauer Wohnsitz der Knoops: Das Tor zum Haus Vargin und Haus Vargin an der Bol'šaja Lubjanka (Große Lubjanka). Das Haus lag damals wie heute im Zentrum der Stadt in der Nähe der Theater und der exklusiven Einkaufsstraße Kuzneckij Most (Schmiede-Brücke)

man sich jedoch vor allem musikalische Unterhaltung vorzustellen hat, denn „Zigeunermusik“ war in den Oberschichten sehr populär.[152] Eine besondere Form des „geselligen Trinkens“ einiger Unternehmer, zu denen bisweilen wohl auch Ludwig Knoop und sein späterer Kompagnon Alekej I. Chludov gehörten, war es, einen umgestülpten Zylinderhut auf einen Tisch zu stellen und so viele Champagnerflaschen zu leeren, bis deren Korken den Hut bis zum Rand füllten. Ob diese Sitte, wie Schulze-Gaevernitz schrieb, „noch recht asiatisch“ gewesen ist, möchte ich eher bezweifeln und bin mir relativ sicher, dass man dies auch in den entsprechenden Etablissements in Berlin, Paris und London erleben konnte. In diesen Kreisen verschaffte sich Knoop große Anerkennung und hohe Akzeptanz, die sich in der höflich-vertrauten Anredeform mit Vor- und Vatersnamen zeigte. Aus Ludwig Knoop wurde Lev Gerasimovič, woraus zudem gefolgert werden kann, dass er der russischen Sprache auch in ihrer „nichtöffentlichen“ Form mächtig war.[153] Selbstverständlich erschöpfte sich die Akzeptanz Knoops nicht nur darin, sondern zeigte sich im weiteren Verlauf unter anderem dadurch, dass er 1858 erstmals zu einem der drei „Ältermänner“ der Moskauer Börse gewählt und danach mehrfach wiedergewählt wurde.[154]

Schulze-Gaevernitz hielt fest, dass Knoop die Vertrauenswürdigkeit seiner Geschäftspartner zu durchschauen vermochte. „Auf dieser Eigenschaft beruht das Geheimnis so mancher glänzenden gesellschaftlichen Laufbahn.“[155] Zudem informierte Knoop seine Geschäftspartner unter anderem über die Unterschiede zwischen Baumwolle aus den USA und aus Indien oder Ägypten, über die Qualität der englischen Garne und der englischen Maschinen. 1843 wurde ein entscheidendes Jahr seiner kaufmännischen Laufbahn, als die britische Regierung die bisher bei Todesstrafe verbotene Ausfuhr dieser Maschinen und damit eben auch von Textilmaschinen aufhob.[156]

Louise und Ludwig Knoop, das junge Ehepaar, lebte zunächst im Elternhaus der Braut, im Sommer in Pokrovskij, die übrige Zeit des Jahres im Haus Vargin an der Bol'šaja Lubjanka im Herzen der Stadt, unweit der Einkaufsstraße „Kuzneckij Most“ und der Theater gelegen. Wie in Bremen gab es keine Trennung der unterschiedlichen Sphären, die gleichsam nahtlos ineinander übergingen. Das Gebäude hatte einen Innenhof, einen Garten und Stallungen.[157] Auch das Kontor Knoops befand sich im Haus. Es gab einen Saal für die Feste, in dem die Gesellschaften und auch die Tanzstunden für die älteren Kinder und deren Cousins und Cousinen stattfanden, zwei Wohn- und ein Esszimmer sowie weitere Räumlichkeiten, an die sich das Arbeitszimmer des Vaters und das Kontor anschlossen. Dessen Betreten war den Kindern im Prinzip verboten, an Sonntagnachmittagen aber „ein sehr beliebter Spielplatz“. Im Saal stand ein Flügel, auf dem die Mutter häufiger spielte, später auch Johann, den ältesten Sohn unterrichtete, der zudem auch Geige spielte.[158] An den Wänden der Wohnzimmer hingen die Gemälde des Malers Carl Johann Lasch (1822–1888) aus der Düsseldorfer Malerschule, der zwischen 1847 und 1857 in Moskau lebte und mit dem sich die Eltern angefreundet hatten. Später ging Lasch wieder nach Deutschland zurück und malte in Bremen wiederum im Auftrag der Knoops, aber auch von anderen Kaufleuten und Unternehmern.[159] Möglicherweise wurde Ludwig Knoop durch Johann Prowe auf Carl Johann Lasch aufmerksam, denn er sammelte, wie eine ganze Reihe russischer Unternehmer in der zweiten Hälfte des 19. Jahrhunderts, Bilder, darunter auch die der Düsseldorfer Malerschule.[160] Prowe spendete zudem auch für die karitativen Einrichtungen der evangelischen Schulen und Kirchen.[161]

Hier wurden alle sechs Kinder der Knoops, Louise (9.4.1844), Johann (22.7.1846), Theodor (17.8.1848), Adele (6.3.1852), Andreas (4.5.1855) und Emilie (11.2.1858), geboren und wuchsen dort bis 1861 auf. Adele Wolde schilderte das häusliche Leben als Idylle mit gelegentlichen Temperamentsausbrüchen von Vater und Mutter.[162] Die Mutter sei der Mittelpunkt der Familie gewesen. Louise Knoop las den Kindern vor, darunter auch die „Trois Mousquetaires", sodass davon ausgegangen werden kann, dass dies im französischen Original erfolgte. Die Kinder besuchten keine Schulen, sondern wurden, aus übergroßer Vorsicht vor schlechten Einflüssen, von Hauslehrern und Gouvernanten erzogen. Die Folge davon sei gewesen, dass „wir zu unvorbereitet in das Leben traten". Und es gab die vielen „guten Geister" des Hauses, also das Personal, das es „verdient, genannt zu werden".

Mit der ein oder anderen kleineren Abweichung entspricht diese Schilderung der Lebenswelt und der Lebensweise der anderen Moskauer Unternehmer deutscher Herkunft. Dazu gehörte auch das Leben in zwei Welten, denn die russische Umgebung übte nicht nur wegen der „Rücksicht auf die Dienstboten und in einem Gefühl religiöser Toleranz" einen entsprechenden Einfluss aus. Beachtet wurden die Gebräuche der russisch-orthodoxen Kirche, aber auch die damit verbundenen Verhaltensweisen und Vorstellungen. Im Jahresrhythmus begegneten sich oder liefen parallel die Gepflogenheiten des evangelischen und des orthodoxen Glaubens. Solange man in Moskau bzw. in Russland war, solange lebten die Moskauer Deutschen in zwei Welten und feierten das „herrliche Osterfest", dessen Mystik nicht nur auf die „Kindergemüter" wirkte.[163] Ein Teil dieser Gepflogenheiten war der Gebrauch der im Russischen so beliebten Diminutive der Vornamen, und so ist bei Adele Wolde auch häufiger von „Wanja" (für Johann), „Andruscha" (Andreas bzw. Andrej) oder von „Fedja" (Theodor bzw. Fedor) die Rede. Ihr Buch, daran sei erinnert, wurde rund 60 Jahre nach der Rückkehr aus Russland geschrieben. Geselligkeiten mit deutschen, russischen und französischen Freunden nahmen einen großen Platz ein, dabei spielten „Essen und Trinken, vor allem Letzteres, eine wichtige Rolle".[164] Wie Adele Wolde schrieb, fehlte dem Vater wegen seines Berufes häufig die Zeit, um sich mit Kunst und Literatur zu beschäftigen, „was er im Alter manchmal bedauert hat". Allerdings war Ludwig Knoop gemeinsam mit Angehörigen der Familien Zenker, von Wogau, Prowe, Rabeneck und Banza sowie dem Schotten Robert McGill ein einfaches Mitglied der bürgerlichen „Moskauer Gesellschaft der Kunstliebhaber" (Moskovskoe obščestvo ljubitelej chudožestv).[165] So war nicht nur die Mutter für das kulturelle Leben zuständig.

Seit 1848 wurde auch gereist. Zunächst fuhren die Eltern in jenem Revolutionsjahr nach Wien, wo sie prompt in eine „revolutionäre Demonstration" gerieten, sodass die Theateraufführung abgebrochen werden musste. Im Mai 1856 verreiste offensichtlich die ganze Familie unter Einschluss der Gouvernanten und Dienstboten, teils auch in Begleitung der Cousinen und Cousins, in die alte Heimat. Von Moskau aus fuhr die Reisegesellschaft mit dem Zug auf der am 1. November 1851 für den Personenverkehr freigegebenen Linie nach St. Petersburg, die Kaiser Nikolaj I. (Nikolaus I.) (1796–1855) kurz nach ihrer Eröffnung höchst selbst so gründlich inspiziert hatte, dass es zu größeren „Verzögerungen im Betriebsablauf" kam. Die Fahrtzeit dauerte rund 22 Stunden für die Strecke von gut 650 Kilometern. Von Petersburg

Abb. 17 *Die sechs Kinder von Ludwig und Louise Knoop, Anfang der 1860er-Jahre; Louise (geb. 1844) war 14 Jahre älter als ihre jüngste Schwester Emilie (geb. 1858)*

Abb. 18 *Adele Baroness Knoop, spätere Ehefrau von Georg Wolde, die 1928 die „Lebenserinnerungen" an ihren Vater schrieb*

ging es mit dem Schiff nach Lübeck und von dort mit dem Omnibus, noch von Pferden gezogen, Zug und Kutschen nach Bremen.[166] Im weiteren Verlauf der Reise wurde halb Mitteleuropa besucht: Freiburg, Schaffhausen, Zürich, Luzern, Brüssel und Calais, nach Dover und dann nach Paris. In Dover heiratete „der strenge Onkel Johann" seine vierte Frau, Mathilde von Folkmann, eine Verwandte von Großmutter Hoyer.[167] Adele hatte rund zwei Monate vor Beginn der Reise ihren vierten Geburtstag gefeiert, das zu dieser Zeit jüngste Kind, der am 4. Mai 1855 geborene Andreas, war sicherlich in der Obhut seiner Kinderfrau zu Hause geblieben.

Es folgten zahlreiche weitere Reisen, auf denen sich die Familie den Aktivitäten einer gutbürgerlichen Familie widmete. Bei einer Gelegenheit lernten die Knoops, weil die älteste Tochter erkrankt war, Berlin und Umgebung bestens kennen und besuchten fleißig das Theater, um die berühmte Schauspielerin Friederike Goßmann (1838–1906) zu sehen.[168] 1859 begleitete die Familie die beiden älteren Söhne, Johann und Theodor zur Ausbildung nach Bremen bzw. nach Deutschland. Johann war 13, Theodor 11 Jahre alt. In jenem Jahr blieb die Familie auch über die Wintermonate in Bremen und wohnte in Hillmanns Hotel, dem ersten Haus am Platz. Selbstverständlich nahm man, sofern alt genug, am 10. November 1859 an den Feiern zu Friedrich von Schillers (1759–1805) 100. Geburtstag auf dem Marktplatz teil.[169]

Zweites Kapitel
Ein Imperium entsteht

1. Technologietransfer

Wie auch immer es zugegangen sein mag, in jedem Falle wurde der „rückständige Holzhauer“ bald nach Ludwig und Louise Knoops Hochzeit 1843 entlassen, und Ludwig übernahm die Leitung der Moskauer Niederlassung.[170] Dabei wurde Ludwig in Manchester von seinem jüngeren Bruder Julius „kräftig“ unterstützt. Zu jenem Zeitpunkt, so Adele Wolde, hätten sich die beiden „zu gemeinsamer Arbeit fürs Leben zusammengetan“.[171] Als erste Fabrik wurde offensichtlich die von den Gebrüdern Frerichs schon in den späten 1820er- oder 1830er-Jahren gegründete „Ochtinskaja fabrika“ in der Nähe St. Petersburgs mit englischen Maschinen ausgestattet.[172] Wann dies geschehen ist, lässt sich nicht ermitteln, aber in jedem Falle frühestens Ende des Jahres 1843. In Russland fehlten allerdings nicht nur die für die Herstellung von Baumwolltextilien benötigten Maschinen, sondern vor allem auch eine regelmäßige, zuverlässige und preisgünstige Versorgung mit der benötigten Rohware, also Baumwolle und auch Garne, sowie das technische Know-how und das dafür erforderliche Personal.

Ludwig Knoop war nicht nur mit seinen russischen Geschäftspartnern und -freunden gut bekannt, sondern auch mit seinen Konationalen. Andreas Zenker betonte in seinen Memoiren die engen Beziehungen zwischen beiden Familien, zudem seien Ludwig Knoop und Joseph Franz Zenker (1821–1870) ein Jahrgang gewesen, ebenso wie die beiden anderen deutschstämmigen Kaufleute Ludwig (Louis) Borchard (1821–1901) und Henry Marc (1821–1904). Louise Knoop war Andreas Zenkers Taufpatin und seine Mutter deren „Pensionsfreundin“.[173] Allerdings waren Joseph Zenker und Ludwig Knoop auch geschäftlich auf vielfältige Weise verbunden, unter anderem als Teilhaber und Mitgründer der Moskauer Diskonto-Bank (1870) und der Moskauer Feuer-Assekuranz-Gesellschaft (1858).[174] Außerhalb freundschaftlich-familiärer Beziehungen spielte sich das soziale Leben vor allem in den Klubs der Stadt ab. Während der „Englische Club“ eher der Welt des Adels zuzurechnen war, auch wenn einige bedeutende Kaufleute dort Mitglieder waren, war der Kaufmannsclub (Kupečeskij klub) eine bürgerliche Gründung. Beide Klubs besaßen eigene Gebäude im Zentrum der Stadt. Das Klubleben war die

Domäne der Männer. Hier trafen sie sich zum Essen und zum Spielen, zum Lesen und zum Abschluss von Geschäften. Nur bei den sozialen Ereignissen, den Bällen und Gesellschaften, waren auch Frauen erwünscht.[175]

In den folgenden Jahren konnte Knoop mit Hilfe der Firma De Jersey & Co., also seines Onkels und seines Bruders, einige weitere Fabriken ausstatten, wobei die Zahlen zwischen sechs und acht schwanken.[176] In jenen Jahren reiste er viel, wie seine Tochter berichtet.[177] Ludwig Knoops großer Aufstieg begann, als er im Jahre 1847 für den Moskauer Großunternehmer Savva V. Morozov (1770–1860) im Industriedorf Orechovo-Zuevo unweit Moskaus eine vollständig ausgestattete Textilfabrik errichtete, die „Nikol'sker Manufaktur". Nicht nur die Maschinen kamen aus England, sondern auch der Großteil der leitenden Angestellten und der Vorarbeiter wurde dort angeworben.[178] Seit dieser Zeit hielt Knoop, später seine Firma, 100 von insgesamt 5.000 Anteilscheinen des Unternehmens Savva T. Morozov Sohn & Co., eines der ältesten und angesehensten Unternehmen in der russischen Textilbranche.[179] Verträge übrigens, so ist es bis in die 1880er-Jahre hinein überliefert, schlossen Knoop und seine Geschäftspartner fast ausschließlich per Handschlag. Dies basierte auf der Grundkategorie des Vertrauens, die ihren Ausdruck sehr klar in dem überlieferten Ausspruch „Wenn Du meinen Worten nicht traust, brauchst Du mir auch nichts zu verkaufen" findet.[180] Die ganze Geschäftspraxis ihres Vaters habe, so führt Adele Wolde aus, „auf dem gegenseitigen Vertrauen zwischen den leitenden Persönlichkeiten der Firma und den Klienten", also den russischen und sonstigen Geschäftspartnern beruht.[181]

In jenem Jahr 1847 soll die Firma De Jersey & Co. aufgrund mangelnder Liquidität bankrottgegangen sein.[182] Inwieweit dies tatsächlich zutraf, kann nicht mehr ermittelt werden. In jedem Falle bestand die Firma auch weiterhin, allerdings schieden die Brüder Frerichs in den folgenden Jahren aus dem Unternehmen aus, doch wurde die Zusammenarbeit in jeder Hinsicht erfolgreich fortgesetzt. De Jersey verfügte insbesondere über ausreichende Kreditmöglichkeiten in England und galt auch selbst als in jeder Hinsicht kreditwürdig. Die Firma arbeitete vor allem mit den Bank- und Handelshäusern William Berkefeld & Co. sowie H. S. Lefevre & Co. in London zusammen.[183]

Für Ludwig Knoop, de jure immer noch ein Angestellter De Jerseys, wurde die „schlüsselfertige" Errichtung von Textil-, hauptsächlich von Baumwolle verarbeitenden Fabriken zum Markenzeichen. Mit einiger Sicherheit war er wohl einer der Ersten, wenn nicht der Erste, der dieses Konzept entwickelte und über Jahrzehnte hinweg erfolgreich praktizierte. Eine weitere Besonderheit war es, dass sich Knoop für seine Aktivitäten durch Beteiligungen an den Unternehmen bezahlen ließ.[184] Lieferant der Maschinen war fast ausschließlich die in Oldham ansässige Fabrik Platt Bros. & Co., die sich auch aufgrund der Geschäftsbeziehungen mit den Brüdern Knoop zum größten Hersteller von Textilmaschinen der Welt in jener Zeit entwickelte.[185] Es gelang Ludwig und Julius, von Platt Bros. das alleinige Recht auf den Maschinen- und Zubehörimport nach Russland zu erhalten.[186] Seit den späten 1870er-Jahren verstärkte sich diese Geschäftsverbindung noch, denn eine Nichte von Ludwig und Julius, Anna Rebecka Helene Bornemann (20.11.1849–?), die Tochter ihrer Schwester Helene Adolfine Wilhelmine (1824–1910) heiratete einen der größeren Aktionäre von Platt Bros. Heinrich Ludwig (Louis) Gromme (18.4.1840–1907).[187] Diese Beziehung zwischen den

Knoops und den Grommes bestand auch noch kurz vor dem Ausbruch des Ersten Weltkrieges, als Ludwigs und Anna Rebeckas Sohn Ernst Willy Gromme (4.2.1873–?) einer der Direktoren bei Platt Bros. sowie bei John Musgrave in Bolton und zugleich einer der vier Teilhaber von De Jersey war.[188] Dies waren darüber hinaus Ludwigs ältester Sohn Johann sowie Julius' Sohn Ludwig (Louis), der auch bei Musgrave einer der Direktoren war, und dessen Sohn John Jersey de Knoop.[189] Dampfmaschinen bezogen die Knoops vor allem über die Firma Hick, Hargreaves & Co. in Bolton, später von John Musgrave & Sons, ebenfalls in Bolton, und elektrische Beleuchtungsanlagen anfangs von Mather in Salford.[190] Von den politisch-sozialen Ereignissen jener Zeit, den revolutionären Bewegungen in Frankreich, Belgien, Deutschland und der Habsburgermonarchie, waren Ludwig und Julius Knoops geschäftliche Aktivitäten in Russland bzw. in Großbritannien offensichtlich kaum betroffen. Nicht beschäftigen konnte ich mich mit dem Problem, inwieweit sich innen- und außenpolitische Entwicklungen des Russischen Reichs und Großbritanniens sowie bilaterale und internationale Beziehungen auf die Geschäfte von Ludwig und Julius Knoop und ihren Nachfolgern auswirkten. Dazu fehlen Bilanzen, Statistiken und firmeninterne Aufzeichnungen.

Es dauerte noch bis 1852, ehe Ludwig Knoop sein eigenes Unternehmen, das Handelshaus L. Knoop & Co., in Moskau gründete, dem bald Niederlassungen in St. Petersburg und Reval folgten. Zudem wurden er und seine gesamte Familie russische Staatsbürger, zugleich wurde er in Moskau als Kaufmann der Ersten Gilde registriert.[191] Aber Knoop in Moskau und De Jersey & Co. in Manchester, an dessen Spitze nun Julius Knoop stand, importierten nicht nur ganze Fabriken einschließlich Personal, sondern auch Spindeln und anderes Zubehör für das Färben, Bedrucken und Bleichen. Irgendwann in jener Zeit kam in Russland der Spruch auf, den alle kennen, die sich mit Ludwig Knoop und seinen Unternehmungen beschäftigen. Dessen Ursprung ist unbekannt, schon Schulze-Gaevernitz, der in den 1890er-Jahren vor Ort war, ist es nicht gelungen, die Herkunft herauszufinden. Zitiert werden im Deutschen nur jene zwei Zeilen, die sich reimen, im russischen Original sind es – mit einer Variation – drei:

Wo es eine Kaserne (ein Bett) gibt, da gibt es eine Wanze, wo es eine Kirche gibt, gibt es einen Pop(en), wo es eine Fabrik gibt, da gibt es Knoop.

Čto ni kazarma (krovat') – to klop, čto ni cerkov' – to pop, čto ni fabrika – to Knop.[192]

Knoop, so ließe sich etwas salopp formulieren, sammelte Beteiligungen an Fabriken, wie mancher Zeitgenosse Bilder oder andere Kunstwerke sammelte. Ein offensichtlich anlässlich des 25-jährigen Firmenjubiläums im Mai 1877 im Auftrag von Knoops Geschäftsfreunden erstelltes Verzeichnis, listet 154 Fabriken auf, die mit Hilfe Knoops errichtet wurden. Mit Maschinen bestückte er insgesamt 187 Fabriken. Darüber berichtete auch die Presse ausführlich. Knoop erhielt als Geschenk ein Album mit Fotografien aller Baumwollspinnereien und Webereien, die er bis dahin eingerichtet hatte.[193]

2. Die Gründung von Krähnholm und der Baumwollimport

Bald nach der Gründung von Knoop & Co. in Moskau hatten die Mitglieder der Großfamilie Knoop, die im Baumwollgeschäft aktiv waren, mit einiger Sicherheit zwei wichtige Entscheidungen zu fällen, zum einen, ob sie endgültig auch in das Geschäft des Imports von Rohbaumwolle und zum zweiten, ob sie auch selbst in die Textilherstellung einsteigen wollten. In Russland expandierte der Markt weiterhin. 1850 stand Russland mit 1,1 Millionen Spindeln an fünfter Stelle der Baumwollspinnerei in der Welt nach England mit fast 21 Millionen, Frankreich mit 4,2 Millionen, den USA mit 2,5 Millionen und der Habsburgermonarchie mit 1,4 Millionen[194] Chancen also bot der Markt reichlich. Ludwig Knoop, „ein selten klarer Kopf", sah diese Möglichkeiten sehr deutlich und nutzte sie mit Hilfe seiner familiären und wirtschaftlichen Verbindungen sowie seiner kaufmännischen Weitsicht entsprechend aus.[195]

Beginnen wir mit der zweiten Option. Im Jahr 1857 gründete Knoop mit einigen russischen und anderen Geschäftspartnern sowie Familienangehörigen die „Gesellschaft der Krähnholm Manufaktur für Baumwollfabrikate", kurz „Krähnholm" genannt, auf der im Gouvernement Estland gelegenen gleichnamigen Insel im Fluss Narva mit zwei Wasserfällen. Die Insel hatte Knoop Anfang November 1856 von den Erben des Kaufmanns Carl Joachim Sutthoff (1735–1788) in Narva für 50.000 Silberrubel gekauft.[196] Darauf aufmerksam gemacht hatte ihn Ernst Kolbe (30.4./12.5.1810–20.2.1890), den er Anfang der 1850er-Jahre kennengelernt hatte.[197] Mitgründer des Unternehmens waren die Moskauer Textilunternehmer Aleksej I. Chludov (1818–1882), Koz'ma T. Soldatenkov (10.10.1818–19.5.1901), der britische Staatsbürger Richard Barlow (Lebensdaten unbekannt), der als Leiter der Technik und Fachdirektor der Fabrik tätig war, und der ortsansässige Kaufmann und Bürgermeister Ernst Kolbe, der als Oberverwalter und Generaldirektor fungierte.[198] Nominell galt Ludwig Knoop als Generaldirektor, doch war er, ebenso wie seine Miteigentümer, selten vor Ort, denn die Hauptverwaltung des Unternehmens befand sich, wie in der Firmenfestschrift von 1932/33 angegeben, bis zur Unabhängigkeit Estlands, also bis 1918, in Moskau, denn dort hatten „die meisten Vorstandsmitglieder ihren Wohnsitz".[199]

Das Stammkapital betrug zunächst 2 Millionen Goldrubel und wurde später auf 6 Millionen erhöht. Die „Gesellschaft der Krähnholm-Manufaktur für Baumwollfabrikate", wie das Unternehmen offiziell hieß, war nach russischem Recht eine „Gesellschaft auf Anteilscheinen" (Tovariščestvo na pajach), was in etwa einer Kommanditgesellschaft entsprach. Die Anteilscheine hatten einen Wert von je 5.000 Goldrubel. Heinrich Johann Hansen (1819–1900) nannte in seiner „Geschichte der Stadt Narva" als Anteilseigner die Brüder Andreas und Johann Frerichs, Julius Knoop, Ludwigs Bruder, den Petersburger Kaufmann Alexander Marsch (auch March, Lebensdaten unbekannt) und drei Brüder Aleksej Chludovs, Nazar (Lebensdaten unbekannt), Gerasim (1822–1885) und David (1822–1886).[200] Der Vorstand setzte sich bis 1924 aus drei Mitgliedern und zwei Kandidaten zusammen, dann bis 1932 aus vier Mitgliedern und maximal einem Kandidaten.[201] Am 30. April/12. Mai 1857 wurde der Grundstein gelegt und dieser Tag gilt als Gründungsdatum des Unternehmens.

Für die Bevölkerung der Region war dies ein bedeutendes Ereignis. So berichtete das „Pernausche Wochenblatt" vom 1. Juni 1857, dass sich bei „schönstem Frühlingswetter" eine große Volksmenge eingefunden habe. Die Veranstaltung begann mit Gottesdiensten der russisch-orthodoxen und der evangelisch-lutherischen Konfession, es folgten Toasts auf das Wohl des regierenden Kaisers, des Generalgouverneurs und weiterer Würdenträger sowie Ansprachen, die die Zeitung mit den Worten kommentierte: „Bei den folgenden Ansprachen und Trinksprüchen wetteiferte der Champagner mit der unermüdet strömenden Narowa." Im Bericht hieß es, dass Krähnholm die größte Textilfabrik Europas, wenn nicht der Welt, größer als die Unternehmen in den Vereinigten Staaten, werden sollte. „Daß die Bewohner Narwas's der Entwicklung und dem Fortgang eines so großartigen Unternehmens mit der gespanntesten Theilnahme entgegen sehen, bedarf keiner Auseinandersetzung", schrieb das Blatt am Ende seines Artikels.[202]

Narva war seit Ende des 18. Jahrhunderts, vor allem aber seit dem Anfang des 19. Jahrhunderts Standort der Textilindustrie. Um 1820 gründete der Kaufmann Paul Momma (1784–1834, bisweilen fälschlich auch Bromma) eine Tuchfabrik, die 1836 von den Erben an eine Aktiengesellschaft verkauft wurde, an der unter anderem der russische Außenminister Karl Robert Graf von Nesselrode (1780–1862) sowie General Alexander Graf von Benckendorff (1781–1844) Anteile hielten. Die Geschäfte lagen wohl eher in der Hand von Kaufleuten, zu denen weiterhin Paul Momma gehörte.[203] Diese Tuchmanufaktur wurde schon 1845 an den russischen Hofbankier Alexander Baron von Stieglitz (1814–1884) verkauft, der vor Ort eine zweite Fabrik betrieb, die Segeltuch herstellte. Teilhaber war Napoleon Peltzer (auch Pelzer, 1802–1889), der aus Weisweiler bei Aachen stammte. Er übernahm die Fabrik um 1880.[204] Eine weitere Tuchfabrik gehörte dem Kaufmann Georg Kramer (auch Cramer, 1785–1860), der sie 1857 an die Knoop'sche Baumwollmanufaktur verkaufte. Darüber hinaus gab es Fabriken für Essig und Farben sowie Sägemühlen. Sie alle nutzten die Wasserkraft der Narvaer Wasserfälle.[205] Der Ort, dessen Hafen häufiger versandete, zählte am Ende der 1850er-Jahre rund 5.000 Einwohner: Esten, Russen, Deutsche und Finnen.[206] Wie andere Städte Est- und Lettlands auch, hatte Narva eine hansische und damit stärker deutsch geprägte Geschichte. Die Esten waren zwar in der Mehrheit, aber Russen und

Abb. 19 *Gesamtansicht des Fabrikensembles „Krähnholm" an der Narva, heute Estland, Ende des 19. Jahrhunderts*

Deutsche prägten die Stadt in stärkerem Maße.[207]

In Krähnholm wurde schon im Oktober 1858 die Spinnerei eröffnet, im folgenden August die Weberei. In den Jahrzehnten danach wuchs das Unternehmen kontinuierlich in allen Bereichen. Gab es anfangs in der Spinnerei rund 10.000 Spindeln, so waren es 1871 bereits mehr als 170.000 und 1912 472.500. Die Weberei wuchs von 516 Webstühlen im Jahr 1860 auf 3.672 1912.[208] Die Produktion von Garnen stieg von rund 58.000 Pud[209] 1860 auf 589.000 Pud im Jahre 1891. Im Jahrzehnt der ökonomischen Krise der 1890er-Jahre nicht nur im Russischen Reich gab es bis 1901 nur ein Wachstum um 30.000 Pud, im folgenden Jahrzehnt des großen Booms in Russland bis 1914 erfolgte ein Anstieg um fast 400.000 Pud. Ähnlich verlief die Entwicklung bei der Tuchproduktion. Hier gab es ein Wachstum um mehr als das Doppelte: von 44,6 Millionen Aršin[210] 1901 auf 105,6 Millionen im Jahre 1912.[211] Es kann also keine Rede davon sein, dass die Geschäftsentwicklung nach dem Tode Ludwig Knoops, als das Unternehmen von den Brüdern Theodor (Fedor) und Andreas (Andrej) sowie bis zu seinem Tod 1901 von Knoops Schwager Johann Prowe geführt wurde, rückläufig war.

Abb. 20 *Postkarte von Krähnholm mit dem Wasserfall der Narva, um 1900*

Produziert wurde bis zur Oktoberrevolution von 1917 fast ausschließlich für den russischen Markt. Die Versorgung mit Rohstoffen, Maschinen und Zubehör erfolgte direkt über den Hafen in Narva bzw. Reval bzw. über die von der Fabrik nur einen Kilometer entfernte Bahnstation.[212] Im Laufe der 1870er-Jahre fanden sich in jenen Rubriken der Revaler Presse, die die eingelaufenen Schiffe mit ihren Ladungen auflisteten, fast täglich Informationen zu Schiffen mit Baumwollladungen aus den Vereinigten Staaten, Charleston, Mobile, New Orleans und Savannah, sowie mit Maschinen und Zubehör aus Hull und London, Lieferungen der Firma Platt Bros. & Co. sowie weiterer Vertragsfirmen der Knoops in England. Zwischen dem 8. und 12. Mai 1873 kamen ein Dampfer mit Baumwolle aus New Orleans und ein Schiff aus Hull mit Waren für L. Knoop, in Zeitraum vom 24.8. bis zum 3.9.1874 waren es zwei Schiffe aus Hull und eines aus London, Ende April 1875 liefen vier Schiffe für L. Knoop ein, eines aus Charleston und eines aus Alexandria mit Baumwolle, eines aus Brimsby und eines aus London mit Stückgut.[213] Über die Lieferungen nach Reval, Bremen und Liverpool berichtete auch die lokale Presse in New Orleans. Im November 1877 gingen knapp 5.500 Ballen mit dem Dampfer „Baltimore“ nach Reval, versandt von Knoop, Hanemann & Co.[214]

Abb. 21 *Krähnholm und der Wasserfall der Narva, ein beliebtes Postkartenmotiv, 1899*

Die Moskauer Versicherungsgesellschaft schätzte den Wert des Unternehmens zu diesem Zeitpunkt einschließlich der Immobilien auf mehr als 40 Millionen Goldrubel.[215] Schulze-Gaevernitz schrieb am Ende des Jahrhunderts, die Fabrik sei „ein Stück England auf russischem Boden", denn selbstverständlich stammten alle Maschinen von der Firma Platt Bros. in Manchester oder anderen englischen Firmen.[216] Die Turbinen allerdings kaufte Knoop von 1859 bis 1911 ausschließlich bei der Maschinen-Fabrik Augsburg-Nürnberg (MAN), wie aus den überlieferten Akten hervorgeht. Der erste Vertrag über zwei Turbinen mit je 405 Pferdestärken (PS) und Ringfalleinzug zum Gesamtpreis von 24.000 Gulden wurde im Juli 1859 geschlossen. Die Lieferung erfolgte am 31. Mai 1860 in Begleitung eines Technikers auf Kosten der MAN.[217] Das nachfolgende Modell mit 1.200 Pferdestärken wurde im Juli 1867 geliefert. Ein Modell davon zeigte die MAN auf der Weltausstellung in Wien im Herbst 1873.[218] Die letzte Turbine, eine Zwillingsturbine, lieferte MAN 1911.[219]

Die Fabrikgebäude in Krähnholm entstanden in mehreren Abschnitten, teils mit den Arbeiterwohnungen und den Wirtschaftsgebäuden, was sich schon an den Bezeichnungen „Alte Hälfte" und „Neue Hälfte" erkennen lässt. Der neuere Teil entstand bis 1861, beide Teile zusammen hatten eine Größe von rund zwanzig Hektar. 1872 wurde die Georgs-Insel erworben, 1880 das auf dem linken Flussufer gelegene Gut Joala. Untereinander und mit dem gleichnamigen Ort waren die Standorte durch Brücken verbunden.[220] Bis in die 1870er-Jahre hinein lebte die Arbeiterschaft in beengten Holzhäusern auf dem linken Flussufer.[221] Als nicht ganz einfach erwies sich die Anwerbung von Arbeitern und Arbeiterinnen.[222] Ende der 1850er-Jahre erschienen in der regionalen

Presse immer wieder Stellenanzeigen. Gesucht wurden Männer und Knaben sowie Frauen und Mädchen zwischen 10 und 30 Jahren bei Gehältern von 40 bis 50 (Männer) und 30 bis 35 (Frauen) Silberrubel pro Jahr mit Kost, Logis und Heizung. Die Löhne lagen damit sogar über dem Petersburger Niveau.[223] 1872 arbeiteten im Unternehmen rund 5.000 Arbeiter, von denen etwa zwei Drittel Esten (3.244, davon 1351 Männer, 985 Frauen und 908 Minderjährige) und ein Drittel Russen (1.400, davon 807 Männer, 333 Frauen und 260 Minderjährige) waren. Die Vorarbeiter, Abteilungsleiter und das technische Personal waren Briten, Deutsche und einige Russen, aber keine Esten.[224] Diese Zahlen blieben bis zum Ende des 19. Jahrhunderts in etwa konstant. 1896 waren knapp 4.600 Arbeiter und Angestellte beschäftigt, davon weiterhin zwei Drittel Esten und ein Drittel Russen, 166 Deutsche und 54 Briten, einige Schweden, Finnen und Polen.[225] Die Arbeitstage waren lang, rund 14 Stunden, an Samstagen und vor bestimmten Feiertagen 12. Die Mittagspause dauerte gerade einmal 55 Minuten.

Abb. 22 *Nicolai Schmor, Ansicht von Narva, Lithographie, 1856, vor Beginn des Baus von Krähnholm*

Ernst Kolbe, dem die Regierungskommission zur Untersuchung des großen Streiks 1872 ohne Namensnennung vorwarf, in Krähnholm einen Staat im Staate errichtet zu haben, führte ein fast diktatorisches Regiment, was allerdings nicht nur in Russland keine Seltenheit war.[226] Es kulminierte in dem großen Streik im August und September 1872. Ende Juli brach in Narva und dessen Umgebung die Cholera aus, von der die Region schon häufiger heimgesucht worden war. Zudem war es vorher zu willkürlichen Lohnsenkungen und einer Abschaffung von Prämien gekommen. Die Arbeiter drohten mit Streik und forderten unter anderem einen späteren Arbeitsbeginn, eine Verlängerung der Mittagspause, eine Neuberechnung von Strafzahlungen und eine Abschaffung des zweiprozentigen Lohnabzugs für das Krankenhaus. Zudem wollten sie nur mit dem Gouverneur und den Direktoren, aber nicht mit Kolbe verhandeln. Am 21. August 1872 kam es dann zu Verhandlungen zwischen dem estnischen Gouverneur Fürst Michail V. Šachovskoj-Glebov-

Strešnev (1836–1892) sowie den aus St. Petersburg herbeigeeilten Direktoren Soldatenkov und Knoop. Man einigte sich und unterzeichnete eine Vereinbarung, die allerdings nicht lange hielt, weil sie von Kolbe hintertrieben wurde und die Arbeiter ihm und den anderen Direktoren vor Ort nicht trauten.[227]

Trotz des Endes der Choleraepidemie kam es Anfang September zu erneuten Unruhen und Streiks. Als einige Arbeiter inhaftiert wurden, eskalierte die Situation. Herbeigerufenes Militär trieb die Menge ohne Schusswaffengebrauch auseinander, dennoch wurde weitergestreikt, Soldaten und Offiziere mit Steinen beworfen, ein leitender Angestellter wurde verprügelt. Erst als Gouverneur Šachovskoj mit militärischer Verstärkung eintraf, und 36 Arbeiter verhaftet worden waren, beruhigte sich am 12. September 1872 die Lage. Die Fabrik wurde für fünf Tage geschlossen, um die Vorgänge zu untersuchen.[228]

Von den 36 Verhafteten wurden 27 verurteilt, davon sechs zu mehrjähriger Zwangsarbeit, die übrigen zu Gefängnisstrafen. Die Kommission hielt Kolbe für den Verantwortlichen und Schuldigen, konstatierte die völlige Rechtlosigkeit der Arbeiter, monierte willkürliche Strafen und das Fehlen eines Schiedsgerichts. Außerdem sollten die Arbeitsbedingungen der Heranwachsenden und die Wohnverhältnisse verbessert sowie die Mieten herabgesetzt werden. Das Fabrikgelände unterstand nunmehr der Kontrolle der Polizei und der Aufsicht durch die lokalen Behörden. All diesen Vorschlägen stimmten Gouverneur Šachovskoj und Finanzminister Graf Michael von Reutern (Reijtern, 1820–1890) sowie weitere Minister zu. Kaiser Alexander II. (1818–1881) billigte sie Ende Januar 1873 und setzte sie somit in Kraft.[229] Damit endete der erste größere Streik im Russischen Reich, der mit westeuropäischen Pendants einige Ähnlichkeiten aufwies.

Danach wandelten sich die Bedingungen stetig zum Besseren, auch wenn die Arbeitstage lang blieben und weiterhin rund 14, samstags 12 Stunden, gearbeitet wurde, allerdings nunmehr mit Frühstücks- und Mittagspause von rund zwei Stunden. In jedem Falle lobten zeitgenössische Beobachter wie Schulze-Gaevernitz in den 1890er-Jahren die vorbildliche Organisation und die Qualität der Produktion unter guten hygienischen Bedingungen.[230] In Krähnholm gab es nun eine kostenlose zweiklassige Grundschule, seit der Mitte der 1890er-Jahre auch eine Musikschule und seit 1906 eine Abendschule für Malen und Zeichnen, ein kostenloses Krankenhaus, eine Apotheke, eine Bibliothek, eine Kinderkrippe und eine Badeanstalt, eine russisch-orthodoxe und eine evangelisch-lutherische Kirche sowie eine Konsumgenossenschaft und eine Sparkasse.[231] Vor allem seit den 1890er-Jahren fanden umfassende Renovierungsarbeiten der Krankenhausgebäude und der Apotheke statt. Dazu gehörte auch die Einrichtung von gesonderten Stationen für Infektionen und Epidemien.[232] Die Löhne entsprachen weiterhin in etwa denen in St. Petersburg, Moskau oder Vladimir, einem der Zentren der russischen Textilindustrie.[233] Ludwig Knoop engagierte sich Anfang der 1880er-Jahre auch in der Diskussion über die Einführung von Krankenversicherungen für Arbeiter und schlug nach deutschem Vorbild die Schaffung einer Gesellschaft zur wechselseitigen Unterstützung zwischen den Fabrikbesitzern vor.[234]

Nach dem Streik kam es zu einer organisatorischen Neuordnung. Die Leitung der Fabrik und die Wirtschaftsabteilung wurden getrennt. An der Spitze der Wirtschaftsabteilung stand nun bis 1904 Julius André (Lebensdaten unbekannt), als Fabrikdirektor fungierte William Shawcross (4.9.1837–12.3.1900). Ob es weiterhin einen Generalbevollmächtigten wie

Kolbe gab, geht aus den vorliegenden Unterlagen nicht hervor.[235] Kolbe gehörte schon seit 1868 nicht mehr dem Vorstand als Kandidat an, sondern Ludwig Knoops Schwager Johann Prowe und der vor Ort ansässige Adolf Hahn (8.10.1832–1.8.1914), dann seit 1878 der in Manchester geborene britische Ingenieur Walter Shawcross, der technische Direktor in Krähnholm von 1860–1892, der auch bisweilen die Knoops in Schloss Mühlenthal besuchte und die Gouvernante von Emilie Baroness Knoop heiratete.[236] Aus der Namensliste der technischen Direktoren ist ersichtlich, dass von der Inbetriebnahme Krähnholms bis in die 1930er-Jahre hinein fast ausschließlich Briten diese Position innehatten, wobei Shawcross mit Abstand am längsten amtierte. Zu dieser Gruppe gehörten auch der Schotte Robert McGill (?–1893), der leitende Techniker, der aus Manchester von De Jersey kam und bis zu seinem Tod in Krähnholm blieb, und Atkinson (Lebensdaten unbekannt), die Ludwig Knoop besonders schätzte.[237]

Seit den frühen 1880er-Jahren gab es Bemühungen des Hauses Siemens, in Krähnholm die Gasbeleuchtung durch elektrisches Licht zu ersetzen. Mit den entsprechenden Versuchen war Ludwig Knoop jedoch nicht zufrieden, da das elektrische Licht zum einen als zu feuergefährlich galt und zum anderen zu starke Schatten warf.[238] Im Dezember 1881 verhandelte Werner von Siemens direkt mit Ludwig Baron Knoop in Berlin und unterbreitete ihm den Vorschlag einer „Versuchsbeleuchtung einer Etage der Narva Fabrik [...], die etwa 40.000 Rubel kosten wird.“ Werner von Siemens versprach Knoop, dies bis Mitte Februar 1882 zu bewerkstelligen. Knoop drängte auf diesen Termin, da ab dem Frühjahr 1882 eine neue Fabrik gebaut werden sollte und vorher entschieden werden musste, ob sie mit Gas oder Elektrizität beleuchtet werden sollte. „Der Baron“, so fuhr Werner von Siemens fort, „hat ferner den Ehrgeiz die erste derartige Fabrik in Russland electrisch zu beleuchten.“ Es müsse alles aufgeboten werden, um es dem Baron „recht zu machen“, denn, so Knoop zu Werner von Siemens, „alle anderen Spinnereien in Russland würden es ihm nachmachen“.[239] Knoop zeigte sich an allen Innovationen sehr interessiert und verwies außerdem auf seine führende Position in der russischen Textilbranche.

Die Unternehmung erwies sich als schwierig, denn die Brüder Carl und Werner von Siemens disputierten noch im April 1882 darüber. Schließlich reiste Carl von Siemens im Mai des Jahres selbst nach Krähnholm, um nach dem Rechten zu schauen. Die Gegend war ihm durchaus bekannt, denn er hatte mit dem Kauf eines Sägewerkes im rund 30 Kilometer nördlich von Narva gelegenen Strupovo Anfang der 1860er-Jahre wirtschaftlichen Schiffbruch erlitten.[240] Bei seinem Besuch in der Textilfabrik traf er Andreas Wilhelm (Willy) von Knoop, den ältesten Sohn von Julius von Knoop. Seinem Bruder Werner berichtete er nach Berlin: „Ich bin von Krähnholm zurück und erhalte soeben Deinen Brief vom 17ten/5. In K. traf ich den jungen Baron Knoop aus Manchester (Vater wohnt in Wiesbaden und der Kaiser pflegt bei ihm zu frühstücken. Hat ihm neulich von der elec. Bahn zum Spandauer Bock erzählt), welcher Dich nächstens in Berlin besuchen wird. Nimm ihn gut auf.“[241] Andreas Wilhelm, in England William, im Familienkreis Willy genannt, wurde 1896 in den persönlichen Freiherrenstand erhoben. Er führte seit 1877 die Geschäfte in Manchester, da sich sein Vater mehr und mehr nach Wiesbaden zurückzog.[242] Diese Begegnung in Krähnholm zeigt sehr deutlich, wie eng die beiden Zweige der Familie Knoop miteinander verbunden waren. Carl von Siemens' Brief weist auf die offensichtlich guten Beziehungen zwischen den

Familien Siemens und Knoop hin.[243] In jedem Falle erhielt Siemens im folgenden Jahr einen Auftrag zur Beleuchtung einer Spinnerei, wahrscheinlich die Firma Morozov, in Ivanovo-Voznesensk nördlich Moskaus. 1884 erfolgte die Beleuchtung des Nevskij Prospekt, der Petersburger Prachtstraße, und ein Jahr später des Winterpalastes in der russischen Hauptstadt.[244]

In Krähnholm übernahm nach dem Tod Ludwig Knoops 1894 Johann Prowe, sein Schwager, den Posten des Generaldirektors. Am 16. Mai 1899 wurde in der Nähe des Hauptverwaltungsgebäudes ein Denkmal für Ludwig Baron Knoop, den Unternehmensgründer, errichtet, über dessen Entstehungsgeschichte keine Informationen vorliegen, aber es ist offensichtlich, wie Jurij Petrov feststellte, das einzige Denkmal für einen Unternehmer im vorrevolutionären Russland. Geschaffen wurde es von dem Bildhauer Matvej A. Čižov (1838–1916).[245] Nach Prowes Tod im Januar 1901 übernahm Ludwig Knoops jüngster Sohn Andreas die Funktion des Generaldirektors, behielt aber seinen Wohnsitz weiterhin in Moskau. In dem knappen Jahrzehnt von 1906, nach der Niederschlagung der ersten Revolution 1905/06, bis zum Ausbruch des Ersten Weltkrieges 1914 erlebte die russische Wirtschaft eine Wachstumsphase mit hohen jährlichen Steigerungen. Schon 1905 waren in Krähnholm fast 5.500 Arbeiter und Angestellte tätig, in der Boomphase zwischen 1906 und 1913 sollen es rund 9.000 gewesen sein.[246]

Abb. 23 *Das 1899 errichtete Denkmal für Ludwig Knoop vor dem Hauptverwaltungsgebäude von Krähnholm, geschaffen von dem Bildhauer Matvej A. Čižov (1838–1916)*

Knoop, Soldatenkov und die Gebrüder Chludov waren auch gemeinsam an der Moskauer Gesellschaft der Kattunfabrik Emil Zündel (Cindel') und darüber hinaus gemeinsam mit der ebenfalls altgläubigen Familie Ščukin und dem Moskauer Bankhaus Zenker & Co., mit dem es sehr enge verwandtschaftliche Verbindungen gab, an der Danilovskaja-Manufaktur im Kreis Moskau beteiligt.[247] Mit einem Blick auf die zahlreichen Posten in den Aufsichtsräten und Vorständen der Moskauer Unternehmen und Banken lässt sich durchaus formulieren, dass die altgläubigen und deutschstämmigen Unternehmer und Kaufleute der Stadt einen erheblichen Teil von ihnen gemeinsam kontrollierten.[248]

Fast gleichzeitig mit dem Entschluss, die Textilfabrik Krähnholm zu errichten, fiel offensichtlich auch die Entscheidung, die dafür erforderliche Baumwolle selbst zu importieren, denn mit dem Im- und Export von Waren hatten Ludwig und Julius Knoop sehr gute Erfahrungen gemacht. Allerdings lässt sich anhand der vorliegenden Quellen nicht rekonstruieren, wie diese Entwicklung abgelaufen ist. In der Literatur findet sich der Hinweis, dass es seit 1858 für den Import der Rohbaumwolle eine Niederlassung in New York gegeben habe.[249] Im New Yorker Adressbuch für die Jahre 1859/60 steht ein Eintrag für Johann Hinrich Frerichs sowohl als Privatperson als auch für die Firma Frerichs & Co. am Exchange Place 45, also in unmittelbarer Nähe der Börse.[250] Dies und die Tatsache, dass Frerichs Neffe Adolf (28.2.1834–29.9.1885), der Sohn seines älteren Bruders Hermann (1800–?), auch seit dieser Zeit in New Orleans lebte, lässt den Schluss zu, dass das Knoop'sche Importgeschäft am Ende der 1850er- oder zu Beginn der 1860er-Jahre aufgenommen wurde. In den offiziellen Einfuhrstatistiken des Russischen Reiches wird die Firma Knoop erst ab den 1860er-Jahren geführt, in den 1850er-Jahren lief der Import noch unter dem Namen „Frerichs & Co.".[251]

Nun stand die „Firmengruppe" wie ein solider Tisch auf vier Füßen: 1) Der Import von Maschinen und Zubehör aus England, 2) die Beteiligungen an russischen Textilfabriken, 3) die Baumwollmanufaktur Krähnholm und 4) der Import von Baumwolle aus den USA, Ägypten und Indien. In New York ist die für den Import von Baumwolle gegründete Firma Knoop, Hanemann & Co. seit dem Jahr 1866 an der Adresse Exchange Place 45, später Nr. 52 nachweisbar.[252] Unter dieser Adresse finden sich auch der Kaufmann John T. Hanemann sowie der Kaufmann Gottfried Knoop.[253] In jenem Jahr kam auch Gerhard Wilhelm (William) Bornemann (13.6.1848–13.11.1890), ein Neffe von Ludwig und Julius Knoop, nach Amerika. Er war, wie aus einem Bericht der „New York Times" anlässlich seines Todes hervorgeht, seit 1866 für Knoop, Frerichs & Co. tätig und leitete zuletzt die Niederlassungen in Charleston und New Orleans. Im Artikel der „New York Times" wird die Firma als „a house ranking among the most prominent cotton concerns of the world" bezeichnet. Sie residierte auch 1890 noch an der Adresse Exchange Place 52.[254]

De Jersey & Co. fiel bei den Baumwollgeschäften neben der Rolle des Im- und Exporteurs auch die wichtige Aufgabe zu, in der Londoner Finanzwelt die notwendigen Kredite zu besorgen, wobei De Jersey in Gestalt der beiden Brüder Knoop das Bank- und Handelshaus Berkefeld mehr und mehr übernahm. Andere Banken wie William Brandt's Son & Co. (vormals E. H. Brandt & Co.) und der New Yorker Wirtschaftsinformationsdienst R. G. Dun & Co. (heute The Dun and Bradstreet Corporation) stellten Mitte der 1870er-Jahre fest, dass De Jersey, Lefevre und Berkefeld so eng miteinander verbunden seien, dass niemand genau wisse, wer von den dreien die meiste Verantwortung trage.[255]

Für das Jahr 1861 geht aus offiziellen Unterlagen hervor, dass das Handelshaus L. Knoop allein durch den St. Petersburger Hafen Waren im Wert von 8,7 Millionen Rubel einführte und damit im Warenumsatz an erster Stelle der russländischen Handelsgesellschaften stand.[256] 1865 importierte Knoop fast 9 Millionen Kilogramm Baumwolle (562.000 Pud, entsprechend 8,99 Millionen Kilogramm) oder 49,1 Prozent der gesamten ins Russische Reich eingeführten Baumwolle. Zwischen 1863 und 1876 fiel der Marktanteil selten unter die 35-Prozent-Marke.[257] Beim Maschinenimport enthalten die offiziellen Statistiken gar keine Vergleichszahlen mehr, da Knoop darauf geradezu ein Monopol besaß. Der Warenwert belief sich von 1856 bis 1876 mit Ausnahme des Jahres 1863 stets auf über eine Million Rubel, in guten Jahren wie etwa zwischen 1872 und 1875 bezifferte sich der Wert auf rund 3 Millionen Rubel jährlich.[258]

Die Knoop'sche Niederlassung im ägyptischen Alexandria wurde mit einiger Sicherheit in der ersten Hälfte der 1870er-Jahre gegründet und firmierte unter dem Namen „Amburger & Co.". Ihre Leitung übernahm Julius Amburger (1847–1881), der aus einer deutschen Familie stammte, die seit 1770 in Russland ansässig war.[259] Zuvor hatte er in der St. Petersburger Filiale von L. Knoop & Co. in St. Petersburg unter Ludwig Oesterreich (Lebensdaten unbekannt) gearbeitet und war seit 1875 in Alexandria tätig, doch soll die Firma nach Angaben des Bankhauses Brandt bereits seit 1873 bestanden haben.[260] 1874 traf in jedem Falle der erste mit Baumwolle beladene Dampfer von dort in Reval ein.[261] Da Julius Amburger aus Krankheitsgründen häufiger abwesend war, übernahm ein Jahr später sein Mitarbeiter, möglicher Teilhaber und Cousin Oskar Brandt (Lebensdaten unbekannt) dessen Aufgaben, später kam mit Ernst Mallison (1855–1943) ein weiterer Cousin hinzu, der die Geschäfte unter seinem Namen weiterführte. Ludwig Knoop war seit März 1879 auch an der gemeinsam gegründeten „Gesellschaft zur Reinigung und Pressung von Baumwolle in Ägypten" beteiligt, die fast ausschließlich die Fabrik in Krähnholm belieferte. Liquidiert wurde das Unternehmen während der Wirtschaftskrise zu Beginn des 20. Jahrhunderts.[262]

Was die Niederlassung in Bombay anbetrifft, so soll sie 1864 errichtet worden sein, also während des amerikanischen Bürgerkriegs. Auch dafür führt Thompstone wiederum Zirkulare des Londoner Bankhauses William Brandt's Sons & Co. seit der Mitte der 1870er-Jahre an.[263] In der Literatur ließ sich nur ein Hinweis auf die Aktivitäten der Firma finden, die unter dem Namen „Knoop" agierte. Sie verschiffte im Jahre 1875 rund 20.000 Ballen Baumwolle aus Bombay nach Europa.[264] In einem Artikel über den russisch-indischen Handel im Januar 1873 wies die in London erscheinende „Morning Post" darauf hin, dass Julius Knoop, also die Firma De Jersey & Co., der größte Importeur indischer Baumwolle sei. Durchschnittlich, so wurde Knoop zitiert, wurden vom 1. Januar 1869 bis Januar 1872 jährlich 20.000 Tonnen aus Indien importiert. Er sei der Meinung, dass allein auf der Route durch den Suezkanal monatlich rund 4.000 Ballen nach Odessa eingeführt werden könnten. Hinzu käme dann noch der Import über Liverpool.[265] 1874 traf auch ein Dampfer mit Baumwolle aus Bombay in Reval ein. Das Schiff, das durch den Suezkanal gekommen war, sollte eigentlich Odessa anlaufen, doch änderte der Empfänger, wahrscheinlich Ludwig Knoop, die Route, weil der Bahntransport von dem Schwarzmeerhafen nach Moskau so langsam sei. Der Eisenbahntransport vom Schwarzmeerhafen Odessa nach Moskau dauerte zwischen 9 und 21 Tagen. Nach Angaben der Abteilung für Handel und Manufaktur des russischen Finanzministeriums transportierte allein die Firma L. Knoop & Co. im Zeitraum von Ende 1878 bis Anfang 1879 500.000 Pud Baumwolle (entsprechend 8.400.000 Kilogramm) per Bahn vom Krimhafen Sevastopol' nach Moskau. Der Transport auf diesem Weg dauerte zwischen 9 und 14 Tagen und war zudem preisgünstiger als die andere Strecke.[266] Es ist eindeutig, dass es sich bei der in den Schwarzmeerhäfen Odessa und Sevastopol' entladenen Baumwolle ausschließlich um Rohware aus Ägypten (Alexandria) und Indien (Bombay) handelte. Nach den Angaben der in New York ansässigen Wirtschaftsauskunftei R. G. Dun & Co.

(heute The Dun and Bradstreet Corporation) waren die Unternehmen der Brüder Knoop 1875 die größten Einkäufer von Baumwolle auf der Welt. De Jersey & Co. wurde einige Jahre später auf einen Wert von mindestens einer Million Pfund geschätzt.[267]

Nach dem Rückzug von John T. Hanemann am Ende der 1870er-Jahre trat die Firma Knoop, Frerichs & Co. an die Stelle von Knoop, Hanemann & Co. Außer der Niederlassung in New York bestand in jedem Falle weiterhin seit 1880 ein Büro in New Orleans in der Baronne Street 62. Dort war Adolf Frerichs, ein Cousin von Ludwig und Julius Knoop, tätig, dessen Frau Marie Josephine Daquin aus einer alteingesessenen kreolischen Familie stammte.[268] Er übernahm Mitte der 1870er-Jahre die Geschäfte in New Orleans.[269] Von 1896 bis 1901 war auch Friedrich Carl Albrecht (15.9.1875–24.12.1952), George und Louise Albrechts jüngster Sohn, für das Unternehmen in den USA tätig, nachdem er zuvor Knoop & Co. in London und in Moskau kennengelernt hatte. Er arbeitete in New York, Charleston sowie Memphis und leitete zuletzt das Kontor in Savannah.[270] Als die Firma Knoop, Frerichs & Co. am 31.7.1907 aufgelöst wurde, fungierte als Nachfolger die Firma Ernest (Ernst Henry) Bornemann (10.11.1880–1937), ein Großneffe von Ludwig und Julius, der die Niederlassung seit 1900 geleitet hatte. Er betrieb ein Baumwoll- und Kommissionsgeschäft.[271]

3. Investitionen in die Zukunft

Am Ende der 1860er-Jahre hatte Ludwig Knoop sein erstes Geschäft außerhalb der ihm so vertrauten Sphäre der Textilindustrie getätigt. Er beteiligte sich auf Empfehlung des Bremer Bankiers, Unternehmers und Politikers Hermann Henrich Meier an der Finanzierung des Baus der Indo-Europäischen Telegrafenlinie durch die Gebrüder Siemens, finanziert durch eine zu diesem Zweck gegründete internationale Aktiengesellschaft, die „Indo-European Telegraph Company Ltd.", deren Aktien in England, Deutschland und Russland aufgelegt wurden.[272] Die Gesellschaft residierte am Londoner Sitz der Firma Siemens und war ein deutsch-britisches Unternehmen mit einer russischen Erweiterung auf Wunsch der russischen Regierung, wie Werner von Siemens in seinen Briefen mehrfach betonte.[273] Schon im Februar 1868 erklärte Ludwig Knoop sich bereit, in dieses dezentral organisierte Geschäftsmodell als einer der Direktoren in Russland einzutreten, „unter der Bedingung dass er sich durch seinen Associé in Petersburg vertreten lassen könnte."[274] Gemeint war damit Ludwig Oesterreich, der die Knoop'sche Niederlassung in St. Petersburg leitete. Werner Siemens fuhr fort: „Du kannst ihn daher mit aufnehmen. Knoop ist x-facher Millionär und ein sehr guter Name."[275] Einen Monat später traf Werner Siemens Ludwig und Julius Knoop sowie „mehrere Bremer grosse Kaufleute" entweder in Bremen oder in Berlin. Generell waren die Bremer der Meinung, dass die Zeichnung der Aktien „nicht die geringsten Schwierigkeiten machen" werde. Er teilte seinem Bruder Wilhelm zudem mit, dass Knoop Häuser, also Niederlassungen, „in Bremen Petersburg Moskau Manchester und Bombay" besitze. Erwähnt werden weder Krähnholm noch die amerikanischen Firmen.[276] Werner Siemens fuhr fort, dass die Prospekte an alle Knoop'schen Adressen geschickt werden sollten; für Bombay würde Knoop in Bremen zeichnen und selbst auch Aktien erwerben.[277]

Der „Prospect" der Gesellschaft wurde am 9. April 1868 veröffentlicht. Offizielle Direktoren waren die beiden Generaldirektoren der „Telegraphen" des Norddeutschen Bundes, Oberst (später Generalleutnant) Franz von Chauvin (1812–1898), und Russlands, General Karl von Lüders (im Russischen Liders, Lebensdaten unbekannt), zu den Direktoren gehörten unter anderem H. H. Meier, Bremen, der Bankier Johann Heinrich Gossler (1805–1879), Hamburg, James Holland (Lebensdaten unbekannt), der Vorsitzende von Reuter's Telegraph-Company sowie Ludwig Oesterreich, der die Firma L. Knoop in St. Petersburg vertrat.[278] Die Knoop'sche Niederlassung in St. Petersburg war von da an neben Berlin, Hamburg und Bremen einer der Orte, an denen Beteiligungen an der Gesellschaft gezeichnet werden konnten. Knoop selbst zeichnete sofort 20.000 Pfund Sterling.[279]

Gebaut wurde die Linie, die von London über Berlin, Warschau und Tiflis nach Teheran verlief, wo sie auf die Anschlusslinien nach Indien (Delhi, Bombay, Karachi und Kalkutta) traf, ab Juni 1868 an drei Stellen gleichzeitig und konnte schließlich am 31. Januar 1870 in Betrieb genommen werden.[280] L. Knoop in Moskau und seine Niederlassung in Bombay waren damit direkt miteinander verbunden. Die Investition zahlte sich allerdings nur langfristig aus, denn hohe Dividenden flossen erst ab 1886.[281]

Drittes Kapitel

Ein Schloss an der Lesum und eine Villa in Wiesbaden: Wieder in Deutschland

1. Rückkehr nach Bremen

Während eines längeren Aufenthaltes in seiner Heimatstadt am Ende der 1850er-Jahre beschloss Ludwig Knoop, sich mit der Familie in St. Magnus, damals weit vor den Toren der Stadt und nicht auf bremischem, sondern hannoverschem, ab 1866 dann preußischem Gebiet gelegen, niederzulassen.[282] Die Gegend an der Lesum, die auch dem Ort den Namen gab, war seit dem späten 18. Jahrhundert ein beliebter Platz der Bremer Kaufleute, um dort ihre Sommerhäuser zu errichten. Der Geestrücken oberhalb des Flusses bot einen weiten Blick in die hügelige Marschlandschaft und war als „Bremer Schweiz" bekannt. Knoop kaufte dort das Areal „Mühlenthal", zu dem eine ehemalige Wassermühle gehörte, die umgebaut und um ein Wohnhaus erweitert wurde. 1859 erwarb Knoop dort ebenfalls ein Landgut, das zuvor dem Bremer Kaufmann J. H. Heymann (Lebensdaten unbekannt) und danach August Wilhelm Gruber (Lebensdaten unbekannt) gehört hatte. In der Stadt erwarb er um die Mitte der 1860er-Jahre ein Haus am Altenwall 15, das für die Familie allerdings bald zu klein wurde.[283] Nach und nach kaufte er bei Mühlenthal benachbartes Land auf, und die Familie verbrachte, wie Adele Wolde schrieb, „von 1861 bis 68 unvergeßlich schöne Sommer, ja dies Leben im epheuberankten alten Mühlenthal war eine besonders glückliche Zeit für Eltern und Kinder".[284] Mitgekommen aus Moskau waren auch die Eltern der Mutter, denn Johann Hoyer hatte – warum auch immer – Bankrott gemacht und lebte nun mit seiner Frau im Hause Knoop.[285]

Abb. 24 *Aquarell des alten Hauses Mühlenthal, um 1865*

Seine Söhne schickte Knoop in Bremen zur Schule und in eine kaufmännische Lehre. Zumindest schrieb der Deutschbalte Erhard Dehio, gleichaltrig mit Andreas (geb. 1855), über den jüngsten Sohn Knoops, dieser sei bei seinem Besuch in Mühlenthal 1873 noch Primaner gewesen und habe anschließend eine Lehre bei der Firma W. A. Fritze & Co. gemacht, damals eine Reederei, die auch mit Baumwolle und Wolle handelte und heute noch besteht, allerdings inzwischen mit Papier und Karton handelt.[286] Johann und Theodor waren bei dem Dompastor Johann Georg Petri (1809–1876) in Pension gewesen, hatten danach die Handelsschule im Eschenhof besucht und anschließend in Bremen eine kaufmännische Lehre absolviert.[287] 1866 und 1867 war Johann mit seinem Freund Johann Georg Wolde (15.11.1845–9.5.1911) „in Paris im Geschäft", wo ihn die Familie im Frühling 1867 besuchte.[288] 1873, so Dehio, sei Theodor, damals 25 Jahre alt, von einer Weltreise zurückgekehrt und habe einen „etwas blasierten Eindruck" gemacht.[289] Andreas setzte nach der Lehre in Bremen seine Ausbildung bei einer Reihe von Textilfirmen in Großbritannien und den USA fort und kehrte dann nach Russland zurück.[290]

In diesen Jahren ließ Ludwig Knoop auf dem Gelände große Gewächshäuser anlegen, sodass seine Frau Louise ihrer „Liebhaberei, der Züchtung von Blumen" nachgehen konnte. Später sollte noch ein Palmenhaus hinzukommen.[291] Bisweilen aber dienten diese Gewächshäuser gänzlich anderen Zwecken und wurden zu festlichen Orten für zahlreiche Feiern. Am 15. September 1864 fanden dort die Feierlichkeiten zur Hochzeit von Louise (Lullu) Baroness Knoop statt, der ältesten Tochter, die „bei herrlichstem Wetter" und einer „wunderbaren Illumination des Gartens" den Kaufmann George Alexander

Abb. 25
Die Gewächshäuser im Park westlich von Schloss Mühlenthal

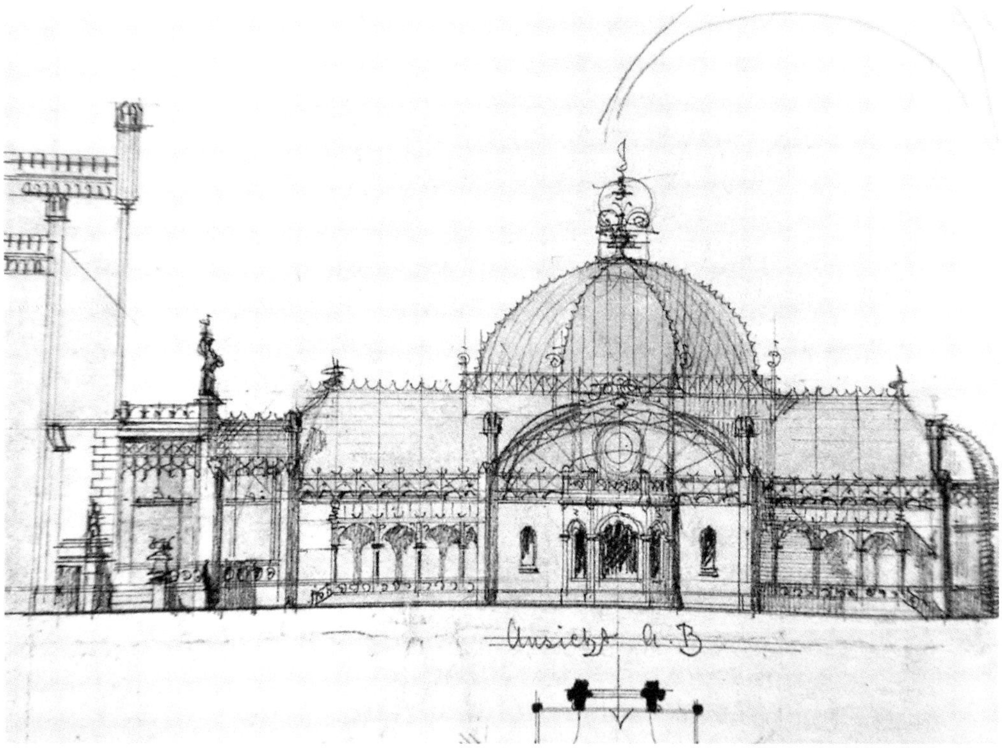

***Abb. 26** Der Entwurf des Bremer Architekten Friedrich Wilhelm Rauschenberg (1853–1935) für ein Palmenhaus im Park von Schloss Mühlenthal, 1882*

Albrecht (2.8.1834–24.11.1898) heiratete. Albrecht war Teilhaber der alteingesessenen Firma Johann Lange Sohn's Wwe. & Co., wurde 1886 deren Inhaber und war auch Mitgründer und Mitglied des Verwaltungsrates der Deutschen Bank in Bremen.[292] Weder in diesem Falle noch bei den Hochzeiten der beiden anderen Töchter Adele und Emilie oder den Heiraten der drei Söhne liegen Quellen vor, die weiteren Aufschluss über die Paare geben könnten. Allerdings war Adeles Ehemann Johann Georg Wolde ein guter Freund ihres ältesten Bruders.

In jedem Falle waren die drei Töchter gute Partien, wie es landläufig heißt, allerdings stammten auch die drei Ehemänner aus angesehenen Häusern. Die Familie Albrecht kam aus Hannover und ihre Mitglieder waren „Beamte, Landräte, Ärzte und Pastoren", George Alexander war der erste, durchaus erfolgreiche Kaufmann in der Familie.[293] Die Familie Wolde war seit dem Ende des 18. Jahrhunderts in Bremen ansässig. Johann Georg Woldes Großvater war 1794 einer der Gründer und Teilhaber des Bankhauses Schultze & Wolde.[294] Die Familie Kulenkampff bestand und besteht aus mehreren Zweigen, ist seit Ende des 15./Anfang des 16. Jahrhunderts im Raum Bremen ansässig und nicht nur kaufmännisch tätig gewesen. Mitglieder der Familie waren auch Juristen, Ärzte, Musiker oder Wissenschaftler.[295]

Werfen wir an dieser Stelle einen kurzen Blick auf die in Bremen lebenden Geschwister von Ludwig Knoop und deren Schicksale. Allzu viel ist darüber nicht bekannt, denn auch Adele Wolde erwähnt außer Julius nur den ältesten Bruder Daniel Diederich an einer Stelle und schweigt ansonsten über Onkel und Tanten. Als Ludwig Knoop wieder in seine Heimat zurückkehrte, standen seine drei in Bremen gebliebenen Brüder, Daniel Diederich, Andreas Heinrich und Hermann August, in einem aktiven und auch durchaus erfolgreichen Berufsleben.[296] Daniel Diederich, der älteste Bruder, und Andreas Heinrich führten seit den späten 1830er-Jahren gemeinsam die Firma Gebr. Knoop unter wechselnden Adressen im Stephaniviertel, darunter die schon bekannten Adressen „vor Stephanikirchhof" und „Geeren 30", seit dem Ende der 1840er-Jahre dann in der Osterstraße 53.[297] Gehandelt wurde insbesondere mit Fass-Tabak, aber auch mit Wein und Getreide. Im norwegischen Bergen gab es eine eigene Tabakfabrik, die von Daniel Diederichs Sohn Daniel Gerhard (24.7.1852–?) und dessen Söhnen Harald Daniel (16.6.1883–?) und Hermann Waldemar (27.5.1887–?) geleitet wurde und zumindest bis in die 1930er-Jahre bestand.[298] Das Geschäft war so erfolgreich, dass Daniel Diederich 1869 das Gut Rosenthal in Bremen-Horn erwerben konnte, das er 1873 bis 1875 von dem Architekten Johann Georg Poppe (1837–1915) zu einem Schloss umbauen ließ, das „an Pracht und Größe alles übertraf, was es in Bremen gab". Mit „Schloss Knoop" hatte sich Daniel Diederich allerdings finanziell übernommen und musste es 1888 an den Reeder Willy Rickmers (1844–1891) verkaufen, der es dann „Schloss oder Gut Krayenhorst auch Kreyenhorst" nannte.[299] Bereits im November 1883 hatten Daniel Gerhard Knoop, Daniel Diederichs Sohn, und Heinrich Wilhelm Kulenkampff, Daniel Diederichs Schwager, die Firma übernommen, die die Geschäfte erfolgreich weiterführten. Nachdem Daniel Gerhard Ende 1888 ausgeschieden war, führte Kulenkampff das Unternehmen allein weiter, bevor Anfang 1909 sein Sohn Julius Wilhelm Kulenkampff (19.6.1881–2.12.1947) Teilhaber wurde. Die Firma erlosch erst am Ende der 1960er-Jahre.[300]

Abb. 27 *Andreas Heinrich Knoop (1819–1864), Ludwigs und Julius' älterer Bruder; gemeinsam mit dem ältesten Bruder Daniel Diederich (1817–1893) Inhaber der Firma Gebr. Knoop, die sehr erfolgreich mit Tabak handelte. Maler unbekannt*

Andreas Heinrich Knoop war seit dem 8. November 1849 verheiratet mit Henriette Sophie Caroline Cammann (20.7.1829–22.3.1905), der Tochter eines Stader Kaufmanns, deren Ehe kinderlos blieb. Im September jenes Jahres hatte Andreas Heinrich das „Gut Wolfskuhle" an der heutigen Kattenturmer Heerstraße im Stadtteil Obervieland erworben und dort einen Neubau errichtet, den er 1869 an Georg Johannes Schweers (23.2.1828–28.11.1899) verkaufte. In seinem Testament richtete er eine Familienstiftung zur Unterstützung bedürftiger Mitglieder „meiner Familie, d. h. meiner Geschwister und deren Descendenten" mit einem Stiftungskapitel von

Abb. 28 *Schloss Krayenhorst oder Kreyenhorst, auch „Schloss Knoop“ genannt, in Bremen-Horn. 1873–1875 von Johann Georg Poppe (1837–1915) für Daniel Diederich Knoop, den ältesten „Knoop-Bruder“, erbaut, der das Anwesen 1888 aus finanziellen Gründen verkaufen musste.*

100.000 Gulden in Gold ein.[301] Seine Witwe Henriette Sophie bestimmte in ihrem Testament die Gründung einer Stiftung, „Henriette Schweers-Knoop-Stiftung“, zur Pflege „erwachsener Schwachsinniger“.[302]

Der jüngste Bruder, Hermann August (1831–1877), heiratete 1860 in erster Ehe die Niederländerin Angelika Ouckama (25.7.1832–18.6.1861), mit der er einen Sohn, den Schriftsteller und Chemiker Gerhard Ouckama Knoop (9.6.1861–7.9.1913), hatte.[303] Aus seiner zweiten Ehe mit Celtine Louise Therese Röpken-Meiners (28.8.1843–3.2.1922) gingen sieben Kinder hervor. Hermann August führte seit 1852 gemeinsam mit seinem Schwager Ferdinand Bernhard Sunder (31.5.1826–16.6.1892) die Firma Knoop & Sunder, über deren Gewerbe wir in den Adressbüchern Bremens nichts erfahren. Ferdinand Bernhard Sunder war seit dem 22.2.1853 mit Johanne Hermine Dorothee Knoop verheiratet. Aus der Ehe gingen vier Kinder hervor.[304] Die älteste Schwester, Anna Rebecca Knoop, 1816 geboren, heiratete erst 1864 den Kaufmann Adolf Baetgen (11.5.1817–10.5.1896), der im Adressbuch nicht verzeichnet ist. Die Ehe blieb kinderlos.[305] Engere familiär-berufliche Verbindungen von Ludwig und Julius gab es mit der Familie der Schwester Helene

Abb. 29 *Gut Wolfskuhle im Bremer Stadtteil Obervieland, 1849 von Andreas Heinrich Knoop, der zweitälteste „Knoop-Bruder", erworben, der einen Neubau errichten ließ, den er 1869 wieder verkaufte.*

Adolfine Wilhelmine, geboren 1824, die seit dem 26. Dezember 1846 mit dem Kaufmann Ernst Friedrich Wilhelm Bornemann (18.4.1818–8.2.1855) verheiratet war. Bornemann führte gemeinsam mit seinem Bruder Georg F. W. Bornemann (Lebensdaten unbekannt) die Firma Gebr. Bornemann, die ihre Geschäftsräume auch im Stephaniviertel hatte, in der Neuenstraße 2. Sie vertrat unter anderem die Globe Feuer- und Lebensversicherungsanstalt in London, wie dem Adressbuch von 1847 zu entnehmen ist.[306] Von den vier Kindern aus dieser Ehe blieb nur der Sohn George Heinrich (16.5.1853–?) in Bremen, zwei weitere Söhne, Gerhard Wilhelm (1848–1890) und Ernst August (20.6.1855–?) die schon oben erwähnt wurden, gingen in die Vereinigten Staaten nach Charleston bzw. New Orleans, die Tochter, Anna Rebecka (20.11.1849–?), ebenfalls bereits genannt, verheiratete sich in Manchester.[307] Auf einen Blick lässt sich feststellen, dass – mit sehr geringen Ausnahmen – die Söhne von Kaufleuten die Töchter von Kaufleuten heirateten oder umgekehrt. Das Milieu oder die Schicht blieb unter sich, und wenn wir uns die räumliche Dimension anschauen, so bewegten sich unsere Protagonisten in einem Umkreis von etwa zwei Kilometern, der sich erst erweiterte, als auch die Stadt Bremen über ihre engen Grenzen hinauswuchs, man also das Stephaniviertel verließ und ins Ostertor zog. Von daher waren Ludwig und Julius sowie die Kinder der Schwester Helene Adolfine und ihres Ehemannes die Ausnahmen, die bekanntlich die Regel bestätigen. Feststellen können wir allerdings, dass Daniel Diederich und Andreas Heinrich Knoop auch in Bremen gutes Geld verdienen und zu einem gewissen Reichtum kommen konnten.

Im Verlauf des Jahres 1864 kam es im Prozess der deutschen Einigung zum deutsch-dänischen Krieg, bald darauf, 1866, zur militärischen Auseinandersetzung zwischen Preußen und Österreich. Als dessen Ergebnis entstand der Norddeutsche Bund, dem Bremen im November 1866 beitrat. Im Norddeutschen Reichstag von 1867 wurde der Stadtstaat von H. H. Meier vertreten, einem erfahrenen, liberalen Politiker, der zuvor Mitglied des Bremer Bürgerkonvents, der Bremer Bürgerschaft und der Frankfurter Nationalversammlung gewesen war und danach auch dem Reichstag des Deutschen Reiches von 1878 bis 1890 angehörte. Zugleich verleibte sich Preußen auch das Königreich Hannover sowie weitere Territorien, darunter das Herzogtum Nassau, das Kurfürstentum Hessen und die Freie Stadt Frankfurt/M., ein.[308]

2. Leben in Schloss Mühlenthal

Kaum zwei Jahre nach diesen Ereignissen, am 10. Juni 1868, stand im Hause Knoop das nächste Fest an. Dieses Mal wurden die Gewächshäuser für die Silberhochzeit der Eltern festlich geschmückt, und es wurde fröhlich gefeiert. In jenem heißen Frühsommer kamen auch gute Freunde aus Moskau nach Bremen. Es gab einen Ball für die Jugend und ein lustiges Fest für die Angestellten.[309] Schließlich beauftragte Knoop in jenem Jahr auch den renommierten Bremer Architekten Gustav Runge (1822–1900), Schloss Mühlenthal als neuen Wohnsitz für die Familie zu errichten. „Die Raumentwicklung des Innern ist von einer in Bremen damals unbekannten Großzügigkeit", heißt es in dem 1900 erschienenen

Abb. 30 *Die Südseite des Schlosses Mühlenthal, erbaut 1868–1871, Architekt Gustav Runge (1822–1900)*

Werk über „Bremen und seine Bauten“, das der Architekten- und Ingenieurverein zu Bremen herausgab.[310] Das Haus wurde in Anlehnung an die englische Gotik (Tudorstil) erbaut und verfügte über zahlreiche Nebengebäude und Stallungen, ein eigenes Gaswerk sowie eine Telegrafenstation, später auch über einen Bahnanschluss. Es gab einen großen Ballsaal, dahinter einen Wintergarten. Im Erdgeschoß befanden sich auch die Bibliothek, ein Speise- und ein Wohnzimmer, die Küche mit Anrichte, der Salon der „Hausfrau“ und ein Dienerzimmer. Ein Großteil der Räume war holzgetäfelt und üppig eingerichtet. Im Obergeschoß befanden sich die Wohn-, Schlaf- und Gesellschaftsräume.[311]

Bezugsfertig war das Schloss, nach einigen Verzögerungen aufgrund des Deutsch-Französischen Krieges von 1870/71, endlich am 2. März 1871, dem Tag des Präliminarfriedens zwischen den beiden Staaten, wie Adele Wolde vermerkte.[312] Auch dies stimmt leider nicht, denn der Vorfriede wurde am 26. Februar 1871 in Versailles geschlossen. Das Schloss umgab ein wunderschöner Park, gestaltet von dem Architekten Wilhelm Benque (1814–1895), der in Bremen auch den Bürgerpark geplant hatte. Knoops Park zeigt auch heute noch dessen „großzügige landschaftliche Gestaltung, die starke Geländemodellierung und die ausgewogene Verteilung von Freiflächen, Gehölzmassen und Solitärbäumen“.[313] In der

Abb. 31 *Schloss Mühlenthal, Treppe ins Tal*

Abb. 33 *Ludwig Baron Knoop und Louise Baronin Knoop vor Schloss Mühlenthal um 1890*

Abb. 32 *Der Park von Schloss Mühlenthal, die Jünglingshöhe mit Gewächshäusern, Gartenarchitekt Wilhelm Benque (1814–1895)*

Nähe des Schlosses wurde ein Teich mit einer Insel und einer künstlichen Grotte angelegt, in dem es sich spiegelte. Vor dem Schloss entstand eine großzügige Terrasse mit einem Springbrunnen. „Eine aufwendig mehrfach terrassierte Treppe, die Assoziationen an italienische Renaissancegärten hervorrief, führte vom Schloss hinab zum Mühlental an der östlichen Parkgrenze."[314] Als Eingang zum Park entwarf Runge zwei Torhäuser, die – im Unterschied zum Schloss, das 1933 abgerissen wurde – heute unter Denkmalschutz stehen. Im Laufe der folgenden Jahre erweiterte Knoop seinen Besitz bis zur Bahnlinie Bremen-Vegesack mit dem Bahnhof St. Magnus und der heutigen Straße „Auf dem Hohen Ufer". Anfang der 1890er-Jahre entstand als landwirtschaftlicher Betrieb „Knoops Hof", von dem aus die Ländereien verwaltet wurden. Im nahe gelegenen Eggestedt wurde 1880 der „Heidhof" erworben, um die Heide urbar zu machen.[315]

Abb. 34 *Schloss Mühlenthal, der große Saal*

Abb. 35 *Carl Johann Lasch: Familienbild am Teich im Park von Schloss Mühlenthal, um 1875*

Abb. 36
Der Knoop'sche Meierhof, Am Kapellenberg

Rund 18 Monate nach dem Einzug in Mühlenthal heiratete dort Adele Baroness Knoop am 19. Oktober 1872 den Bankier Johann Georg Wolde. Zwei Jahre danach, am 23. August 1874, wurde im Schloss die Heirat von Johann Baron Knoop, dem ältesten Sohn, mit Henriette Louise Margaritte (Gretchen) Kern (22.9.1855–13.5.1882) gefeiert. Sie stammte aus Northeim am Harz und war die ältere Schwester von Johannes (Hans) Kern (Lebensdaten unbekannt), einem Partner bei De Jersey & Co. in Manchester.[316] Nur die beiden jüngeren Söhne, Theodor und Andreas, heirateten in Moskau, der eine am 30. September 1882 Sophie (13.7.1858–1918) und der andere am 5. Mai 1885 Louise (11.2.1860–30.4.1941) Zenker, zwei Schwestern und Töchter einer dortigen Bankiersfamilie. Nur in diesem Falle liegt ein Brief von Ludwig Knoop vor, in dem er seiner Freude über die bevorstehende Hochzeit Ausdruck verleiht. „Was ich Euch alles sagen möchte, vermag ich durch meine Feder nicht wiederzugeben. Ich möchte Euch an mein Herz drücken, Dir danken, lieber Andrusche, für die liebe Tochter, die Du mir zugeführt, und Dir liebe Tochter danken, daß Du unseren Andrusche glücklich gemacht. Ich fürchte nur, er wird Dir noch viel zu schaffen machen, aber ich glaube, mit Liebe und Geduld wirst Du alles erreichen." Gehen wir davon aus, dass Ludwig Knoop sowohl im Namen seiner Frau schrieb und dass auch alle anderen Kinder solch hymnische Zeilen erhielten.[317] Die jüngste Tochter Emilie ehelichte in Mühlenthal am 29. Mai 1880 den Kaufmann Heinrich Wilhelm Kulenkampff (26.6.1852–24.4.1929).

In der unmittelbaren Nachbarschaft des Schlosses entstanden seit Anfang der 1880er-Jahre drei Wohnhäuser für die drei verheirateten Töchter. Zunächst die neobarocke Albrechtsburg für Louise und

Abb. 37 *Ludwig Knoop mit seinen drei Söhnen, um 1880*

ihren Mann George Albrecht, die 1950 abgebrochen wurde, dann – nach Entwürfen der Berliner Architekten Reimer & Körte – „Haus Schotteck“ für Adele und ihren Mann Johann Georg Wolde. Benannt war das Haus nach Georg Woldes Spitznamen „Schotte“, da er als besonders sparsam galt. Wenn man allerdings über die zahlreichen Festivitäten im Hause Wolde und die Intensität, mit der er und seine Frau Bilder sammelten und sich der Kunst widmeten, liest, so könnte man den Spitznamen auch als Ironie verstehen. „Haus Schotteck“, an dessen Garten- und Innengestaltung der Bremer Dichter und Architekt Rudolf Alexander Schröder (1878–1962) einen nicht unerheblichen Anteil hatte, wird heute noch als Wohnhaus genutzt. Schließlich entstand 1896/97 nach Entwürfen der Bremer Architekten Eduard Gildemeister (1848–1946) und Wilhelm Sunkel (1839–1925) „Kränholm“, benannt nach der Insel und dem Familienunternehmen bei Narva. In Bremen allerdings schreibt sich der Name, warum auch immer, ohne „h“ (Krähnholm). Das Haus wurde 1971 wegen eines Straßenausbaus abgerissen, aber an der Straße „Auf dem Hohen Ufer“ gegenüber den Torhäusern der Albrechtsburg wieder aufgebaut.[318]

Schloss Mühlenthal wurde nicht nur zum Mittelpunkt der Familie, sondern auch zu einem gesellschaftlichen Treffpunkt für Gäste aus nah und fern. Erhard Dehio erzählte, dass er in seinen drei Bremer Jahren von 1873 bis 1876 öfters am Sonntag bei Knoops gewesen sei, „dort war immer ein großer Konflux von jungen Leuten, teils Verwandte aus Moskau, teils Bremer Freunde“.[319] Adele Wolde erinnerte sich, dass sich das Haus übers Wochenende mit fröhlichem Leben füllte. Es wurde getanzt und man las Lustspiele mit verteilten Rollen.[320] „Hochzeiten und Taufen wurden stets in schöner harmonischer Weise gefeiert und alle, die etwas von der Glanzzeit in Mühlenthal zwischen 1871, der Fertigstellung des Hauses, und 1893, dem Jahr der Goldenen Hochzeit, erlebt haben, werden diese Zeit nie vergessen“, hielt Ludwigs Enkel Friedrich Carl Albrecht d. Ä., geboren 1875, in seinen Erinnerungen fest.[321]

Zu den ersten Gästen, das Haus war noch nicht vollständig fertig, gehörte die amerikanische Schriftstellerin Kate Chopin (8.2.1850–22.8.1904) mit ihrem Mann Oscar (1845–1882), Besitzer einer Baumwollplantage.[322] Es kann davon ausgegangen werden, dass Oscar Chopin, der auch aus einer kreolischen Familie stammte, gut bekannt mit Adolf Frerichs Frau Marie Josephine Daquin war.[323] Frerichs hat offensichtlich dem jungen Ehepaar, das seine Flitterwochen in Europa verbringen wollte, einen Besuch

***Abb. 38** Louise Knoop im Kreis der Kinder, Enkel und Urenkel zum 70. Geburtstag von Ludwig Baron Knoop am 15. Mai 1891*[324]

***Abb. 39** Die Albrechtsburg (1882–1950), Wohnsitz von George und Louise Albrecht und deren Nachkommen, die 1950 abgebrochen wurde; unbekannter Architekt*

Abb. 40 *Haus Schotteck, erbaut 1893 für Georg und Adele Wolde nach Plänen der Berliner Architekten Reimer & Körte; an Innenausstattung und Gartengestaltung war Rudolf Alexander Schröder beteiligt; noch heute bewohnt*

Abb. 41 *Haus Kränholm (in Bremen ohne „h" geschrieben), erbaut 1896/97 für Heinrich Wilhelm und Emilie Kulenkampff von den Bremer Architekten Eduard Gildemeister (1848–1946) und Wilhelm Sunkel (1839–1925); später transloziert und umgebaut*

bei seinem Cousin Ludwig Knoop in Bremen empfohlen. Das junge Paar traf am 7. Juli 1870 in Bremen ein. Die Stadt gefiel Kate Chopin sehr („immensely“) und man nächtigte – wie kaum anders zu erwarten – in Hillmanns Hotel. Den Abend verbrachten sie im „notorious Rathskeller“ und besuchten am Nachmittag des folgenden Tages gemeinsam mit Chopins Bremer Geschäftsfreunden Bechtel und Brantlet Schloss Mühlenthal.[325]

Das Ehepaar Chopin und ihre Begleiter verließen also Bremen und fuhren „ten miles out in the country to visit the residence of a Mr. Knoop, the wealthiest merchant of Bremen". Das Haus war, so fuhr Kate Chopin fort, „the princeliest private residence that I have ever seen – a miracle of costliness and exquisite taste". Über die Menschen, die sie dort traf, schreibt sie bedauerlicherweise kein Wort. Wir erfahren nur noch, dass sie in einer Art Gartenlaube Tee tranken und Käse und frische Milch serviert wurden. Das Ehepaar Knoop wird Kate Chopin nicht angetroffen haben, denn es befand sich gemeinsam mit den jüngeren Kinder zu jener Zeit, wie Adele Wolde schrieb, in Marienbad.[326]

Im Mai 1872 feierten Julius und Theodore Knoop in Bremen ihre Silberhochzeit, wenn denn die Widmung des erwähnten Fotoalbums, das sie zu diesem Anlass als Geschenk erhielten, zutrifft. Auf der Vorder- und Rückseite steht in der Mitte „Julius und Theodore zur Silberfeier“, auf der Vorderseite sind am linken Rand mittig „Cheltenham 7. Mai 1847“ und am rechten Rand „Bremen 7. Mai 1872“ zu lesen; im unteren Bereich dann die ineinandergeschlungenen Buchstaben „JTK“. Das Album enthält Fotografien der Lagerhäuser von De Jersey in Manchester, Salford und Rochdale sowie Bilder der Knoop'schen Wohnhäuser in Manchester und Salford, insbesondere Aufnahmen von Regent House, dem letzten Wohnsitz der Knoops. Ein Auktionshaus bot 2011 in London das im Familienbesitz befindliche Erinnerungsstück an und der English Heritage ersteigerte es für die Summe von 900 Pfund.[327]

Abb. 42 *Fotoalbum zur Silberhochzeit von Julius und Theodore Knoop (seit 1877 von Knoop, seit 1887 Freiherr von Knoop) am 7. Mai 1872 in Bremen. Das Album, heute im Besitz der Sammlung Historic England, umfasst 32 Bilder mit den Gebäuden von De Jersey, Lagerhäusern und Mühlen sowie den Privathäusern der Familie Knoop in Manchester, Rochdale und Salford. Im Internet zugänglich auf der Webseite HistoricEngland.*

In den folgenden Jahren fanden sich eine ganze Reihe weiterer höchst illustrer Gäste in Schloss Mühlenthal ein. Während des Deutsch-Französischen Krieges war Hauptmann Rudolf Grimm (1830–1889), der jüngste Sohn von Wilhelm Grimm (1786–1859), ein gern gesehener Gast im (alten) Mühlenthal.

Abb. 43 *Der Eingang zum Regent House in der Wilmslow Road in Manchester, seit den 1860er-Jahren der letzte Wohnsitz der Familie von Julius und Theodore Knoop in Manchester*

1873 besuchte Generalfeldmarschall Helmuth Graf von Moltke (26.10.1800–24.4.1891) die Familie Knoop. Während eines Manövers im Raum Eggestedt-Meyenburg kamen der Staats- und Landwirtschaftsminister Generalleutnant Victor von Podbielski (26.2.1844–21.1.1916), Generalfeldmarschall und Prinzregent von Braunschweig Prinz Albrecht von Preußen (8.5.1837–13.9.1906) und Generalfeldmarschall Alfred Graf von Waldersee (8.4.1832–5.3.1904) als Gäste ins Schloss. Neben diesen Militärs besuchten auch die Forschungsreisenden und Kapitäne Eduard Dallmann (1830–1896), Karl Graf von Waldburg-Zeil (1841–1890) und Otto Finsch (1839–1917) das Schloss.[328]

Ludwig Knoop blieb in Deutschland keineswegs untätig. Zum einen reiste er mindestens zweimal im Jahr für etwa drei Monate nach Russland, Moskau, Petersburg und Narva, bisweilen von seiner Frau begleitet, aber er engagierte sich auch im deutschen Wirtschaftsleben. So traf sich Anfang Mai 1871 in Berlin ein Kreis deutscher Industrieller, um dem 1868 gegründeten „Deutschen Maschinen-Verein“ mit Sitz in Berlin auf die Sprünge zu helfen. Er sollte den Verkehr zwischen den Maschinenfabriken und den „Maschinen-Consumenten und Exporteuren“ intensivieren, also Aufträge vermitteln. Aus Bremen kamen Hermann Henrich Meier (1809–1898)[329] und Ludwig Baron Knoop, zudem waren unter anderem Hugo Haniel (1810–1893), Kommerzienrat Carl Ferdinand Frhr. von Stumm-Halberg (1836–1901), Guido Georg Graf Henckel Fürst von Donnersmarck (1830–1916), Eugen Langen (1833–1895) und ein Vertreter der Firma Joh. Bernhard Hasenclever & Söhne anwesend.[330] Die Aktiengesellschaft war mit einem Kapital von einer Million Talern ausgestattet, das aber schnell verbraucht war. Jedoch erreichte der Verein seine Ziele nicht, sodass er nach wenigen Jahren wieder aufgelöst wurde.[331] Ein Blick in die Mitgliederliste zeigt, dass es sich überwiegend um – im heutigen Sinne – mittelständische Unternehmen des Maschinenbaus im Rheinland, in Westfalen, Hessen (wiederum im heutigen Sinne) und in Sachsen handelte.[332] Wie aus den angeführten Referenzen der Firmen hervorgeht, belieferten einige von ihnen auch Unternehmen in Schweden, Ungarn und im Russischen Reich, allerdings ist keine der Knoop'schen Firmen aufgeführt.

In Knoops Heimatstadt Bremen hatte sich das Wirtschaftsleben seit dem Ende der 1850er-Jahre stark verändert. Zunächst war 1856 unter Federführung H. H. Meiers die Bremer Bank als Aktienbank, getragen von Bremer Kaufleuten, Bankiers und Reedern entstanden, zu deren Gründungskomitee unter anderem Alexander Fritze (1808–1862), Bankier und Reeder, Ernst Ferdinand Gagain, Teilhaber der Großhandlung und Reederei D. H. Wätjen & Comp., Wilhelm Ludwig Oelrichs (1800–1856), Hauptinhaber der Großhandelsfirma Joh. Lange Sohn's Wwe. & Co., Johann Louis Ruyter (1806–1877), Mitinhaber des Tabakimporteurs Migault & Ruyter und Carl Tewes (1808–1875), Teilhaber der Reederei und Getreidegroßhandlung Seekamp & Tewes gehörten. „Die Bankgründer waren durchweg Großkaufleute, die sich im Überseehandel mit Nordamerika betätigten."[333]

Kaum ein Jahr später, im Februar 1857 wurde, erneut unter Federführung von H. H. Meier, der Norddeutsche Lloyd gegründet, der sich bald zu einem der wichtigsten deutschen Schifffahrtsunternehmen entwickelte und auch international eine große Rolle spielte. Zudem war das Unternehmen, das drei Viertel der Tonnage der deutschen Dampferflotte kontrollierte, für die wirtschaftliche Entwicklung Bremens und Bremerhavens von maßgeblicher Bedeutung.[334] Dem Verwaltungs- bzw. Aufsichtsrat gehörten von der Gründung bis zum April 1868 auch Johann H. Frerichs sowie die führenden Unternehmer und Kaufleute der Stadt an, darunter Louis Delius (1807–1866), Carl Melchers (1812–1888), Johann Martin Wolde (1796–1888), Carl Focke (1836–1905) und Carl Tewes.[335] Seit dem 27. April 1868, dem Tag, an dem sein Onkel Johann H. Frerichs aus dem Gremium ausschied, war auch Ludwig Baron Knoop bis 1893, ein Jahr vor seinem Tod, Mitglied des Rates,

Abb. 44 *Zweites Gebäude des Norddeutschen Lloyd, gegründet 1857, in der Papenstraße. Ludwig Knoop gehörte dessen Aufsichtsrat von 1868 bis 1893 an.*

dem zudem Julius Kulenkampff, der Vater seines Schwiegersohnes Heinrich Wilhelm Kulenkampff, angehörte.[336] Seit 1887 war auch Georg Heinrich Plate (1844–1914) Mitglied, mit dem Knoop enge Geschäftsbeziehungen unterhielt und der seit 1892 Vorsitzender des Aufsichtsrates und der Bremer Baumwollbörse war.[337] Ein Jahr später kam mit George Albrecht ein Schwiegersohn Knoops als Mitglied hinzu.[338] Wie aus den Akten hervorgeht, nahm Knoop relativ häufig an den Sitzungen des Gremiums teil.

Eher ins Reich der Anekdoten und Fabeln gehört wohl die immer wieder gern erzählte Geschichte, Ludwig Knoop habe während des Deutsch-Französischen Krieges die Flotte des Lloyd übernommen und sie, da er russischer Staatsbürger war, unter russischer Flagge fahren lassen, um so der französischen Blockade und den Angriffen auf die Schiffe zu entgehen.[339] Dies lässt sich anhand der überlieferten Geschäftsberichte nicht nachweisen. Stattdessen machte der Bericht der 14. Ordentlichen General-Versammlung des Lloyd vom 29. April 1871 deutlich, dass das Unternehmen während des Krieges erhebliche Verluste eingefahren hatte. Die Mindereinnahmen im zweiten Halbjahr 1870 beliefen sich gegenüber dem gleichen Zeitraum des Vorjahres auf fast 1,5 Millionen Taler. Auch gingen einige Schiffe verloren, sodass die Dividende für 1870 nur noch bei fünf Prozent des Aktienkapitals lag.[340] Der Lloyd stellte seine Liniendienste ab Mitte Juli 1870 ein und gab für die Schiffe auf See Anweisung, in neutralen Häfen Schutz zu suchen. Später fuhren einige Schiffe unter englischer Flagge. Schäden gab es, wie der Norddeutsche Lloyd im Oktober 1870 bekannt gab, jedoch nicht, auch keine Kaperungen. Ab Anfang November jenes Jahres wurden dann die Transatlantikfahrten wieder aufgenommen.[341]

Abb. 45 *Das Schiff „Bremen", der erste atlantische Dampfer des Norddeutschen Lloyd, 1858*

Die Geschäfte der Brüder Knoop entwickelten sich weiterhin exzellent, auch wenn Ludwig Knoop mit fortschreitendem Alter häufiger Heilbäder wie Bad Kreuznach und Marienbad aufsuchte. Zu Beginn, spätestens jedoch um die Mitte der 1870er-Jahre stiegen auch die Söhne in die Geschäfte von Ludwig und Julius Knoop ein. Johann Knoop zog es nicht mehr nach Russland. Er ging stattdessen nach England, allerdings nicht nach Manchester oder Liverpool, sondern nach London in das Bank- und Handelshaus William Berkefeld & Co., das eng mit De Jersey und den übrigen englischen Partnern zusammenarbeitete.[342] In Russland leiteten Johann Prowe sowie Theodor und Andreas die Geschäfte in Abwesenheit des Vaters.

Abb. 46 *Ludwig Baron Knoop und seine Frau Louise beim Spaziergang in Marienbad, wo das Paar seit den 1860er-Jahren jedes Jahr kurte*

3. Firmenjubiläum in Moskau und Ludwig Knoops Nobilitierung

1877 war er ein besonderes Jahr. Sowohl in Manchester als auch in Moskau konnte das 25-jährige bzw. 50-jährige Jubiläum der Firmen L. Knoop & Co. und De Jersey & Co. gefeiert werden. Ludwig reiste selbstverständlich nach Moskau. Da Ludwigs Brief an Julius eines der sehr wenigen schriftlichen Zeugnisse ist, die uns von ihm vorliegen, sei daraus etwas ausführlicher zitiert. Datiert ist das Schreiben auf den 30. Mai 1877 in St. Magnus.

„Ich will versuchen, Dir das Fest so gut ich es kann zu beschreiben, aber ich zweifle, daß es mir möglich, denn ich war so bewegt und aufgeregt, daß ich nicht imstande war es aufzufassen. Die mir erwiesene Liebe und Freundschaft der Russen war zu viel!
An meinem Geburtstag, 3/15 Mai kam ich in Moskau an, an demselben Tag kamen das Comitee der russ. Fabrikanten, bestehend aus Timofey Morosow, Iwan Liamin, Miluchin, Mazurin, Alexander Baranow, und Kusma Soldatenkoff und luden mich und meine Gäste zur Feier meines Jubiläums ein.“[343]

Am nächsten Tag fuhren alle in Knoops altes Kontor, „welches beflaggt, mit Blumen und Teppichen geschmückt war, hier wurde ich von den Gratulanten empfangen. Als ich durch die Räume ging, erwachten alle Erinnerungen in mir, ich konnte mich nicht mehr beherrschen. Vor vierunddreißig Jahren nahm ich meine Luise aus diesem Hause, alle meine Kinder dort geboren, all, all mein Glück aus diesen Räumen“.

Nachmittags um 17 Uhr begann dann das „Festdiner“, das mit einer Ansprache des Unternehmers und Bankiers Ivan A. Ljamin (1822–1894) eröffnet wurde, auf die Knoop antwortete. „Dann gings zu Tisch. Der erste Toast auf das Wohl des Kaisers. Der zweite galt mir. Dann nach einer Pause wurde T. Morosow herausgerufen, kam mit einer Depesche zurück, vom Finanzminister,[344] der ihm mitteilte, daß um 12 Uhr der Kaiser mich zum erblichen Baron ernannt hätte. Der Jubel wollte nicht enden, meine Gefühle kann Dir die Feder nicht wiedergeben, aber ich bin überzeugt, wir sind einig und Du fühlst mit mir. – Hierauf hielt Baranow eine Rede, die schön und hinreißend war, darauf war ich alle, denn meine Nerven konnten nicht mehr vertragen, ich zitterte am ganzen Körper. Um 10 Uhr fuhr mit Prowe und Albrecht fort. Auf meine Gesundheit antwortete ich mit einem Toast auf das Gedeihen der russischen Industrie."

Er beendete seinen Brief mit der Frage, wie denn das Jubiläum in Manchester ausgefallen sei und hoffte auf eine ausführliche Beschreibung. Als Postskriptum teilte er seinem Bruder mit, dass „wir", seine Frau und er, „am Freitag", zwei Tage später, „über Berlin nach Marienbad reisen" würden.[345]

Alles, so scheint es, kam in diesen Tagen für Ludwig Knoop zusammen: die Erinnerung an die Moskauer Zeit mit der Familie, die Nobilitierung durch Kaiser Alexander II. und die Ehrungen durch seine Standesgenossen. Der ansonsten eher nüchterne Geschäftsmann und Großbürger durchlief einen Sturm der Gefühle und erlebte eine Erschütterung seines inneren Gleichgewichts, das er nur mit Mühe wiederfand. Seine russischen Freunde und Standesgenossen hatten in einer Denkschrift an den Finanzminister von Reutern Knoops Verdienste um die russische Wirtschaft, insbesondere die Textilindustrie, eindrucksvoll geschildert. Darauf wird sich die Rede von Alexander I. Baranov (Lebensdaten unbekannt), eines Moskauer Textilindustriellen, bezogen haben, an dessen Unternehmen die Knoops übrigens beteiligt waren.[346] Knoop habe, so lautete die Kernaussage des Schriftstückes, in dem alle seine wirtschaftlichen Aktivitäten aufgezählt wurden, den Interessen der „vaterländischen Industrie" in hohem Maße gedient. Daher sei es eine „moralische Verpflich-

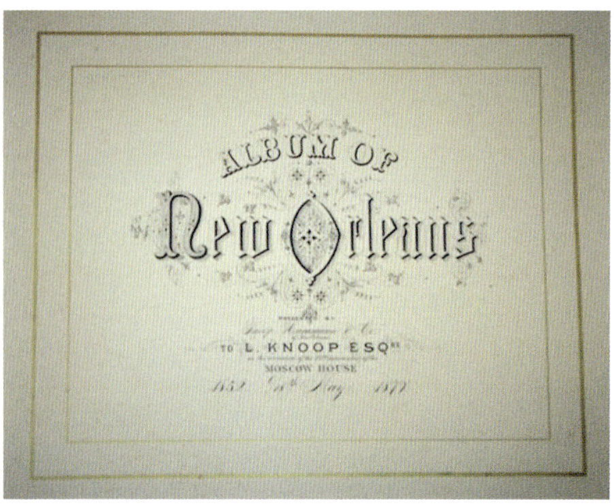

Abb. 47 *Fotoalbum aus New Orleans, ein Geschenk der Tochterfirma Knoop, Hanemann & Co. in New Orleans zum 25-jährigen Firmenjubiläum des Stammhauses L. Knoop & Co. in Moskau mit 34 Fotografien*

Abb. 48 *Aus dem Fotoalbum: New Orleans: Am Hafen mit Baumwollballen vor dem Verladen*

tung" der russischen Unternehmerschaft, diese fast 25-jährigen Verdienste entsprechend zu würdigen.[347] Dies traf durchaus in jeder Hinsicht zu, wie es denn auch Schulze-Gaevernitz in seinen „Volkswirtschaftlichen Studien" hervorhob. Denn die „Thatsachen [zeigten], dass auch seine [Knoops] Kunden reich wurden. Seine Thätigkeit war also nützlich für Rußland".[348]

Gerne würden wir die Antwort von Julius Knoop auf den Brief seines Bruders lesen. Aber sie ist nicht überliefert. Auch in Manchester war Ludwig Knoop nicht in Vergessenheit geraten. In einem Artikel des „Manchester Examiner and Times" hieß es anlässlich des Jubiläums von De Jersey und L. Knoop & Co. „Mr. Ludwig Knoop was on the same occasion recipient of a testimonial from a number of Russian merchants in recognition of the assistance given by the firm in the promotion of textile manufacturers in Russia. A still higher honour was paid to Mr. Knoop; on the same day he received a notification that he had been created a Baron of the Russian empire."[349]

Glückwünsche kamen auch aus den Vereinigten Staaten. Das Tochterunternehmen „Knoop, Hanemann & Co." in New Orleans sandte ein Fotoalbum mit zahlreichen Aufnahmen von den dortigen Aktivitäten „on the occasion of the 25th anniversary of the MOSCOW HOUSE".[350]

4. Julius und Theodore von Knoop in Wiesbaden

Julius Knoop zog sich, wie sein älterer Bruder, seit Anfang der 1860er-Jahre mehr und mehr aus dem Geschäft in Manchester zurück und ging mit seiner Familie wieder nach Deutschland, allerdings nicht nach Bremen, sondern nach Wiesbaden. 1864 beantragte er dort zunächst das temporäre Aufenthaltsrecht und erwarb im März 1883 das Bürgerrecht in der Stadt.[351] Südlich des Kurparks ließ sich das Ehepaar in der Bierstadter Straße 13 von Wilhelm Bogler (1825–1906) eine Villa bauen, die bald zu einem der gesellschaftlichen Mittelpunkte Wiesbadens wurde.[352]

Das schlossartige, vierstöckige Gebäude in der oberen Hälfte des Bierstadter Berges war von einem mehrere Morgen umfassenden Park umgeben. „Eine große Freitreppe führte zu zahlreichen Gesellschaftsräumen im Erdgeschoss, Musikzimmer, Salons, Billardzimmer" und einem Ballsaal von rund 300 Quadratmetern. Im Erdgeschoss sowie in dem darüber liegenden Stockwerk gab es Schlaf- und Gästezimmer, das Personal wohnte unter dem Dach. Zudem gab es einen mit „tropischen Pflanzen ausgestatteten Wintergarten". Im Gesellschaftssaal hingen eine ganze Reihe von Bildern des in Wiesbaden sehr geschätzten Malers Kaspar Kögler (1838–1923), Schwager des Architekten Wilhelm Bogler, zudem gab es Skulpturen des Bildhauers Constantin Dausch (1841–1908), der auch mehrere Skulpturen für Ludwig Knoops Park schuf, die inzwischen im Bürgerpark in Bremen stehen.[353] Im Nachruf auf Julius von Knoop schrieb der „Rheinische Kurier", es sei eine „wahrhaft fürstlich ausgestattete Villa" gewesen.[354]

1870 war Julius, in den Akten als Rentier bezeichnet, der am höchsten besteuerte Einwohner der Stadt, die seit 1866 zu Preußen gehörte.[355] Am 6. August 1871 stattete der preußische König und Deutsche Kaiser Wilhelm I. der Familie Knoop in Wiesbaden einen Besuch ab. Als möglichen Beweggrund führt Bernd-Michael Neese an, dass der Monarch offensichtlich Interesse hatte, „den im gesellschaftlichen Leben der ‚Weltkurstadt' führenden Multimillionär kennenzulernen".[356] Wie oft Wilhelm I. in der Knoop'schen Villa zu Gast war, ließ sich, so Neese, nicht genau ermitteln. Belegen lassen sich insgesamt

Abb. 49 *Die Villa von Julius und Theodore von Knoop in Wiesbaden, Bierstadter Straße 13, 1865 erworben und 1869 von dem Architekten Wilhelm Bogler (1825–1906) umgebaut.*

fünf Aufenthalte zwischen 1871 und 1882, doch gab es augenscheinlich auch Treffen an anderen Orten, so bei einem Galadiner Ende April 1883 im Schloss.[357] Im November 1877 wurde er von Wilhelm I. in den preußischen Adelsstand erhoben – von Knoop, im Februar 1888 in den persönlichen Freiherrenstand.[358] Die Familie verfügte seit 1882 über eine Jagd bei Erbenheim und einen größeren Marstall mit Rassepferden, wie es in einem Zeitungsbericht hieß. Julius, der gerne ausritt, war auch eine Zeitlang Vorstandsmitglied des neu gegründeten Rennvereins, dem allerdings keine lange Lebensdauer beschieden war.[359]

Anlässlich der Einweihung des Niederwald-Denkmals am 28. September 1883 waren der sächsische König Albert mit Gefolge (1828–1902), Prinz Georg von Sachsen mit Gefolge (1832–1904), der Bremer Bürgermeister Carl Friedrich Buff (1820–1891) und Generalfeldmarschall Graf von Moltke zu Gast im Hause Knoop.[360] Wie in Bremen wurde auch in Wiesbaden gerne und oft gefeiert. Die Villa galt als „Zentrum vornehmer Geselligkeit", in dem es Maskenbälle und Soireen mit bis zu 300 Gästen gab.[361]

Wiesbaden war damals die Stadt mit der höchsten Millionärsdichte in deutschen Städten, mehr als 200 Millionäre, relativ zur Einwohnerzahl gerechnet,

Abb. 50 *Der Ballsaal der von Knoop'schen Villa in Wiesbaden*

Abb. 51 *Der Große Salon der von Knoop'schen Villa in Wiesbaden*

in absoluten Zahlen lag die Stadt an fünfter Stelle.[362] Unter diesen Millionären befanden sich zahlreiche Unternehmer und Industrielle, darunter Angehörige der Familien Cockerill, Haniel, Ermert, Henkell und von Meister, der Sohn eines Gründers der Farbwerke Höchst. Julius und Theodore Knoop engagierten sich von Beginn an sowohl im karitativen als auch im kulturellen Bereich mit teilweise sehr hohen Summen.[363]

Wie den Spendenlisten in der Tagespresse zu entnehmen ist, stiftete Knoop Gelder während der Hungersnot in Ostpreußen 1867/68 und für die Verwundeten im Deutsch-Französischen Krieg 1870/71.[364] Er beteiligte sich auch am Bau des Wiesbadener Stadttheaters und förderte den Maler Kaspar Kögler. Seine Frau Theodore engagierte sich auf vielfältige Weise im sozialen Bereich. Gemeinsam mit ihrem Mann stellte sie erhebliche Mittel für die Kinderbewahranstalt zur Verfügung und stiftete zudem das Theodorenhaus in Eppenheim, heute ein Stadtteil von Kelkheim im Taunus, zur Erholung für arme Näherinnen im Rahmen der Zimmermann'schen Stiftung.[365] Für ihr karitatives Wirken erhielt sie das von Kaiser Wilhelm I. im März 1871 gestiftete „Preußische Verdienstkreuz für Frauen und Jungfrauen". Die Familie bekam bei der Einbürgerung 1883 eine Dankesurkunde der Stadt Wiesbaden für ihr wohltätiges Wirken.[366] Heute erinnern die Julius- und die Theodorenstraße südlich des Kurparks an die beiden Mäzene.[367]

Über die Festivitäten anlässlich des 50-jährigen Berufsjubiläums von Julius von Knoop in Wiesbaden als Teilhaber von De Jersey & Co. im April 1889 sind wir nur durch die Berichte der lokalen Presse informiert. Am Vorabend fand ein Fackelzug mit Serenade statt, die vielen Gäste wurden festlich bewirtet. „Zahlreiche Glückwünsche liefen von nah und fern im Laufe des Tages ein. Seine bekannte hochherzige Gesinnung hat der Jubilar auch bei dieser Gelegenheit wieder in einer glänzenden Weise besthätigt, indem er 50.000 Mark zur Erbauung eines Heims für die hiesigen Schwestern vom ‚Roten Kreuz' spendete."[368]

Julius von Knoops Begräbnis am 11. April 1893 im Familien-Mausoleum auf dem Wiesbadener Nordfriedhof gestaltete sich zu einem eindrucksvollen Ereignis, an dem neben der lokalen Prominenz auch Vertreter/innen adeliger Häuser teilnahmen. Die englischen, russischen und amerikanischen Geschäftshäuser der Firma Knoop, Frerichs & Co. sandten „kolossale, mit den seltensten Blumen geschmückte Kränze" und aus „England, Italien, Rußland, Alexandrien und Amerika" gingen Kondolenzschreiben und Telegramme ein.[369] Die Nachrufe der Wiesbadener Presse legten zudem ein beredtes Zeugnis von Knoop als Wohltäter ab und listeten sogar die Legate auf, mit denen er in seinem Testament diverse Einrichtungen und langjährige Bedienstete bedacht hatte.[370]

Da alle Korrespondenzen und sonstigen Materialien fehlen, sei eine Rekonstruktion der Knoop'schen Sozialbeziehungen anhand der Berichte über seine Beerdigung versucht. Luise von Baden (3.12.1838–23.4.1923), die Tochter Kaiser Wilhelms I., schickte den Vorstand ihres Hofstaates, Otto Louis Ernst Freiherr von Senden (1838–1911). Anwesend waren die Prinzessin Viktoria von Schaumburg-Lippe (1866–1929), der Regierungspräsident Viktor von Tepper-Laski (9.9.1844–28.6.1905) und seine Frau Martha (22.8.1859–10.5.1941) sowie der Oberbürgermeister Wiesbadens, Dr. Carl Bernhard von Ibell (8.7.1847–22.11.1924). Beileidsschreiben sandten Prinz Albrecht (Albert) von Schleswig-Holstein (1869–1931), Prinzessin Christiane von Schleswig-Holstein (1846–1923), Prinzessin Henriette von

Abb. 52 *Das 1895 von Theodore Freifrau von Knoop zum Gedenken an ihren früh verstorbenen Sohn Theodor gestiftete „Theodorhaus“ in Eppenhain (heute Kelkheim im Taunus) als Erholungsheim für „unbemittelte junge Mädchen, Verkäuferinnen und Näherinnen“.*

Schleswig-Holstein (1833–1917) und deren Ehemann Geheimrat Prof. Friedrich von Esmarch (1823–1908), Großfürst Michail Michajlovič (1861–1929) und Prinz Nikolaus von Nassau (1832–1905).[371] Dies war eine illustre adelige Versammlung, die dem sozialen Aufsteiger aus der bürgerlichen Mittelschicht die letzte Ehre erwies und von denen sicherlich eine ganze Reihe auch im gastlichen Haus des Freiherrn von Knoop und seiner Frau verkehrten. Dabei ist davon auszugehen, dass das Ehepaar Knoop gewiss auch mit zahlreichen „Bürgerlichen“ gesellschaftlichen Umgang pflegte, die Presse aber offenkundig in ihrer Berichterstattung den Adel hervorhob. Das war sicherlich damals wie heute eindrucksvoller. Auch nach dem Tode ihres Mannes führte Theodore das gastliche Haus weiter und widmete sich karitativen Aktivitäten. So veranstaltete sie am 16. Mai 1897 im Park ihrer Villa ein Kinderfest, das auch Kaiser Wilhelm II. und seine Gattin mit ihrer Anwesenheit beehrten. Wiederum war eingeladen, was in Wiesbaden Rang und Namen hatte.[372] Theodore von Knoop starb 1902 und auch ihr, „die seit Jahrzehnten“ an der Spitze fast aller „Wohlthätigkeits-Veranstaltungen gestanden“ und „den Vorständen einer ganzen Anzahl im Interesse der Nothleidenden errichteter Vereine und Institute“ angehört hatte, widmete die lokale Presse ausführliche Nachrufe.[373]

Exkurs

Ludwig Knoop und die Bremer Polarforschung

Nicht immer waren die Investitionen von Ludwig Knoop erfolgreich. Obwohl das von ihm unterstützte Projekt der Suche nach einer Polarroute und – damit verbunden nach der Nordostpassage – scheiterte, muss es doch erzählt werden, weil Knoop damit die wissenschaftliche Forschung förderte, auch wenn „kommerzielle Überlegungen" gewiss eine Rolle spielten.[374] Die Suche nach einem Weg durch die Karasee und das Eismeer begann Anfang des 16. Jahrhunderts vor allem durch niederländische und englische Seefahrer, die eine nördliche Route nach China und Indien zu finden hofften. Doch blieben alle Bemühungen ohne Erfolg und auch das wissenschaftliche Interesse wurde in der ersten Hälfte des 19. Jahrhunderts immer geringer.[375]

Stattdessen wuchs das Interesse der Kaufleute und Unternehmer in Sibirien, die bestehenden Möglichkeiten auszuloten. Seit den 1840er-Jahren suchte vor allem der sibirische Kaufmann und Goldminenbesitzer Nikolaj V. Latkin (1832–1904) nach einem möglichen Wasserweg vom Oberlauf des Ob' zur Pečora oder sogar zur nördlichen Dvina, von wo aus dann der Handel mit Europa aufgenommen werden sollte. Eine Route durch die Karasee galt Latkin und seinen Kompagnons in der von ihm gegründeten Pečora-Ob'-Gesellschaft als zu gefährlich.[376] Auch der sibirische Kaufmann und Goldminenbesitzer Michail K. Sidorov (1823–1887), Latkins Schwiegersohn, blieb erfolglos, da weder die russische Regierung noch das Herrscherhaus, die Kaiserlich Russische Geographische Gesellschaft, die Royal Geographical Society oder norwegische Kapitäne Interesse zeigten.[377]

Zugleich gewann in der zweiten Hälfte des 19. Jahrhunderts die Polarforschung fast überall in Europa an Bedeutung. Eines der Zentren in Deutschland wurde die Hansestadt Bremen, in der im September 1870 der „Verein für die deutsche Nordpolarfahrt", kurz Bremer Polarverein, entstand, aus dem 1877 die Geographische Gesellschaft hervorging, zu deren Mitgründern George Albrecht gehörte, der auch ihr Präsident wurde.[378] Die erste Polarfahrt, an deren Planung der Geowissenschaftler August Petermann (1822–1878) erheblichen Anteil hatte, der allerdings selbst an Forschungsreisen nie teilgenommen hatte und daher die Gegebenheiten falsch einschätzte, fand unter Führung des Kapitäns Carl Koldewey (1837–1908) im Jahre 1868 statt.[379] Eine zweite Reise, deren Organisation in den Händen des „Bremischen Comités für die zweite Deutsche Nordpolarfahrt" lag, wurde 1869/70 unternommen.[380] An führender Stelle standen im Verein und im „Comité" George Albrecht und Ludwig Knoop. Albrecht finanzierte 1881/82 die Expedition der Brüder Arthur (1851–1920) und Aurel Krause (1848–1908) in das Beringmeer nach Čukotka und Alaska.[381]

Im Jahre 1874, nach der Gründung des Deutschen Reiches, sollte eine erneute Polarfahrt erfolgen. Doch verhinderten fehlende finanzielle Mittel und mangelnde politische Unterstützung diese Unternehmung. Stattdessen stand in den neuen Statuten des Polarvereins nunmehr die „Förderung geographischer Forschung überhaupt" an erster Stelle. Als eine der Leitlinien wurde dabei festgelegt, „die Wahl auf solche Gegenden" zu lenken, „deren Erzeugnisse und Hülfsquellen bei der steten Ausdehnung des Verkehrs früher oder später auf den deutschen Handel von Einfluss werden könnten".[382] Angesichts einer solchen Zielsetzung ist es nicht verwunderlich, dass zu den Gründern und Mitgliedern des Vereins neben den bereits erwähnten George Albrecht und Ludwig Baron Knoop auch H. H. Meier und weitere führende Handelshäuser und Reeder in Bremen gehörten.[383]

Vonseiten der russischen Unternehmer wurde die Idee der Nutzung der Flusswege Sibiriens für den Handel intensiv weiterverfolgt. Dazu allerdings musste nicht nur die Schifffahrt auf den großen sibirischen Strömen und deren Nebenflüssen ermöglicht oder verbessert werden, sondern auch die Möglichkeit einer dauerhaften und gefahrlosen Schiffsverbindung zwischen den Mündungen von Ob' und Enisej und europäischen Häfen erwiesen werden. Sidorov traf nach längeren, fruchtlosen Bemühungen Ende der 1860er-Jahre in Tromsö mit Adolf Erik Freiherr von Nordenskiöld (1832–1901) zusammen, der gerade von einer Grönland-Expedition zurückgekehrt war.[384] Eine dauerhafte Verbindung allerdings erwuchs daraus nicht, denn Sidorov fehlte es vor allem am nötigen Kapital, um seine Konzepte in die Tat umzusetzen. Sidorov gelang es jedoch, den Gründer der norwegischen Walindustrie, Svend Foyn (1809–1894), für seine Pläne zu interessieren, und von der russischen Regierung im März 1869 das Monopol auf den Handel an der Ob'- und Enisej-Mündung zu erhalten.[385] Nach einem Fehlversuch mit dem Dampfer „Georgij" Ende der 1860er-Jahre verlor Sidorov, der Pionier der sibirischen Handelsschifffahrt, zeitweise sein Interesse an diesen Unternehmungen, sodass er Mitte der 1870er-Jahre seiner Monopolrechte verlustig ging.[386]

Der nächste Schritt auf dem Weg zur möglichen Handelsschifffahrt auf der Polarroute war die Ausdehnung der norwegischen Jagd auf Walrosse und Meeressäuger. Die Firmen bzw. Schiffer lockten die reichen Gründe vor Novaja Zemlja. Bis in die Mitte der 1870er-Jahre dominierten dort die norwegischen Fangschiffe, während sich nur wenige russische Schiffe an der Jagd beteiligten und äußerst selten ein englisches Schiff bis in diese Gegenden vorstieß.[387]

Die norwegischen Schiffskapitäne beschränkten sich dabei nicht nur auf die Jagd, sondern begannen auch damit, die Gegenden zu kartieren und Beobachtungen über den Eisgang und die Wind- und Wetterverhältnisse systematisch aufzuzeichnen.[388] Nordenskiöld nahm vor allem mit dem Kapitän Edvard Johannesen (1844–1901) Kontakt auf, der Ende der 1860er-Jahre Novaja Zemlja als erster ohne Überwinterung 1869/70 umschifft hatte.[389] Kurze Zeit später erreichten norwegische Kapitäne auch die Mündung des Ob' und dehnten ihre Fangsaison auf rund zwanzig Wochen im Jahr aus. Allerdings verschlechterten sich die Eisverhältnisse seit 1872 wieder, sodass auch erfahrene Kapitäne ihre Schiffe verloren oder in erhebliche Schwierigkeiten gerieten.[390] Der deutsche Geograf und Polarforscher August Petermann gelangte aufgrund der norwegischen Untersuchungen zu der Meinung, dass die jährliche Schiffbarkeit der Karasee erwiesen worden sei.[391]

Von russischer Seite wurden diese Unternehmungen mit gemischten Gefühlen betrachtet. Einerseits sahen Unternehmer und Kaufleute die Chancen, die sich für einen direkten Handel Sibiriens mit Westeuropa boten, andererseits erwuchs eine nicht unerhebliche ökonomische Konkurrenz in einer Region, die dünn oder gar nicht besiedelt war, deren Grenzen nicht eindeutig festgelegt waren und die notorisch unterverwaltet war. Eine militärische Kontrolle und Überwachung waren mit erheblichen Kosten verbunden und der Nutzen des nördlichen Seewegs lag für die russische Regierung keinesfalls auf der Hand. Deshalb wurde das Projekt zunächst kaum von staatlicher Seite gefördert.

Mitte der 1870er-Jahre kehrte Michail Sidorov zu seinen sibirischen Unternehmungen zurück. Ihm schloss sich der sibirische Unternehmer Alexander M. Sibirjakov (1849–1933) an, dessen Vermögen vor allem aus den Silber verarbeitenden Betrieben in Nerčinsk stammte. Beide traten in Beziehungen zu dem englischen Handelskapitän Joseph Wiggins (1832–1905).[392] Der englische Kapitän unternahm von 1874 bis 1876 jährlich eine Fahrt durch die Karasee. Dabei erreichte er 1876 auch die Bucht des Enisej und überwinterte an der Mündung der Kurejka.[393] Auf dieser Reise verlor er schließlich sein Schiff und ging bankrott.[394]

Weit größere nationale wie internationale Aufmerksamkeit zogen die Fahrten von Adolf Erik Nordenskiöld auf sich, der allerdings in erster Linie ein Forscher war und die Schiffbarkeit der gesamten Nordpolarroute beweisen wollte. Er erreichte auf seiner berühmten Fahrt mit der „Vega" im Jahre 1879 sogar Kap Dežnev auf Čukotka, umsegelte es und gelangte durch die Beringstraße in den Pazifik.[395] Vorerst allerdings erreichte Nordenskiöld im Sommer 1875 von Tromsö aus den Busen des Enisej. Die Fahrt wurde von dem aus Finnland stammenden Göteborger Kaufmann Oskar Dickson (1823–1897) finanziert.[396] Aufgrund dieses Erfolges zeigte sich Sibirjakov bereit, weitere Unternehmungen solcher Art zu finanzieren. Im folgenden Jahr befuhr Nordenskiöld mit finanzieller Unterstützung Dicksons und Sibirjakovs erneut die Strecke von Tromsö zum Enisej und führte gleichsam symbolisch auch Waren mit sich.[397]

Diese Fahrten sind eindeutig in unmittelbarem Zusammenhang mit der wachsenden wirtschaftlichen Entfaltung Sibiriens zu sehen. Unternehmer vom Schlage Sidorov, Sibirjakov oder Knoop, aber auch Kapitäne wie Wiggins und Forscher wie Nordenskiöld dachten an die gewinnbringenden Möglichkeiten einer direkten Schiffsverbindung, die industrielle und landwirtschaftliche Produkte unmittelbar auf den europäischen Markt bringen sollte. Russische Wirtschaftskreise begrüßten eine solche Möglichkeit, und vor allem Sidorov und Sibirjakov ließ der Gedanke an eine maritime Anbindung Sibiriens an den europäischen Raum kaum ruhen.

Etwa zu dieser Zeit wurde auch von dem Sekretär des Bremer Polarvereins, Moritz von Lindeman (1823–1908), zugleich Stenograf der Bürgerschaft, in einer „Denkschrift betreffend die im Jahre 1876 zu veranstaltende Forschungsreise nach Westsibirien" auf einen möglichen „neuen Seehandelsweg" hingewiesen.[398] Die Fahrt nach Westsibirien sollten die Bremer Naturforscher Otto Finsch und Alfred

Brehm (1829–1884) unternehmen, denen sich auf eigene Kosten der württembergische Offizier Karl Graf von Waldburg-Zeil anschloss. Die auf der Reise gesammelten Mineralien schenkte Finsch 1879 den „Städtischen Sammlungen für Naturgeschichte und Ethnologie". Die „Städtischen Sammlungen" erhielten zwischen 1860 und 1890 durch Vermittlung Ludwig Knoops auch die Fossiliensammlung des russischen Fürsten Wittgenstein.[399] Bei der Eröffnung des Museumsneubaus 1896 wurde zudem aus Knoops Sammlung ein Mammutstoßzahn überreicht.[400] An den Kosten der Reise beteiligte sich Sibirjakov mit der nicht unbeträchtlichen Summe von 1.000 Pfund.[401] Während George Albrecht wohl mit Hilfe seines Schwiegervaters die Verbindung zu russischen Unternehmerkreisen herstellte, konnte der Graf von Waldburg-Zeil Empfehlungsschreiben der württembergischen Königin Ol'ga Nikolaevna (1822–1892) beisteuern, einer Schwester des russischen Kaisers Alexander II.[402]

Einer der zentralen Punkte der Forschung war die Untersuchung der Schiffbarkeit der Gegend zwischen dem Unterlauf des Ob' und der Podarata-, auch Kara- oder Bajdarackaja-Bucht. Dabei ging es vor allem um den Bau eines Kanals, der die Verbindung zwischen der Karischen Bucht und Tobol'sk verkürzen sollte. Wie auch die von Seiten der Petersburger Gesellschaft zur Förderung von Handel und Industrie initiierte Matveev-Orlov-Expedition gelangten Finsch und seine Begleitung zu der Erkenntnis, dass dies aufgrund der bestehenden geologischen Bedingungen nicht durchführbar sein würde.[403] Die Mitglieder der beiden Expeditionen waren bereits in St. Petersburg zusammengetroffen und hatten dabei Absprachen über ein gemeinsames Vorgehen getroffen.[404]

Der Bremer Polarverein wandelte sich nun zur „Geographischen Gesellschaft in Bremen", die sich vor allem den Entdeckungs- und Forschungsreisen widmen wollte. Darüber hinaus publizierte sie die „Deutschen Geographischen Blätter", welche bis 1895 erschienen.[405] An der personellen Zusammensetzung scheint sich zunächst wenig verändert zu haben. Ludwig Knoop und George Albrecht waren führende Mitglieder der Gesellschaft.[406] Albrecht fungierte seit dem Jahre 1881 als Vorsitzender.[407] Von Beginn an beklagte der Vorstand der Gesellschaft das herrschende Desinteresse in der Hansestadt. 1879 gab es 117 ordentliche, neun korrespondierende und neun Ehrenmitglieder. Im zweiten Jahresbericht vom 15. Februar 1879 wies der Vorstand auf die mangelnde Unterstützung aus den Reihen der Kaufmannschaft Bremens hin und beklagte das „geringe Interesse" und die „spärliche Beteiligung" im Unterschied zur Schwesterstadt Hamburg und der „Binnenstadt Hannover".[408] Der Vorstand sprach sich dafür aus, „nochmals in geeigneter Form einen Appell an unsere Kaufmannschaft zum Beitritt zu richten".[409] Es setzte also bald eine aktive Mitgliederwerbung ein, während der Polarverein von einer gewissen Exklusivität gekennzeichnet gewesen war.[410]

Die weitere Initiative zum Aufbau einer dauerhaften Handelsverbindung ging nun von dem Ehrenmitglied der „Geographischen Gesellschaft", Alexander Sibirjakov, aus.[411] Er lancierte die Kenntnisse und Ergebnisse der Fahrten von Wiggins und Nordenskiöld in die internationale Öffentlichkeit und schlug zugleich dem Vorstand der Geographischen Gesellschaft vor, doch eine „geeignete Persönlichkeit" nach Sibirien zu schicken, die sich mit den Möglichkeiten des Handels vor Ort vertraut machen sollte. Lindeman antwortete eher abwartend und meinte, dass vor allem gute Karten nötig seien, wenn ein dauerhafter Schiffsverkehr aufgenommen werden sollte.[412]

Schließlich wandte sich Sibirjakov im Sommer 1877 an den Bremer Kapitän Eduard Dallmann, der über Erfahrungen in der Arktis und Antarktis verfügte und bereits für die Deutsche Polarschifffahrtsgesellschaft tätig gewesen war.[413] Unter Vermittlung Nordenskiölds mietete er in Stockholm den Dampfer „Fraser", der dann in Bremen als Ladung der Firma Joh. Lange Sohn's Wwe. & Co. Tabak, Zucker und Maschinen aufnahm. Er sollte zur Mündung des Enisej fahren und dort Getreide aufnehmen.[414] Diese Fahrt des Bremer Kapitäns verlief durchaus erfolgreich, ebenso wie gleichzeitige Unternehmungen Michail Sidorovs und anderer, bei denen ein Schiff sogar Tobol'sk erreichte.[415] Bei diesen Fahrten stand die St. Petersburger Schifffahrtsgesellschaft im Hintergrund, an der auch Ludwig Knoop Anteile besaß. Eine direkte Beteiligung ist allerdings nicht nachzuweisen.[416]

Vom Jahre 1878 an finanzierte dann Ludwig Knoop die weiteren Fahrten Dallmanns und von dessen Neffen und Schwiegersohn Louis Wieting (1850–1915). Wie und auf welche Weise dies geschehen ist, lässt sich anhand der überlieferten Materialien nicht feststellen. Nachweisbar ist der Kontakt zwischen George Albrecht und Sibirjakov seit dem September 1877. In einem Schreiben berichtete Albrecht von der Mitteilung des Irkutsker Kaufmanns Alexander K. Trapeznikov (1821–1895), dass Tobol'sk erreicht worden sei, aber von Dallmann seit seiner Abreise aus Hammerfest keine Nachrichten vorlägen.[417] Mit einiger Sicherheit also trat Dallmann Ende 1877 in Knoops Dienste.[418] Die Verantwortlichkeit lag in Händen der Firma von George Albrecht, da Knoop in Bremen über keine Niederlassung verfügte.[419] Die Großfamilie Knoop hatte allerdings das Privileg, dass sowohl Dallmann als auch Finsch und der Graf von Waldburg-Zeil in Mühlenthal zu Gast waren und über ihre Forschungsreisen und Expeditionen im kleinen Kreis informierten.[420]

Ziel war es, eine Handelsverbindung zwischen Bremen und dem an der Mündung des Enisej gelegenen Karaul'noe aufzubauen. Dazu sollte dort eine Niederlassung gegründet und die Waren aus Europa an dieser Stelle auf Flussschiffe umgeladen werden, die zuvor sibirische Produkte an diese Stelle transportiert hatten. Diese sibirischen Waren sollten schließlich auf dem Seeweg auf den europäischen Markt gebracht werden.[421] Doch verlief die erste Fahrt mit dem Dampfer „Louise", der sich in Begleitung der „Moskva" und dreier Leichter befand, unter erheblichen Schwierigkeiten. Die „Louise" strandete bei Brönösund, das beschaffte Ersatzschiff „Zarica" lief später auf ein Steinriff. Dennoch gelang es, die Ladungen in Karaul'noe zu löschen.[422]

Dallmann reiste über Land zurück nach Bremen und machte im darauf folgenden Jahr erneut eine Reise mit der „Louise" und den beiden Leichtern. Unter nicht geringen Problemen aufgrund des Eistreibens konnte Karaul'noe erst im September 1879 erreicht werden. Der bremische Kapitän traf unterwegs auf mehrere andere Schiffe, die auf der gleichen Route unterwegs waren und die Mündungen des Ob' und des Enisej zu erreichen suchten.[423] Zwischen 1875 und 1884 versuchten insgesamt 43 Schiffe von europäischen Häfen den Ob' oder den Enisej zu erreichen, wovon allerdings nur 23 ihren Auftrag mit Erfolg zu Ende bringen konnten.[424]

Dallmann gelang es bis Mitte Oktober 1879, wieder Hammerfest zu erreichen, was den übrigen Dampfern und Seglern nicht gelang.[425] Unter der Leitung von Louis Wieting stand das Waren- und Umschlagdepot Karaul'noe am unteren Enisej. Der Fluss wurde mit Schleppzügen befahren, auf denen die Waren befördert wurden.[426] Für den gesamten

Handel war als Bevollmächtigter Knoops und Albrechts zunächst Robert Krafft (Lebensdaten unbekannt), dann ab 1880 Heinrich Kröger (Lebensdaten unbekannt) in Sibirien tätig. Sie leiteten die Agentur in Enisejsk, die den Absatz der Importe und den Einkauf der Exporte, der vor allem aus Weizen bestand, organisierte.[427] Wieting, der für die Flussschifffahrt verantwortlich war, überwinterte mit seiner Mannschaft bis zum Jahre 1884 in Karaul'noe.[428]

Für ihren Dienst auf dem Enisej, bei der die Leichter mit den Waren zu befördern waren, erwies sich die „Moskva" als zu schwach, sodass Knoop auf einer Werft bei Stettin einen kräftigeren Schlepp-Raddampfer bauen ließ, der im Juli 1880 in Dienst gestellt wurde. Das Schiff trug den Namen seines Kapitäns: „Dallmann". [429] In diesem Jahr konnten allerdings weder die „Louise" noch die „Dallmann" aufgrund der Eisverhältnisse in der Karischen See bis zur Mündung des Enisej gelangen.[430] Erst im folgenden Jahr, 1881, erreichten die beiden Schiffe wieder die Mündung des Enisej. Kapitän Dallmann schrieb über seine Fahrten: „In den nächsten Jahren bis 1882 inc. versuchte ich mit wechselndem Glücke die Mündung des Jenisey zu erreichen für Herrn Baron Ludwig Knoop, indessen war dann und wann die Eislage so ungünstig, dass die Jenisey Mündung nicht zu erreichen war und ich nur kaum des Einfrierens im Karischen Meer entging. Bei diesen Reisen kam ich, zum Verkauf der mitgeführten Waren, bis nach Irkutsk und zum Baykal See und kam dann über Land per Schlitten wieder über Tomsk, Omsk, Kasan, Nischni-Nowgorod oder Orenburg, Moskau und Petersburg nach Bremen zurück, um im nächsten Jahr dieselbe Tour nochmals zu machen."[431]

Knoop hatte für diese Handelsfahrten zwischen Bremen/Bremerhaven und der Mündung des Enisej eine eigene Gesellschaft gegründet, über die allerdings so gut wie nichts bekannt ist.[432] Die „Louise" hatte St. Petersburg als Heimathafen, wurde bereedert von der dortigen Niederlassung der Firma Knoop und fuhr daher unter russischer Flagge.[433] Die Schiffe hatten auf der Hinfahrt zumeist Industriewaren geladen, vor allem wohl Maschinen, teilweise auch Tabak und Zucker. Auf der Rückfahrt wurde sibirisches Getreide befördert, das zumindest 1878 im Kreise Minusinsk aufgekauft worden war.[434]

Weder lässt sich aus der Sekundärliteratur ersehen, welche Gewinne oder Verluste die Fahrten einbrachten, noch sind Aufschlüsse über die Kosten im Allgemeinen zu erlangen. Aus Schreiben Dallmanns erfährt man, dass sich die Geschäfte recht gut anließen. Im Jahre 1881 wurde vor allem Baumöl, also Olivenöl, abgesetzt. Allerdings bemerkte der Bremer Kapitän, dass das Getreide in Sibirien teurer war als in Deutschland. Auch war die Ernte dieses Jahres schlecht gewesen, da es viel geregnet hatte.[435] Dallmann hielt vor allem die Regelmäßigkeit der Verbindung für wichtig, „da sonst die Leute hier das Vertrauen an uns verlieren".[436]

Er wiederholte diese Meinung im folgenden Jahr und sprach davon, dass sich die Geschäfte schwierig gestalteten. Während des vorangegangenen Winters hatte er gemeinsam mit Knoops Bevollmächtigtem Heinrich Kröger die Möglichkeiten für den Handel am Oberlauf des Enisej, an der Angara, dem Bajkal-See und in den Städten am Ob' erkundet. Dabei wurden Enisejsk, Tomsk, Krasnojarsk, Tjumen' und Irbit zumeist mit Schlitten aufgesucht.[437] Das Getreide sei „für den Export [...] für gewöhnlich zu teuer". Die ortsansässigen Kaufleute fürchteten, so Dallmann, die ausländische Konkurrenz. Wenn die Schiffe durchkamen, so konnten die importierten Waren billiger angeboten werden als die auf dem Landweg herbeigeschafften der russischen Konkurrenz.

Hinweise auf etwaige Beteiligungen anderer Firmen fehlen. Offensichtlich waren nur Knoop und die Firma seines Schwiegersohnes George Albrecht, Joh. Lange Sohn's Wwe. & Co. an den Handelsfahrten beteiligt. Welchen Anteil Sibirjakov und andere russische Unternehmer daran hatten, lässt sich nicht feststellen. Aus einer Mitteilung Dallmanns kann eher geschlossen werden, dass Sibirjakov weitgehend auf eigene Rechnung bzw. mit anderen Kompagnons arbeitete. Er fuhr zum Teil auch selbst auf den Schiffen mit. Wohl sehr zum Unwillen der jeweiligen Kapitäne. So berichtete Sibirjakovs Kapitän Emil Nilsson (Lebensdaten unbekannt) seinem Kollegen Dallmann von „Sibirjakoff's Verrücktheiten" und davon, dass „Sibirjakoff selbst das Hauptcommando hat haben wollen".[438]

Eventuelle Verluste schienen Knoop nicht zu beunruhigen. So schrieb Dallmann im Dezember 1880: „Baron Knoop scheint das ganze Malheur dieses Jahres auf die leichte Schulter zu nehmen; er lachte mich tüchtig aus und wollte absolut nichts wissen, dass die Geschichte viel unnützes, weggeworfenes Geld koste. Das einzige, was ihn dabei verdrösse, wäre, dass im letzten Sommer eine überaus reiche Ernte in Sibirien gewesen sei und ich jetzt nicht dort wäre mit meinen Schiffen."[439] Knoop war jedenfalls, auch dies geht aus dem Schreiben hervor, mit einem neuen Projekt beschäftigt. Ein weiterer Raddamp-

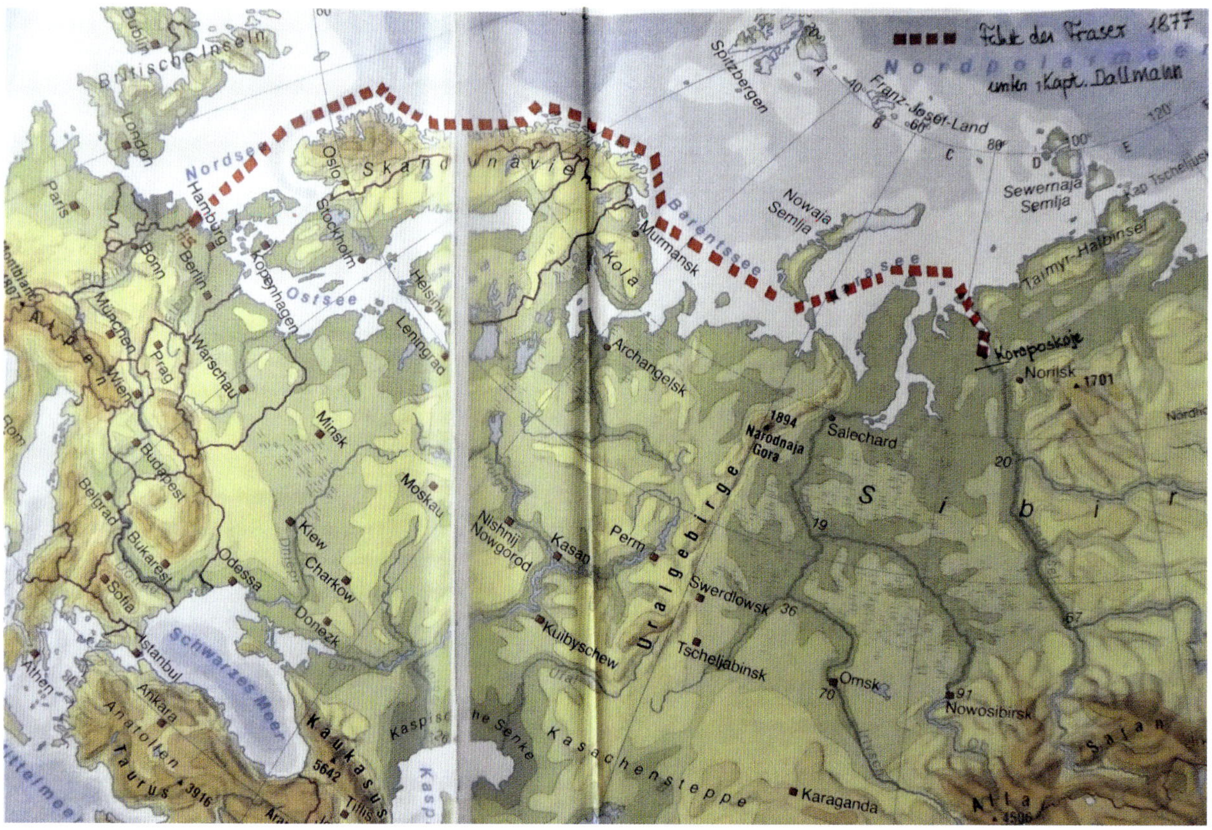

Abb. 53 *Die Route der Polarfahrten von Bremerhaven zum Enisej*

Abb. 54 *Der Kapitän der „Louise", Eduard Burmeister (1842–1903)*

Abb. 55 *Kapitän Eduard Dallmann (1830–1895) aus Blumenthal, Bremens nördlichstem Stadtteil zu beiden Seiten der Weser*

fer sollte auf der Oka, einem Nebenfluss der Wolga, seinen Betrieb aufnehmen. Dazu ist es nicht mehr gekommen.

Im Jahre 1882 bestand von Seiten Knoops und seines Schwiegersohnes wohl die Überlegung, die Ob'-Mündung zu untersuchen. Dallmann berichtete an den Kapitän der „Louise", Eduard Burmeister (1842–1903), er solle „die Tiefen dort" sondieren „und möglichst einen Platz ausfindig" machen, „wo in Zukunft Lagerhäuser gebaut werden können".[440] Es stand wohl schon zu dieser Zeit fest, dass sich die Enisej-Mündung als ungeeignet gezeigt hatte, um eine dauerhafte Verbindung nach Europa zu schaffen. Denn Dallmann fuhr fort: „Wir werden doch dorthin müssen, um Ladungen nach Europa bringen zu können, hier am Jenisey ist ja nichts zu machen."[441]

Auch in jenem Jahre gelang die Fahrt zum Enisej nur der „Dallmann". Die „Louise" musste nach Hammerfest zurückfahren. Das niederländische Expeditionsschiff „Varna" blieb zum gleichen Zeitpunkt im Eise stecken und sank. Auch stellte sich heraus, dass die Ob'-Mündung aufgrund des langen Eisganges dort – er dauerte teilweise bis in den August hinein – gleichfalls ungeeignet war. Als schließlich Anfang Januar 1883 im Winterlager in Sibirien ein Feuer ausbrach und Teile einer Werkstatt und Ersatzteile der Dampfer vernichtet wurden, entschlossen sich Ludwig Knoop und George Albrecht, die Handelsfahrten endgültig einzustellen.

Nach Berichten Dallmanns wollte Knoop den Dampfer „Dallmann" zum Bajkal-See bringen und ihn dort für die Dauer von sechs Jahren unter Louis Wieting als Kapitän fahren lassen. Der Bremer Kapitän vertrat die Meinung, dass die Fahrten nicht so sehr an den Widrigkeiten der Natur scheitern würden, sondern an Kapitän Burmeisters persönlichen Unzulänglichkeiten, der „überhaupt nicht zu der Fahrt tauge, da er keine Lust und kein Interesse an derselben habe".[442]

So setzte Dallmann alles daran, persönlich zu beweisen, dass unter seiner Leitung die Schiffe ihr Ziel erreichen würden. Gegenüber Knoop und wohl auch Albrecht bestand er darauf, das Schiff ohne Burmeister zu führen.[443] Doch auch die Fahrt des Jahres 1883 wurde ein Fehlschlag. Die „Louise" befand sich in Begleitung zweier Schiffe Sibirjakovs, der „A. E. Nordenskiöld" und der „Ob'", als Ende August in der Jugor-Straße bei Eistreiben der Dampfer auf einen

Felsen lief und die Schraubenwelle brach. Die „Louise" wurde von der „Nordenskiöld" nach Hammerfest geschleppt, wofür ein Bergelohn von 20.000 Kronen nach Beschluß des Seegerichtes zu zahlen war. Doch wollte die Reederei der „Louise" unter Vermittlung eines Londoner Agenten nur 15.000 Kronen zahlen.[444] Dallmann schrieb in einem weiteren Brief an die Fa. Joh. Lange Sohn's Wwe. & Co., dass Sibirjakov und Knoop sich persönlich in der Sache einigen würden, doch habe der norwegische Kapitän seine Forderung ohne Einverständnis des Eigners gestellt.[445]

Dallmann berichtete darüber an Albrecht und schilderte detailliert den Verlauf der Fahrt, vor allem aber den Hergang des Unglücksfalles. Per Telegramm informierte er die Fa. Joh. Lange Sohn's Wwe. & Co. und schickte dann einen Brief, den er mit der Bemerkung schloss, dass es ihm unendlich leidtue, mit einem solchen Resultat zurückzukehren. Er meinte sogar, dass die Reise fortgesetzt werden könne, falls Albrecht und Knoop dies wünschten. Die „Louise" sollte dann am unteren Enisej überwintern.[446] Doch war dies die letzte Sibirienfahrt Dallmanns. Rund zehn Jahre später beschwerte er sich über Knoop in einem Schreiben an den befreundeten Kapitän Emil Nilsson: „Rich men are not always good men, and from such where your have worked hardest for, you are treated the worst from, that I have often found out. After Baron Knoop had given up the Siberian trade, Capt. Burmeister took charge of the „Louise" again and so I was without a ship again."[447]

Abb. 56 *Das Schiff „Dallmann" auf dem Enisej*

Abb. 57 *Der im Eis gestrandete Raddampfer „Dallmann", der aber unter russischer Flagge bis 1952 weiterfuhr*

Knoop und Albrecht stellten ihre Handelsfahrten nach Sibirien ein. Über die Gründe kann im Wesentlichen nur spekuliert werden. Mit einiger Sicherheit dürften das Verhältnis der Kosten zum Ertrag und auch die Unsicherheiten und Unwägbarkeiten der Schiffsverbindung zu diesem Entschluss geführt haben. Kapitän Wieting, der sechsmal in Sibirien überwintert hatte, schrieb in seinen Erinnerungen: „Sechs Reisen zum Jenissej waren unternommen worden, drei davon waren mißglückt. Es war daher wohl kaum zu erwarten, daß das Unternehmen von unseren Herren Reedern noch weiter fortgesetzt werden würde."[448] So wurde er damit beauftragt, die „Dallmann" und die beiden Leichter im Frühjahr 1884 zu verkaufen. Im Juni jenes Jahres kehrte er mit seiner Mannschaft auf dem Landweg nach Bremen zurück.[449]

Erfolgreicher war knapp 30 Jahre später, 1912/13, der norwegische Unternehmer Jonas Lied (1861–1969), der allerdings auch neueste Technik nutzen konnte. Bis zum Ausbruch der Februarrevolution des Jahres 1917 baute er mit seiner Gesellschaft den Handelsverkehr über See und auf den Flüssen zügig aus und kontrollierte auf Ob' und Enisej das Geschäft.[450]

In jedem Falle gehörte Lied zusammen mit Sidorov, Sibirjakov und Knoop von unternehmerischer Seite und Wiggins, Nordenskiöld und Dallmann als Kapitäne zu den großen Pionieren der Handelsschifffahrt auf der Polarroute, die selbst Sibirjakov, einer ihrer größten Verfechter, am Ende seines Lebens eher skeptisch beurteilte: „Die Schiffahrt in der Kara-See birgt große Schwierigkeiten, mit denen man kämpfen muss und deshalb ist sie für kommerzielle Zwecke nicht geeignet."[451] Ludwig Knoop sah dies ebenso und beendete seine Finanzierung rechtzeitig.

Viertes Kapitel

Späte Jahre, Kinder und Enkelkinder

Abb. 58 *Ludwig Baron Knoop an seinem Schreibtisch in Schloss Mühlenthal, 1880er/1890er-Jahre*

Mit Beginn der 1870er-Jahre waren zunächst Ludwigs Söhne, dann auch der männliche Nachwuchs von Julius allmählich in die Familienunternehmen eingetreten. Johann, Ludwigs Ältester, ging nach London und arbeitete dort im Bank- und Handelshaus William Berkefeld & Co., über das kaum Informationen vorliegen. Zusammen mit dem Londoner Bankhaus H. S. Lefevre & Co. und De Jersey & Co. bildete es eine Einheit, die für die Kreditierung des Handels zuständig war.[452] Geschäftsbeziehungen unterhielten die Firmen der Knoop-Brüder auch mit den Bankhäusern Rothschild, Kleinwort, Brandt und Baring Bros., die Kredite in Millionenhöhe gewährten.[453] Allerdings verschoben sich die Schwerpunkte der Geschäfte behutsam, aber kontinuierlich. 1878, ein Jahr nachdem Ludwig Knoop in den erblichen Adel erhoben worden war, wurde das Unternehmen in Mittelasien aktiv. Gemeinsam mit Abram A. Morozov (1839–1882) und Nikolaj N. Konšin (1831–1918), beide Textilindustrielle im Großraum Moskau, gründete die Firma L. Knoop & Co. die „Zentralasiatische Dampfschifffahrts- und Handelsgesellschaft" (Sredneaziatskoe Obščestvo Parochodstva i Torgovli). Zweck des

Unternehmens war es, jährlich rund drei Millionen Pud Baumwolle in die zentralen Produktionsstandorte der russischen Textilindustrie zu liefern. Um dies bewerkstelligen zu können, wurden sie bei den zuständigen Behörden vorstellig und drängten auf den Ausbau der Eisenbahnlinien und eine Übernahme der staatlichen Aralsee-Flottille.[454] Die Knoops hatten die Zeichen der Zeit erkannt und begannen, sich stärker um die Rohstoffe im eigenen Land und deren Nutzung zu kümmern.[455] Dennoch blieben zunächst die traditionellen Verbindungen, die erhebliche Gewinne einbrachten, bestehen. Offensichtlich spielten dabei die sich doch sehr verschlechternden internationalen bzw. bilateralen Beziehungen keine wesentliche Rolle. Denn im Zuge des Russisch-Türkischen Krieges von 1877/78 und dem sich anschließenden Frieden von San Stefano vom März 1878 sowie dem nachfolgenden Berliner Kongress im Sommer jenes Jahres verschlechterten sich sowohl die Beziehungen Russlands zu Großbritannien, die schon schlecht genug waren, aber auch die zum Deutschen Reich, dessen Kanzler Otto von Bismarck (1815–1898) doch als „ehrlicher Makler" gelten wollte.[456]

Abb. 59 *Ludwig Baron Knoop mit zwei Enkeln, von vorne, um 1890*

Abb. 60 *Ludwig Baron Knoop mit zwei Enkeln, von hinten, um 1890*

1. Goldene Hochzeit in Mühlenthal

Über die 1880er-Jahre gibt es wenig zu berichten, denn unsere Quellen schweigen weitgehend. In Krähnholm wurde renoviert und neue Gebäude entstanden. Zudem wandte sich Ludwig Knoop mit dem Beginn der 1880er-Jahre mehr und mehr den Grenzregionen zwischen dem europäischen und dem asiatischen Teil des Russischen Reiches als wirtschaftliches Interessengebiet zu. In den frühen 1880er-Jahren beteiligte er sich an Überlegungen zum Bau einer transkaukasischen Eisenbahn, die dann aber wohl doch wieder verworfen wurden.[457] Nachdem 1887 die Niederlassung in Bombay, aus welchen Gründen auch immer, aufgegeben worden war, intensivierten sich die Bemühungen im russischen Teil Zentralasiens, die mit dem Beginn der 1890er-Jahre dann an Tempo zunahmen.

In Bremen, Moskau und London sowie in Wiesbaden und Manchester vergrößerten sich die Familien seit der Mitte der 1860er-Jahre und die Eltern Ludwig und Louise sowie Julius und Theodore Knoop wurden zu Großeltern. Zu ihren Lebzeiten wurden Louise und Ludwig 27 Enkelkinder geboren, von denen zwei als Kind bzw. als Heranwachsender starben. Nur die jüngste Enkelin, die im April 1895 in Moskau geborene Emilie Luise, jüngste Tochter von Theodor und Sophie Knoop, lernten sie nicht mehr kennen. Bei Familienfeiern kamen, wenn man bedenkt, dass Ludwig sieben Geschwister hatte, von denen die älteste Schwester und der Bruder Andreas Heinrich kinderlos blieben, problemlos zwischen 50 und 70 Personen zusammen, rechnen wir noch ein paar Freunde und Bekannte hinzu, so nähern wir uns der Zahl von rund 100 Personen. Zum 70. Geburtstag von Ludwig Baron Knoop am 15. Mai 1891 kamen

Abb. 61 *Ludwig Baron Knoop und Louise Baronin Knoop, fotografiert anlässlich ihrer Goldenen Hochzeit am 10. Juni 1893*

jedenfalls 19 seiner Enkel zusammen, um sich mit der Großmutter für den Großvater fotografieren zu lassen. Wir wissen nicht, wie viele Enkel zwei Jahre später, bei der im Jahre 1893 in Schloss Mühlenthal anstehenden ganz großen Familienfeier anwesend waren, aber mit einiger Wahrscheinlichkeit kamen mindestens 100 Gäste aus Nah und Fern.

Am 10. Juni 1893 fand „ein Fest ungetrübter Freude“ statt, die Goldene Hochzeit von Ludwig und Louise Knoop, über die Adele Wolde ausführlich berichtete, aber ein doch wichtiges Ereignis mit wenigen Worten überging und schrieb: „Am Vorabend fand eine wohlgelungene Aufführung im Palmenhaus statt.“[458] Es handelte sich dabei um das „Festspiel zur Vorfeier der Goldenen Hochzeit von Baron Ludwig Knoop und Baronin Louise Knoop“, das an jenem Abend von Mitgliedern der engeren und der weiteren Familie aufgeführt wurde. Bei diesem Ereignis traten unter anderem die Kinder Adele und Johann, im Programm „Wanja“ genannt, mehrere Enkelkinder und Angehörige der Familien Kulenkampff, Wolde und Albrecht sowie Freunde und Bekannte auf. Zu den „Schauspielern“ gehörte auch Ludwig Knoop, bei dem es sich wohl um den Enkelsohn Ludwig handelte. Das Stück spielte in Bergwerken (Kupfer und Eisen), und es traten allegorische Figuren wie der Schutzengel, die Poesie und das Gold auf. Am Schluss wurden zwei Sträuße aus Gold geschmiedet und im „Nachspiel“ trat „Das häusliche Glück“ auf, und es erschien das Bild der Mutter, bei der es sich sowohl um Mutter Hoyer als auch um Mutter Knoop gehandelt haben könnte. An den passenden Stellen erschienen Bühnenbilder aus dem Leben des Jubelpaares: Haus Vargin, der Sommersitz Pokrovskij, Krähnholm, das alte Mühlenthal, in dem die Silberhochzeit gefeiert worden war, und das neue Mühlenthal.[459]

10. Juni 1843. 10. Juni 1893.

werden
zur Feier der Goldenen Hochzeit
ihrer Eltern
Baron Ludwig Knoop und Frau
auf Sonnabend, den 10. Juni 1893
Nachmittags 6 Uhr
nach dem Landsitze Mühlenthal
freundlichst eingeladen von
deren Kindern.

U. g. A. w. g. Breitenweg 8. Bremen.

Abb. 62 *Einladungskarte zur Feier der Goldenen Hochzeit*

Abb. 63 *Die Rückseite des „Drehbuchs“ des Festspiels der Familie Knoop, das am Vorabend der Goldenen Hochzeit auf Schloss Mühlenthal aufgeführt wurde*

Abb. 64 *Die erste Seite des Programms des Festspiels der Familie Knoop am Vorabend der Goldenen Hochzeit*

Am Morgen des Ehrentages gab es eine Ehrensalve von Dampfern des Norddeutschen Lloyd in vollem Flaggenschmuck, am Abend eine Illumination des Parks und ein Feuerwerk. In dem Knoop gehörenden Heidhof-Forst wurde zudem eine Platte mit folgendem Text angebracht: „Diese Tafel wurde errichtet zum Andenken an die Goldene Hochzeit von Baron Ludwig Knoop und Frau, Mühlenthal, St. Magnus den 10. Juni 1893.“ Nun steht die Platte als originalgetreuer Abdruck in Knoops Park dort, wo früher das Schloss stand. Versammelt waren nicht nur „50 Nachkommen“, wie Adele Wolde schrieb,[460] sondern „viele Geschäftsfreunde aus allen Teilen der Welt, besonders zahlreich und zur größten Freude des Großvaters waren eine Anzahl der russischen Freunde, mit denen er seine großen Unternehmungen angefangen und aufgebaut hatte“, ins Schloss an die Lesum gekommen. Der Enkel Friedrich Carl Albrecht bemerkte dazu in seinen Erinnerungen, sie seien nicht nur wegen der Goldenen Hochzeit gekommen, sondern „um noch einmal die Vergangenheit in der Erinnerung wieder aufleben zu lassen“.

Personen des Festspiels:

Der Schutzengel	Frau Luise Möller.
Die Poesie.	Frl. Luise Wolde.
Das Gold	Frl. Adele Wolde.
Der Berggeist	Herr Carl Albrecht.
Emmy	Emmy Kulenkampff.
Lutz	Ludwig Wolde.
Eisenbergleute	Ludwig Knoop. Ludwig Kulenkampff. Eduard Kulenkampff. Ernst Bornemann. Tilly Wolde. Ilse Wolde.
Kupferbergleute	Willi Kulenkampff. Julius Kulenkampff. Willi Lürman. Fränzchen Albrecht. Luise Kulenkampff. Magdalene Wolde.
Elfen	Luise Kulenkampff. Else Albrecht. Anna Marie Kulenkampff. Elsbeth Kulenkampff. Lulu Möller. Ilse Wolde.
Gnomen.	Ludwig Kulenkampff. Eduard Kulenkampff. Fritz Möller. Wanja Knoop. Willi Lürman. Ernst Bornemann. Luise Kulenkampff. Ilse Wolde. Magdalene Wolde.

(Die Handlung spielt am 8. Juni 1893.)

Nachspiel:

Das häusliche Glück	Frau Elsbeth Kulenkampff.
Lebendes Bild, gestellt von	Frau Adele Wolde. Frl. Lottchen Nebelthau. Frl. Fränzchen Albrecht.

Schlußbild.

Abb. 65 *Die „Besetzungsliste“ des Festspiels mit Mitgliedern und Freunden der Familie Knoop*

Abb. 66 *Gedenktafel zur Goldenen Hochzeit im Heidhofer Forst auf dem Stein „Grauer Hengst"*

Sie spielten Karten, aßen Kaviar und tranken Champagner und Bordeaux. „Jeden Nachmittag schliefen und schnarchten sie auf den Sofas im Billardzimmer." Ich lasse diese ein wenig klischeehafte Schilderung unkommentiert. Für Friedrich Carl Albrecht war es „das schönste und sinnreichste" Fest, das es je in dieser Gegend gegeben und an dem sich die ganze Bevölkerung der näheren und weiteren Umgebung beteiligt habe.[461] Nur die lokale Presse war entweder nicht erwünscht oder fand die Feier nicht wichtig genug, um darüber zu berichten.[462]

Bald nach dem Fest reisten Ludwig und Louise wie jedes Jahr zur Kur nach Marienbad, waren jedoch schon erkrankt, möglicherweise auch an einer Lungenkrankheit. Louise Knoop starb am 26. Januar 1894, Ludwig Knoop wenige Monate später, am 16. August 1894. Ihre letzte Ruhe fanden sie im Mausoleum der Familie auf dem Waller Friedhof. Bereits im November 1889 war die älteste Tochter Louise (Lullu), erst 45 Jahre alt, verstorben. 1893 starben Ludwigs Brüder Julius (6.4.1893) in Wiesbaden und Daniel Diederich (18.10.1893) in Bremen.

Ludwig und Louise Knoop waren der Mittelpunkt einer Familie, die stets eine „ungewöhnliche Zusammengehörigkeit" gezeigt hatte.[463] In der „Weser-Zeitung" erschien zwei Tage später unter „Vermischtes" ein kurzer und fehlerhafter Nachruf, der noch einmal Gustav Paulis Ausführungen über „das Mißvergnügen der Bremer" über Ludwig Baron Knoop verdeutlichte.[464] Möglicherweise jedoch fand sich dieses „Mißvergnügen" nicht so sehr unter den Bremer Kaufleuten und Unternehmern, in deren Kreisen Knoop doch seine drei Töchter gut verheiratet hatte, mit denen er 25 Jahre lang

Abb. 67 *Einweihung des Nachgusses der Hochzeitsplatte in Knoops Park, 2020*

(1878–1954) auf Schloss Mühlenthal hervorgeht.[465] Es kommt hinzu, dass Rilke an der Wende vom 19. zum 20. Jahrhundert in Bremen und im Umland (Worpswede) kein Unbekannter war und sich häufiger in der Stadt aufhielt. Seine Frau stammte aus dem Bremer Bürgertum, mit dem angesehenen Direktor der Bremer Kunsthalle, Gustav Pauli (1866–1938) bestanden ebenso enge Beziehungen wie mit Heinrich Vogeler (1872–1942) in Worpswede.[466]

Die Nachwelt, insbesondere die Wissenschaft, zeichnete ein anderes Bild von Ludwig Baron Knoop. Der Nationalökonom Gerhard von Schulze-Gaevernitz nannte ihn eine Mischung aus Sir Richard Arkwright und dem Urbild eines Selfmademans, dem US-amerikanischen Unternehmer John D. Rockefeller, der als erster Dollarmilliardär der Weltgeschichte gilt.[467] Als „Arkwright of Russia" bezeichnete ihn auch der britische Historiker Stuart Thompstone.[468] Erinnert sei daran, dass Richard Arkwright als der Begründer der Textilgroßindustrie in England gilt, zugleich aber auch Erfinder mit zahlreichen Patenten war, vor allem durch die Erfindung der „Waterframe", einer Spinnmaschine mit automatischer Garnzuführung. In Russland, so fasst es Jurij A. Petrov zusammen, sei Ludwig Knoop eine Legende gewesen, wovon sowohl der oben zitierte Spruch als auch sein Denkmal in Krähnholm zeuge.[469]

Umgang im Aufsichtsrat des Norddeutschen Lloyd pflegte und deren Mitglieder wie die Lürmanns und die Möllers sogar im „Festspiel" zur Goldenen Hochzeit mitwirkten, sondern weit eher in der Schicht des Bildungsbürgertums als spezifische Form eines Sozialneids, wie er nicht nur aus diesem unerfreulichen Nachruf, sondern auch noch rund 80 Jahre später geradezu beispielhaft aus den letzten drei Absätzen von Herbert Schwarzwälders (1919–2011) Aufsatz über Knoop sowie seinen Ausführungen über Besuch und Lesung von Rainer Maria Rilke (1875–1926) und Clara Rilke-Westhoff

Diese Charakterisierungen, zumeist orientiert an historischen Vorbildern, treffen immer nur bedingt zu. Verglichen mit Arkwright hat Knoop nichts erfunden, aber er war in jedem Fall der Begründer der automatisierten Textilgroßindustrie in Russland und deren Katalysator, der sie zur Entfaltung brachte. Es zeichnete Knoop aus, dass er seine Rolle als „Primus inter Pares" nicht ausnutzte, sondern allen anderen genügend Platz ließ, um sich zu entwickeln und „Geld zu verdienen". Ein Selfmademan im klassischen Sinne war er zwar nicht, aber er war ein sozialer Aufsteiger, der seinen Weg vom „einfachen" Kaufmann zum weltweit agierenden Multimillionär machte. Er war eher Kaufmann als Fabrikant, ein Unternehmer mit Weitblick, der perspektivisch dachte, aber nicht nur seinen unmittelbaren Profit im Blick hatte. Die Investition in eine direkte Telegrafenverbindung zwischen der Zentrale in Moskau und der Niederlassung in Bombay brachte gewiss Vorteile, schlug sich aber erst nach einiger Zeit in Gewinnen nieder. Zudem war Ludwig Knoop ein „reisefreudiger" Unternehmer. Wenn man der Überlieferung folgt, so reiste er seit dem Bezug von Mühlenthal bis zum vorletzten Lebensjahr, also von 1870 bis 1893, jedes Jahr zweimal nach Russland. Das waren demnach 46 Reisen und von Bremen nach Moskau jeweils rund 2.100 Kilometer, mit einem Abstecher nach Narva, um Krähnholm zu besuchen, weitere 800 Kilometer. Dagegen nimmt sich die Fahrt nach Marienbad zur ebenfalls immer wieder angesprochenen Kur von knapp 600 Kilometern geradezu als kurz aus. Dabei, so lässt sich vermuten, wird es kaum geblieben sein. Ähnlich lange Reisen machten übrigens auch die Gebrüder Siemens.

Abb. 68 *Das Mausoleum der Familie Knoop auf dem Friedhof Bremen-Walle*

Sein Haus hatte Ludwig Knoop offensichtlich gut bestellt. Nach seinem Tod 1894 trat zunächst sein Schwager und langjähriger Mitarbeiter Johann Prowe an seine Stelle, dessen ältester Sohn Roman (Rudolf) (26.8.1861–1939) auch schon ins Geschäft eingetreten war und für Jahrzehnte Teilhaber bleiben sollte. Zu den Teilhabern gehörte seit den 1890er-Jahren auch Rudolf (Roman) Förster jun. (um 1850–1919), mit dessen Transportfirma die Knoops seit Langem eng zusammenarbeiteten, denn deren Eigentümer Rudolf Förster sen. (1819–?), war mit Adele Hoyer (Lebensdaten unbekannt), der dritten Schwester von Louise Hoyer, verheiratet, also auch ein Schwager von Ludwig Knoop.[470]

Hartmut Berghoff und Roland Möller nannten Ludwig Knoop in ihrer vergleichenden Studie über „Wirtschaftsbürger in Bremen und Bristol 1870–1914" „einen wahrhaft genialen Universalunternehmer", der innerhalb Bremens „eine völlige Ausnahmeposition einnahm".[471] Knoop, so möchte ich ergänzen, nahm nicht nur innerhalb Bremens diese Ausnahmeposition ein, sondern auch innerhalb Europas. Knoop prägte die russische Textilindustrie und das Baumwollgeschäft ganz entscheidend und nahm darin eine Sonderstellung ein. Seinen Erfolg verdankte er seiner psychischen und physischen Präsenz fast zu gleichen Teilen. Er war rastlos, kein Unternehmer, der seine Tage nur im Kontor zubrachte, wagemutig, aber doch rational und er konnte sich in seinen weltweiten Unternehmungen auf seine weitverzweigte Familie stützen. Er war Kaufmann und Fabrikant zugleich, aber wie Krähnholm zeigte, doch eher eine Persönlichkeit, die lieber kaufte und verkaufte, als dauerhaft an einem Ort etwas zu produzieren. Trotz seiner Nobilitierung war er ein Wirtschaftsbürger durch und durch, das zeigt schon sein sozialer Umgang in Bremen und seine „Heiratspolitik". Geprägt war er von dem, was Max Weber den ‚Geist' des Kapitalismus genannt hat. In jedem Falle war er einer der bedeutendsten Unternehmer Europas in der zweiten Hälfte des 19. Jahrhunderts.

2. Die Familien Albrecht und Kulenkampff

Werfen wir zum Abschluss noch einige kurze Blicke auf die Kinder und Enkelkinder von Louise und Ludwig Knoop sowie auf die von Theodore und Julius Knoop und beginnen mit den Nachkommen von Louise und Ludwig Knoop.

Louise (Lullu), das älteste Kind, und ihr Mann George Albrecht, verheiratet seit 1864, bekamen acht Kinder: Karl George (6.8.1865–2.4.1924), Johanna Luise (26.8.1866–10.9.1939), Ludwig (6.9.1868–29.5.1945), Gustav (7.5.1871–25.7.1929) Johann Theodor (8.7.1873–16.3.1925), Friedrich Carl (15.9.1875–24.12.1952), Marie Franziska (4.2.1880–20.2.1931) und Elsbeth (Else, 11.3.1884–13.12.1961). George Albrecht, Teilhaber und seit 1886 Inhaber des Handelshauses Joh. Lange Sohn's Wwe. & Co. engagierte sich im Vereinswesen und als Mäzen wissenschaftlicher Forschungsreisen. Er stand seinem Schwiegervater offensichtlich recht nahe, denn er begleitete ihn auf der Reise nach Moskau 1877, als das Firmenjubiläum gefeiert und Ludwig Knoop in den erblichen Adel erhoben wurde. George Albrecht war ein begeisterter Reiter, alle Söhne lernten reiten, von den Schwestern ist in den Erinnerungen von Friedrich Carl Albrecht sen. kaum die Rede, und an den Sommersonntagen gab es längere Ausritte der Familie. Aus dessen Erinnerungen wissen wir, dass er ein eher schwieriges Verhältnis zu seinem Vater hatte, aber schon früh ins Baumwollgeschäft eingestiegen ist, zunächst bei Knoop, Frerichs & Co., dann

Abb. 69 *Die fünf Söhne von Louise und George Albrecht zu Pferd. George Albrecht war, wie seine Söhne, ein passionierter Reiter; etwa Mitte der 1890er-Jahre*

bei Bornemann, und schließlich seine eigene, heute noch bestehende Firma gründete, Albrecht, Müller-Pearce & Co., an deren Spitze heute mit Fritz A. Grobien Ludwig Knoops Urururenkel steht.[472]

Die jüngste Tochter Emilie und ihr Mann Heinrich Wilhelm Kulenkampff bekamen sechs Kinder: Julius Wilhelm (19.6.1881–2.12.1947), Johann Ludwig (4.12.1882–11.11.1951), Louise Adele Emilie (10.5.1885–1961), Anna Maria (5.1.1887–1964), Elisabeth Franziska (20.4.1889–1971) und Louise Dorothea (8.6.1891–11.4.1950).[473] Heinrich Wilhelm Kulenkampff übernahm 1883 die Firma Gebr. Knoop, die er von 1888 bis 1901 allein führte, danach mit seinem Sohn Julius, der das Unternehmen nach dem Tod des Vaters leitete.[474]

Ein eher kursorischer Blick auf die Ehepartner und -partnerinnen der Enkelgeneration zeigt, dass Heiraten zumeist, aber nicht ausschließlich im Milieu erfolgten, Adelige waren durchaus mögliche Partner bzw. Partnerinnen. Ludwig Baron Knoop, so lässt sich konstatieren, sah sich selbst wohl eher, wie dies auch bei den Gebrüdern Siemens der Fall war, als Teil des Bürger- oder Großbürgertums. Interessanterweise finden sich in der Familie Kulenkampff in der Enkelgeneration mehrere Angehörige des Adels, was am geschäftigen Geist der Familie jedoch nichts geändert hat. Bei der Familie Albrecht hingegen finden sich in dieser Generation fast ausschließlich bürgerliche Partner bzw. Partnerinnen.

3. Johann Knoop und seine Familie

Johann, der in London lebende älteste Sohn von Ludwig Knoop, bekam mit seiner ersten Frau Gretchen zwei Kinder, Marie Louise (17.8.1875 London–13.5.1890 Kairo) und Ludwig (Ludi genannt) (23.1.1878 London–20.1.1959 Montreux). Johanns Frau verstarb jedoch schon im Mai 1882 in Mühlenthal an, wie es damals hieß, Schwindsucht, ebenso die Tochter, für die der Vater Heilung in Schwefelquellen und durch die Wüstenluft in der Nähe Kairos gesucht hatte.[475] In der Zwischenzeit hatte Johann, aus welchen Gründen auch immer, damit begonnen, Streichinstrumente zu sammeln. Bald sollte seine Sammlung eine der bedeutendsten der Welt werden.[476] Beruflich war er ausgesprochen erfolgreich, denn Anfang Juli 1882 übernahm er endgültig die Firma William Berkefeld und änderte ihren Namen in Knoop & Co. In mehreren englischen Zeitungen erschienen längere Mitteilungen darüber. Die Firma Berkefeld teilte mit, dass Johann Baron Knoop, der seit dem Tod von Wm. Berkefeld die Firma allein vertreten habe, nunmehr die Geschäfte unter dem Namen Knoop & Co. in Verbindung mit Mr. A. W. von Knoop, Partner von De Jersey in Manchester und Liverpool, führen werde. Zugleich wurde bekannt gegeben, dass Johann Knoop nun auch Partner von De Jersey & Co. würde, deren Partner auch Ludwig Knoop sei.[477] Die Cousins führten also nun gemeinsam das umbenannte Unternehmen weiter und Johann Baron Knoop wurde endgültig Partner in der Firma seines Onkels und seines Vaters. In London genoss er großes Ansehen und war gemeinsam mit den Bankiers Baron John Henry William von Schröder (1825–1910) und Baron Alfred de Rothschild (1842–1918), mit denen De Jersey & Co. sowie Knoop & Co. gute Beziehungen unterhielten, Mitglied in der 1806 gegründeten „Society of Friends of Foreigners in Distress“, deren Präsident der Prince of Wales (1841–1910) war.[478]

Nach dem Tod von Louise und Ludwig Knoop erbte Johann als ältester Sohn Schloss Mühlenthal, lebte aber weiterhin in London und kümmerte sich dort um die Geschäfte. Im Juli 1899 heiratete er die fast 30 Jahre jüngere, rätselhafte und geheimnisumwitterte Mabel (May oder Maya) Caroline Stuart King (1875–1945). Sie wurde, so heißt es in der Literatur, als Tochter eines britischen Offiziers in Aden geboren und war, als sie Johann Knoop 18-jährig in Wien kennenlernte, Violinistin, die auf der Stradivari eines Gönners in einem Quartett, spielte. Belegen lässt sich das nicht, und Ort und Zeit der Bekanntschaft bleiben ebenso im Dunkeln wie die Ehe des ungleichen Paares. Wahrscheinlicher ist es, dass Mabel Stuart King als Gouvernante des Sohnes beschäftigt wurde.[479]

Johann hatte seit 1876 eine große und bedeutende Geigensammlung angelegt und hielt sich bisweilen in Mühlenthal auf. Da auch sein Sohn Ludi (Ludwig) an einer Lungenkrankheit litt, wohnte die Familie häufiger im „Kurort“ Heluan bei Kairo, wo Johann 1903 das Hotel „Al Hayat“ (Das Leben) errichtete. Ludi sei dort auch wieder gesund geworden.[480] Zu Besuch in Al Hayat weilten auch Mitglieder der Familie wie Ludwig (Lutz) Wolde oder deutsche Industrielle wie der Düsseldorfer Unternehmer Ernst Poensgen (1871–1949).

Am Anfang des 20. Jahrhunderts begann Johann aus nicht bekannten Gründen mit dem Verkauf seiner Geigensammlung über die Firma W. E. Hill & Sons in London, bei der er auch den Großteil seiner Instrumente erworben hatte. In den überlieferten, nur teilweise datierten Briefen wurden fast ausschließlich geschäftliche Angelegenheiten angesprochen. Nur einmal erwähnte Johann Knoop die Erkrankung seines Sohnes Ludwig und schrieb, dass es ihm besser gehe und er hoffe, dass sein Sohn „this winter will make further steps to complete recovery“.[481] Wenn sich das Ehepaar Knoop in Mühlenthal aufhielt, so hatte es, wie auch das Ehepaar Wolde, gute Kontakte und Verbindungen zur dortigen Kunst- und Schriftstellerszene, zu Heinrich Vogeler in Worpswede, der ihm 1898 ein Exlibris mit Geige schuf, zum Kreis um den Kunsthallendirektor Gustav Pauli und den Schriftsteller und Architekten Rudolf Alexander Schröder. Beide, wie auch Paulis Frau Magda Melchers (1875–1970), gehörten zum Künstlerkreis „Goldene Wolke“, der von 1903 bis 1914 existierte.[482] In diesem Kontext ist auch die Verbindung von Johann und May Knoop mit dem Dichter Rainer Maria Rilke zu sehen, deren Beginn nicht zu ermitteln ist. In der Literatur erscheint May von Knoop im Jahre 1907 wie eine „Dea ex Machina“ als Freundin von Rilkes Frau, der aus Bremen stammenden Bildhauerin und Malerin Clara Rilke-Westhoff, auf der Bühne des Lebens.[483] Unklar bleibt daher auch, wann die von Schwarzwälder in seinem Artikel über Ludwig Knoop in hämischer und herabsetzender Weise geschilderte Lesung Rilkes in Begleitung seiner Frau in Schloss Mühlenthal stattgefunden hat.[484] Von Januar bis Anfang April 1907 besuchte Clara Rilke-Westhoff das Ehepaar Knoop in Al Hayat und fertigte unter anderem eine Büste von May Knoop an. Auch Rilke besuchte 1911 auf seiner Ägyptenreise das Ehepaar Knoop,[485] das sich offensichtlich dort häufiger aufhielt. Mays Briefe und Karten an Rainer Maria Rilke sind in einer eher an die deutsche Frakturschrift denn an die in Westeuropa gebräuchlichen lateinischen Buchstaben erinnernden Handschrift weitestgehend fehlerfrei auf Deutsch verfasst.[486] Daraus lässt sich in jedem Falle schließen, dass sie Deutsch auch schriftlich ausgezeichnet beherrschte. Sie hatte also zumindest längere Zeit in Deutschland gelebt.

Johanns Sohn Ludwig heiratete im August 1906 in der Nähe von Boston Emily Sargent (1882–21.3.1874 Montreux), die er „several years ago“ in Al Hayat kennengelernt hatte, begleitet von seinem Vater und seiner Stiefmutter.[487] Auch Ludwig war offensichtlich im Familienunternehmen tätig und wurde im Testament seines Vaters als Alleinerbe eingesetzt, seine Stiefmutter wurde mit einer Art Pflichtteil abgefunden.[488] 1915 übernahm die preußische Regierung die Kontrolle über Schloss und Park Mühlenthal, da die Besitzer im feindlichen Ausland lebten bzw. feindliche Ausländer waren.[489] Zu antideutschen Ausschreitungen und Manifestationen kam es während des Ersten Weltkrieges auch in Großbritannien. Ob die Firma De Jersey von den deutschfeindlichen Unruhen in Manchester und anderen Städten in Lancashire im Mai 1915 betroffen war, konnte ich nicht ermitteln.[490] Nach einem Hirnschlag im Dezember 1917 starb Johann Baron Knoop in seinem Haus South Park in Wadhurst am 9. Mai 1918 und wurde einige Tage später eingeäschert.[491] Nach dem schon erwähnten Bankrott von De Jersey & Co. 1930 bzw. 1932 verließen sein Sohn und dessen Frau 1939 weitgehend mittellos England und lebten danach mit Unterstützung der Eltern der Frau in Montreux.[492]

4. Georg und Adele Wolde und ihre Familie

Adele, seit 1872 mit Johann Georg Wolde verheiratet, hatte vier Kinder: Adele Louise Caroline (30.6.1873–?), Carl Heinrich Wolde (5.12.1874–1956), Louise Johanne Wolde (27.5.1876–16.4.1905) und Ludwig Georg, Lutz genannt (7.9.1884–8.7.1949). Georg und

Adele gehörten zu den führenden Kunstsammlern und -mäzenen in Bremen und waren – ebenso wie Johann Georgs Vater, Carl Heinrich Wolde (1800–1887) und Bruder Heinrich August (1853–1917) – seit 1880 Mitglieder im 1823 gegründeten Kunstverein.[493] Zudem standen sie in freundschaftlicher Verbindung zu Gustav Pauli, dem Direktor der Bremer Kunsthalle, von dem sie sich bei ihrer Sammlung beraten ließen, dem sie aber auch Bilder für die Kunsthalle schenkten und ihn nach Kräften unterstützten, sowie zu dem Schriftsteller und Architekten Rudolf Alexander Schröder.[494]

Pauli, der in Bremen geborene Sohn eines Bürgermeisters und Senators der Hansestadt, verheiratet mit Magda Melchers, der Tochter eines vermögenden Bremer Kaufmanns, erwähnt in seinen Erinnerungen auch Ludwig Knoop, der „zum Mißvergnügen der Bremer“ die Früchte seines Vermögens auf benachbartem preußischem Gebiet genoss. Immerhin sei das Stadthaus „noch recht ansehnlich“ gewesen. „Die Lebensführung in diesen und vielen anderen reichbegüterten Häusern war wohl sehr bequem und kostbar, hielt sich aber in den herkömmlich bürgerlichen Grenzen und unterschied sich durchaus von der Üppigkeit der Berliner Hochfinanz und einiger Hamburger oder Frankfurter Häuser.“ Man kann wohl davon ausgehen, dass Pauli wusste, wovon er redete. Die festlichen Veranstaltungen in der Öffentlichkeit, die von diesem Personenkreis veranstaltet wurden, hätten „ausnahmslos gemeinnützigen Zwecken“ gedient, bei denen meist „weit über Hunderttausend“ zusammengekommen seien, die für den Neubau des Doms oder für die Kunsthalle gespendet wurden.[495]

Abb. 70 *Georg, Adele und Ludwig (Lutz) Wolde auf der Terrasse ihres Hauses Schotteck*

Auch Adele Wolde ließ – wie ihr Bruder Johann – ihre Exlibris von dem Worpsweder Maler und Grafiker Heinrich Vogeler entwerfen.[496] Im Kunst- und Kulturleben Bremens nahm die Familie Wolde im ausgehenden 19. und beginnenden 20. Jahrhundert eine besondere Rolle ein. Sie gehörte dem Bremer Kunstverein sowie der „Goldenen Wolke“ an und führte ein gastliches Haus in der Contrescarpe 22/23 (heute Nr. 24: Sitz des Innensenators). Georg Wolde ließ es von Rudolf Alexander Schröder erweitern und den Innenausbau besorgen. Alfred Lichtwark (1852–1914), der Direktor der Hamburger Kunsthalle, bemerkte 1912 dazu: „Mit Pauli sah ich das von R. A. Schröder eingerichtete Haus von Frau Wolde, um das feinste an Bremer Wohnkultur kennen zu lernen.“[497]

Der Musiksaal bot ausreichend Raum für Konzerte; dort trafen sich auch häufiger die Mitglieder der „Goldenen Wolke“. Zum Freundeskreis gehörte auch Clara Rilke-Westhoff, die nach 1932 ein Terrakotta-Gips-Relief von Adele Wolde schuf.[498] Der erweiterte Freundes- und Bekanntenkreis ging weit über Bremen hinaus. Zu ihm gehörten die Schriftsteller Hugo von Hofmannsthal (1874–1929), Eduard Graf Keyserling (1855–1918), Rainer Maria Rilke,

Abb. 71 *Haus Contrescarpe 22, Stadthaus der Woldes ab 1905. Das Haus war für Konsul Lürmann von Polzin als Sommerhaus gebaut, später erheblich erweitert durch Heinrich Müller. 1905 übernahmen Georg und Adele Wolde das Haus.*

Abb. 72 *Musikzimmer im Haus Contrescarpe 22, Inneneinrichtung nach Entwürfen von Rudolf Alexander Schröder*

Harry Graf Kessler (1868–1937) und Julius Meier-Graefe (1867–1935), der beim Tod von Georg Wolde gegenüber Rudolf Alexander Schröder bemerkte: „Die Art solcher Leute war nie sehr verbreitet und stirbt jetzt ganz aus.“[499]

Gustav Pauli hat Adele Wolde in seinen „Erinnerungen“ ein freundliches Porträt gewidmet, auch wenn er St. Petersburg mit Moskau als Geburtsort verwechselte. „Sie war nicht groß, zierlich gebaut, sehr lebhaft und von einer unbeschreiblichen natürlichen Anmut; zugleich auch von jener weiblich-elastischen Seelenkraft, der das Schicksal mit seinen Schlägen und das Alter nicht viel anhaben konnte.“[500] Das Haus der Woldes sei „ein vollendetes Muster vornehmer bürgerlicher Häuslichkeit“ gewesen, „nicht prunkvoll prahlend, aber mit diskretem Geschmack äußerst gepflegt, dem Charakter und den Liebhabereien seiner Bewohner angepaßt“.[501]

1904 verkauften Johann Georg und sein Bruder Heinrich das 1794 von der Familie mitgegründete Bankhaus Schultze & Wolde aus gesundheitlichen Gründen an die Berliner Disconto-Gesellschaft.[502] Bald darauf begann das Ehepaar Wolde damit, Bilder zu sammeln, vor allem Werke der Moderne, darunter Bilder von Eugène Delacroix, Gustave Courbet (1819–1877), Auguste Renoir (1841–1919), Paul Cézanne (1839–1906), Paul Gauguin (1848–1903) und Max Liebermann (1847–1935).[503] 1907 und 1911 ließen sich zunächst Georg und dann Adele Wolde von Liebermann porträtieren. Das Ehepaar Wolde, nach dem Tod ihres Mannes 1911 dann Adele Wolde allein, trat zudem auch als Leihgeber bei Ausstellungen in

Abb. 73 *Max Liebermann: Bildnis des Bankiers Johann Georg Wolde, 1907, Kunsthalle Bremen – Der Kunstverein in Bremen, Foto: Lars Lohrisch*

Abb. 74 *Max Liebermann: Bildnis Frau Adele Wolde, Kunsthalle Bremen – Der Kunstverein in Bremen, Foto: Lars Lohrisch*

oder außerhalb von Bremen auf. So überließ Adele Wolde der Sonderbund-Ausstellung in Köln 1912 Werke von Cézanne, Gauguin und eines von Vincent van Gogh (1853–1890), das sich jedoch als Fälschung erwies.[504] Adele Wolde lebte nach der Inflation der frühen 1920er-Jahre auf ihrem Gut Schotteck, starb jedoch achtzigjährig 1932 in Clausthal-Zellerfeld. Teile der Sammlung sowie die Porträts Liebermanns hängen heute in der Bremer Kunsthalle.

Über das Leben der beiden Töchter des Ehepaars Wolde wissen wir außer den Daten ihrer Hochzeiten und den Namen ihrer Ehemänner nur wenig. Adele, die Ältere, geboren 1873, heiratete 1895 den Rittmeister Adolph Friedrich Emil Meyer-Wolde (1869–?) in Nagelshausen und lebte in der Schweiz; ihr Todesdatum ist nicht bekannt. Louise, geboren 1876, heiratete den Tropenmediziner Friedrich Plehn (1862–1904), der in Afrika über die Malaria forschte und das Chinin als Medikament entdeckte. Er gründete später, wie Johann Baron Knoop, ein Sanatorium in Heluan, erkrankte dort aber schwer und starb 1904 in der Villa Schotteck, seine Frau ein Jahr später, am 16.4.1905.[505]

Carl Wolde, ebenso mit Herzproblemen belastet wie sein Vater und sein Onkel, war dennoch als Kaufmann tätig, jedoch eher in der Rolle des Mitglieds von Vorständen und Aufsichtsräten. Er gehörte seit 1931 dem Aufsichtsrat von Krähnholm und von 1919 bis 1950 dem Aufsichtsrat von Hoffmann's Stärkefabriken an.[506] Der jüngere Bruder Ludwig, Lutz gerufen, stand seiner Mutter besonders nahe und verkehrte als promovierter Jurist lieber in Künstlerkreisen.[507] Auch er hatte ein angeborenes Herzleiden, das keine andauernde Berufstätigkeit erlaubte. Eng befreundet war er mit dem Schriftsteller und Kunsthistoriker Julius Meier-Graefe, mit Rudolf Alexander Schröder und Willy Wiegand, mit dem er die „Bremer Presse" gründete, gut bekannt mit Rainer Maria Rilke, Gerhart Hauptmann (1862–1946), Benedetto Croce (1866–1952) und vielen anderen. Er schrieb zwei Romane „Der gefährliche Weg" (1931) und „Irrtum und Wandlung" sowie eine Reihe von Kurzgeschichten und Erzählungen, darunter 1935 „Das Haus", in der Zeitschrift „Corona" veröffentlicht, die in deutsch-schweizerischer Zusammenarbeit in Zürich erschien. „Das Haus" war ein deutlich erkennbares Porträt von Schloss Mühlenthal und seinen Bewohner/innen, die für Eingeweihte unschwer zu identifizieren waren.[508] Seine wichtigste Aufgabe sah Wolde allerdings in seiner Tätigkeit als Übersetzer. Er übertrug vor allem Texte aus der klassischen Antike ins Deutsche, teils auch aus dem Französischen. Den Druck seiner eigenen Lyrik untersagte er, weil er ihrem Wert misstraute.

Lutz Wolde lebte von 1923 bis 1943 in Berlin, wo er 1937 Martha Carola Kurzer (1905–29.3.1989) heiratete. Auf der Flucht vor den Bomben kam er nach Überlingen am Bodensee und in das österreichische Gries am Brenner. Nach Kriegsende arbeitete er für die amerikanische und französische Militäradministration als Dolmetscher. Aufgrund anhaltender gesundheitlicher Probleme ließ er sich im Sanatorium Ebenhausen in der Nähe des Starnberger Sees behandeln, wo er im Juli 1949 verstarb.

5. Theodor und Andreas Knoop in Russland

Theodor, seit 1882 mit Sophie Zenker verheiratet, hatte fünf Kinder, die alle in Moskau geboren wurden: Sophie (7.8.1885–12.8.1971), Marie (17.11.1886–?), Andreas Rudolf Franz (18.5.1888–19.5.1968 in Stockholm), Georg Andreas Ludwig (4.8.1890–7.4.1973 in Göteborg) und Emilie Louise (23.4.1895–?). Über Theodor wissen wir leider sehr wenig. In Moskau stand er wohl im Schatten seines jüngeren Bruders Andreas, der nach dem Tod des Vaters 1894 L. Knoop & Co. leitete und nach dem Tod von Johann Prowe 1901 auch nominell an der Spitze von Krähnholm stand. Theodor war jedoch in zahlreichen Unternehmen in deren Leitung oder Aufsichtsrat aktiv und hat gewiss die Geschicke der Firma mitgetragen. Von seinen fünf Kindern wissen wir, dass Marie und Georg in bekannte russische Unternehmer- bzw. Kaufmannsfamilien eingeheiratet hatten, die Mamontovs und die Alekseevs. Sophie war mit Ludwig Colshorn verheiratet. Theodor, Georg und Andreas jun. flüchteten nach Weltkrieg und Revolution aus Russland. Theodor und Andreas lebten teils in Berlin und teils in Reval, Narva und Krähnholm. Andreas übernahm 1924 die Leitung des Unternehmens in Estland. Georg flüchtete über Paris nach Berlin und ging später nach Schweden, scheiterte aber mit mehreren Firmengründungen. Er starb 1973 in Göteborg, wo seine Nachkommen heute noch leben.[509]

Andreas war der jüngste Sohn von Ludwig und Louise Knoop seit Mai 1885 mit Louise von Zenker verheiratet. Das Paar hatte drei Kinder: Adele (6.4.1887–22.1.1896), Johann (John) (10.12.1888–18.1.1959) und Theodor Alexander (25.1.1890–?). Auch Johann war Kaufmann und seit Januar 1912 mit Vera Mamontov (9.8.1888–19.9.1967) aus einer bekannten Moskauer

Unternehmerfamilie verheiratet.[510] Er diente im Ersten Weltkrieg als Hauptmann in der russischen Armee. Nach dem Krieg und den Revolutionen 1917 lebte die Familie zunächst auch in Estland und Johann arbeitete in Krähnholm als Ingenieur. Dann emigrierte die Familie nach Kanada und ließ sich in Victoria in British Columbia nieder.[511] Auch Theodor Alexander war mit einer Russin verheiratet, mit Olga Davidova aus einer ursprünglich jüdischen, dann lutherischen Familie, deren Mitglieder Ärzte, Mathematiker, Musiker und Bankiers waren. Seit 1924 war Theodor Alexander Mitglied des vierköpfigen Vorstandes von Krähnholm.[512] 1930 beantragte er in London seine Naturalisation, wie einem Zeitungsbericht zu entnehmen ist. Über sein weiteres Schicksal wissen wir nichts.[513]

Die noch zu Lebzeiten Ludwig Knoops seit Anfang der 1880er-Jahre begonnene Orientierung des Baumwollgeschäfts in Richtung der zentralasiatischen Gebiete des Russischen Reiches wurde seit den frühen 1890er-Jahren verstärkt. Noch zu Lebzeiten von Ludwig Knoop erfolgte 1891 ein Antrag der Firma, in Turkestan Land zu erwerben. Bis zur Bewilligung dauerte es allerdings bis 1898, was nicht nur an der Langsamkeit der russischen Bürokratie lag, sondern vor allem daran, dass es sich um unruhige Grenzgebiete handelte, die teils unter militärischer Verwaltung standen.[514] Johann Prowe, Ludwig Knoops Nachfolger in Moskau und Krähnholm forcierte vor allem die Beteiligung des Unternehmens an mehreren Banken, darunter die Moskauer Kaufmannsbank (Moskovskij kupečeskij bank) und die 1896 gegründete Russisch-Chinesische Bank (Russko-Kitajskij bank).[515]

1895, im Jahr nach Ludwig Knoops Tod, attackierte die „Russische Technologische Gesellschaft“ in St. Petersburg in einer Art Denkschrift „Kontora Knop i ee značenie“ (Das Kontor Knoop und seine Bedeutung) Knoops Unternehmen, da es bei der Ausrüstung russischer Unternehmen veraltete Technologie zu überhöhten Preisen geliefert habe.[516] Diese Polemik hatte seinerzeit schon Schulze-Gaevernitz entschieden zurückgewiesen. Auch der russische Historiker Michail Gavlin hat jüngst Ludwig Knoop gegen alle Anfeindungen in Schutz genommen und darauf verwiesen, dass er mit seinem „Wissen, seiner Arbeit und seinem Vermögen“ „zum Nutzen und Wohl Russlands“ gearbeitet habe.[517]

Nach Prowes Tod 1901 übernahmen Ludwigs Söhne Theodor und Andreas, Johann Prowes Sohn Rudolf (Roman) sowie R. R. Förster die Leitung der Geschäfte. In die Bankgeschäfte stieg vor allem Theodor Knoop ein, aber auch sein Bruder war durchaus aktiv. Neben diesen Banken beteiligten sich die Knoop-Brüder und ihre Teilhaber auch an der Handelsbank (Kommerčeskij bank), der Moskauer Diskonto-Bank, die ihr Vater mitgegründet hatte und an der auch das Handelshaus Wogau & Co., Stucken & Spies und die Familie Zenker Anteile hielten, sowie dem privaten Bankhaus J. W. Junker & Co. in Moskau. Das brachte erhebliche Vorteile bei der Gewährung von Krediten und dem Einstieg in weitere Branchen.[518] Die Diskonto-Bank gehörte in dieser Zeit zu den größten Kreditbanken des Landes und verfügte über fünf Filialen in Zentralasien. Sie kooperierte darüber hinaus mit anderen russischen Großbanken, an denen wiederum britische, französische und deutsche Banken beteiligt waren.[519] Es verwundert daher nicht, dass sowohl deutsche Unternehmen wie Krupp als auch das Auswärtige Amt die Lage vor Ort sondierten und entsprechende Denkschriften kursierten, die jedoch die Situation und die Entwicklungschancen nicht immer durchschauten.[520] Karl Graf von Luxburg (1872–1956), seit

1906 an der deutschen Botschaft in St. Petersburg tätig, verwies in seiner Denkschrift über die Lage in Turkestan auf die „grossen Moskauer Häuser wie Knoop, Stucken & Co., Vogau (sic!) & Co., von denen „nützliche Referenzen" erhältlich seien. Die Firmen seien für Wolle und Baumwolle „bis weit nach Persien hinein tätig". Der Vertreter Knoops in Kokand, ein Herr Siegel (keine Lebensdaten bekannt), sei dort der „größte Geschäftsmann".[521]

In Zentralasien wurde also durch die Firma Knoop zügig Land erworben und Niederlassungen gegründet, die zumeist im Baumwollgeschäft agierten, darunter zwei Baumwollreinigungsfirmen im Kreis Kokand, darüber hinaus gab es Niederlassungen in den uzbekischen Orten Margelan (heute Margilan), Namangan und Andižan. Gehandelt wurde vor allem mit Baumwolle, aber auch mit Zucker und anderen Agrarprodukten.[522] Zwar war die Qualität der zentralasiatischen Baumwolle geringer als die aus den USA oder Ägypten importierte Ware, dafür jedoch erheblich billiger.[523] Neu war etwa 1909 der Einstieg ins Erdölgeschäft im Ferganatal, doch war die Quelle wohl nicht ergiebig genug, denn von ihr hörte man bald nichts mehr.[524] Das änderte nichts daran, dass das Unternehmen in den Jahren vor dem Ersten Weltkrieg ausgesprochen erfolgreich agierte. Unverändert bestehen blieben die Geschäftsbeziehungen zu De Jersey in Manchester und der Handel mit Baumwolle und Maschinen. Ebenso engagierte die Firma, wie seit der Mitte des 19. Jahrhunderts ein Teil des Geschäfts, englische Techniker und Ingenieure für Tätigkeiten in Russland.[525]

Mit Blick auf Ludwig Knoops Söhne lässt sich festhalten, dass sie die Geschäfte der Firma erfolgreich fortsetzten, die Schwerpunkte allerdings verschoben. Jurij Petrov charakterisierte Andreas und Theodor Knoop als „more ‚russified'" als die ältere Generation, denn beide seien in Moskau geboren worden und dort aufgewachsen. Sie hätten die meiste Zeit ihres Lebens in ihrem „zweiten Vaterland" verbracht.[526] Dies trifft sicherlich zu, aber dennoch lebten auch sie in zwei Welten, integriert in die Moskauer oder sogar russische Welt, insbesondere die der Kaufleute und Unternehmer, waren sie allerdings in hohem Maße.

Andreas Baron Knoop war von 1909 bis 1915 einer der Moskauer Börsenältesten, wie es auch sein Vater gewesen war.[527] Beide Brüder erhielten zudem den Ehrentitel „Kommerzienrat" (Kommerčeskij Sovetnik) und hatten in der Rangtabelle den Titel eines „Wirklichen Staatsrates" (Dejstvitel'nyj Štatskij Sovetnik) und zahlreiche russische Orden erhalten.[528] Sie wohnten nebeneinander in „Kolpačnyj pereulok" (Mützengasse), nachdem sie das Grundstück nach dem Tod ihres Vaters geteilt hatten. Ludwig Knoop hatte diese Lage seinerzeit wegen der direkten Nähe zur Petri-Pauli-Kirche in „Kitaj Gorod", einem der ältesten Viertel der Stadt, gewählt, denn die Kirche war einer der zentralen Bezugspunkte der Familie. Andreas Knoop ließ 1900 auf seinem Grundstück von dem Architekten Karl G. Treimann (1855–?) eine neogotische Villa errichten. Sie wurde in dem schon erwähnten Reiseführer „Po Moskve" (Durch Moskau) im Kapitel über das „neue Moskau", das geprägt sei von den Bauten der Banken, Versicherungen und der Verwaltung sowie der Unternehmer, Bankiers und Kaufleute, voller Stolz als „bemerkenswert" wie die Häuser von Arsenij A. Morozov (1874–1908) und Matvej S. Kuznecov beschrieben (1846–1911).[529]

Die Stadt hatte sich seit der Ankunft von Ludwig Knoop in den späten 1830 in rasantem Tempo verändert. Ihre Einwohnerzahl war von rund 500.000 Personen zu jener Zeit auf fast 1,4 Millionen Men-

Abb. 75 *Die Villa von Andreas Knoop in Moskau, 1900 erbaut von dem Architekten Karl G. Treimann (1855–?). Das Anwesen wird zur Zeit renoviert. An diesem Ort befand sich die zweite Wohnung der Familie Knoop in Moskau, ausgewählt von Ludwig Knoop wegen ihrer Nähe zur Petri-Pauli-Kirche.*

schen angewachsen, von 1882 bis 1912 hatte sie sich verdoppelt und stand an 6. Stelle in Europa und an 9. Stelle in der Welt. Sie war von einem „großen Dorf" zu einer bedeutenden Wirtschafts- und Industriemetropole geworden.[530] Auch Bremens Bevölkerung hatte sich im Verlauf von rund 40 Jahren mehr als verdoppelt: von rund 83.000 1870 auf 260.000 Einwohner 1912; gleiches gilt für Manchester, dessen Bevölkerung von 303.000 im Jahre 1850 auf 760.000 Einwohner 1910 zunahm. Den größten Sprung allerdings machte die Kurstadt Wiesbaden, deren Bevölkerung von 14.430 im Jahre 1852 auf 109.000 Personen 1910 wuchs.[531]

Andreas und Theodor Knoop engagierten sich nicht nur in ihrer Kirchengemeinde, sondern darüber hinaus auch karitativ stark. Zudem waren sie seit 1906 auch Mitglieder der rechtsliberalen „Union des 17. Oktober" (Sojuz 17 Oktjabrja), in der es eine „Deutsche Gruppe" gab, und gehörten zu den Finanziers des Parteiblattes „Golos Moskvy" (Die Stimme Moskaus), aber auch der „Moskauer Deutschen Zeitung". Andreas war zugleich Mitglied des Zentralkomitees der Oktobristen in Moskau und in Russland. Zudem engagierte er sich in zahlreichen Organisationen der Unternehmerschaft, die er teilweise auch initiierte.[532]

Sicherlich ist nicht zu bestreiten, dass es in Russland vor allem in den zwei Jahrzehnten vor dem Ausbruch des Ersten Weltkrieges in der Regierung und in weiten Kreisen der Gesellschaft, darunter auch der Unternehmerschaft und der Finanzwelt, antideutsche Stimmungen und Strömungen gab.[533] Diese virulenten Tendenzen und Bewegungen brachen sich jedoch erst im Kriege machtvoll ihre Bahnen. Noch 1913 wurde Andreas Knoop von der Moskauer Unternehmerschaft in die Deputation gewählt, die an den Feierlichkeiten anlässlich des 300-jährigen Jubiläums der Thronbesteigung des Hauses Romanov teilnehmen und Grüße und Geschenke überbringen sollte. Die Deputation bestand aus drei Personen: Pavel P. Rjabušinskij (1871–1924), dem intellektuellen Kopf der regierungsfeindlichen Gruppe der Moskauer Unternehmerschaft, Grigorij A. Krestovnikov (1855–1918), der gleichfalls eine Zusammenarbeit der Unternehmerschaft mit der Autokratie ablehnte, und Andreas Baron Knoop, der eine eher gemäßigte Richtung vertrat.[534] Hinsichtlich des Ansehens der Familie Knoop in den Kreisen der Moskauer Unternehmerschaft bedarf dieser Tatbestand keinerlei weiterer Erläuterung. Er spricht auch eindeutig gegen die von Stuart Thompstone mehrfach betonte „Gegnerschaft“ zwischen den „Dynastien“ der Rjabušinskijs und der Knoops.[535] Und er spricht auch, hier ist eine Korrektur meiner früheren Ausführungen am Platze, gegen die von Pavel Buryškin und Gerhart von Schulze-Gaevernitz geäußerte Meinung, Ludwig Knoops Söhne hätten in Moskau ein deutlich geringeres Ansehen gehabt als ihr Vater.[536] Als der Erste Weltkrieg ausbrach, waren die Gebrüder Knoop in den Verwaltungsorganen von 26 russischen Aktiengesellschaften vertreten, darunter 21 Industriebetriebe und 5 Banken und Versicherungen. Darüber hinaus standen sie weiterhin in der Baumwollindustrie an führender Stelle. Sie waren direkte Eigentümer von mindestens sechs Textilunternehmen mit einem fixen Nettokapital von mindestens 24 Millionen Rubel.[537]

Der Ausbruch des Ersten Weltkrieges bedeutete den Anfang vom Ende des Knoop'schen Imperiums. Die aufgeheizte antideutsche Stimmung führte Ende Mai 1915 auch in Moskau zu Gewalttaten gegen die „inneren Feinde“.[538] Schon im April des Jahres waren russische Staatsbürger „deutscher“ Herkunft aus dem Moskauer Börsenkomitee ausgeschlossen worden.[539] Es half auch nichts, dass 1916 das Handelshaus „L. Knoop & Co.“ in eine Aktiengesellschaft mit dem ansprechenden Namen „Volokno“ (Die Faser) umgewandelt wurde. Seit Ende 1916 stand die Firma unter Aufsicht der Regierung. Nach der Februarrevolution 1917 transferierten die „russischen“ Knoops die Hälfte ihrer Aktien im Wert von 2,85 Millionen Rubel auf Konten von De Jersey und Ernst Willy Gromme. Am 12. Juni 1918 tagte die Versammlung der Teilhaber an der Manufaktur Krähnholm letztmals auf russischem Boden im Gebäude des Handelshofes in Moskau und bestätigte den amtierenden Vorstand mit den Brüdern Knoop und Roman Prowe sowie Koz'ma Soldatenkov und R. Förster als Kandidaten.[540] Bei einer Enquête der russischen Unternehmerorganisation im Exil, die 1921 durchgeführt wurde, gab Andreas Baron Knoop für „Volokno“ (Die Faser) einen Wert von 20 Millionen und für Krähnholm von 12 Millionen Rubel an.[541] Die Nationalisierung der Großindustrie durch die bolschewikische Regierung Ende Juli 1918 bedeutete das endgültige Ende für die Geschichte der Unternehmerfamilie Knoop in Russland.[542]

6. Die Kinder und Enkel von Julius und Theodore Knoop

Werfen wir noch einen Blick auf die Kinder und Enkel von Julius und Theodore von Knoop. Sie hatten sechs Kinder, von denen jedoch zwei schon im Kleinkindalter verstarben. Alle Kinder wurden in Manchester oder dessen Vororten geboren. Früh verstarb auch ihr Sohn Theodor Eduard von Knoop (1.12.1859–27.2.1894), der kinderlos blieb. Wilhelm oder William, in der Familie Willy gerufen, war seit April 1875 mit Frida Emilie Koecher (30.8.1855–12.9.1932) verheiratet.[543] Im März 1876 wurde deren ältester Sohn John Jersey Julius de Knoop (6.3.1876–7.8.1916) in Manchester geboren.[544] Nach der Übersiedlung seiner Eltern nach Wiesbaden führte William seit 1877 das Unternehmen De Jersey in Manchester und war an den anderen Firmen der Knoops beteiligt oder Mitinhaber. Er war, wie Zeitungsberichten zu entnehmen ist, in Salford Mitglied der Liberalen, zeitweise auch Mitglied des Central Executive Committees der Partei und ehrenamtlicher Sekretär. Auf einer Parteiveranstaltung traf er auch mit den Führern der Liberalen wie William Gladstone (1809–1898)[545] zusammen, denen er aber sicherlich häufiger begegnete.[546] Er züchtete Pferde, ging wie sein Vater auf die Jagd und wurde 1896 in den persönlichen preußischen Freiherren-

Abb. 76 *Julius Freiherr von Knoop, Foto (1822–1893), späte 1870er-Jahre*

Abb. 77 *Theodore Freifrau von Knoop (1826–1902), Ende der 1860er-Jahre*

Abb. 78 *Julius Freiherr von Knoop mit seinen Söhnen Willy (Mitte) und Louis, Mitte der 1880er-Jahre*

stand erhoben.[547] Seine erste Ehe wurde 1889 geschieden, in zweiter Ehe heiratete er Margarethe Irene Olga von Gundelfingen (31.3.1861–?). Wilhelm starb am 6. Oktober 1901 in Wiesbaden und wurde in der Familiengruft auf dem Wiesbadener Nordfriedhof begraben.

John Julius Jersey de Knoop (6.3.1876–7.7.1916) war, soweit dies bekannt ist, das einzige Mitglied der Familien von Julius und Ludwig Knoop, das im Ersten Weltkrieg gefallen ist. John Julius besuchte die Eliteschule in Eton und war dort als Ruderer aktiv. Seit 1894 studierte er am New College in Oxford Chemie, beendete das Studium allerdings ohne Examen.[548] In den Jahren 1896 und 1897 nahm er als Ruderer an den bekannten Regatten zwischen Oxford und Cambridge auf der Themse teil, die Oxford gewann. Am 18. Juli 1898 heiratete er in London Evelyn Elizabeth Fletcher (22.6.1879–?) und zog danach nach Northwich in Cheshire, wo er als Gutsbesitzer von Calveley Hall und Soldat (Cheshire Yeomanry) lebte. Er bildete zudem gemeinsam mit seinem Onkel Ludwig (Louis), seinen Cousins Johann Knoop und Ernst Willy Gromme an der Wende vom 19. zum 20. Jahrhundert den Vorstand von De Jersey, war aber auch an den anderen Familienunternehmen beteiligt. Er war Freimaurer und Kandidat der Liberal Unionists bei den Unterhauswahlen im Dezember 1910 in Northwich, die er knapp gegen seinen liberalen Kontrahenten verlor. Nach Ausbruch des Ersten Weltkrieges diente er im Rang eines Leutnants wegen seiner fließenden Deutschkenntnisse ab 1915 im Alliierten Hauptquartier und wurde in der zweiten Flandernschlacht bei Ypern (April/Mai 1915) verwundet. Während seines Genesungsaufenthalts bemängelte er in einer Rede, über die die „Times" berichtete, die Munitionsversorgung seiner Einheit und der gesamten britischen Armee, was ihm einen strengen Verweis des Kriegsministeriums (War Office) einbrachte. Nach seiner Genesung wurde er im Rang eines Hauptmanns (Captain) nach Ägypten zum „6th Imperial Camel Corps" versetzt und fiel dort am 7.7.1916. Sein Grab fand er auf dem Kantara War Memorial Court.[549] Aus der Ehe mit Evelyn Fletcher stammten fünf Kinder, die zwischen 1899 und 1909 geboren wurden. Nach den Angaben des Testamentsvollstreckers Ernst Willy Gromme betrug John Jersey de Knoops Anteil an den russischen Textilunternehmen der Familie rund 96.000 Pfund, darüber hinaus verfügte er über Landbesitz in der Grafschaft London und im Raum Wiesbaden.[550]

Die Tochter Emma Harriett Johanna Rebecca von Knoop wurde am 19.5.1853 in Manchester geboren. Sie heiratete in erster Ehe den Weingutbesitzer und preußischen Leutnant Karl Cramer (5.6.1846–8.2.1891) und in zweiter Ehe Dr. Alfred Ermert (28.2.1864–29.4.1924). Aus der ersten Ehe

Abb. 79 *Carl Ludwig (Louis) von Knoop (1863–1935), um 1890*

Abb. 80 *Gertrud von Knoop, geb. Freiin von Keyserlingk, um 1890*

stammten zwei Töchter, Theodora (1873–1950) und Louise (1877–1953). Über Emmas Leben ist wenig bekannt.[551]

Carl Ludwig (Louis) von Knoop, der jüngste Sohn von Julius und Theodore, wurde am 24.2.1863 in Chorlton oder Rusholme, heute gehören beide Stadtteile zu Manchester, geboren. Er heiratete am 30.3.1887 in Wiesbaden Gertrud Dorothea Charlotte Freiin von Keyserlingk (27.11.1864–6.9.1930) und hatte mit ihr sechs Kinder: Max (14.1.1888–1.9.1955), verheiratet mit Nora von Jagow (26.12.1890–28.6.1975), Irma Luise Katharina Theodore (14.2.1889–2.5.1987), verheiratet mit dem Diplomaten Dietrich von Scharfenberg (23.6.1882–2.12.1962), Wilhelm (Willy) Heinrich Victor (2.9.1890–28.10.1972), verheiratet mit Gisela Sturm (15.9.1902–13.12.1991), Theodor Walter Johann (8.10.1984–1.8.1972), verheiratet 1923 in New Orleans mit Eleonore Hessel (20.4.1899–30.8.1975), geschieden 1952 und in zweiter Ehe mit Margarethe Petersen (5.7.1907–?) verheiratet, Waldemar (4.5.1896–2.6.1956), verheiratet mit Gertrud von Wegner (11.3.1901–13.9.1990) und Elfriede Theodore (20.2.1901–22.12.1989), verheiratet mit Bernhard Volprecht (1.12.1894–13.3.1981). Bis auf Wilhelm, der in Manchester geboren wurde, erblickten alle anderen Kinder das Licht der Welt in Wiesbaden.

Seit 1891 war Louis, wie er in der Familie genannt wurde, nach Schul- und Berufsausbildung in

Abb. 81 *Louis von Knoop mit seinen Söhnen Waldemar, Theodor und Willy, 1916*

der Geschäftsführung von De Jersey tätig.[552] Darauf verweist auch die Geburt seines Sohnes Wilhelm in Manchester 1890. Der Chronist der Familiengeschichte, Andreas Frhr. von Hünefeld, schreibt, dass es über Louis von Knoop keinerlei Unterlagen weder privater noch beruflicher Art gebe, noch nicht einmal die offensichtlich zahlreichen Urlaubsreisen seien durch Fotografien dokumentiert.[553]

1897 kaufte Louis von Knoop für 1,5 Millionen Mark das bei Bad Sooden-Allendorf hoch über dem Werratal gelegene, noch in Bau befindliche Schloss Rothestein zu Repräsentationszwecken und als leidenschaftlicher Jäger wie sein Vater. 1905 verkaufte er die elterliche Villa an die Stadt Wiesbaden, um eine Stadterweiterung zu ermöglichen und kaufte ein Haus in der nahe gelegenen Uhlandstraße.[554] Louis von Knoop war auch ein begeisterter Autofahrer und spätestens seit 1904/05 Besitzer eines Opels. „Er trat frühzeitig dem „Kaiserlichen Automobil Club (KAC) bei" und nahm an den sogenannten Prinz-Heinrich-Fahrten teil.[555] 1903 betrug sein Vermögen etwa 9 bis 10 Millionen Mark bei einem jährlichen Einkommen von 600.000 Mark. Für 1910, da wird das Erbe des verstorbenen Bruders Willy (1901) und seiner verstorbenen Mutter (1902) schon eingeflossen sein, soll es bei 35 Millionen Goldmark, das Jahreseinkommen bei rund 2,5 Millionen Goldmark gelegen haben.[556] Louis von Knoop wird als „Leiter des

Abb. 82 *Schloss Rothestein bei Bad Sooden-Allenstein, 1897 von Louis als Jagd- und Repräsentationsgebäude gekauft, 1928 verkauft. Im Schloss fanden 1911 und 1922 die Hochzeiten der Töchter Irma und Elfriede von Knoop statt.*

Großhandlungshauses Jersey & Co. in Manchester" bezeichnet. Wie wir gesehen haben, war er einer von vier Direktoren des Unternehmens.

Ende Juni 1911 heiratete Irma, die älteste Tochter von Louis und Gertrud von Knoop, auf Schloss Rothestein Dietrich von Scharfenberg. 1914 wurde Louis, der britischer Staatsbürger war, auf Schloss Rothestein interniert, 1915 als Deutscher eingebürgert. In Großbritannien war sein Vermögen bis 1928 konfisziert bzw. eingefroren.[557] Mitte Mai 1922 fand auf Schloss Rothestein auch die Heirat der jüngsten Tochter Elfriede Theodore mit Bernhard Volprecht statt. Im Mai des folgenden Jahres ließen sich Louis und Gertrud von Knoop scheiden, und Louis zog nach Garmisch-Partenkirchen, wo er im September 1923 Amalie Anna Manuela de la Espriella (6.11.1880–?), eine Freundin seiner geschiedenen Frau, heiratete. Das verschuldete Schloss Rothestein verkaufte Louis von Knoop 1928 für rund 800.000 Goldmark an Dr. Georg Freiherr von Lüninck (1895–1949).[558] Der größte Teil dieser Summe floss an Gertrud von Knoop, die geschiedene Frau, und die gemeinsamen Kinder. Was sich sonst in den Jahren bis zum Tod von Gertrud von Knoop am 6.9.1930 und dem von Louis von Knoop am 19.3.1935 ereignete, lässt sich nicht ermitteln. Heute leben Teile der Familie in Mexiko, andere Teile in Deutschland. Schauen wir auf das Heiratsmilieu so ist es „gemischter" als bei den bremischen Knoops, Adel und Bürgertum als Ehepartner/innen halten sich in etwa die Waage.

Abb. 83 *Die Eingangshalle von Schloss Rothestein um 1920*

Die Firma De Jersey & Co. wurde 1930 mit Schulden in Höhe von 750.000 Pfund in Manchester liquidiert.[559] Der Niedergang des Unternehmens lag wohl nur in geringerem Maße in der Verantwortung der Eigentümer. Schon vor dem Ersten Weltkrieg begann in Lancashire der Niedergang der dortigen Baumwollindustrie, der sich auch auf die Hersteller von Maschinen und Zubehör wie Platt Bros. in Oldham auswirkte. Versäumt wurde insbesondere ein intensiver Modernisierungsprozess in Produktion und Vertrieb. Nach dem Ende des Krieges brachen große Teile der früheren Märkte weg, wozu vor allem das Russische Reich gehörte, aber auch Teile der Kolonien. Zudem drängten US-amerikanische Unternehmen nicht nur in diesem Wirtschaftszweig immer stärker auf den Weltmarkt. Die 1920er-Jahre waren daher in Großbritannien die Zeit einer intensiven Wirtschaftskrise. „Dic viktorianische Wirtschaft Großbritanniens ging zwischen den beiden Weltkriegen in Trümmer."[560]

Epilog

Nach dem Großen Krieg: Estland

Das Ende des Ersten Weltkrieges traf die Mitglieder der beiden Zweige der Familie Knoop, ganz unabhängig davon, ob sie im Land des Verlierers Russland oder des Siegers Großbritannien lebten, hart und zerstörte das weltweite Imperium binnen weniger Jahre.

Estland, seit dem Frieden von Nystad 1721 als Gouvernement ein Teil des Russischen Reiches, erklärte am 24. Februar 1918 seine Unabhängigkeit. Die Manufaktur Krähnholm, zuvor an der Grenze zum Gouvernement St. Petersburg gelegen, lag nun unmittelbar an der Staatsgrenze zu Russland und war von den Auswirkungen der Oktoberrevolution 1917 und den nachfolgenden Kämpfen bis zum Revaler Friedensschluss mit der Sowjetunion am 2. Februar 1920 immer wieder betroffen.[561] Trotz der jahrhundertelangen Zugehörigkeit zu Russland war das Land ethnisch relativ homogen: rund 88 Prozent waren Esten, 8,2 Prozent Russen, die Deutschen machten etwa 1,7 Prozent der Bevölkerung aus.[562]

Andreas Baron Knoop sen. hielt sich schon seit Herbst 1917 in Krähnholm auf und blieb auch während der folgenden Ereignisse die meiste Zeit dort.[563] Über die Art und Weise, wie die übrigen Familienmitglieder aus Russland flüchteten und nach Estland bzw. Deutschland gelangten, liegen keine Informationen vor. In Ljubartovičs und Juchimenkos Studie über die Familie Prowe heißt es lapidar: Andreas und Theodor reisten nach Estland aus.[564] Ob und wie Andreas Knoop zwischen Russland und Estland hin- und herreiste, muss im Dunkeln bleiben. Roman (Rudolf) Prowe ging nach Berlin und leitete dort die Verkaufsniederlassung von Krähnholm bis kurz vor seinem Tod Ende Juli 1939.[565] Die nächste Sitzung der Anteilseigner von Krähnholm fand aufgrund der unsicheren Lage in Estland am 25. Oktober 1919 in Oslo statt, auf der der Vorstand in seinem Amt bestätigt wurde.[566]

Bis 1924 leitete Andreas Baron Knoop sen. als Vorsitzender des Vorstandes das Unternehmen, dann folgte ihm sein Neffe, Andreas jun. (1888–1968), der älteste Sohn von Theodor, der – inzwischen 78 Jahre alt – auch aus dem Vorstand ausschied. Dem nunmehr vierköpfigen Vorstand gehörten zudem Alexander A. Baron Knoop, ein Sohn von Andreas sen., Rudolf (Roman) Prowe und Percy Röpenack (?–1944) an. Bis 1924 gab es je zwei Kandidaten für den Vorstand, in den folgenden fünf Jahren bis 1929 waren diese Positionen nicht besetzt. Für die Jahre bis 1932 wird P. Camesasca (Lebensdaten unbekannt) genannt, der auch als Leiter der Revaler Niederlassung agierte.[567]

Seit 1924 existierte aufgrund „der schwierigen Finanzierung des Unternehmens nach dem Weltkriege", wegen der „Notwendigkeit der Erschließung neuer Absatzmärkte" und aufgrund der estnischen Gesetze auch ein Aufsichtsrat, der aus fünf Mitgliedern und ein oder zwei Kandidaten bestand. Diesem Aufsichtsrat gehörten im Laufe der Jahre von 1924 bis 1931 Andreas sen. und Theodor Knoop, Klaus Scheel (1890–1962), ein Revaler (Tallinner) Bankdirektor,[568] Generaldirektor Fritz Kaupa (Lebensdaten unbekannt), Carl Albrecht (1875–1952), der estnische General Johan Laidoner (1884–1953), Willy Kulenkampff,[569] Carl Lahusen (1888–1973),[570] John L. Knoop, ein Sohn von Andreas sen., W. Hannay (Lebensdaten unbekannt) und Carl Wolde (5.12.1874–1956) an.[571] Zudem musste die Firma aufgrund der estnischen Bestimmungen ihre Zentrale in der Hauptstadt Tallinn (Reval) einrichten.[572]

Etwa Mitte der 1920er-Jahre war die veränderte Ausrichtung des Unternehmens auf neue Märkte abgeschlossen. Außer Estland wurden die Waren nach Deutschland, Skandinavien, Polen, Litauen und Lettland, das später wegen hoher Einfuhrzölle nicht mehr beliefert werden konnte, zudem Südosteuropa, Österreich, die Niederlande, in geringerem Umfang nach Großbritannien, Nord- und Südamerika und Indien exportiert.[573] Der Vertrieb für den skandinavischen Markt lag in den Händen von Hermann W. Knoop in Norwegen, dem Enkel von Daniel Diederich Knoop, Julius' und Ludwigs Bruder. Für den Verkauf im übrigen Ausland war die „Textil Export- und Import Handelsgesellschaft" mit einer Zentrale in Berlin, geleitet von Rudolf Prowe, und einer Niederlassung in Chemnitz zuständig.[574] Andreas Knoop jun. besaß in Berlin-Schöneberg in der Martin-Luther-Straße 37 ein Haus, dessen Erdgeschoss er auch bewohnte, wie es die Adressbücher für die Jahre von 1926 bis 1933 ausweisen.[575] Die „Bestandskartei der Rußlanddeutschen" im Reichsministerium für die besetzten Ostgebiete nannte im September 1943 die obige Adresse und vermerkte, dass er seit 1942 deutscher Staatsbürger sei, zuvor estnisch.[576]

In einer Denkschrift des deutschen Wirtschaftsministeriums von Mitte März 1934 hieß es, dass

Abb. 84 *Feierlichkeiten zum 75-jährigen Bestehen von Kränholm im Jahr 1932. Als Redner unter dem Denkmal seines Großvaters Andreas Baron Knoop jun.*

Abb. 85 *Krähnholm nach der Einstellung der Produktion 2010, Foto 2016*

Krähnholm immer noch die größte Baumwollspinnerei in Europa und Bankier Scheel am Unternehmen beteiligt sei.[577] Ein Blick auf die Zusammensetzung des Vorstandes, des Aufsichtsrates und der leitenden Mitarbeiter macht allerdings deutlich, dass das Unternehmen weiterhin fest in der Hand der Familie Knoop und ihrer Verwandten und Bekannten war. Der Vorstand setzte sich mit Ausnahme von Percy Röpenack ausschließlich aus Mitgliedern der Familie Knoop zusammen, im fünf- oder sechsköpfigen Aufsichtsrat hatten die Knoops mindestens zwei Sitze und mit John A. Knoop leitete der älteste Sohn von Andreas Knoop sen. die Wirtschaftsabteilung, Andreas von Zenker, der Sohn des Schwagers der beiden Knoop-Söhne stand der Technischen Abteilung vor.[578] Im Dezember 1927 verstarb in Tunbridge Wells, dem früheren Wohnsitz des ältesten Bruders Johann, Andreas Baron Knoop sen. im Alter von 72 Jahren, vier Jahre später, im März 1931, dann sein älterer Bruder Theodor in Berlin im Alter von 83 Jahren.[579]

Im Jahre 1932, das Unternehmen spürte inzwischen auch die Auswirkungen der Weltwirtschaftskrise, wurde am 12. Mai das 75-jährige Bestehen „am Denkmal des Gründers der Manufaktur" gefeiert, zu der sich einfand, was in Estland Rang und Namen hatte.[580] Der Ton war verhalten optimistisch. Nur wenige Jahre später kam 1939 als Konsequenz des Hitler-Stalin-Paktes das „Ende des baltischen Deutschtums", denn die baltischen Staaten fielen in die „Einflusssphäre" der Sowjetunion. Die Umsiedlung der Deutschbalten aus Estland erfolgte von Oktober bis Dezember 1939. Ob auch Andreas Knoop jun. dabei war, wissen wir nicht. Aus den Unterlagen einer von Seiten der Familie Knoop angestrengten Beschwerde wegen überhöhter Erbschaftssteuer gegen den estnischen Staat aus den Jahren 1937 und 1939 geht nicht hervor, ob eine/r der drei Antragsteller, Louise, eine Tochter von Theodor Knoop, sowie Alexander und John Knoop, die Söhne von Andreas Knoop, einen Wohnsitz in Estland hatte.[581]

Abb. 86 *Abriss von Schloss Mühlenthal im Jahre 1933*

Abb. 87 *Denkmal für Ludwig Baron Knoop in Knoops Park, aufgestellt 1996, Bildhauer: Klaus Homfeld*

Nach der Besetzung Estlands im Juli und August 1941 durch die Wehrmacht agierte Andreas Knoop jun. seit 1942 wieder als Direktor des Unternehmens bis 1944 und erhielt 1942 auch die deutsche Staatsbürgerschaft.[582] Was in jenen Jahren geschah, konnte bisher nicht ermittelt werden. Aus den Mitteilungen seines Großneffen Fredrik von Knoop, Enkel von Georg Baron Knoop, Andreas' Bruder, gelang Andreas die Flucht nach Schweden. Offensichtlich konnte er auch große Teile seines Vermögens in Sicherheit bringen, denn er lebte in Stockholm unverheiratet und kinderlos in einer großen Villa.[583]

Das Werk Krähnholm wurde zwar bei den Kämpfen 1944 schwer beschädigt, bestand jedoch weiterhin und wurde verstaatlicht. Es überdauerte auch die sowjetischen Zeiten. Nachdem Estland 1991 seine Unabhängigkeit endgültig wiedergewonnen hatte, wurde es 1994 privatisiert und an den schwedischen Textilkonzern „Borås Wäfveri" verkauft. Nach 153 Jahren wurde 2010 die Produktion nach einem Bankrott eingestellt.

Während in Krähnholm wenigstens noch die Gebäude stehen, blieben von Ludwig Knoops prächtigem Wohnsitz Mühlenthal nur noch Teile des Interieurs erhalten. Das Schloss gehörte zum Erbe von Ludwig Baron Knoop jun., Johann Knoops Sohn, der sich nach dem Tod seines Vaters 1918 kaum noch in Deutschland aufhielt. Der Unterhalt des Schlosses war teuer, die Steuern hoch, und der Bau zerfiel und wurde schließlich 1933 abgerissen. Zu großen Teilen erhalten geblieben ist jedoch Knoops Park, in dem seit Oktober 1995 der frühere Besitzer als Statue seine Besucher und Besucherinnen freundlich begrüßt.

Danksagung

Mein erster Dank geht an Christof Steuer, den Vorsitzenden des Fördervereins Knoops Park e.V. in Bremen, für seine Beharrlichkeit, mit der er auf die Notwendigkeit hinwies, zum 200. Geburtstag von Ludwig Baron Knoop einen Jubiläumsband zu veröffentlichen. Großer Dank sei auch Aleksandra Pure gesagt, die kompetent Recherchen im Bremer Staatsarchiv durchführte. Alessandra Barabaschi, Bonn, danke ich für die sehr hilfreichen Informationen über das Leben von Johann Baron Knoop, Ludwig Baron Knoops Sohn, und seine Geigensammlung. Besonderer Dank geht an den inzwischen leider verstorbenen Rudolf Matzner für seine anregenden lokalhistorischen Forschungen, an Edith Ostendorf, Heimatverein Lesum, für zahlreiche Auskünfte und an Vorstand und Mitglieder der „Gesellschaft für Familienforschung e.V. DIE MAUS“ in Bremen für ihre genealogischen Forschungen.

Mein herzlicher Dank für Hilfe und Unterstützung bei meinen Recherchen geht zudem an Prof. Dr. Karsten Brüggemann, Universität Tallinn, PD Dr. David Feest, Lüneburg, Dr. Wolfgang Sartor, Traben-Trarbach, Andreas Hansen, Berlin, Dr. Dorothee Hansen, Kunsthalle Bremen, Dirk-Gerd Erpenbeck, Bochum, Prof. Dr. Sergey Terekhin, Berlin, Dr. Christian Hillen, Köln, Prof. Dr. Martin Aust und Dr. Diana Ordubadi, Bonn, sowie Prof. Dr. Jurij A. Petrov, Russländische Akademie der Wissenschaften, Moskau. Dr. Simone Hillmann danke ich für ihre sofortige Bereitschaft, die Knoop'sche Villa in Moskau in ihrem heutigen Zustand zu fotografieren. Zu danken habe ich auch Marcus Velke-Schmidt, M. A., für seine hilfreichen Übersetzungen aus dem Estnischen. Claus-Peter Kulenkampff-Bödecker, Fritz A. Grobien, Andreas Freiherr von Hünefeld, Harald und Elke Albrecht sowie Fredrik von Knoop halfen mit Informationen zu den Familien von Ludwig Baron Knoop und Julius Freiherr von Knoop.

Für Recherchen und kompetente Hilfe danke ich dem Staatsarchiv Bremen, dem Deutschen Literaturarchiv Marbach, Dr. Ewald Bracher vom Siemens Historical Institute (Siemens Archiv) Berlin, Jana Lösch Historisches Archiv der MAN AG, Augsburg, dem Historischen Archiv Krupp, Essen, Dr. Claus Heinrich Bill Institut Deutsche Adelsforschung, Kiel, Gottfried Graf Finckenstein, Deutsches Adelsarchiv, dem Stadtarchiv Wiesbaden, dem Hauptstaatsarchiv Wiesbaden, dem Marktarchiv Garmisch-Partenkirchen, dem Geheimen Staatsarchiv Preußischer Kulturbesitz, Berlin, dem Landesarchiv Berlin, Susann Wolff im Bundesarchiv Berlin-Lichterfelde, Jennifer Navarre Historical New Orleans Collection, Lancashire Archives, Manchester Central Library, Kathryn Thorp Archiv des New College Oxford, Historic England, Swindon, dem Schweizerischen Literaturarchiv Bern, Curdin Ebneter Sekretär der Rilke-Gesellschaft, Monika Euler Leiterin der Abteilung Historische Sammlungen der Landes- und Universitätsbibliothek Düsseldorf, der Universitäts- und Landesbibliothek Bonn mit den angeschlossenen Fachbibliotheken. Gedankt sei auch allen hier nicht genannten Personen und Institutionen, die meine Fragen freundlicherweise beantwortet haben, was nicht mehr so selbstverständlich ist.

Den studentischen Mitarbeiter/innen der Abteilung für Osteuropäische Geschichte der Rheinischen Friedrich-Wilhelms-Universität, Bonn, Viktoriya Shavlokhova, Ines Skibinski, Victoria Kloska, Hera Shokohi und Niklas Böß, danke ich für ihre jederzeit kompetente und freundliche Unterstützung bei meinen Recherchen.

Last but not least danke ich, wie seit mehr als 30 Jahren, meiner Frau, Dr. Petra Recklies-Dahlmann, für ihre kritische Lektüre und sachkundigen Ratschläge.

Bremen, im Januar 2021
Dittmar Dahlmann

Stammtafel Ludwig Baron Knoop (15.5.1821-16.8.1894)

Gerhard Knoop
(25.12.1782-24.5.1862)

Anna Rebecka Knoop, geb. Frerichs
(14.2.1793-23.2.1878)

Heirat Mai 1815

Anna Rebecca
(17.4.1816-20.7.1881)
Heirat 13.11.1864
Adolf Baetgen
(11.5.1817-10.5.1896)
Kinderlos

Daniel Diederich
(22.10.1817-18.10.1893)
Heirat 22.4.1851
Charlotte Amalie Hoyer
(18.2.1830-11.2.1905)
7 Kinder

Andreas Heinrich
(20.5.1819-14.3.1864)
Heirat 16.11.1849
Henriette Cammann
(20.7.1825-22.3.1905)
kinderlos

**Ludwig
(15.5.1821-16.8.1894)
Heirat 10.6.1843
Louise Hoyer
(14.6.1824-26.1.1894)**

Julius
(17.11.1822-6.4.1893)
Heirat 7.5.1847
Theodore Frerichs
(20.2.1826-17.6.1902)
6 Kinder

Helene Adolfine
(26.1.1824-1910)
Heirat 26.12.1846
Ernst Friedrich Bornemann
(16.4.1818-8.2.1855)
4 Kinder

Johanne Henriette
(21.4.1828-9.12.1861)
Heirat 22.2.1853
Ferdinand Bernhard Sunder
(31.5.1826-16.6.1882)
4 Kinder

Hermann August
(6.6.1831-17.7.1877)
1. Heirat 18.9.1860
Angelina Ouckama
(25.7.1832-16.6.1861), 1 Sohn
2. Heirat 1.12.1863
Celtine Louise T. Röpken-Meiners
(28.8.1843-3.2.1922), 7 Kinder

**Louise
(9.4.1844-20.11.1889)
Heirat 15.9.1864
George Alexander Albrecht
(2.8.1834-24.11.1898)**

Karl Georg (6.8.1865-9.4.1924)
Heirat 11.10.1890
Emma Schrader
(2.10.1869-7.3.1946)

Johanna Luise (26.8.1866-10.9.1939)
Heirat 2.9.1886
Friedrich (Fritz) Ludwig Möller
(8.12.1857-29.5.1945)

Ludwig (6.9.1868-29.5.1945)
Heirat 6.1.1894
Charlotte Elisabeth (Else) Finke
(14.3.1872-16.1.1936)

Gustav (7.5.1871-25.7.1929)
Heirat 22.2.1896
Charlotte (Lotti) Luise Hester
(8.10.1872-9.7.1946)

Johann Theodor (8.7.1873-16.3.1925)
Heirat 21.4.1900
Sophie Dorothea Rodenhauser
(22.7.1874-13.6.1925)

Friedrich Carl (15.9.1875-24.12.1952)
Heirat 13.6.1901
Mary Robertson Ladson (15.4.1883-9.1.1960)

Marie Franziska (4.2.1880-20.2.1931)
Heirat 2.1.1901
Adolf André Heinrich Grobien (12.3.1876-8.11.1952)

Elisabeth (Else) (11.3.1884-13.12.1961)
Heirat 27.5.1903
Eduard Focke (23.1.1875-21.4.1960)

**Johann Ludwig
(22.7.1846-9.5.1918)
1. Heirat 23.8.1874
Henriette Louise
Margaritte Kern (Gretchen)
(22.9.1855-13.5.1882)**

Marie Louise
(17.8.1875-13.5.1890)

Ludwig (Ludi)
(23.1.1878-20.1.1959)
Heirat 25.8.1906
Emily Sargent
(1882-21.3.1874)

Johann Ludwig
2. Heirat 9.7.1899
Mabel (May/Maya Stuart King)
(1875-1945)
kinderlos

**Theodor Julius
(17.8.1848-21.3.1931)
Heirat 30.9.1882
Sophie Zenker
(13.7.1858-1918)**

Sophie
(8.8.1885 -12.8.1971)
Heirat 2.1.1908
Ludwig Colshorn
(30.10.1884-30.8.1971)

Marie
(17.11.1886-?)
Heirat
Alekseev (?-?)

Andreas Rudolf
(18.5.1888-19.5.1968)
unverheiratet, kinderlos

Georg Andreas (4.8.1890-7.4.1973)
1. Heirat
Zinaida Mamontova (?-?)
2. Heirat
Partnerin unbekannt
3. Heirat
Sonia ?

Emilie Louise (23.4.1895-?)

**Adele Mathilde
(6.3.1852-27.6.1932)
Heirat 19.10.1872
Johann Georg Wolde
(15.11.1845-9.5.1911)**

Adele Louise Caroline
(30.6.1873-?)
Heirat 1895
Adolph Friedrich Meyer-Wolde
(1869-?)

Carl Heinrich
(5.12.1874-1956)

Louise Johanne
(27.5.1876-16.4.1905)
Heirat
Friedrich Plehn (1862-1904)

Ludwig (Lutz) Georg (7.9.1884-8.7.1949)
Heirat 1937
Martha Carola Kurzer (1905-29.3.1989)

**Johann Andreas
(4.5.1855-18.12.1927)
Heirat 5.5.1885
Louise Zenker
(11.2.1860-30.4.1941)**

Adele
(6.4.1887-22.1.1896)

Johann (John)
(10.12.1888-18.1.1959)
Heirat 1912
Vera Mamontova
(9.8.1888-19.9.1967)

Theodor Alexander
(25.1.1890-?)
Heirat
Olga Davidova (?-?)

**Emilie Anna
(11.2.1858-6.4.1920)
Heirat 29.5.1880
Heinrich Wilhelm Kulenkampff
(26.6.1852-24.4.1929)**

Julius Wilhelm
(19.6.1881-2.12.1947)
Heirat 28.11.1907
Margarethe (Margot) von Beckerath
(6.11.1885-27.10.1956)

Johann Ludwig
(4.12.1882-11.11.1951)
1. Heirat 1913
Aimée Sawyer (?-10.1917)
2. Heirat 1919
Irmgard von Blankensee (16.2.1899-?)
geschieden 1927
3. Heirat 28.2.1949
Gabriele Johanne Swoboda (6.3.1898-?)

Louise Adele Emilie (10.5.1885-6.6.1961)
Heirat 3.10.1905
Kurt von Lewinski (4.7.1875-30.4.1958)

Anna Maria (5.1.1887-1964)
Heirat 17.11.1908
Arndt von Pape (4.8.1878-8.3.1951)

Elisabeth Franziska (20.4.1889-1971)
Heirat 30.7.1910
John Eberhard Meier-Kulenkampff (13.1.1882-12.3.1945)

Louise Dorothea (8.6.1891-11.4.1950)
Heirat 27.4.1921
Georg Carl Lahusen (17.7.1888-9.8.1973)

Stammtafel Julius Freiherr von Knoop (17.11.1822-6.4.1893)

Gerhard Knoop
(25.12.1782-24.5.1862)

Anna Rebecka Knoop, geb. Frerichs
(14.2.1793-23.2.1878)

Heirat Mai 1815

- Anna Rebecca
  (17.4.1816-20.7.1881)
  Heirat 13.11.1864
  Adolf Baetgen
  (11.5.1817-10.5.1896)
  Kinderlos
- Daniel Diederich
  (22.10.1817-18.10.1893)
  Heirat 22.4.1851
  Charlotte Amalie Hoyer
  (18.2.1830-11.2.1905)
  7 Kinder
- Andreas Heinrich
  (20.5.1819-14.3.1864)
  Heirat 16.11.1849
  Henriette Cammann
  (20.7.1825-22.3.1905)
  kinderlos
- Ludwig
  (15.5.1821-16.8.1894)
  Heirat 10.6.1843
  Louise Hoyer
  (14.6.1824-26.1.1894)
  6 Kinder
- **Julius**
  (17.11.1822-6.4.1893)
  Heirat 7.5.1847
  Theodore Frerichs
  (20.2.1826-17.6.1902)
- Helene Adolfine
  (26.1.1824-1910)
  Heirat 26.12.1846
  Ernst Friedrich Bornemann
  (16.4.1818-8.2.1855)
  4 Kinder
- Johanne Henriette
  (21.4.1828-9.12.1861)
  Heirat 22.2.1853
  Ferdinand Bernhard Sunder
  (31.5.1826-16.6.1882)
  4 Kinder
- Hermann August
  (6.6.1831-17.7.1877)
  1. Heirat 18.9.1860
  Angelina Ouckama
  (25.7.1832-16.6.1861), 1 Sohn
  2. Heirat 1.12.1863
  Celtine Louise T. Röpken-Meiners
  (28.8.1843-3.2.1922), 7 Kinder

Kinder von Julius und Theodore:

- Gerhard Johann Julius
  (?.03.1848-6.9.1849)
- Andreas Wilhelm
  Freiherr von (Willy, William)
  (11.1.1850-6.10.1901)
  1. Heirat 1875
  Frida Emilie Koecher
  (30.8.1855- 12.9.1932)
  geschieden 1889
  - John Julius Jersey
    (6.3.1876-7.7.1916)
    Heirat 18.7.1898
    Evelyn Elizabeth Fletcher (22.6.1879-?)
  - 2. Heirat:
    Andreas Wilhelm (Willy,William)
    Margarete (Margit) von Gundelfingen
    (31.3.1861-?)
- Emma Harriet Johanne
  (19.5.1853-18.1.1925)
  1. Heirat
  Carl Johann Cramer
  (29.5.1846-8.2.1891)
  - Theodora Anna
    (1.9.1873-5.6.1950)
    Heirat 29.9.1891
    Johannes Michael Frhr. von Loën
    (17.7.1860-19.6.1926)
  - Luise Adele Helene
    (24.11.1877-1953)
    Heirat 25.11.1896
    Albert Karl Dorotheus Kracker von Schwarzenfeld
    (8.9.1869 – 23.12.1935)
  - 2. Heirat Emma Harriet Johanne: 1.2.1902
    mit Dr. Alfred Ermert (28.2.1864 -29.4.1924)
- Louise Dorothea Catharina
  (?-26.7.1855)
- Theodor Eduard
  (1.12.1859-27.2.1894)
  unverheiratet, kinderlos
- Carl Ludwig (Louis)
  (24.2.1863-19.3.1935)
  1. Heirat 30.3.1887
  Gertrud Freifrau von Keyserlingk
  (27.11.1864-6.3.1930)
  geschieden 1923
  - Max (14.1.1888-1.9.1955)
    Heirat 6.7.1914
    Nora von Jagow (26.12.1890-28.6.1975)
  - Luise Irma (14.2.1889-2.5.1987)
    Heirat 29.6.1911
    Dietrich von Scharfenberg (23.6.1882-2.12.1962)
  - Heinrich Victor Wilhelm (Willy) (2.9.1890-28.10.1972)
    Heirat 3.9.1921
    Gisela Sturm (15.9.1902-13.12.1991)
  - Theodor Walter Johann (8.10.1894-1.8.1972)
    1. Heirat 23.2.1923
    Eleonore Hessel (20.4.1899-30.8.1975)
    geschieden 29.2.1952
    2. Heirat 29.3.1952
    Margarethe Petersen (5.7.1907-?)
  - Waldemar Jersey (4.5.1896-2.6.1956)
    Heirat 26.5.1923
    Gertrud von Wegner (11.3.1901-13.9.1990)
  - Elfriede (20.2.1901-22.12.1989)
    Heirat 19.5.1922
    Bernhardt Volprecht (1.12.1894-13.3.1981)
  - 2.Heirat Carl Ludwig (Louis): 12.9.1923
    mit Amalie Anna Manuela de la Espriella (6.11.1880-?)

Christof Steuer, Förderverein Knoops Park e.V. (Hrsg.)

Knoops Park

Vom Ufer der Lesum aus geht es steil bergauf: die Flussniederung und der ansteigende Geestrücken sind prägend für die Landschaft im Norden Bremens.

Als sich die Gletscher vor ca. 400.000 Jahren in den skandinavischen Norden zurückzogen, ließen sie Ablagerungen, Steine, Lehm und Sand, liegen; das ablaufende Wasser bildete Bäche und tiefe Einschnitte, sammelte sich in ausgespülten Gräben und floss als Lesum und Weser in die Nordsee ab. Das damit entstandene „Hohe Ufer" war ein idealer Platz für die ersten Siedler, die um 3000 v. Chr. hier archäologisch nachgewiesen sind: Hier war es trocken, menschliches Leben und Kultur konnten entstehen. Auch in späteren Jahren, bis heute, bietet die Höhe Schutz vor Überschwemmung und ansteigendem Wasser.

In der von den ersten Chronisten aufgeschriebenen Geschichte wird von Sachsenhäuptlingen (den Billungern) berichtet, die sich, nach der Bekehrung zum christlichen Glauben, Grafen nennen durften und die eine Burg oberhalb der alten Einmündung der Lesum in die Weser hatten: Lesmona. Die bekannteste Figur dieser Zeit um das Jahr 1000 war die Gräfin Emma, die der Legende nach den Bremern eine große Bürgerweide schenkte, da, wo heute der Bürgerpark ist.

Nachdem der Bischof von Bremen die Sachsen-Grafen verleumdet und mit Hilfe einer Intrige ausgelöscht und hier oben eine Sommerresidenz, ein Kloster (Wollah), eine Kirche (St. Martini) und eine Kapelle (St. Magnus) eingerichtet hatte, übernahmen (um 1300) weltliche Herrschaften das Gebiet, den Zehnten und die Gerichtsbarkeit: die „Ritter von Oumünde", später die „von der Borch" aus Schönebeck. Es gab Wald, Ackerbau und Vieh, manche Bewohner der Dörfer betrieben Fischfang oder waren Seefahrer.

Landesherrschaft war das sogenannte Herzogtum Bremen, das ab 1719 zum Kurfürstentum Hannover, dann zu Napoleons Zeiten zu Frankreich, 1815 zum Königreich Hannover und 1866 zu Preußen kam und dann im Deutschen Reich aufging (erst 1939 wurde Lesum mit St. Magnus nach Bremen eingegliedert).

Gegen Ende des 18. Jahrhunderts entdeckte man das Hohe Ufer als „schöne Gegend" und bemerkte im Adressbuch von 1796, man könne sich dort „die Aussicht von Altona oder von einigen Schweizer Höhen

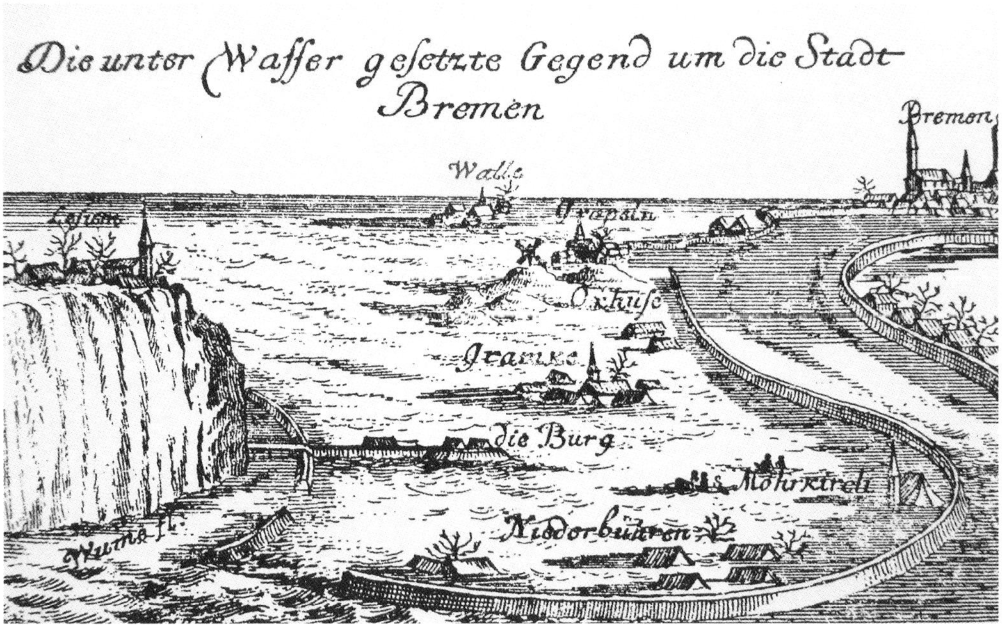

Abb. 88
Hochwasser, 17. Jahrhundert, die Lesumer Kirche auf dem Berg

vergegenwärtigen". Als einer der ersten erwarb der „Goldene Kulenkamp" 1790 ein Grundstück, dort, wo später George Albrecht, der Schwiegersohn von Ludwig Baron Knoop, seine „Albrechtsburg" hatte. Kulenkamp war Kaufmann und soll angeblich noch als rüstiger Siebziger auf einem feurigen Hengst von Bremen nach St. Magnus geritten sein (siehe Brandes: Aus den Gärten einer Alten Hansestadt, 1938).

Der nächste „Pionier" war Adam Storck, der aus gesundheitlichen Gründen die Gegend wegen der „erfrischten Luft" aufsuchte und sich länger hier aufhielt. Er war Berater von Bürgermeister Smidt in Handelsfragen, und wir verdanken ihm die "Ansichten von Bremen" mit den wunderbaren Stahlstichen von 1822, u.a. eine Ansicht von St. Magnus.

Schon damals pilgerte man über die Lesum: „Wenn die Bremer sich den Anblick der Gebirgsländer im Kleinen verschaffen wollen, so wallfahren sie nach St. Magnus", schreibt Adam Storck.

Bald haben auch die vermögenden Bremer das Hohe Ufer der Lesum für sich entdeckt. Obwohl außerhalb der Stadt im „Hannöverschen" gelegen, entstand ein neuer Sehnsuchtsort für das in Mode kommende Landleben. Eduard Gildemeister schreibt in „Bremen und seine Bauten" (Schünemann, 1900): „Das zweite große Villengebiet Bremens, das erst in neuerer Zeit mit dem alten Oberneuland in Wettbewerb getreten ist, und es längst überflügelt hat, ist das hohe Ufer der Lesum von Burg bis Vegesack [...]."

Ein erstes festes Landhaus ließ sich 1815 der Kaufmann (am alten hanseatischen „Stahlhof" in London) J. E. Heymann als Ruhesitz bauen: Es ist das heutige „Haus Lesmona", das als klassizistischer Bau aufgeführt wurde. Ursprünglich hieß es „Heinrichsburg", was darauf hindeutet, dass der Standort etwas mit der Burg der sächsischen Billunger und dem damaligen Kaiser Heinrich III. zu tun hat.

Eine sehr schöne Beschreibung der Entwicklung im 19. Jahrhundert findet man in dem Kapi-

***Abb. 89** Blick auf St. Magnus, bei A. Storck 1822*

tel mit der Überschrift „Unser Ferienreich, unsere Sommerwelt“ in dem Buch von Arendt und Gerhard Schmolze: An der Lesum, Bremen, 1985.

Erst mietete man sich in ein Häuschen oder einen Spieker beim Bauern ein, später erwarb man eigene Flächen, baute Sommerhäuser, die dann fester, auch für den Winter ausgebaut wurden, und dann errichtete man Villen oder Landsitze („Häuser“) für ganze Familien, die unter starkem englischen Einfluss mit einem Landschaftsgarten oder Park umgeben wurden. Schon vor Baron Knoop waren der Kaufmann Ferdinand Dreier (Haus Reebeck), ein Zweig der Familie Kulenkampff (Haus Dreilinden), der Bankier Plump (Haus Tannenberg), die Familie Lürman (Lehnhof), auch die Eltern der Woldes (Haus Blumenkamp) und andere auf dem Berg angekommen.

Das gilt auch für Mühlenthal: Bereits 1816 befand sich hier „ein schönes Landhaus“, wie Adam Storck schreibt. Dieses Haus erwarb dann um 1830/40 die Familie Gruner und baute ein weiteres Gebäude dazu. Auch Adele Wolde erinnert sich an dieses Haus: „... ein großes Bauernhaus auf einer hohen Düne, die das Tal begrenzt. Mehrere Reihen Linden standen davor, während sich am Abhange der Anhöhe eine große Grube befand, aus der für die Umgegend der Sand geholt wurde.“

Wie in unserem Buch bereits beschrieben, hat sich die Familie Knoop erst in den Ferien auf dem Gut des Kaufmanns Gruner eingemietet, 1859 die Flächen erworben, um dann Gewächshäuser und schließlich ein Schloss darauf zu bauen: Mühlenthal.

Knoop hatte bewusst die Landschaft an der Lesum als Ort für einen Familien- und Altersruhesitz gewählt. Die Kinder und Kindeskinder kamen in den Ferien aus Bremen herauf, wo die Stadtwohnungen, Geschäftsräume sowie die Schulen waren (George

Albrecht, Georg Wolde und Wilhelm Kulenkampff bauten ihre Häuser in St. Magnus erst, als das Schloss bereits 20 bis 30 Jahre stand), die Luft war gut, und der Blick war weit: Im Sommer war Mühlenthal voller Familienmitglieder, deren Freunde und Gäste.

Zudem war das Grundstück eine Herausforderung für Bremens bekanntesten Gartenkünstler: Wilhelm Benque (1814–1895), Parkdirektor des Bürgerparks, den Knoop mit der Parkplanung beauftragt hatte. Im „Bürgerpark für jedermann" dominierten sich schlängelnde Wasserläufe, Parkhaus und Meierei waren öffentliche Gebäude, die Massen strömten bei Sonnenschein durch das Gelände.

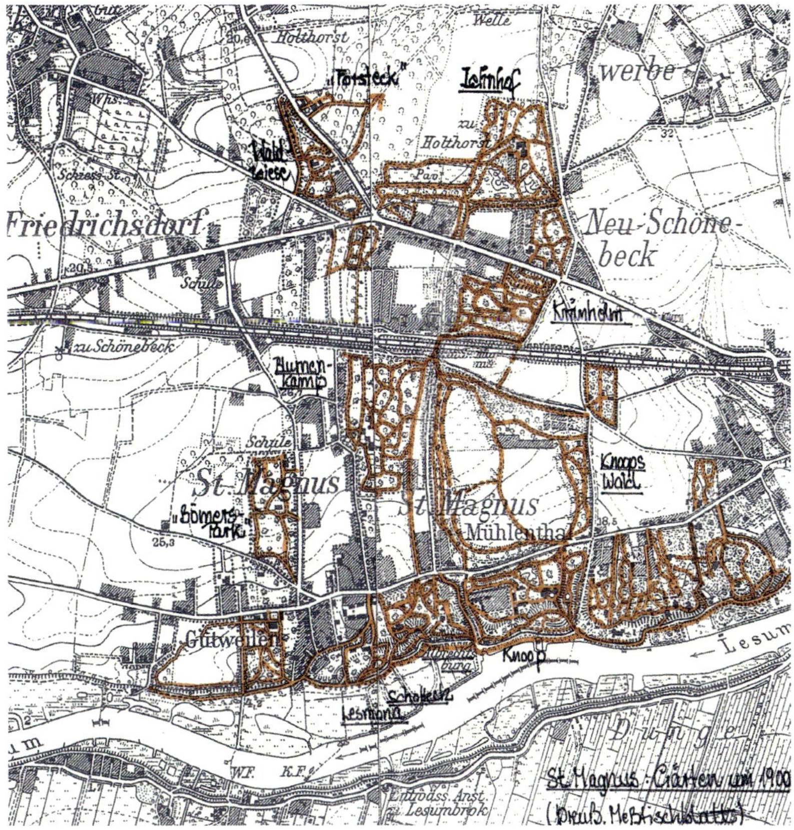

Abb. 90 *Landsitze Ende 19. Jhdt in St. Magnus und Lesum, Gartenwege*

Abb. 91
Mühlenthal 1843, Gemälde von Antonie Brakmann

Abb. 92 *Wilhelm Benque, 1814–1895*

Ganz anders hier, oberhalb der Lesum, wo es um die Gestaltung intimer Räume, die Überwindung von Geländeerhebungen, um Ausblicke in die Landschaft mit einer angenehmen privaten Atmosphäre im Laufe des Jahres ging. Natürlich musste man den Park auch den Gästen zeigen können!

Die englisch beeinflusste Landschaftsplanung hatte bereits Anfang des 19. Jahrhunderts ihre Freunde in Deutschland gefunden: Fürst Pückler hatte in Muskau begonnen. Jeder Kleinfürst wollte sich mit seinem Garten zeigen; schließlich folgten die preußischen Könige mit den Anlagen in Berlin und Potsdam: Dem König und seinem königlichen Gartendirektor Lenné wollte man nacheifern.

Leider ist von der Planung von Benque nur eine kurze Beschreibung und ein kleiner Plan in der „Deutschen Bauzeitung“ übrig geblieben.

Noch weniger weiß man über die Albrechtsburg: Louise Knoop hatte George Albrecht geheiratet, der in diesem Buch ausführlich dargestellt ist; seine „Albrechtsburg“ war eher eine neobarocke Villa, weniger eine Burg. Am Eingang entstanden um 1880 zwei spiegelbildlich angeordnete Häuser im „Schweizer Stil“, mit viel geschnitztem Holz und anderen verspielten Details. Überragt wurden die Torhäuser für Verwalter und Kutscher von einem Wasserturm, der mit Hilfe einer Dampfpumpe mit Grundwasser gefüllt wurde: Zum ersten Mal gab es auf den Knoop´schen Grundstücken fließendes Wasser! Das Abwasser aller Häuser ging über kaskadenartige Leitungen ungeklärt in die Lesum. Die Villa hatte über eine Grotte eine Terrasse nach Süden angelehnt. Am Sockel dieser Grotte waren Gewächshäuser.

Adele, die zweite Tochter des Barons, hatte Georg Wolde geheiratet; dessen Familie wohnte bereits in der Gegend (Haus Blumenkamp). Wolde ließ 1893 sein Haus nach einem Wettbewerbsverfahren von den Berliner Architekten Reimer und Körte bauen. Auf Wunsch des Bauherren bestand das Haus aus einem Haupthaus und einem kleineren Wirtschaftshaus, die nur durch einen Gang miteinander verbunden waren: Der Küchengeruch sollte sich nicht mit dem Zigarrengeruch des Hausherren vermischen. Das Haus wurde „Haus Schotteck“ genannt, weil G. Wolde, der Bankier, geizig wie ein Schotte gewesen sein soll. Ihm selbst hat das nichts ausgemacht!

Emilie, die dritte Tochter, wurde die Frau von Willi Kulenkampff, einem Mitglied dieser in Bremen weit verzweigten Familie. Das Haus wurde im sogenannten Niedersächsischen Heimatstil von Eduard Gildemeister entworfen: mit Diele, großem

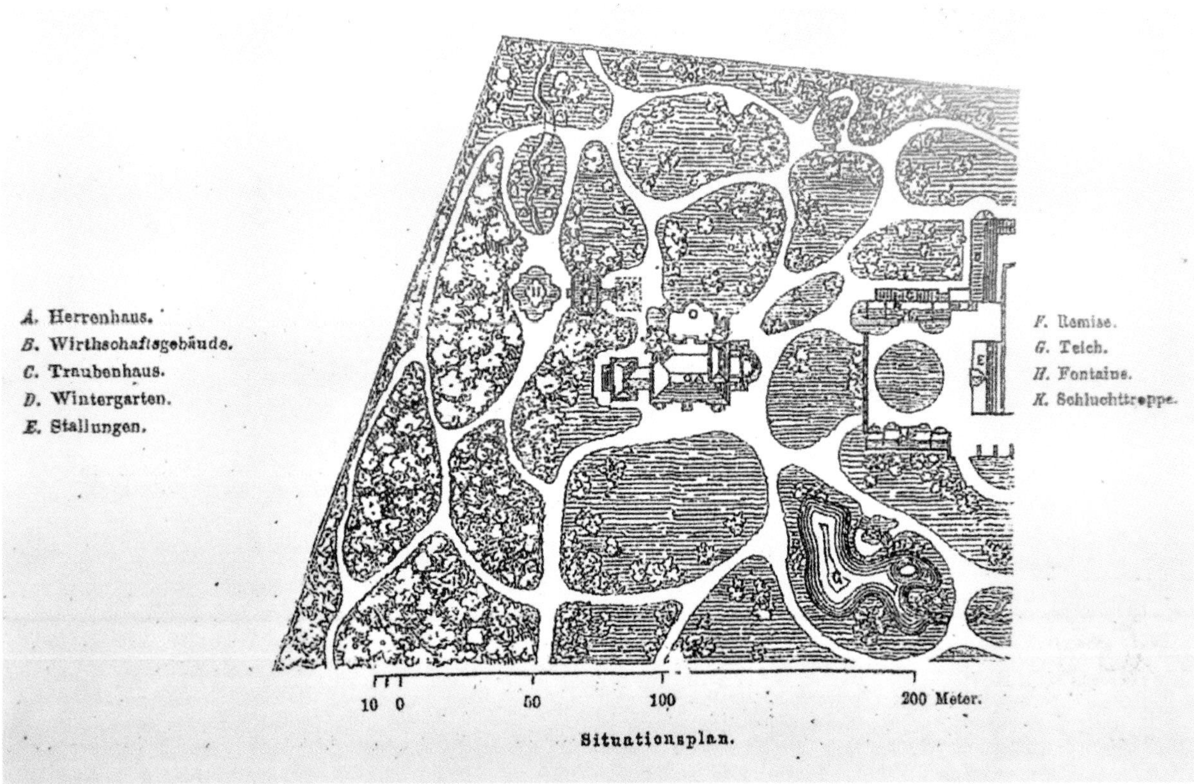

Abb. 93 *Skizze aus Deutsche Bauzeitung, 1873, Heft 10*

Dach, dunklen Räumen. Dieses Gebäude wurde nach Knoops großer Fabrik an der Narva benannt: „Haus Krähnholm".

Es lag nördlich der Bahn und hatte einen wunderbaren Garten, entworfen von Wilhelm Benque. Haus und Garten sind aber völlig von der Schnellstraße und ihren Nebenanlagen verdrängt worden; immerhin gelang es, das Gebäude in reduzierter Form, mit originalen Teilen, am Hohen Ufer wieder aufzubauen.

Was die von den Knoops benötigten Grundstücke angeht, so wird immer gesagt, dass das ganze Dorf St. Magnus „verrückt" geworden sei (siehe Artikel von Rudolf Matzner im Lesumer Boten), um Platz für die Familien zu schaffen. Knoop soll allerdings großzügig für Ausgleich und Ersatzbauten gesorgt haben; selbst eine Schule und eine Post hat er für die St. Magnuser bauen lassen. Inwieweit er auch beim Bau der Häuser für die Schwiegersöhne finanziell beteiligt war, ist nicht bekannt; eigentlich waren sie alle vermögend genug, um sie selbst bezahlen zu können.

Lüder Halenbeck, *der* Vegesacker Heimatforscher und begeisterte Wanderer, hat sowohl eine „Excursions-Karte" über die Umgebung von Vegesack (1890) gezeichnet, als auch akribisch 50 Ausflüge beschrieben. Ausflug 29 führt von der Burger Brücke auf der Chaussee (heute: Auf dem hohen Ufer) bis Vegesack: Am rechten Lesumufer „auf dem Berge". Die Entfernungen misst er mit seinen Schritten ab,

l. = Blick nach links, r. = Blick nach rechts:
3.000 km Landgut, l. u. r., Baron L. v. Knoop
3.200 km Schloss, l.
3.280 km Teich und Einsicht in den Park
3.580 km Landgut, l., von Baron von Knoop endet
3.580 km Landgut, l., von George Albrecht beginnt
3.600 km Landgut, r., von Baron Knoop endet
„Jacobsweg“ (heute Raschenkampsweg), r., von Bäumen besäumt, nach dem Bahnhof St. Magnus
... und so schleicht Halenbeck staunend, aber ohne Neid, an Zäunen und Toren der Herrschaften entlang! In der Karte hat er jeden Landsitz mit einem Burgenfähnchen verzeichnet.

Eine letzte, eher romantische Erinnerung an Ferien und Begegnungen im Gartenreich an der Lesum verdanken wir Magdalena Melchers, die 1894 ihre Ferien im „Haus Lesmona“ bei Onkel Hermann Melchers verlebte, der den Landsitz 1882 übernommen hatte. Der Tagebuch-Roman „Sommer in Lesmona“ führt uns zum Ende des 19. Jahrhunderts noch einmal in die Landschaft an der Lesum und in das damalige gesellschaftliche Leben der feinen Gesellschaft. Das Haus, etwas verändert, gibt es heute noch.

Der Niedergang der Landsitze

Viele der Landgüter in St. Magnus sind heute verschwunden: Für die Handelsleute war der Erste Weltkrieg (Unterbrechung der Handelswege und -beziehungen) und die schwierigen Zeiten nach dem Krieg (Reparationszahlungen, politische Umbrüche, Weltwirtschaftskrise) der Niedergang. Die Industrie über-

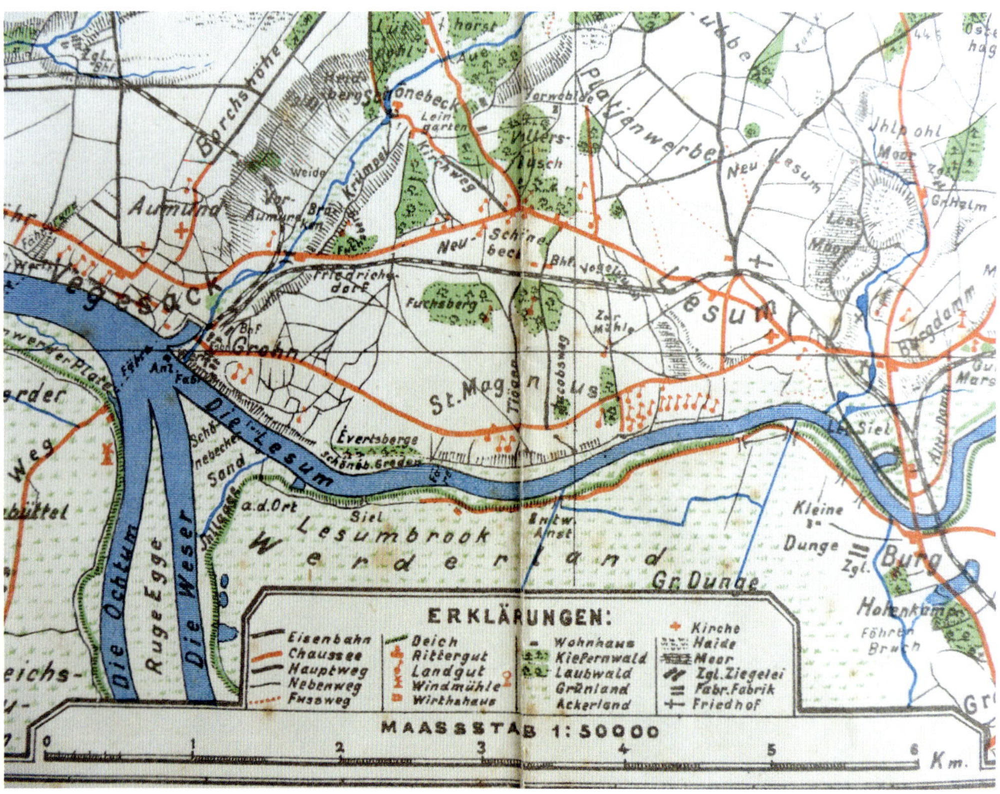

Abb. 94
Halenbeck: Excursions-Karte, 1890, Ausschnitt

Abb. 95 *Schloss Mühlenthal (1870)*

Abb. 96 *Albrechtsburg (1882)*

Abb. 97 *Schotteck (1893)*

Abb. 98 *Kränholm (1897)*

nahm die führende Rolle, es ging nicht mehr um Pfeffer, Tabak und Baumwolle, sondern um Kohle, Stahl und Maschinen. Zudem waren die Familien so groß geworden, dass die Erbanteile immer kleiner wurden. Wie wir in diesem Buch lesen können, ging es auch bei den Knoops so: Das Schloss verfiel, die Grundsteuerschulden waren angewachsen, das Gelände sollte baulich verwertet werden. Was beweglich war, wurde versteigert, was auf dem Grundstück sonst „zu holen war", wurde weggebracht. Das Schloss wurde aus wirtschaftlichen Gründen abgerissen. Die Gemeinde Lesum erwarb die Flächen des Parks für immerhin noch 200.000 Reichsmark, um eine „Aufsiedlung" durch die Grundstücksverwalter zu verhindern.

An Pfingsten 1939 wurde der Garten des Barons als Waldpark „Mühlenthal" der Öffentlichkeit übergeben. „Wo einstmals das vornehme Schloss stand, wird jetzt eine Kinderspielwiese die jüngste Jugend zu fröhlichem Spiel in freier, herrlicher Natur aufnehmen", steht in der Zeitung vom 30.5.1939. Bald begann mit dem Überfall auf Polen der Zweite Weltkrieg; die Häuser Albrecht, Wolde, Lesmona fielen

Abb. 99 *Haus Lesmona, z. Zt. von Magdalene Melchers*

nach und nach an die Stadt und wurden zu Schulen, Wohnheimen, später zu Lazaretten umgenutzt und blieben von Zäunen umgeben. Nach dem Krieg blieben sie bis in die 1960er-Jahre Lungenkrankenhäuser. Die Albrechtsburg wurde 1950 für den Bau eines dazugehörigen Schwesternheims abgerissen. Außer dem Knoop'schen Garten blieben die Flächen eingezäunt und für die Öffentlichkeit unzugänglich.

Historische Gärten werden zu einem öffentlichen Park

Der Knoop'sche Garten ohne Schloss wurde ab 1939 zunächst von Gartenarchitekt C. H. Roselius betreut und blieb mit Resten der Gewächshäuser über die Zeit liegen. Der erste Flächennutzungsplan Bremens 1965/67, der nach den Vorschriften des neuen Bundesbaugesetzes erstellt wurde, sicherte die überkommenen Gärten als öffentliche Grünflächen. Ergänzt um die Erklärung zum Landschaftsschutzgebiet (siehe Verordnung zum Schutz von Landschaftsteilen der Stadtgemeinde Bremen, 1968) waren die Voraussetzungen für die Herrichtung eines großen Parks geschaffen, der dann, mit den Flächen von Knoops Wald (und Teilflächen von Blumenkamp) und den Gärten von Knoop, Albrecht, Wolde und Melchers schlicht den Sammelbegriff „Knoops Park" bekam.

Planerische und gärtnerische Arbeiten erfolgten unter der Regie des nun zuständigen Bauamtes Bremen-Nord, das im Bereich Billungstraße eine Baumschule und eine Gärtnerei im Park betrieb. Als Betriebshof bezog man ab 1971 das stark umgebaute

Haus Kränholm an der Ecke Raschenkampsweg/Auf dem hohen Ufer, das dem Ausbau der Schnellstraße hierhin hatte weichen müssen (heute Stiftung Haus Kränholm, Restaurant und Café).

Ein einschneidendes und den weiteren Kurs bestimmendes Ereignis war ein verheerender Sturm im Jahre 1985: Über 100 alte und den Park prägende Bäume stürzten um, Wege und gärtnerische Anlagen waren zerstört. Angesichts der Größe der Schäden und der zur Wiederherstellung erforderlichen, aber nicht vorhandenen Mittel, wurde bereits daran gedacht, den Park sich selbst zu überlassen. Die Bürger aus der Umgebung, aus Lesum und St. Magnus, sowie die ortspolitischen Kräfte wollten es aber nicht soweit kommen lassen: Ein Verein zum Erhalt und zur Entwicklung des Knoops Park wurde gegründet: der Förderverein Knoops Park e.V.

Eine Diplomarbeit (von Heino Grunert, Universität Hannover, 1986) gab folgende Impulse:

- Rückbesinnung auf die Bedeutung der Gärten als Wohnsitze bekannter Bremer Familien,
- Beispiel für das Wirken eines in Bremen hochgeschätzten Gartenkünstlers,
- höhere Wertschätzung der landschaftlichen Schönheiten des Lesumufers und seiner Funktion für Erholung und Freizeit,
- Forderung nach gartendenkmalpflegerischer Unterschutzstellung,
- Notwendigkeit zur Aufstellung eines Parkpflegekonzeptes.

Bauamt und Förderverein machten sich diese Vorschläge zu eigen. 1987 wurde im Auftrag des Bauamtes ein erstes „Entwicklungs- und Pflegekonzept" für den östlichen Teil des Parks von den Landschaftsarchitekten Lindenlaub und Dittloff aus Hamburg erstellt. Eine auch um den Westteil des Parks erweiterte Fassung des Konzeptes, vom gleichen Büro, folgte 1995; diese wurde dann vom Förderverein finanziert!

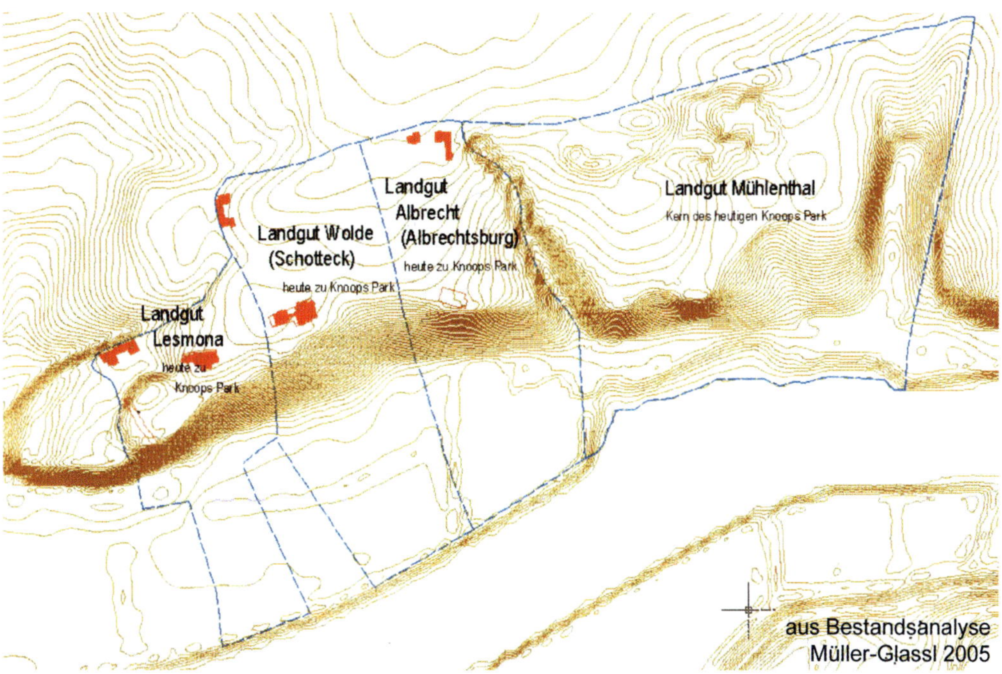

Abb. 100
Topographie und ehemalige Grundstücke

Abb. 101 *erste Karte für den Förderverein, gezeichnet von Ursula Siebert*

Abb. 102 *Ausschnitt aus dem Konzept von Lindenlaub und Dittloff, 1995*

Eine der dringendsten Maßnahmen war eine durchgehende Wegeverbindung durch die ehemaligen Gärten: Das wichtigste bauliche Element dafür war eine Brücke über den Hohlweg zwischen den Gärten Albrechts und Woldes, die aber erst 1992 gebaut werden konnte, finanziert aus Mitteln der „Stiftung wohnliche Stadt". Heute kann man sich gar nicht mehr vorstellen, wie umständlich man vor circa 30 Jahren um den Park herumgehen musste! Auch die Markierung des Umrisses des ehemaligen Schlosses Mühlenthal wurde vorgeschlagen und realisiert: Standort und Größe waren nun für die Besucher ablesbar. Die Parkwege sollten auf die neuen Zugänge ausgerichtet, verschiedene bauliche Elemente wie Grotten, Terrassen und Treppen mussten und müssen immer noch saniert werden.

1996 findet zum ersten Mal das Musikfest „Sommer in Lesmona" mit der „Deutschen Kammerphilharmonie Bremen" statt, ein Ereignis von überregionaler Bedeutung! Für die Privatisierung von Haus Schotteck und Haus Kränholm werden örtlich eingegrenzte Nutzungs- und Gestaltungskonzepte vom Büro Müller-Glassl, Bremen, erstellt (2005/2006). Beide Gutachten schaffen neue Grundlagen für die gesamte Parkbetrachtung und führen zu inzwischen erfolgreichen Nutzungsvorschlägen.

Zum ersten Mal bewährt sich die enge Zusammenarbeit zwischen Umweltbehörde, Bauamt/Gartenbetrieb, Landesamt für Denkmalpflege und Förderverein Knoops Park.

2010 ist es endlich geschafft: Der Park wird zum Gartendenkmal erhoben: „Knoops Park ist ein herausragendes Zeugnis der bürgerlichen Landsitzkultur Bremens von hohem kulturgeschichtlichem, heimatgeschichtlichem und künstlerischem Rang“ (Landesamt für Denkmalpflege Bremen, 31. März 2010).

Unter neuen Vorzeichen wird aufbauend auf den vorangegangenen Arbeiten, in der oben genannten Kooperation, ein Pflegekonzept erarbeitet: Knoops Park Süd, Parkpflegekonzept (Umweltbetrieb Bremen, 2014).

Im Vollzug des Konzeptes lässt der Förderverein das ehemalige, den Park erheblich störende und ungenutzte Schwesternheim abreißen. 2016 bekommt er für sein „umfangreiches Engagement, Knoops Park zu erhalten und seine geschichtliche Bedeutung der Bevölkerung näher zu bringen“, den Bremer Denkmalpflegepreis 2016. In 2018 gelingt es, für die Sanierung von Teich und Grotte Fördermittel von der Deutschen Stiftung Denkmalschutz zu bekommen und umfangreiche Maßnahmen durchzuführen.

Trotz etlicher Veränderungen und Eingriffe im Laufe der Jahrhunderte hat die frühere Landschaft und die Gartenkultur des 19. Jahrhunderts noch viele Spuren und Geschichten hinterlassen, die unter Gras und Bäumen schlummern: eine Burg sächsischer Grafen, einen Wallfahrtsort zu St. Magnus, ein verschwundenes Dorf, hochherrschaftliche Landsitze bedeutender Bremer Bürger, allen voran des Barons Ludwig Knoop, eine Liebesgeschichte zwischen

Abb. 103 *Neue Karte für die Infotafeln des Vereins, Grafik: Villena*

Abb. 104 *Pflegekonzept Begleitheft 2016*

Abb. 105 *Förderprojekt Spiegelteich mit Grotte, 2020*

„Daisy und Percy“ (im Sommer in Lesmona), einen dramatischen Niedergang der Gartenherrlichkeit, ein nicht einfacher „Kampf“ um die Erhaltung einer der bedeutendsten Grünanlagen von Bremen. In diesem Kontext ist auch der Wunsch entstanden, über den Gründer des Parks, Ludwig Baron Knoop, mehr zu erfahren. Dank an Prof. Dr. Dittmar Dahlmann für die ausführliche Schilderung vom Leben, von den russischen Geschäften und von der Familie des Barons, zu dessen Andenken heute eine lebensgroße Figur im Park steht.

Bremen, im Januar 2021
Christof Steuer – Förderverein Knoops Park –

Abb. 106 *30-jähriges Jubiläum des Fördervereins, 2016*

Park-Impressionen

Knoops Park als Bühne, Bild: U. St., 2014

Herbst bei der Albrechtsgrotte, Foto: Ole Schoener

Schnitzereien am Tor Krähnholm, Foto: Ch. St.

Steinbergbank und Blick auf die Lesum, Foto: Ch. St.

La Strada im Park 2020, Foto: Ch. St.

Albrechtsburg, Grotte und Backsteinsockel, Foto: Ch. St.

Torhäuser Albrecht mit Wasserturm, Foto: Ch. St.

Wotanseiche (Logo des Fördervereins), Foto: Ch. St.

Blick von der Jünglingshöhe, Foto: Ch. St.

An der Lesum, Foto: Ole Schoener

Titelbild des Vereinskalenders 2021, Foto: Ole Schoener

Haus Schotteck von Süden, Foto: Ole Schoener

Lesumblick östlich der Jünglingshöhe, Foto: Ch. St.

Beim Brommy-Denkmal an der Lesum, Foto: Ch. St.

Bremer Philharmoniker, Musikalischer Spaziergang am 30.08.2020, Foto: Ch. St.

Admiral Brommy in der Dämmerung, Foto: Ole Schoener

Pergola bei Haus Schotteck, Foto: Ch. St.

Sommer in Lesmona, August 2016, Foto: Ole Schoener

Wasserturm im Januar 2016, Foto: Ole Schoener

Baron Knoop im Herbstgewand, Foto: Ole Schoener

Rhododendron beim Torhaus, Foto: Ole Schoener

Haus Lesmona (links) und Haus Schotteck (rechts), Foto: Ch. St.

Die alte Eiche südlich des ehemaligen Schlosses Mühlenthal, Foto: Ole Schoener

Mammutbaum bei Nebel, Foto: Ch. St.

Ökumenischer Gottesdienst im Park, Foto. Ch. St.

La Strada 2020, Skulptur von Robert Schad, Foto: Ch. St.

Haus Kränholm, heute Restaurant und Skulpturen-Garten, Foto: Ole Schoener

Anmerkungen

I Werner Plumpe, Im Zeitalter der ersten Globalisierung 1870–1914, in: ders./Alexander Nützenadel/Catherine R. Schenk, Die Deutsche Bank. Die globale Hausbank 1870–1920, Berlin 2020, S. 29f., 34ff. und 58–60; Martin L. Müller, Fortschrittlich aus Tradition. 150 Jahre Deutsche Bank in Bremen, Bremen 2021, S. 27–29; vgl. auch Manfred Pohl/Angelika Raab-Rebentisch, Die Deutsche Bank in Bremen 1871–1996, München/Zürich 1996, S. 30 und 34. Das Archivmaterial findet sich im Historischen Archiv der Deutschen Bank, Frankfurt/M., Signaturen F/166 und F/167.

II Laura Herr, Arbeit ist des Bürgers Zierde. Das Privatbankhaus Robert Warschauer & Co., Dresden 2014, S. 68–71 und Tabelle 5, S. 177.

III Rezension der Erstauflage von Jürgen Tremper, in: Bremisches Jahrbuch 102, 2022, S. 302.

1 Udo Jürgens/Michaela Moritz, Der Mann mit dem Fagott, 6. Aufl., München 2004, verfilmt 2011. Jürgens nahm bei seinen Recherchen die Hilfe des russischen Kollegen Prof. Dr. Jurij A. Petrov von der Russländischen Akademie der Wissenschaften in Anspruch, einem der besten Kenner der Geschichte der deutschen Unternehmer, Kaufleute und Bankiers in Moskau. Heinrich Bockelmann stammte, wie die Hauptpersonen dieses Buches, Ludwig und Julius Knoop, auch aus Bremen.

2 Heute ein der Rheinischen Friedrich-Wilhelms-Universität angegliedertes Forschungsinstitut. Zu Leopold Koenig und der Villa Hammerschmidt vgl. Dittmar Dahlmann, St. Petersburg, Bonn und Trostjanec. Leben und Werk von Leopold Koenig, Russlands „Zuckerkönig", von der Mitte des 19. Jahrhunderts bis 1914, in: ders./Klaus Heller/Jurij A. Petrov (Hg.), Eisenbahnen und Motoren – Zucker und Schokolade. Deutsche im russischen Wirtschaftsleben vom 18. bis zum frühen 20. Jahrhundert, Berlin 2005, S. 43–57; Wolfgang Böhme, Die Familie des Leopold Georg (Jegorowitsch) Koenig, des „Zuckerkönigs von Russland", in: Koenigiana 10/1, 2016, S. 3–40.

3 Wilfried Feldenkirchen, Die Firma Siemens im Russischen Reich vor 1914, in: Dittmar Dahlmann/Carmen Scheide (Hg.), „... das einzige Land, das eine große Zukunft vor sich hat". Deutsche Unternehmen und Unternehmen im Russischen Reich im 19. und frühen 20. Jahrhundert, Essen 1998, S. 167–188; Martin Lutz, Carl von Siemens. Ein Leben zwischen Familie und Weltfirma, München 2013.

4 Eric J. Hobsbawm, Das imperiale Zeitalter 1875–1914, Frankfurt/M. 1995, S. 15 und 18, engl. Original The Age of Empire, London 1987; Jürgen Osterhammel, Die Verwandlung der Welt. Eine Geschichte des 19. Jahrhunderts, 2. Aufl., München 2009, knapper und pointierter ders./Sebastian Conrad, Einleitung, in: dies. (Hg.), Das Kaiserreich transnational. Deutschland in der Welt 1871–1914, Göttingen 2004, S. 7–27.

5 Gangolf Hübinger, Max Weber. Stationen einer intellektuellen Biographie, Tübingen 2019, S. 2–5 und 78–83.

6 Christian Kleinschmidt, Wirtschaftsgeschichte der Neuzeit. Die Weltwirtschaft, München 2017, S. 114–119.

7 In den mir vorliegenden amtlichen Urkunden im Bremer Staatsarchiv schreibt sich der zweite Vorname „Rebecka". Diese Schreibweise wird übernommen.

8 Andreas Schulz, Vormundschaft und Protektion. Eliten und Bürger in Bremen 1750–1880, München 2002, S. 23, vgl. auch Hans-Ludwig Schaefer, Bremens Bevölkerung in der ersten Hälfte des neunzehnten Jahrhunderts, Bremen 1957, S. 35 ff. Die Angaben für Köln nach Informationen der Stadt Köln auf der Wikipedia-Seite „Einwohnerentwicklung von Köln".

9 Paul Bairoch, Une nouvelle distribution des populations. Villes et campagnes, in: Jean-Pierre Bardet/Jacques Dupâquier (Hg.), Histoire des populations de l'Europe, Bd. 2: La révolution démographique, 1750–1914, Paris 1998, S. 193–229.

10 Ralf Roth, Das Jahrhundert der Eisenbahn. Die Herrschaft über Raum und Zeit 1800–1914, Ostfildern 2005, S. 32–34; Eric J. Hobsbawm, Die Blütezeit des Kapitals. Eine Kulturgeschichte der Jahre 1848–1875, München 1977, S. 73–75; vgl. auch Wolfgang Schivelbusch, Geschichte der Eisenbahnreise. Zur Industrialisierung von Raum und Zeit im 19. Jahrhundert, Frankfurt/M. 1995.

11 Roth, Jahrhundert, S. 58 f. und S. 65–67; Bremen und seine Bauten, bearb. und hrsg. vom Architekten- und Ingenieur-Verein, Bremen 1900, S. 773.

12 Roth, Jahrhundert, S. 170–173.

13 Heike Brück, Die Verbesserung der Hinterlandverbindungen zu den Auswandererhäfen im frühen und mittleren 19. Jahrhundert. Wechselwirkungen zwischen Auswandererströmen und Verkehrseinrichtungen, in: Deutsches Schiffahrtsarchiv 7, 1984, S. 213–221.

14 John N. Westwood, Geschichte der russischen Eisenbahnen, Zürich 1966, Kap. 1 und 2.

15 Hermann Bahr, Russische Reisen, Dresden/Leipzig 1891, S. 17, zitiert bei Lothar Gall, Eisenbahn in Deutschland: Von den Anfängen bis zum Ersten Weltkrieg, in: ders./Hans Pohl (Hg.), Die Eisenbahn in Deutschland. Von den Anfängen bis zur Gegenwart, München 1999, S. 30.

16 Hans Szymanski, Die Anfänge der Dampfschiffahrt in Niedersachsen und den angrenzenden Gebieten von 1817 bis 1867, Hannover 1958.

17 Reinhold Thiel, Die Geschichte des Norddeutschen Lloyd, 5 Bde., Bremen 2001–2006, hier Bd. 1, S. 48–60; zu Meier liegt nur eine ältere Arbeit vor: Friedrich Hardegen, fortgeführt und abgeschlossen von Käthi Smidt, geb. Meier, H. H. Meier, der Gründer des Norddeutschen Lloyd. Lebensbild eines Bremer Kaufmanns 1809–1898, Berlin/Leipzig 1920; Monika Duensing, Meier, Hermann Henrich, in: Neue Deutsche Biographie 16 (1990), S. 642 f. (Onlinefassung); J. Rösing, Meier, Hermann Henrich, in: Bremische Biographie des 19. Jahrhunderts, hg. von der Historischen Gesellschaft des Künstlervereins, Bremen 1912, S. 309–313.

18 Hardegen/Smidt, H. H. Meier, S. 58.

19 Thiel, Norddeutscher Lloyd, Bd. 3, S. 271.

20 Wilfried Feldenkirchen, Werner von Siemens. Erfinder und internationaler Unternehmer, München/Zürich 1996, S. 61 ff. und; ders., Siemens. Von der Werkstatt zum Weltunternehmen, 2. Aufl., München/Zürich 2003, S. 27 ff. und S. 46–55.

21 Lutz, Carl von Siemens, Kap. 4. Die russische Niederlassung wurde seit 1855 als selbstständiges Unternehmen unter der Leitung von Carl Siemens geführt. Ebd., S. 97; Feldenkirchen, Firma Siemens, in: Dahlmann/Scheide (Hg.), „... das einzige Land ...“, S. 174–178. Generell zum Telegrafenbau: Roland Wenzlhuemer, Connecting the Nineteenth-Century World. The Telegraph and Globalization, Cambridge 2013.

22 Hobsbawm, Blütezeit, S. 98 f.; Manfred Hildermeier, Geschichte Russlands. Vom Mittelalter bis zur Oktoberrevolution, München 2013, S. 784–793.

23 Vgl. unten, S. 51 f.

24 Feldenkirchen, Firma Siemens, S. 167 f.; Lutz, Carl von Siemens, Kap. 11.

25 Wilhelm Lührs, Der Domshof. Geschichte eines bremischen Platzes, Bremen 1979, S. 58.

26 Horst A. Wessel, Die Rolle des Telefons in der Kommunikationsrevolution des 19. Jahrhunderts, in: Michael North (Hg.), Kommunikationsrevolutionen. Die neuen Medien des 16. und 19. Jahrhunderts, Köln u.a. 2001, S. 101–127.

27 David S. Landes, Die Macht der Familie. Wirtschaftsdynastien in der Weltgeschichte, München 2008, S. 9 f.; engl. Ausgabe: Dynasties: Fortunes and Misfortunes of the World's Great Family Businesses, New York 2006.

28 Richard J. Evans, Das europäische Jahrhundert. Ein Kontinent im Umbruch 1815–1914, München 2016, S. 539 f.

29 Iwan-Michelangelo D'Aprile, Fontane. Ein Jahrhundert in Bewegung, Reinbek bei Hamburg 2018, S. 10.

30 Adele Wolde, Ludwig Knoop. Erinnerungsbilder aus seinem Leben. Gesammelt und für seine Nachkommen niedergeschrieben von seiner Tochter, Privatdruck Bremen o. J. [1928], erweiterter Neudruck Bremen 1998 mit einem Nachwort von Edda Bosse und der Trauerrede von Rudolf Alexander Schröder bei der Bestattung von Adele Wolde am 30.6.1932.

31 Lührs, Der Domshof, S. 49. Bremen zählte in jenem Jahr rund 44.000 Einwohner.

32 Adressbuch Bremen für das Jahr 1821, S. 159 f. und S. 66. Die Bremer Adressbücher liegen seit dem ersten Jahrgang 1794 in digitalisierter Form auf dem Server der Staats- und Universitätsbibliothek Bremen vor.

33 Wolde, Ludwig Knoop, S. 7 f. auch für die folgenden Bemerkungen. Im „Buntentor“ wohnten die Knoops nur recht kurze Zeit in den 1830er-Jahren; in ihren letzten gemeinsamen Lebensjahren wohnten Gerhard und Rebecka Knoop in der Osterstraße 1 A in der Nähe des Kontors der Firma ihrer Söhne Daniel Diederich und Andreas Heinrich, Gebr. Knoop, in der Ostertorstraße 15.

34 Rudolf Stein, Das Bürgerhaus in Bremen, Tübingen 1970, S. 12 und 14 zur Langenstraße; das Zitat S. 14, mit zahlreichen Abbildungen im Tafelteil der Häuser in der Langenstraße. Vgl. auch Monika Porsch, Bremer Straßenlexikon. Gesamtausgabe, Bremen 2003, S. 309.

35 Rolf Engelsing, Bremisches Unternehmertum. Sozialgeschichte 1780/1870, in: Jahrbuch der Wittheit zu Bremen 2, 1958, S. 7–112, hier S. 32 ff.

36 Ebd., S. 80. Ähnlich, dazu später, auch die Charakterisierung bei Gerhart von Schulze-Gaevernitz, Volkswirtschaftliche Studien aus Rußland, Leipzig 1899 (auf dem Server von visuallibrary.net online zugänglich) über Knoop. Vgl. unten, S. 15.

37 Andreas Freiherr von Hünefeld, „Lass die Dohlen schreien". Ein Knoop auf Rothestein. Ein kleines Bilderbuch zur frühen internationalen Wirtschaftsgeschichte. Louis von Knoop, Herr auf Schloss Rothestein im Werratal, Privatdruck für die Familie, Berlin Juni 2015.

38 Bernd-Michael Neese, Beiträge zur Geschichte der Stadt Wiesbaden im 19. Jahrhundert, Bd. 2, Wiesbaden 2016, S. 260–292, vgl. auch ders., Beiträge zur Geschichte der Stadt Wiesbaden im 19. Jahrhundert, Bd. 1, Wiesbaden 2012, S. 289–292; ders., Der Kaiser kommt! Wilhelm I. und Wilhelm II. in Wiesbaden, Wiesbaden 2010.

39 Schulze-Gaevernitz, Studien, S. 90 und 100; eine russische Übersetzung erschien in Moskau 1899. Schulze-Gaevernitz war in Russland außerordentlich bekannt und mehrere seiner Werke erschienen in russischer Übersetzung; vgl. dazu Douglas A. Farnie, Three Historians of the Cotton Industry: Thomas Ellison, Gerhart von Schulze-Gaevernitz, and Sydney Chapman, in: Textile History 9,1, 1978, S. 75–89, hier S. 79–83.

40 Vgl. zur Rolle der Familien in den bremischen Kaufmannsfamilien Schaefer, Bremens Bevölkerung, S. 76–79.

41 „Herr Piketty kann uns gern besuchen", Gespräch mit der Trumpf-Chefin Nicola Leibinger-Kammüller, in: Frankfurter Allgemeine Zeitung (künftig FAZ), Nr. 64, 16.3.2020, S. 22; Georg Giersberg, Die Festung, in: FAZ, Nr. 155, 8.7.2009, S. U5 mit einer Liste der 100 größten Familienunternehmen Deutschlands; solche Listen finden sich auch im deutschen Wikipedia oder auf der Seite „Die Deutsche Wirtschaft. Stimme des Mittelstandes".

42 Inga Michler, Wirtschaftswunder 2010. Deutschlands Familienunternehmer erobern die Weltmärkte, Frankfurt/M.,/New York 2009, S. 9–11; Landes, Macht der Familie; Harold James, Familienunternehmen in Europa: Haniel, Wendel und Falck, München 2005; engl. Fassung: Family Capitalism, Cambridge, Mass. 2006; Susanne Hilger/Ulrich S. Soénius (Hg), Familienunternehmen im Rheinland im 19. und 20. Jahrhundert, Köln 2009; Markus Plate, Große deutsche Familienunternehmen: Generationenfolge, Familienstrategie und Unternehmensentwicklung, Göttingen 2011; Lothar Gall, Krupp. Der Aufstieg eines Industrieimperiums, Berlin 2000; Monika Poettinger, Deutsche Unternehmer im Mailand des 19. Jahrhunderts. Netzwerke, soziales Kapital und Industrialisierung, Lugano, Mailand 2012.

43 Vgl. zu den Morozovs Jurij A. Petrov u. a. (Hg.), Ėkonomičeskaja istorija Rossii s drevnejšich vremen do 1917 g. Ėnciklopedija (Wirtschaftsgeschichte Russlands von den Anfängen bis 1917. Enzyklopädie), 2 Bde., hier Bd.1, Moskau 2008, S. 1399–1409; Matthias Winterschladen, Kulturtransfer im zentralrussischen Industriegebiet. Die Brüder Charnock, die Morozovs und die Anfänge des modernen Fußballsports in Orechovo Zuevo und Nikol'skoe, in: Dittmar Dahlmann/Anke Hilbrenner/Britta Lenz (Hg.), Überall ist der Ball rund. Zur Geschichte und Gegenwart des Fußballs in Ost- und Südosteuropa – Nachspielzeit, Essen 2011, S. 169–209. Einer der Charnock-Brüder gehörte auch dem Direktorium von Knoops Fabrik „Krähnholm" in Narva (heute Estland) an.

44 Die Literatur zum Thema füllt inzwischen wohl mittelgroße Bibliotheken. Verwiesen sei auf: Lars Immerthal, Der Unternehmer. Zum Wandel von Ethos und Strategie des Unternehmertums im Ausgang der Moderne, München 2007; Toni Pierenkemper, Unternehmensgeschichte. Eine Einführung in ihre Methoden und Ergebnisse, Stuttgart 2000; Hartmut Berghoff, Moderne Unternehmensgeschichte. Eine themen- und theorieorientierte Einführung, Paderborn u.a. 2004; ders./Jakob Vogel (Hg.), Wirtschaftsgeschichte als Kulturgeschichte. Dimensionen eines Perspektivenwechsels, Frankfurt/M./New York 2004.

45 Dittmar Dahlmann, Lebenswelt und Lebensweise deutscher Unternehmer in Moskau vom Beginn des 19. Jahrhunderts bis zum Ausbruch des Ersten Weltkrieges, in: Nordost-Archiv N.F. 3, 1994, S. 133–163, hier S. 135 auf der Basis von Benno Biermann, Die soziale Struktur der Unternehmerschaft. Demographischer Aufbau, soziale Herkunft und Ausbildung der Unternehmer in Nordrhein-Westfalen, Stuttgart 1971, S. 10; Dirk Schumann, Bayerns Unternehmer in Gesellschaft und Staat, 1834–1914. Fallstudien zu Herkunft und Familie, politischer Partizipation und staatlichen Auszeichnungen, Göttingen 1992, S. 18. Dies ist eine positionale, keine funktionale Begriffsbestimmung.

46 Dittmar Dahlmann, Ludwig Knoop: ein Unternehmerleben, in: ders./Scheide (Hg.), das einzige Land, S. 361–378, hier S. 371; vgl. auch ders., „Wenn du meinen Worten nicht vertraust, brauchst du mir ja nichts zu verkaufen". Die Geschäftsbeziehungen der Moskauer Unternehmerschaft von der Mitte des 19. Jahrhunderts bis zum Ausbruch des Ersten Weltkrieges, in: Christian Hillen (Hg.), „Mit Gott". Zum Verhältnis von Vertrauen und Wirtschaftsgeschichte, Köln 2007, S. 68–79.

47 Susanne Hilger, „Under Reconstruction" – Familienunternehmen als Gegenstand der jüngeren wirtschaftshistorischen Forschung, in: dies./Soénius (Hg.), Familienunternehmen, S. 9–22, hier, S. 15.; sehr theoretisch und ohne Bezug auf Familiennetzwerke: Hartmut Berghoff/Jörg Sydow, Unternehmerische Netzwerke – Theoretische Konzepte und historische Erfahrungen, in: dies. (Hg.), Unternehmerische Netzwerke. Eine historische Organisationsform mit Zukunft?, Stuttgart 2007, S. 9–43.

48 Osterhammel, Verwandlung, S. 1080.

49 Hübinger, Max Weber, S. 3 und S. 87–90.

50 Thomas Mann, Betrachtungen eines Unpolitischen, Berlin 1920, S. 109, zitiert bei Hübinger, Max Weber, S. 88.

51 Schulz, Vormundschaft und Protektion: ders., „... Tage des Wohllebens, wie sie noch nie gewesen ...". Das Bremer Bürgertum in der Umbruchzeit 1789–1818, in: Lothar Gall (Hg.), Vom alten zum neuen Bürgertum. Die mitteleuropäische Stadt im Umbruch 1780–1820, München 1991, S. 19–63; Engelsing, Bremisches Unternehmertum, S. 7–112; Dietmar von Reeken, Lahusen. Eine Bremer Unternehmerdynastie 1816–1933, Bremen 1996; Lydia Niehoff, 175 Jahre Louis Delius & Co. Bremen. Schritte in die Welt. Vertrauen und Flexibilität, Bremen 2007; dies., 550 Jahre Tradition der Unabhängigkeit. Chronik der Handelskammer Bremen, Bremen 2001; Thomas Weichel, Die Bürger von Wiesbaden. Von der Landstadt zur „Weltkurstadt" 1780–1914, München 1997.

52 Thomas Michell, Report on the Present State of the Trade between Great Britain and Russia. Presented to both Houses of Parliament by Command of Her Majesty 1866, London 1866, S. 37–39 (online auf dem Server der Bayerischen Staatsbibliothek, Münchener DigitalisierungsZentrum).

53 Schulze-Gaevernitz, Studien, S. 90–106.

54 Archiv des Liberalismus (Friedrich-Naumann-Stiftung), Gummersbach, Nl. Gerhart von Schulze-Gaevernitz, N 109-57, Bl. 15. Mein Dank an Herrn Fabian Theurer, den Archivar, für schnelle, freundliche und umfassende Beratung und Hilfe.

55 Friedrich Prüser, Ludwig Knoop. Der Begründer der russischen Webwarenindustrie, in: Der Schlüssel. Bremer Beiträge zur deutschen Kultur und Wirtschaft 4, 1939, Heft 5, S. 177–184; ders., Ludwig Knoop, in: Otto Heinrich May (Hg.), Niedersächsische Lebensbilder, Erster Band, Hildesheim/Leipzig 1939, S. 244–255 (die beiden Artikel sind wortgleich bis auf den Quellenhinweis am Schluss des Aufsatzes in den „Lebensbildern", in dem der Autor auch auf „Mitteilungen aus dem Familienkreise" verweist); Herbert Schwarzwälder, Ludwig Knoop (1821–1894). Bremer Bürger und russischer Baron oder „Koopmanns Good is as Ebb und Flood", in: ders., Berühmte Bremer, München 1972, S. 91–106; vgl. auch Adolf Dierking, Baron Ludwig Knoop, ein bedeutender Industrieller des 19. Jahrhunderts, in: 75 Jahre Familienforschung in Bremen. Festschrift zum 75-jährigen Jubiläum der „MAUS", Gesellschaft für Familienforschung e.V., Clausthal-Zellerfeld 1999, S. 121–129.

56 Siehe dazu die Angaben im Literaturverzeichnis.

57 Sven Beckert, King Cotton. Eine Globalgeschichte des Kapitalismus, München 2014; amerikanisches Original: Empire of Cotton. A Global History, New York 2014; ders., Das Reich der Baumwolle. Eine globale Geschichte, in: Conrad/Osterhammel (Hg.), Kaiserreich, S. 280–301.

58 Stanley D. Chapman, The Rise of Merchant Banking, London u.a. 1984; ders., Merchant Enterprise in Britain from the Industrial Revolution to World War I, Cambridge u.a. 2002 (Erstauflage 1992).

59 Chapman, Merchant Enterprise, S. 195 und 225 f.

60 Ebd., S. 319–321.

61 Douglas A. Farnie/David J. Jeremy (Hg.), The Fibre That Changed The World. The Cotton Industry in International Perspective, 1600–1990s, Oxford/New York 2004; Henry Hobhouse, Fünf Pflanzen verändern die Welt. Chinarinde, Zucker, Tee, Baumwolle, Kartoffel, 2. Aufl., München 1992 (Taschenbuchausgabe), 2001 erschien die deutsche Übersetzung der Neuausgabe: Sechs Pflanzen verändern die Welt, bei der der Kokastrauch hinzugekommen ist. Das Kapitel über Baumwolle wurde jedoch nicht verändert, sodass ich weiterhin aus der Taschenbuchausgabe von 1992 zitiere.

62 Pavel A. Buryškin, Moskva kupečeskaja (Das Moskau der Kaufleute), Moskau 1991, kommentierte Neuausgabe, Original: New York 1954; Andreas Zenker, Geschäftiges Russland. Erinnerungen eines Bankiers, hg. von Wolfgang Sartor, St. Petersburg 2004; Georg Spies, Erinnerungen eines Ausland-Deutschen, St. Petersburg 2002, Erstausgabe 1926 in der Spieß'schen Familien-Zeitung. Die Erinnerungen von Buryškin und Zenker erschienen im Exil, Spies hatte Russland bereits vor dem Ersten Weltkrieg verlassen. Der Bankier Andreas Zenker war der Bruder von Sophie (13.7.1858–1918) und Louise Adele Zenker (11.2.1860–30.4.1941), die mit Theodor und Andreas Knoop verheiratet waren, also ihr Schwager. Die aus Böhmen stammenden Zenkers waren bereits seit der zweiten Hälfte des 18. Jahrhunderts in Moskau ansässig.

63 Zu Adele Woldes Buch siehe oben, Anm. 30; Friedrich Carl Albrecht d. J., Drei Generationen Knoop. Eine deutsche Unternehmerdynastie in Rußland und Estland, Privatdruck Burgdorf-Ehlershausen 2014, ders., Friedrich Carl Albrecht 15. September 1875–24. Dezember 1952. Ein Lebensbild meines Großvaters, Burgdorf-Ehlershausen 2018. Es bleibt unklar, auf welches Material Friedrich Carl Albrecht zurückgreifen konnte. Ein wenig problematisch ist die Darstellung der Familienverhältnisse. Der Autor Friedrich Carl Albrecht jun. bezeichnet Andreas Baron Knoop jun. (18.5.1888–19.5.1968) als seinen Großonkel. Nach der gängigen Definition sind Großonkel und Großtanten jedoch die Geschwister der Großeltern, also von Friedrich Carl sen. und Mary Robertson Ladson. Andreas Baron Knoop jun. und Friedrich Carl sen. waren Cousins, sodass von einem Großonkel 2. oder eher

3. Grades gesprochen werden kann. Die Bezeichnung „Großonkel“ suggeriert eine familiäre Nähe, die so wohl kaum bestanden hat. Verwandt waren die beiden nur durch ihre Urgroßeltern, die Geschwister waren. Ebenso problematisch erscheint mir der Hinweis, dass Sprache und Habitus von Andreas Baron Knoop jun. „sehr baltisch“ gewesen seien. Drei Generationen, S. 71. Andreas der Jüngere wuchs als Sohn von Theodor Baron Knoop in Moskau auf. Die Firmenzentrale blieb auch nach dem Tod von Ludwig Knoop 1894 in Moskau. Von dort aus lenkten und leiteten die Brüder Knoop das Unternehmen bis zum Ende des Ersten Weltkrieges. Der Posten des „Generaldirektors“ in Krähnholm war bis zu diesem Zeitpunkt weitgehend nominell. Wie mir Fredrik von Knoop, Enkel von Georg Baron Knoop und in Göteborg lebend, in einer Mail vom 22.1.2021 mitteilte, sprachen sein Großvater Georg und dessen Bruder Andreas jun. miteinander Russisch, ebenso wie Georg mit seinem Sohn Oleg Russisch sprach. Sowohl Georg als auch seine Schwester Marie sowie ihr Cousin Theodor Alexander waren mit russischen Partner/innen verheiratet. Andreas jun. und sein Cousin Johann (John) Knoop ließen sich erst 1935 bzw. 1936/37 nach Estland einbürgern und hatten zuvor einen Nansen-Pass für Staatenlose, da beide zuvor russische Staatsbürger gewesen waren. Mitglied des Vorstandes in Krähnholm war Andreas d. J. seit 1924. Er wurde in diesem Jahr nach dem Rücktritt seines gleichnamigen Onkels auch Generaldirektor des Unternehmens. Nach estnischem Recht musste sich die Firmenzentrale im Inland befinden und wurde nach Tallinn verlegt. Iwan von Zenker (1916–2003), Sohn von Andreas von Zenker, schrieb in seinen unpublizierten Memoiren, dass sowohl Andreas d. J. als auch Percy Röpenack, seit 1924 im Vorstand von Krähnholm, und sein Vater Andreas von Zenker in Berlin gewohnt hätten. Theodor Baron Knoop starb im März 1931 in Berlin ausweislich der standesamtlichen Unterlagen als „Staatenloser“ in einem Haus, dessen Eigentümer Andreas Baron Knoop jun. war. Siehe unten, Anm. 575.

64 Barbara Stollberg-Rilinger, Maria Theresia. Die Kaiserin in ihrer Zeit. Eine Biographie, 5. Aufl., München 2018, S. XXIV–XXVIII; Christian Meier, Die Faszination des Biographischen, in: Frank Niess (Hg.), Interesse an der Geschichte, Frankfurt/M./New York 1989, S. 100–111.

65 Staatsarchiv Bremen, Bestand „Die MAUS“ (im Folgenden StABM): Online-Datenbanken, Graue Mappe: Bestand Knoop. Ich danke Herrn Dieter Memleb, dem ehemaligen stellvertretenden Vorsitzenden der „MAUS“, für zahlreiche Scans und Kopien aus den Beständen der Gesellschaft.

66 Wolde, Ludwig Knoop, S. 5 f. Zur Familie von Ludwig Knoop und zu seinen Unternehmen liegen von bremischer Seite nur wenige Arbeiten vor. Vgl. oben, S. 18, Anm. 55; darüber hinaus vgl. S. 13–15.

67 Nach anderen Quellen, siehe unten, 1745 geboren.

68 Bremisches Adreß-Buch für das Jahr 1794, Bremen 1794, S. 42 (online auf dem Server der Staats- und Universitätsbibliothek Bremen). Sein Name als Bremer Tabakhändler findet sich auch in: Johann Christian Gädicke, Fabriken- und Manufacturen-Addreß-Lexicon von Teutschland und einigen angränzenden Ländern oder Verzeichnis der Fabrikanten und Manufacturisten dieser Länder, der Waaren, die sie verfertigen, und welche Messen sie damit beziehen. Nach den Waaren alphabetisch geordnet, und mit kurzen Erläuterungen zur Kenntniß derselben begleitet. Ein kaufmännisches Comptoir-Buch, Erster Theil, Weimar 1798, S. 263. Insgesamt sind für Bremen 34 Kaufleute gelistet, die mit Tabak handeln.

69 Anna Rebecca Knoop, Stammtafel der Familie Knoop, Bremen 1897, S. 8 f. im Bestand der MAUS, Staatsarchiv Bremen, überarbeitete Fassung vor 1994.

70 Ebd.

71 Günther Diercks/Reinhold Thiel, J. Frerichs & Co. Frerichswerft: Flethe/Rönnebeck – Osterholz-Scharmbeck – Einswarden, Bremen 2001, S. 8.

72 Neues Bremisches Adreß-Buch auf das Jahr 1805, hg. von Caspar Hinrich Schreiber, S. 51.

73 John Scholes, List of Manchester Foreign Merchants: Manchester Central Library GB 127 MSFF 382 S 35. Der Lokalhistoriker John Scholes führte diese Liste vom Ende des 18. Jahrhunderts bis zum Jahr 1870. Der in der Literatur immer wieder erwähnte Charles Baroth, wahrscheinlich Karl Baroth, ein Deutschbalte, erscheint in der Liste nicht. Stuart Thompstone, British Merchant Houses in Russia before 1914, in: Linda Edmondson/Peter Waldron (Hg.), Economy and Society in Russia and the Soviet Union, 1860–1930. Essays for Olga Crisp, London 1992, S. 113. Scholes nennt nur C. B. de Jersey als Inhaber. Scholes vermutete zunächst, der Firmeninhaber sei französischer Herkunft. In der Auflistung für das Jahr 1839 werden die Brüder Frerichs genannt und die Firmeninhaber als „German“ bezeichnet. Diercks/Thiel, Frerichs, S. 8 f.; Gerhard Schaub, Unterwegs. Ein Kapitel aus der Familiengeschichte Schaub. Typoskript im Staatsarchiv Bremen, Ai-263, S. 90–95; Stuart Thompstone, Ludwig Knoop: The Arkwright of Russia, in: Textile History 15, 1984, S. 45–73, hier S. 47 auf der Basis von Unterlagen der Bank of England; von Hünefeld, Dohlen, S. 4.

74 Weitere Lebensdaten konnten nicht ermittelt werden. Bei Johann Hinrich Frerichs ist das Taufdatum angegeben. Das Geburtsdatum ließ sich nicht ermitteln.

75 Schaub, Unterwegs, S. 90–95; von Hünefeld, Dohlen, S. 11.

76 Von Hünefeld, Dohlen, S. 8 f. Das Gut blieb bis 2012 im Familienbesitz; Stammtafeln Frerichs im Bestand der MAUS,

Staatsarchiv Bremen. Seine vierte Ehefrau, Mathilde Emma Henriette von Folkmann (13.11.1813–19.8.1905), heiratete er am 1.10.1856 in Dover. Sie war eine Verwandte der Mutter von Louise Baronin Knoop. Vgl. S. 37.

77 Trow's New York City Directory Compiled by H. Wilson For the Year ending May 1, 1860, S. 305 (online auf dem Server der New York Public Library).

78 Thiel, Norddeutscher Lloyd, Bd. 1, S. 58 und S. 190. Als Unternehmen gab er De Jersey & Co., Manchester, an.

79 Zugrunde gelegt sind die Angaben in der Stammtafel von Anna Rebecca Knoop aus dem Jahre 1897. Von den acht Kindern von Gerhard und Anna Rebecka blieben zwei kinderlos: Anna Rebecca und Andreas Heinrich, Daniel Diederich und Hermann August hatten je sieben, Ludwig und Julius je sechs, Helene und Johanne je vier Kinder, wobei zwei Kinder von Julius früh verstarben.

80 Ausweislich der Geburtsurkunde, Staatsarchiv Bremen, Zivilstandsregister, wurde Daniel Diederich nicht am 21.10., sondern am 22.10.1817 geboren und am 25.12.1817 von Pastor Müller getauft.

81 Der in der Stammtafel von Anna Rebecca Knoop und an anderen Stellen, darunter auch im „Oxford Dictionary of National Biography", Oxford 2004 (auch online verfügbar unter „oxforddnb"), angegebene Todestag, 16.4.1893, ist falsch. Laut Todesanzeige und Meldungen in der Wiesbadener Presse verstarb Carl Gerhard Julius Freiherr von Knoop am 6. April 1893, 10 ¼ Uhr vormittags. Die Materialien finden sich im Wiesbadener Stadtarchiv. Ich danke Herrn Dr. Carl Christian Wahrmann vom Hessischen Staatsarchiv Wiesbaden und Herrn Jochen Dollwet vom Stadtarchiv Wiesbaden für die Zusendung der Kopien.

82 Ludwig Wolde, Der gefährliche Weg, Leipzig/Berlin 1931, Kap. 4, S. 58–75, hier S. 65; vgl. auch Fritz Peters, Freimarkt in Bremen. Geschichte eines Jahrmarkts, Bremen 1962, 2. Aufl. 1985, S. 13–18.

83 Wolde, Ludwig Knoop, S. 8. Beide Orte sind heute Stadtteile bzw. Teile von Bremer Stadtteilen im Westen der Stadt.

84 Wolde, Ludwig Knoop, S. 6.

85 Bremisches Adreß-Buch für das Jahr 1821, Bremen 1821, S. 159 f.

86 Bremisches Adreß-Buch für 1822, Bremen 1822, S. 72 und für 1834, S. 131.

87 Wolde, Ludwig Knoop, S. 7; Bremische Adreßbücher für die Jahre 1832 bis 1836 in den zuvor genannten Rubriken.

88 Schwarzwälder, Ludwig Knoop, S. 91 f.; vgl. auch Prüser, Ludwig Knoop, S. 177.

89 Wolde, Ludwig Knoop, S. 7.

90 Konrad Elmshäuser, Geschichte Bremens, München 2007, S. 47–50; Staatsarchiv Bremen 4,60_5-76 7. Reg 50_1877.

91 Elmshäuser, Geschichte, S. 37. Die folgenden Ausführungen basieren im Wesentlichen auf Elmshäusers Darstellung.

92 Ebd., S. 38.

93 Lydia Niehoff, 550 Jahre Tradition der Unabhängigkeit. Chronik der Handelskammer Bremen, Bremen 2001, S. 23–25; Bremen und seine Bauten, S. 159–163.

94 Elmshäuser, Geschichte Bremens, S. 30 f. und S. 58 f.

95 Von Reeken, Lahusen, S. 20.

96 Elmshäuser, Geschichte Bremens, S. 40 f.

97 Ebd., S. 56 f.

98 Beckert, King Cotton, S. 209; Ludwig Beutin, Von 3 Ballen zum Welthandel. Kleine Bremer Baumwollchronik von 1788–1872, Bremen 1934, auch in: ders., Gesammelte Schriften zur Wirtschafts- und Sozialgeschichte, hg. von Hermann Kellenbenz, Köln 1963, S. 62–97.

99 Elmshäuser, Geschichte Bremens, S. 63 f.

100 Ebd., S. 65.

101 Herbert Schwarzwälder, Geschichte der Freien Hansestadt Bremen. Band 2: Von der Franzosenzeit bis zum Ersten Weltkrieg (1810–1918), Bremen 1976, S. 322 f.

102 Elmshäuser, Geschichte Bremens, S. 69–71.

103 Percy Ernst Schramm, Der deutsche Überseekaufmann im Rahmen der Sozialgeschichte, in: Bremisches Jahrbuch 49, 1964, S. 31–54, hier S. 53 f.; vgl. auch Hartmut Roder, Bremens Wirtschaft im Wandel (1850–2000) oder: Bremen – ein notorischer Spätzünder, in: Bremisches Jahrbuch 81, 2002, S. 55–82; Schulz, Tage, S. 52 f.; von Reeken, Lahusen, S. 19–26.

104 Erika Brandes, Der Bremische Überseekaufmann in seiner gesellschaftsgeschichtlichen Bedeutung im geschlossenen Heiratskreis, in: Genealogisches Jahrbuch 3, 1963, S. 25–52, hier S. 45 ff., zitiert bei Roder, Bremens Wirtschaft, S. 58.

105 Wolde, Ludwig Knoop, S. 9.

106 Bremer Adress-Buch für das Jahr 1839, S. 139; Bremer Adress-Buch für das Jahr 1835, S. 132; Wolde, Ludwig Knoop, ebd.

107 Adress-Buch für das Jahr 1841, Bremen o. J. [1841], S. 141. Die von Adele Wolde genannte Adresse Osterstraße 53 ist erst ab dem Jahr 1848 nachgewiesen.

108 Wolde, Ludwig Knoop, ebd.; zu Friedrich Ludwig Mallet vgl. Karl H. Schwebel, Die Bremische Evangelische Kirche 1800–1918, in: Andreas Röpcke (Hg.), Bremische Kirchengeschichte im 19. und 20. Jahrhundert, Bremen 1994, S. 15–173, hier S. 73–76.

109 Wolde, Ludwig Knoop, S. 9.

110 Adress-Buch für das Jahr 1835, Bremen o. J. [1835], S. 163.

111 Schulz, Vormundschaft und Protektion, S. 118–124; vgl. auch Schaefer, Bremens Bevölkerung, S. 67–70.

112 Johann-Günther König, Friedrich Engels. Die Bremer Jahre 1838–1841, Bremen 2008, S. 101 ff.; zu Treviranus, Schwebel, Bremische Evangelische Kirche, in: Röpcke (Hg.), Bremische Kirchengeschichte, S. 72 f.

113 König, Friedrich Engels, S. 131 zu Bremen; Tristram Hunt, Friedrich Engels. Der Mann, der den Marxismus erfand, 3. Aufl., Berlin 2013, S. 272–275 und S. 276–281 zum „normalen Leben" in Manchester als Mitglied einer Jagdgesellschaft (Fuchsjagd zu Pferd), der Schiller Anstalt und dem Albert Club; vgl. dazu auch unten, S. 28–32.

114 Gottfried Niedhart, Geschichte Englands im 19. und 20. Jahrhundert, 2. Aufl., München 1996, S. 35.

115 Ebd., S. 36; vgl. auch Michael Maurer, Geschichte Englands, 4. Aufl., Ditzingen 2020, S. 323 ff.

116 Friedrich Engels, Die Lage der arbeitenden Klasse in England. Nach eigner Anschauung und authentischen Quellen, hg. von Walter Kumpmann, München 1973, im Original Leipzig 1845, eine zweite Auflage erschien Stuttgart 1892, eine amerikanische Ausgabe New York 1887, eine englische Edition London 1892.

117 William O. Henderson, The Firm of Ermen & Engels in Manchester, in: Internationale wissenschaftliche Korrespondenz zur Geschichte der deutschen Arbeiterbewegung, Nr.11/12, April 1971, S. 1–10; Michael Knieriem, Die Brüder Ermen in Manchester. Biographische Anmerkungen zu Friedrich Engels' Geschäftspartner, in: Marxistische Studien 3, 1980, S. 312–320.

118 Zur Baumwollindustrie in Manchester vgl. Gary S. Messinger, Manchester in the Victorian Age. The half-known city, Manchester 1985, S. 17–25.

119 Alan Kidd, Manchester. A History, 4. Aufl., Lancaster 2011, S. 161 f.; Su Coates, Manchester's German Gentlemen: Immigrant Institutions in a Provincial City 1840–1920, in: Manchester Region History Review 5, 1991, Nr. 2, S. 21–30.

120 Johann Wilhelm Jakob Blank, Materialien zur Geschichte der Familie Blank, Elberfeld (= Wuppertal) 1910, unpaginiert (Selbstverlag, nachgewiesen nur in UB Düsseldorf, Signatur HHW 933(4); vgl. auch Michael Knieriem, Aus den Tagebüchern des Johann Wilhelm Blank Jakob Blank – eines Jugendfreundes von Friedrich Engels, in: Marxistische Studien 4, 1981, S. 383–389. Die von Knieriem, dem ehemaligen Leiter des Friedrich-Engels-Hauses in Wuppertal-Barmen, zitierten Tagebücher sind heute nicht mehr auffindbar. Blanks Nachfahre verwies auf die Tätigkeit bei De Jersey und nannte als Inhaber der Firma Knoop. Blank kehrte Mitte oder Ende der 1840er-Jahre wieder nach Deutschland zurück.

121 Kidd, Manchester, S. 162.

122 Coates, Manchester's German Gentlemen, S. 22.

123 Pigot & Son's General Directory of Manchester, Salford & C. for 1829, containing an alphabetical list of the Merchants, Manufacturers, traders, and Inhabitants in General, Manchester 1829, S. 94 und 116.

124 Engels, Lage, S. 65 f.; Pigot & Slater's General and Classified Directory of Manchester and Salford, inducing the Adjacent Townships Together with the country Manufacturers, Manchester 1841, S. 80 und 100. Friedrich Engels findet sich unter mehreren Adressen. Ab 1850 waren die Frerichs nicht mehr in den Adressbüchern Manchesters verzeichnet.

125 Michael E. Rose, Culture, Philanthropy and the Manchester Middle Classes, in: Alan J. Kidd/K.W. Roberts (Hg.), City, class and culture. Studies of social policy and cultural production in Victorian Manchester, Manchester 1985, S. 103–117, hier S. 103.

126 Roy Whitfield, The Double Life of Friedrich Engels, in: Manchester Region History Review 2, 1988, S. 13–19

127 Wolde, Ludwig Knoop, S. 10. Interessanterweise ist die mündliche Kommunikation zwischen Onkel und Neffe auf Plattdeutsch, während ein zitierter Brief aus dem Oktober 1842 von Onkel Andreas an Ludwig in ausgezeichnetem Hochdeutsch wiedergegeben wird.

128 Da Julius Knoop im Jahre 1889 sein 50-jähriges Jubiläum bei De Jersey & Co. feierte, wird dies das Jahr gewesen sein, in dem er nach Manchester kam und Ludwig nach Moskau ging. Auch die Firmenfestschrift aus dem Jahr 1933 nennt das Jahr 1839. Gesellschaft der Krähnholm Manufaktur für Baumwollfabrikate. 75 – 1857–1932, Reval 1933, S. 12. Schul-

ze-Gaevernitz, Studien, S. 91 nennt ebenfalls das Jahr 1839, ebenso Valerij A. Ljubartovič/Elena M. Juchimenko, Nemeckij kupečeskij rod Prove: dva veka s Moskvoj (Das deutsche Kaufmannsgeschlecht Prowe: zwei Jahrhunderte mit Moskau [verbunden], Moskau 2008, S. 64 sowie Jurij A. Petrov, der beste Kenner sowohl des russischen als auch des deutschen Archivmaterials über Ludwig Knoop, seine Söhne und sein Unternehmen in seinem Artikel über Ludwig Knoop in: ders. u.a. (Hg.), Ėkonomičeskaja istorija Rossii. Ėnciklopedija, Bd.1, S. 998 f. Im Folgenden lege ich das Jahr 1839 als Ankunftszeit von Ludwig Knoop in Moskau zugrunde. Wolde, Ludwig Knoop, S. 10 gibt 1840 als Jahr der „entscheidenden Wende" an, doch sind ihre Datierungen häufiger unzutreffend.

129 Von Hünefeld, Dohlen, S. 11.

130 The Manchester Examiner and Times, 8.9.1849, S. 7 (online unter newspapers.com); von Hünefeld, Dohlen, S. 63 ff., dort auch die weiteren Kinder von Julius und Theodore bis auf die früh verstorbene Louise Dorothea Catharina und Emma Harriet; erwähnt wird auch der Enkel John Julius Jersey de Knoop, Wilhelms einziger Sohn.

131 The Manchester Examiner and Times, 28.7.1855, S. 3 (online unter newspapers.com).

132 Slater's Directory of Manchester & Salford 1850, S. 211 (auf dem Server der University of Leicester, Special Collections online, auch für alle weiteren Ausgaben).

133 The Manchester Examiner and Times, 15.10.1851, S. 6. Außer Knoop wurden Charles Souchay (1799–1872), E. Reuss (Lebensdaten unbekannt), W. Benecke (1802–1865) und mehrere weitere Personen mit deutschen Nachnamen genannt. Die Familien Souchay und Benecke waren miteinander verwandt und führten in London die Firma Benecke, Souchay & Co. Prince of Wales war der 1841 geborene, spätere König Edward VII., gestorben 1910.

134 Slater's Directory of Manchester & Salford für die Jahre von 1860 bis 1867 und für das Jahr 1903, nunmehr mit Angabe einer Telefonnummer und der Telegrafenadresse, spezifiziert ist das Unternehmen nur als „merchants".

135 Von Hünefeld, Dohlen, S. 22–29. Die Bilder finden sich in einem Fotoalbum für Julius und seine Frau Theodore anlässlich ihrer Silberhochzeit im Jahre 1872. Siehe unten, S. 67 f.

136 Adele Wolde schreibt den Namen wechselnd mit „z" oder „"tz" sowie den Vornamen ihrer Mutter „Luise" und „Louise"; weitere Informationen finden sich in den Erinnerungen von Andreas Zenker, Geschäftiges Russland, S. 36 f.

137 In jedem Falle existierte das Unternehmen noch 1914. Rossijskij Gosudarstvennyj Istoričskij Archiv (im Folgenden RGIA, Russländisches Staatliches Historisches Archiv), St. Petersburg, fond 23, opis' 28, delo 1580: Angaben über die Anteile der Aktionäre; weitgehend Streubesitz, aber Theodor Baron Knoop hielt noch 5 Prozent der Aktien. Vgl. auch von Hünefeld, Dohlen, S. 4; Stuart Thompstone, The Russian Technical Society and British Textile Machinery Imports, in: Farnie/Jeremy (Hg.), Fibre, S. 337–364, hier S. 341; Wolfgang Sartor, „Cotton was King in Russia". Import chlopka v Rossiju v 1815–1914 ff.: zapadnoevropejskaja tekstil'naja promyšlennost' i technologičeskij transfert v Rossii v XIX – načale XX veka, in: Stuart Thompstone (Hg.), Rossijskaja tekstil'naja promyšlennost'. Technologičeskij transfert, syr'e, financy (Die Einfuhr von Baumwolle nach Russland. Die westeuropäische Textilindustrie und der Technologietransfer im 19. und frühen 20. Jahrhundert, in: Die russische Textilindustrie. Technologischer Transfer, Rohstoffe, Finanzen), St. Petersburg 2006, S. 53–81, hier S. 73 schreibt, Knoop habe das Unternehmen kontrolliert.

138 Dahlmann, Lebenswelt, S. 143.

139 Ebd., S. 138 f.

140 Im Folgenden unterscheide ich beim Gebrauch des Begriffes „deutsch" nicht zwischen sprachlicher und ethnischer Zugehörigkeit. Dies geschieht nur dann, wenn es von entsprechender Bedeutung ist.

141 Ebd., S. 149.

142 Ebd., S. 139.

143 Wolde, Ludwig Knoop, S. 11. Unbekannt ist, wo Ludwig Knoop in dieser Zeit wohnte.

144 Zenker, Geschäftiges Russland, S. 36.

145 Dahlmann, Lebenswelt, S. 158 auf der Grundlage von Akten im Bundesarchiv Berlin-Lichterfelde, früher im Bundesarchiv, Abt. Koblenz, Bestand R 57, Nr. 1122–12; Wilhelm Kahle, Geschichte der evangelisch-lutherischen Gemeinden in der Sovetunion 1917–1938, Leiden 1974, S. 26, Anm. 26; Jurij A. Petrov, Deutsche Unternehmer in Moskau um die Jahrhundertwende 1900, in: Tel Aviver Jahrbuch für deutsche Geschichte 1995: Deutschland und Rußland, S. 105–116, hier S. 109. Patron der Kirche war, beginnend mit Friedrich Wilhelm III. (1770–1840), der preußische König.

146 Wolde, Ludwig Knoop, S. 12.

147 Dahlmann, Lebenswelt, S. 145.

148 Wolde, Ludwig Knoop, S. 13 und 16; Verzeichnis der 1843 bei der Evangelisch-Lutherischen St. Petri-Pauli-Gemeinde Getrauten, S. 8: Bundesarchiv Berlin-Lichterfelde R 57, Nr. 1122-

16 (= alte Signatur des Bestandes im Bundesarchiv Koblenz). Pokrovskij liegt heute im Nordwesten Moskau, und das von Adele Wolde erwähnte Schloss besteht auch heute noch. Das Anwesen befand sich seit dem 17. Jahrhundert bis zur Oktoberrevolution 1917 im Besitz der Familie Glebov-Strešnev, einer sehr alten russischen Adelsfamilie. Im 19. Jahrhundert wurde es im weiblichen Teil der Familie vererbt.

149 Ljubartovič/Juchimenko, Prove, S. 65.

150 Schulze-Gaevernitz, Studien, S. 91. „Traktir“ hatte weder im 19. Jahrhundert noch hat es heute eine grundsätzlich negative Konnotation.

151 Buryškin, Moskva kupečeskaja, S. 77–87.

152 Richard Stites, Russian Popular Culture. Entertainment and Society since 1900, Cambridge 1995, S. 12 f.

153 Gemeint ist der russische Mat, eine früher und heute stark tabuisierte obszöne Vulgärsprache.

154 Nikolaj A. Najdenov, Moskovskaja birža 1839–1889 (Die Moskauer Börse 1839–1889), Moskau 1889, S. 20.

155 Schulze-Gaevernitz, Studien, S. 91.

156 Niedhart, Geschichte Englands, S. 230.

157 Wolde, Ludwig Knoop, S. 17. Das später berüchtigte Gebäude, am Lubjansker Platz gelegen, in dem der Geheimdienst KGB untergebracht war, wurde erst am Ende des 19. Jahrhunderts als Verwaltungsgebäude der „Allgemeinen Versicherungsgesellschaft“ errichtet.

158 Ebd., S. 21.

159 Stefan Bartilla, Carl Johann Lasch, in: Lexikon der Düsseldorfer Malerschule, hg. Kunstmuseum Düsseldorf und Galerie Paffrath Düsseldorf, 3 Bde., München 1997/98, hier Bd. 2, S. 309 f.

160 Ljubartovič/Juchimenko, Prove, S. 60–97. Prowe hatte auch enge Kontakte zu dem Historiker und Kunsthistoriker Ivan V. Cvetaev (1847–1913), dem Vater der Dichterin Marina I. Cvetaeva (1892–1941) und der Schriftstellerin Anastasija I. Cvetaeva (1894–1993). Sie gehörten zu den Initiatoren des heutigen Puschkin-Museums in Moskau, das in dem zeitgenössischen Reiseführer Po Moskve. Progulki po Moskve i eja chudožestvennym i prosvetitel'nym učreždenijam (Durch Moskau. Spaziergänge durch Moskau und seine künstlerischen und glanzvollen Einrichtungen), Moskau 1917, Nachdruck Moskau 1991, S. 493–532, ausführlich beschrieben wird.

161 Dahlmann, Lebenswelt, S. 158; Kahle, Geschichte, S. 26, Anm. 26.

162 Wolde, Ludwig Knoop, S. 21.

163 Ebd., S. 24.

164 Ebd., S. 26.

165 Waltraud Bayer, Die Moskauer Medici. Der russische Bürger als Mäzen 1850–1917, Wien u.a. 1996, S. 140.

166 Wolde, Ludwig Knoop, S. 31; Westwood, Geschichte, S. 31 f. Diese „Omnibusse“ boten zumeist 6, 8 oder 10 Personen Platz.

167 Wolde, Ludwig Knoop, S. 31.

168 Ebd., S. 33.

169 Ebd., S. 34; zum Kontext des Schillerfestes in Deutschland vgl. Wolfgang J. Mommsen, Das Ringen um den nationalen Staat. Die Gründung und der innere Ausbau des Deutschen Reiches unter Otto von Bismarck 1850–1890, Berlin 1993, S. 115 f.

170 Zenker, Geschäftiges Russland, S. 36 f. Die Firma F. Holzhauer war zumindest noch bis 1850 als Importeur in Moskau aktiv. Stuart R. Thompstone, The Organisation and Financing of Russian Foreign Trade Before 1914, unveröffentlichtes Manuskript der Dissertation, London University 1991, S. 464 f. (Kopie in meinem Besitz).

171 Wolde, Ludwig Knoop, S. 36 f. Das Zitat S. 37.

172 Thompstone, Textile Machinery, S. 341.

173 Zenker, Geschäftiges Russland, S. 14 und 37.

174 Ebd., S. 18. Mitbeteiligt waren daran Max von Wogau, Stucken & Spies, Henry Marc, Teilhaber von Wogau & Co., A. I. Chludov und K. T. Soldatenkov. Koz'ma Soldatenkov, ein Altgläubiger, war auch bekannt als Kunstsammler und Buchhändler sowie als Spender für wohltätige und soziale Zwecke. Die Gesamtsumme seiner Spenden soll sich auf rund 5 Millionen Rubel belaufen haben. Petrov (Hg.), Ėkonomičeskaja Istorija, Bd. 2, S. 743–745.

175 Dahlmann, Lebenswelt, S. 155.

176 Michail Gavlin, Rossijskie Mediči. Portrety predprinimatelej (Die russländischen Medici. Unternehmerporträts), Moskau 1996, S. 241.

177 Wolde, Ludwig Knoop, S. 25.

178 Schulze-Gaevernitz, Studien, S. 92 und 95; Buryškin, Moskva kupečeskaja, S. 83; Thompstone, Ludwig Knoop, S. 48 mit Anm. 20 unter Bezug auf die Firmenfestschrift der Morozovs aus dem Jahr 1870; Fred V. Carstensen, Foreign Participation in Russian Economic Life: Notes on British Enterprise, 1865–191, in: Gregory Guroff/ders. (Hg.), Entrepreneurship in Imperial Russia and the Soviet Union, Princeton NJ 1983, S. 140–158, hier S. 156 f. mit Angabe von Namen und neuem Arbeitgeber.

179 M. N. Baryšnikov, Delovoj Mir Rossii. Istoriko-biografičeskij spravočnik (Russlands Welt des Handels. Ein historisch-biografisches Nachschlagewerk), St. Petersburg 1998, S. 192.

180 Wolde, Ludwig Knoop, S. 40.

181 Ebd.

182 Thompstone, Ludwig Knoop, S. 48 mit S. 67; Chapman, Rise, S. 144 f.; von Hünefeld, Dohlen, S. 6.

183 Chapman, Rise, S. 145.

184 Schulze-Gaevernitz, Studien, S. 96; Manfred Hildermeier, Bürgertum und Stadt in Rußland 1760–1870. Rechtliche Lage und soziale Struktrur, Köln/Wien 1986, S. 528.

185 Douglas A. Farnie, The Textile Machine-Making Industry and the World Market, 1870–1960, in: Business History 32,4, 1990, S. 150–170, hier S. 151–153; ders., Platt Bros. & Co. Ltd. of Oldham, Machine Makers to Lancashire and to the World: An Index of Production of Cotton Spinnng Spindles, 1880–1914, in: Business History 23,1, 1981, S. 84–86, ders., The Marketing Strategies of Platt Bros. & Co. Ltd. of Oldham, 1906–1940, in: Textile History 24,2, 1993, S. 146–161.

186 Schulze-Gaevernitz, Studien, S. 93.

187 Thompstone, Ludwig Knoop, S. 54 auf der Basis des Firmenarchivs von Platt Bros. im Lancashire Record Office sowie der Zirkulare des Bankhauses Brandt. Die Genealogie nach der Stammtafel von Anna Rebecca Knoop von 1897, S. 36. Der Familienname wurde im Englischen „Grommé" geschrieben. 1903 wohnte Louis Gromme im Regent House, Lower Park Road, dem ehemaligen Haus von Julius und Theodore Knoop. Slater's Directory for Salford and Manchester, Manchester 1903, S. 867.

188 Thompstone, Organisation, Table 2. Ernst Willy Gromme war zudem noch im Vorstand der Firmen „Townhead Mill", Rochdale, und Hulse & Co. Ebd.

189 Thompstone, Ludwig Knoop, ebd.; ders., Organisation, S. 418.

190 Schulze-Gaevernitz, Studien, S. 93.

191 Jurii Petrov, Russian-German Economic Relations in the 19th – Early 20th Centuries: The Problem of „Human Capital", in: Hans Pohl (Hg.), Competition and Cooperation of Enterprises of national and international Markets (19th–20th Century), Stuttgart 1997, S. 57–71, hier S. 60.

192 Schulze-Gaevernitz, Studien, S. 92; K.A. Pažitnikov, Očerki istorii tekstil'noj promyšlennosti dorevoljucionnaj Rossii. Šerstjannaja promyšlennost' (Abriss der Geschichte der Textilindustrie des vorrevolutionären Russland. Die Wollindustrie), Moskau 1955, S. 103; Gavlin, Rossijskie Mediči, S. 231.

193 Bericht der Revalschen Zeitung vom 13. (25.).5.1877, S. 2 mit summarischer Auflistung der Fabriken nach Branchen unter Bezug auf die Moskauer Deutsche Zeitung, die mir nicht zugänglich war. Svedenija o fabrikach postroennych v Rossii pri posredstve L. G. Knop (Mitteilung über die Fabriken, die in Russland mit Hilfe L. G. Knoops errichtet wurden), in: RGIA, St. Petersburg, fond 560, opis' 16, delo 509, Bl. 12R ff. und 22R: Verzeichnis vom 1.1.1877; Hildermeier, Bürgertum, S. 530. Nach Angaben von Schulze-Gaevernitz soll Knoop bis in die frühen 1890er-Jahre an der Gründung von 122 Firmen beteiligt gewesen sein. Doch standen ihm die damaligen Akten noch nicht zur Verfügung. Schulze-Gaevernitz, Studien, S.92.

194 Thompstone, Ludwig Knoop, S. 49 f.; vgl. auch Douglas A. Farnie, The English Cotton Industry and the World Market 1815–1896, Oxford 1979.

195 Zenker, Geschäftiges Russland, S. 36.

196 Henning von Wistinghausen, Quellen zur Geschichte der Rittergüter Estlands im 18. und 19. Jahrhundert (1772–1889), Hannover-Döhren 1975, S. 149 nach Angaben der Ehstländischen Gouvernements-Zeitung, Nr. 28 vom 15.7.1857.

197 Wolde, Ludwig Knoop, S. 41.

198 Gesellschaft, S. 13 und S. 24; Krengol'mskaja manufaktura. Istoričeskoe opisanie sostavlennoe po slučaju 50-letija eja suščestvovanija, ispolnivšegosja 30 aprelja 1907 goda (Die Krähnholmer Manufaktur. Historische Beschreibung anlässlich des 50-jährigen Bestehens am 30. April 1907), St. Petersburg 1907, S. 11 ff. Pernausches Wochenblatt, Nr. 22 vom 1. Juni 1857, S. 1 f.

199 Gesellschaft, S. 25; Reginald E. Zelnik, Law and Disorder at the Narova River. The Kreenholm Strike of 1872, Berkeley u.a. 1995, S. 28.

200 Dahlmann, Ludwig Knoop, S. 371 f.; Heinrich Johann Hansen, Geschichte der Stadt Narva, Dorpat 1858, S. 387 (online verfügbar über opacplus der Bayerischen Staatsbibliothek); so auch bei A. V. Petrov, Gorod Narva. Ego prošloe i dostoprimečatel'nosti v svjazi s istoriej upročenija russkago

gospodstva na Baltijskom poberež'e 1223–1900, St. Petersburg 1901, S. 458 (Die Stadt Narva. Ihre Vergangenheit und ihre Besonderheiten in Verbindung mit der Festigung der russischen Herrschaft an der Ostsee). In der „Revalschen Zeitung", Nr. 88 vom 13.10.1860 wurde zudem noch der Name Plate genannt. Die Firma Plate & Co. mit Sitz in Moskau und einer Niederlassung in St. Petersburg handelte sowohl mit Baumwolle als auch mit Versicherungen. Ihre Teilhaber stammten aus Bremen und galten in der Stadt als Vertreter des Knoop'schen Konzerns. Georg Heinrich Plate (1844–1914) gründete mit seinem Bruder 1870 in Bremen ein eigenes Baumwollhandelsunternehmen, war Vorsitzender des Aufsichtsrates des Norddeutschen Lloyd und Mitgründer der Bremer Baumwollbörse.

201 Gesellschaft, S. 24; Krengol'mskaja manufaktura, S. 13.

202 Pernausches Wochenblatt, Nr. 22 vom 1. Juni 1857, S. 1 f. (online verfügbar), Übernahme aus: Das Inland. Eine Wochenschrift für Liv-, Est- und Kurland's Geschichte, Geographie, Statistik und Literatur, 22. Jg., Nr. 19 vom 13.5.1857, S. 317 (online u.a. auf dem Server der Universität Tartu), in russischer Übersetzung in: Krengol'mskaja manufaktura, S. 89 f.; siehe auch den Artikel „Die Stadt Narva in Ehstland und die Manufaktur Krähnholm, in: Narvaer Stadtblätter, Oktober 1862, unpaginiert.

203 Hansen, Geschichte, S. 335–338.

204 Zenker, Geschäftiges Russland, S. 134 f.; Isabella Nadolny, Vergangen wie ein Rauch. Geschichte einer Familie, München 1964, Bergisch Gladbach 1993. Nadolny war die Urenkeln Napoleon Peltzers.

205 Hansen, Geschichte, S. 385.

206 Ebd., S. 393 f.

207 Kersti Morger/Marina Arnshav/Ingrid Ruudi, The Kreenholm Textile Mill in Narva, Estonia. A Heritage in European Industrial History, Stockholm 2006, S. 15; vgl. Zelnik, Law. Es ist eines der Probleme dieses Buches, dass sein Autor nicht wusste, wer Ludwig Knoop war. Er hielt ihn für einen Deutschen aus Bremen, der in Russland aufgewachsen war, an einer deutschen Universität in Livland, gemeint ist Dorpat, studiert und Familienbindungen zur „English speaking world" hatte. Ebd., S. 28. Fehlerhaft sind auch mehrere Quellennachweise und Schreibweisen.

208 Thompstone, Ludwig Knoop, S. 52, basierend auf einem Bericht der russischen Regierung aus dem Jahr 1909 und weiteren Informationen.

209 Ein Pud entspricht 16,38 Kilogramm.

210 Ein Aršin entspricht 0,71 Meter.

211 Thompstone, Ludwig Knoop, S. 52.

212 Gesellschaft, S. 17.

213 Revalsche Zeitung, 12./24.5.1873; Revalsche Zeitung, 3./15.9.1874; Revalsche Zeitung, 26.4./8.5.1875; Revalsche Zeitung, 30.7./11.8.1877; Dehio, Lebensbild, S. 51.

214 The Daily Picayune, 14.11.1877. Diesen und die folgenden Hinweise auf die Zeitung „The Daily Picayune" verdanke ich Heidi Podlasli-Labrenz, Manuskriptenwurf, S. 9 ff.: International Cotton Traders, Creoles, and the New South: A New, Illustrated Look at Kate and Oscar Chopin's First Days in Europe, in: Southern Studies. An Interdisciplinary Journal of the South 28/1, 2021, S. 1–64.

215 Thompstone, Ludwig Knoop, S. 52.

216 Schulze-Gaevernitz, Studien, S. 97.

217 Archiv MAN, Augsburg: Lieferung von Turbinen und Wasserrädern lt. Verkaufsbuch 1845–1867; vgl. auch Walther Kirchner, Die deutsche Industrie und die Industrialisierung Russlands 1815–1914, St. Katharinen 1986, S. 147–149.

218 Archiv MAN: Wiener Weltausstellung 1873: 1.3.9.

219 Archiv MAN: Mai 1892–Mai 1913. Ausgeführte Turbinen III, S. 154; Gesellschaft, S. 39, gekoppelt mit einem AEG-Gleichstromgenerator; Kirchner, Industrie, S. 148 datiert die letzte Lieferung fälschlich auf das Jahr 1898.

220 Gesellschaft, S. 16–18.

221 Zelnik, Law, S. 31 f.

222 Dirk-Gerd Erpenbeck, Die Facharbeiter der Tuchfabrik Zintenhof in Estland in den Gründerjahren 1833 bis 1838, in: Zeitschrift für Ostdeutsche Familiengeschichte 58–60, 2010–2012, S. 33–46.

223 Ehstländische Gouvernements-Zeitung, nicht-offizieller Theil, Nr. 30, 16.4.1859; zu den Löhnen vgl. Carsten Goehrke, Russischer Alltag. Eine Geschichte in neun Zeitbildern. Bd. 2: Auf dem Weg in die Moderne, Zürich 2003, S. 317 f.

224 Zelnik, Law, S. 25 f.; Roland Seeberg-Elverfeldt, Arbeitsbedingungen auf der Krähnholmer Baumwollmanufaktur um 1872, S. 2–4, unveröffentlichtes Manuskript im Bestand der Martin-Opitz-Bibliothek Herne, basierend auf dem amtlichen Bericht der russischen Regierungskommission über den Streik von 1872 in Krähnholm.

225 Morger u.a., Kreenholm, S. 23 f.

226 Zelnik, Law, S. 165 f.; Seeberg-Elverfeldt, Arbeitsbedingungen, S. 28 ff.; vgl. auch die sowjetische Dokumentation Krengol'mskaja stačka 1872 g. Sbornik dokumentov i materialov (Der Streik in Krähnholm 1872. Sammlung von Dokumenten und Materialien), Tallinn 1952. Zu den Verhältnissen in Moskau an der Wende vom 19. zum 20. Jahrhundert vgl. Robert Thurston, Liberal City, Conservative State. Moscow and Russia's Urban Crisis, 1906–1914. New York/Oxford 1987, S. 132.

227 Seeberg-Elverfeldt, Arbeitsbedingungen, S. 22 f.; Zelnik, Law, Kap. 2 und 3.

228 Seeberg-Elverfeldt, Arbeitsbedingungen, S. 23–27; Zelnik, Law, S. 118 ff.

229 Seeberg-Elverfeldt, Arbeitsbedingungen, S. 28 ff.; Zelnik, Law, S. 163–176; Ehstländische Gouvernements-Zeitung, Nr. 115, 24.10.1872.

230 Schulze-Gaevernitz, Studien, S. 96–100.

231 Petrov, Gorod Narva, S. 459; Krengol'mskaja manufaktura, S. 43–77.

232 Krengol'mskaja manufaktura, S. 65 f.

233 Dahlmann, Ludwig Knoop, S. 375 auf der Grundlage archivalischer und anderer zeitgenössischer Quellen.

234 L. V. Kuprijanova, „Rabočij vopros" v Rossii vo vtoroj polovine XIX – načale XX veka, in: Jurij A. Petrov u.a. (Hg.), Istorija predprinimatel'stva v Rossii. Bd. 2: Vtoraja polovian XIX – načalo XX veka („Die Arbeiterfrage" in Russland in der zweiten Hälfte des 19. und am Anfang des 20. Jahrhunderts, in: Jurij A. Petrov (Hg.), Geschichte des Unternehmertums in Russland. Bd. 2: Zweite Hälfte des 19.–Anfang des 20. Jahrhunderts), Moskau 2000, S. 343–437, hier S. 398.

235 Gesellschaft, S. 29–31.

236 Gesellschaft, S. 24; Krengol'mskaja manufaktura, S. 13. Walter Dehio, Erhard Dehio. Lebensbild eines baltischen Hanseaten 1855–1940, Heilbronn 1970, S. 38. Dehio, ein deutschbaltischer Kaufmann aus Reval, machte eine Lehre in Bremen und verkehrte aufgrund seiner familiären Beziehungen bei den Knoops in Schloss Mühlenthal. Der Ingenieur Shawcross, bei Dehio „Shockrose", bei Zelnik „Shokross" geschrieben, gehörte als Kandidat dem Vorstand bis zu seinem Tod 1900 an. Shawcross war seit 1877 mit Wilhelmine (Lina) Henriette Caroline Stecho/Stechow (13.11.1852 –?) verheiratet.

237 Gesellschaft, S. 29; siehe dazu Knoops Brief an seinen Bruder Ludwig vom 30.5.1877 bei Wolde, Ludwig Knoop, S. 44 und S. 39. Zenker, Geschäftiges Russland, S. 88. Robert McGill war, wie Zenker schreibt, derjenige, der die Pläne für die Einrichtungen der Spinnereien und Webereien entwarf und die Installationsarbeiten leitete. Er war zudem an Krähnholm beteiligt. Ebd. In Ludwig Knoops Brief heißt es, dass „ich [Ludwig Knoop] einen großen Teil der mir gewordenen Anerkennung ihnen, ihrer Arbeit und Tätigkeit verdanke". Albrecht, Drei Generationen, S. 29 schreibt, McGill habe als „technischer Berater" fungiert.

238 Carl von Siemens an Werner von Siemens, 22.4./4.5.1881, in: Siemens Archiv Berlin, SAA W6679. Vgl. dazu auch Lutz, Carl von Siemens, S. 222. Über längere Zeit hinweg hatten Carl von Siemens und L. Knoop & Co. ihre Büros in einem gemeinsamen Gebäude in St. Petersburg. Ich danke Herrn Dr. Ewald Blocher vom Siemens Archiv in Berlin, Siemens Historical Institute, herzlich für die unkomplizierte und rasche Zusendung der Briefkopien aus dem Archiv, die bereits transkribiert vorliegen.

239 Werner von Siemens an Carl von Siemens, 15.12.1881, in: Siemens Archiv Berlin, SAA W6752.

240 Lutz, Carl von Siemens, S. 126.

241 Carl an Werner von Siemens, 11./23.5.1882, in: Siemens Archiv Berlin, SAA W6786.

242 Von Hünefeld, Dohlen, S. 63.

243 Leider finden sich in den Beständen des Siemens-Archivs keine weiteren Unterlagen über den Fortgang der Arbeiten in Krähnholm.

244 Lutz, Carl von Siemens, S. 222 f.

245 Abbildungen finden sich in Gesellschaft, S. 8 und Krengol'mskaja manufaktura, S. 12; Petrov, Economic Relations, S. 63. Čižov war ein bekannter Bildhauer in Russland und Mitglied der Akademie der Künste. Von wem die Initiative zur Errichtung des Denkmals ausging, konnte nicht ermittelt werden.

246 Krengol'mskaja manufaktura, S. 38; Hildermeier, Geschichte, S. 1418.

247 Dahlmann, Wenn Du meinen Worten, S. 75. Die Altgläubigen, entstanden um die Mitte des 17. Jahrhunderts in einer Kirchenspaltung, waren religiöse Schismatiker, die in mehrere Richtungen aufgespalten waren. Einige Gruppierungen galten als besonders sozial, vertrauenswürdig und verantwortungsbewusst und folgten der Maxime, dass materieller Besitz zu einem besonderen ethischen Verhalten gegenüber der Gesellschaft verpflichte; annähernd vergleichbar mit einer Lebensführung im Sinne der „Protestantischen Ethik" Max Webers.

248 Dahlmann, ebd. mit Verweis auf die umfassenden Angaben bei Zenker, Geschäftiges Russland.

249 Boris V. Anan'ič/Jurij A. Petrov u.a. (Hg.), Kredit i Banki v Rossii do načala XX veka: Sankt-Peterburg i Moskva (Kredit und Banken in Russland bis zum Beginn des 20. Jahrhunderts: St. Petersburg und Moskau), St. Petersburg 2005, S. 316, leider ohne Beleg mit der Feststellung, die Knoops hätten 1858 in New York und 1864 in Bombay Niederlassungen gegründet. So auch bei Chapman, Rise, S. 144.

250 Siehe oben, Anm. 77.

251 Sartor, Cotton, S. 69. Adolf Frerichs war der Cousin von Ludwig und Julius Knoop.

252 Trow's New York City Directory Compiled by H. Wilson For the Year Ending May 1, 1866, Vol. 80, New York 1867, S. 425 und S. 560; keine Einträge in den Jahren zuvor; im Adressbuch der Jahre 1870/71, S. 703 findet sich die Adresse Exchange Place 52. Dies war, daran sei erinnert, auch die Adresse von Frerichs & Co. Vgl. Thompstone, Ludwig Knoop, S. 55 mit Bezug auf die Credit Registers von R. G. Dun von 1867 sowie Zirkulare des Bankhauses Brandt aus der zweiten Hälfte der 1870er-Jahre. Die Ausführungen Thompstones sind meines Erachtens unzutreffend und fehlerhaft. Die Firmengründungen in den USA, in Ägypten und in Bombay erfolgten durch die Brüder Ludwig und Julius Knoop, um bestimmte Aufgaben wahrzunehmen und wurden von De Jersey & Co. sowie durch L. Knoop kontrolliert und finanziert.

253 Gottfried Knoop (23.5.1835–28.6.1870) war der jüngste Sohn von Daniel Diedrich Knoop (16.8.1784–12.10.1845), einem jüngeren Bruder von Gerhard Knoop, des Vaters von Ludwig und Julius Knoop. Auch dessen Sohn Julius (26.7.1824–26.11.1895) lebte als Kaufmann in New York. Die Ausführungen von Schaub, Unterwegs, S. 94 über Gerhard Frerichs' (Lebensdaten unbekannt) Rolle bei der Gründung von Frerichs & Co. und den Folgefirmen sind schon vom Ablauf her unzutreffend.

254 Found Dead in the Marsh. The Fate of a Wealthy Cotton Broker of Charleston, in: The New York Times, 18.11.1890.

255 Chapman, Rise, S.145 auf der Basis von Zirkularen des Bankhauses Brandt & Co. und Informationen der Wirtschaftsauskunftei R. G. Dun.

256 Anan'ič/Petrov u.a. (Hg.), Kredit, S. 316 auf der Basis des Materials im Historischen Archiv der Stadt Moskau. Für den Wert des Importes vgl. die Tabelle bei Erik Amburger, Der fremde Unternehmer in Russland bis zur Oktoberrevolution im Jahre 1917, in: ders., Fremde und Einheimische im Wirtschafts- und Kulturleben des neuzeitlichen Russland. Ausgewählte Aufsätze, hg. von Klaus Zernack, Wiesbaden 1982, S. 337–355, hier S. 354. Der Wert lag bei 8.723.126 Silberrubel und lag damit um rund 3,5 Millionen Silberrubel höher als der in der Importstatistik zweitplatzierten Firma.

257 RGIA, St. Petersburg, fond 560, opis' 16, delo 509, Bl. 20R und 21; vgl. auch Thompstone, Ludwig Knoop, S. 49 f. mit abweichenden Zahlenwerten.

258 Ebd., Bl. 19R und 20.

259 Erik Amburger, Deutsche in Staat, Wirtschaft und Gesellschaft Russlands. Die Familie Amburger in St. Petersburg 1770–1920, Wiesbaden 1986, S. 142–144. Russland stand in der Exportstatistik Ägyptens für Baumwolle nach England – allerdings mit deutlichem Abstand – an zweiter Stelle. E. R. J. Owen, Cotton and the Egyptian Economy 1820–1914. A Study in Trade and Development, Oxford 1969, S. 199.

260 Thompstone, Ludwig Knoop, S. 55 auf der Basis der Zirkulare des Bankhauses Brandt.

261 Der Aufschwung Revals als Handelsplatz, in: Revalsche Zeitung, 9./21.10.1875, S. 1; vgl. auch Sartor, Cotton, S. 64 f.

262 Amburger, Deutsche, S. 142 f.; Jonathan Sperber, Europe 1850–1914. Progress, Participation and Apprehension, Harlow u.a. 2009, S. 225 f.

263 Thompstone, Ludwig Knoop, S. 55. In jedem Falle bestand die Niederlassung in Bombay schon Anfang 1868, wie aus einem Brief von Werner Siemens an Wilhelm Siemens vom 23.3.1868 hervorgeht, in: SAA W646. Niederlassungen in den USA werden nicht erwähnt.

264 Marika Vicziany, Bombay Merchants and Structural Changes in the Export Community 1850 to 1880, in: K. N. Chaudhuri/Clive J. Dewey (Hg.), Economy and Society. Essays in Indian Economic and Social History, Delhi 1979, S. 163–196, hier S. 168. Zum Handel mit Baumwolle in Bombay vgl. Beckert, King Cotton, passim; Farnie, English Cotton, passim; zur Stadtgeschichte Heinz Nissel, Bombay/Mumbai: Stadterweiterung und Stadtumbau einer „Globalizing City", in: Ravi Ahuja/Christiane Brosius (Hg.), Mumbai – Delhi – Kolkata. Annäherungen an Megastädte Indiens, Heidelberg 2006, S. 19–34.

265 Morning Post, 8.1.1873, S. 4; siehe dazu Farnie, English Cotton Industry, der allerdings Russland stark vernachlässigt.

266 Thomas Martin, Baumwollindustrie in Sankt Petersburg und Moskau und die russische Zolltarifpolitik (1850–1891). Eine vergleichende Regionalstudie, Gießen 1998, S. 146; Der Aufschwung Revals als Handelsplatz, in: Revalsche Zeitung, 9./21.10.1875, S. 1.

267 Chapman, Merchant Enterprise, S. 195.

268 Adolf Frerichs (28.2.1834–29.9.1885) war der Sohn von Hermann Frerichs (1800–?), einem Bruder der Mutter von Ludwig und Julius Knoop sowie von Andreas und Johann Hinrich Frerichs. Adolf Frerichs heiratete am 15.10.1862 in New Orleans. Podlasli-Labrenz, Manuskriptentwurf, S. 12. Siehe oben, Anm. 251.

269 The Daily Picayune, 11.9.1879, zitiert bei Podlasli-Labrenz, Manuskriptentwurf, S. 10.

270 Fritz A. Grobien, Albrecht, Carl Friedrich, in: Bremische Biographie 1912–1962, hg. von der Historischen Gesellschaft zu Bremen und dem Staatsarchiv Bremen, Bremen 1969, S. 11 f.; Albrecht d. J., Friedrich Carl Albrecht, S. 22. Albrecht heiratete am 13.6.1901 in Bremen Mary Robertson Ladson (13.4.1883–9.1.1960) aus Charleston. Er war 1919 Mitgründer der Baumwollhandelsfirma Albrecht, Müller-Pearse & Co.

271 The Times-Picayune, New Orleans, 2.8.1907, Auflösung unterzeichnet von Johann Knoop, Charles Louis Knoop, L. W. Gromme, Wm. McGill, Jersey de Knoop und Johann Ludwig Knoop. Ich verdanke Jennifer Navarre, The Historic New Orleans Collection, die Mitteilung der Adressen von Knoop, Frerichs & Co. für den Zeitraum von 1880 bis 1905. Bornemann war der Sohn des oben erwähnen Gerhard Wilhelm (William) Bornemann. Ernest (Ernst Henry) Bornemann war im Baumwollgeschäft in New Orleans sehr prominent. The New Orleans States, 8.11.1937 veröffentlichte einen kurzen Nachruf, obwohl er schon seit langen Jahren wieder in Bremen lebte. Die bremische Tradition des Baumwollhandels in New Orleans setzte dann später die Firma Albrecht, Müller-Pearse & Co. fort.

272 Jorma Ahvenainen, The History of the Near Eastern Telegraphs before the First World War, Helsinki 2011, S. 132–147; Kirchner, Industrie, S. 28 f. Das Kapital der Gesellschaft betrug 450.000 Pfund, wovon die Siemens-Firmen ein Fünftel selbst behielten.

273 Johannes Bähr, Werner von Siemens 1816–1892. Eine Biografie, München 2016, S. 264 ff. Bähr schreibt H. H. Meier mit „y“, weiß also augenscheinlich nicht, um wen es sich handelte.

274 Werner Siemens an seinen Bruder Karl, Petersburg, 2.2./14.2.1868 und Werner Siemens an seinen Bruder Wilhelm, Berlin, 24.2.1868, in: SAA W 5428 und SAA W 639. Die Briefe werden hier und im Folgenden im unveränderten Original wiedergegeben, also ohne Korrektur von Rechtschreibung und Zeichensetzung.

275 Ebd.

276 Werner von Siemens an Wilhelm Siemens, Berlin, 23.3.1868, in: SAA W 646.

277 Ebd. Dieser Brief liegt nur noch in einer Abschrift vor, in der die Anzahl der von Ludwig Knoop gewünschten Aktien nicht genannt wurde.

278 Abgedruckt in: Sigfrid von Weiher, Die englischen Siemens-Werke und das Siemens-Überseegeschäft in der zweiten Hälfte des 19. Jahrhunderts, Berlin 1990, S. 188–190.

279 Werner Siemens an seinen Bruder Karl, Berlin, 4.3.1868 und Werner von Siemens an Carl von Lüders, Berlin, 23.4.1868, in: SAA F 2785 und SAA W 5429; von Weiher, Siemens-Werke, S. 190.

280 Ahvenainen, History, S. 142–144.

281 Feldenkirchen, Werner von Siemens, S. 134 f.

282 Wolde, Ludwig Knoop, S. 49; Ulla Tesch/Jutta Langer, Knoops Park. Eine historische Parkanlage in Bremen-Nord, Bremen 1999, S. 12; Susanne Schöß, Knoops Park: großbürgerliche Landsitzkultur in der „Bremer Schweiz“, in: Georg Skalecki (Hg.), Denkmalpflege in Bremen, Heft 8, 2011, S. 64–69, hier S. 65. Ich folge bei meinen Ausführungen über Schloss und Park dem Artikel von Susanne Schöß und den Ausführungen von Ilse Windhoff in: dies./Nils Aschenbeck (Fotos), Landhäuser und Villen in Bremen. Lesum und Knoops Park, Bremen 2008 sowie Anregungen von Christof Steuer. Zu Park und Schloss vgl. auch den Beitrag von Christof Steuer in diesem Buch, S.124–147.

283 Der erste Eintrag „Ludwig Knoop, Kaufmann“ findet sich für 1866 im Adreß-Buch der freien Hansestadt Bremen und der Hansestädte Vegesack, Bremerhaven und Geestemünde, Bremen 1866, S. 79.

284 Wolde, Ludwig Knoop, S. 50.

285 Ebd., S. 59.

286 Dehio, Lebensbild, S. 37. Der Wollhandel wurde 1985 aufgegeben.

287 Schwarzwälder, Ludwig Knoop, S. 97.

288 Wolde, Ludwig Knoop, S. 52.

289 Dehio, Lebensbild, S. 37.

290 Petrov, Economic Relations, S. 64 auf der Basis von Akten des Moskauer Stadtarchivs.

291 Tesch/Langer, Knoops Park, S. 12.

292 Die Firma existierte als Handelshaus und Reederei seit 1642, fusionierte nach dem Ersten Weltkrieg mit der Firma J. W.

Bastian & Söhne und wurde Ende der 1960er-Jahre geschlossen.

293 Albrecht d. J., Friedrich Carl Albrecht, S. 11 (aus den Erinnerungen von Friedrich Carl Albrecht d. Ä.).

294 Julius W. Ropers, Vom Geldwechsler zur Grossbank. Ein Rückblick auf die Entwicklung eines bremischen Bankhauses, Bremen [1937].

295 Stammtafeln der Familie Kulenkampff, Bremen 1959; Fritz Piersig, Kulenkampff, in: Bremische Biographie 1912–1962, S. 295–298; Georg Bessell, Gebrüder Kulenkampff 1806–1956. Geschichte eines Handelshauses, Bremen 1956.

296 Die beiden Brüder werden häufiger miteinander verwechselt, auch werden die Vornamen falsch wiedergegeben. Andreas Heinrich erscheint häufiger als Heinrich August, hieß aber mit erstem Vornamen Andreas. Ein Bild von Andreas Heinrich (1819–1864) hängt im Haus Schütting, dem Gebäude der Industrie- und Handelskammer Bremen, allerdings mit den falschen Vornamen Heinrich August und den falschen Lebensdaten 1819–1894.

297 Bremisches Adress-Buch für das Jahr 1838, Bremen 1839, S. 139; Adress-Buch für das Jahr 1848, Bremen 1848, S. 154; Bremer Handelshäuser und Industriewerke, Bremen 1955, S. 22. Das dort angegebene Gründungsjahr 1833 kann nicht stimmen. Daniel Diederich wäre zu diesem Zeitpunkt erst 16, sein Bruder erst 14 Jahre alt gewesen. Fast wortgleich mit dem Artikel in: Bremen. Die Tabakstadt Deutschlands. Eine Darstellung des bremischen Tabakhandels und der bremischen Tabakindustrie, Bremen 1839, S. 63.

298 Hermann W. Knoop wurde noch in dem norwegischen „Who's Who" im Jahre 1935 erwähnt und als Teilhaber fast aller Knoop'schen (Ludwig und Julius) Firmen und Unternehmen genannt. Einar Hoffstad (Hg.), Merkantilt biografisk leksikon, Oslo 1935, S. 429 (online verfügbar unter runeberg.org/merkbio/0511.html, letzter Aufruf am 14.12.2020).

299 Carl Otto Merkel, Gut Rosenthal und seine Besitzer, Bremen 1989, S. 30–32; Bremen und seine Bauten, S. 433–446, Abbildungen S. 478–480; Gustav Brandes, Aus den Gärten einer alten Hansestadt, Bremen 1939, S. 105 f. Online verfügbar: Rickmers Park und der Webseite „chronik-horn-lehe.de/Strassen/Marcusallee/RickmersPark" und „wkgeschichte.weser-kurier.de/das-traumschloss/". Das Schloss wurde in den 1920er-Jahren abgerissen, nachdem es schon 1911 von der Stadt Bremen erworben worden war.

300 Bremer Handelshäuser, S. 22; Herbert Schwarzwälder, Das Große Bremen-Lexikon, 2. aktual. und erw. Aufl., 2 Bde., Bremen 2003, hier Bd.1, S. 480.

301 Staatsarchiv Bremen, Familienstiftung Andreas Heinrich Knoop: 4, 13/4-116, unpaginiert: Stiftungsberechtigte der Andreas Heinrich Knoop Familienstiftung 1905. Weitere Akten der Familienstiftung befinden sich ebd. unter der Signatur 2-J.6.p.2.k.15. Die Stiftung wurde auf der Grundlage des Testaments von Andreas Heinrich Knoop nach seinem Tod ins Leben gerufen und hatte einen Fonds von 100.000 Taler Gold für die „Unterstützung bedürftiger Mitglieder meiner Familie, d. h. meiner Geschwister und deren Descendenten" für die Dauer von 50 Jahren nach seinem Tod. Die Stiftung wurde 1911 liquidiert, da es keine bedürftigen Familienmitglieder gab.

302 Vgl. dazu die Internetseite „bremerfrauengeschichte" unter dem Eintrag „Henriette Sophie Caroline Schweers, geb. Cammann".

303 Gerhard Ouckama Knoop ging nach beendetem Chemiestudium nach Moskau und arbeitete in der Danilovschen Kattunfabrik, an der die Familie Knoop stark beteiligt war. Theodor Baron Knoop, Gerhards Cousin, gehörte zum Vorstand des Unternehmens. Gerhard Ouckama Knoop heiratete in Moskau Gertrud Roth (1869–1967), mit der er zwei Töchter hatte. Ab 1893 betätigte er sich literarisch und übersiedelte 1910/11 nach München, wo er sich nur noch als Schriftsteller betätigte.

304 Die Firma ist seit 1852 bis 1877 unter wechselnden Adressen im Stephaniviertel bzw. Ostertor in den Bremer Adressbüchern verzeichnet.

305 In der „Stammtafel Knoop", die Anna Rebecca selbst erstellt hat, bezeichnet sie ihren Mann als „Kaufmann in Bremen".

306 Bremer-Adressbuch für 1847, Bremen 1847, S. 44. Eingetragen ist dort zudem eine Firma „Bornemann & Comp." auf dem Altenwall 10.

307 Vgl. oben, S. 39 f.

308 Herbert Schwarzwälder, Bremer Geschichte, Bremen 1993, S. 120–125.

309 Wolde, Ludwig Knoop, S. 51.

310 Bremen und seine Bauten, S. 430.

311 Rudolf Matzner, Baron Ludwig Knoop. Park und Herrenhäuser an der Lesum, Lilienthal 2006, S. 13.

312 Wolde, Ludwig Knoop, S. 56.

313 Schöß, Knoops Park, S. 65; vgl. auch das Gutachten von Dr. Rolf Kirsch, Landesamt für Denkmalpflege Bremen, vom 31.3.2010.

314 Ebd.

315 Tesch/Langer, Knoops Park, S.16; Wolde, Ludwig Knoop, S. 57.

316 Dehio, Lebensbild, S. 36; Ich verdanke diese Informationen der Musikwissenschaftlerin Alessandra Barabaschi, Bonn, die über Johann Ludwig Baron Knoops Leben und dessen berühmte Geigensammlung forscht.

317 Wolde, Ludwig Knoop, S. 16.

318 Schöß, Knoops Park, S. 68.

319 Dehio, Lebensbild, S. 37.

320 Wolde, Ludwig Knoop, S. 50.

321 Albrecht, Friedrich Carl Albrecht, S. 16 f.

322 Kate Chopin begann ihre schriftstellerische Karriere erst nach dem Tod ihres Mannes, führte allerdings auf ihrer Europareise, die gleichzeitig ihre Hochzeitsreise war, ein Tagebuch. Sie entstammte mütterlicherseits einer französischen Familie.

323 Siehe oben, S. 51.

324 Auf dem Bild sind zu sehen: 1) Fritz Möller, 2) Theodor Albrecht, 3) Louise Wolde, 4) Louise Möller, geb. Albrecht, 5) Emma Albrecht, geb. Schrader, 6) George Albrecht, 7) Friedrich Carl Albrecht, 8) Adele Wolde, 9) Louise Dorothea Möller, 10) Marie Franziska Albrecht, 11) Elsbeth Albrecht, 12) Louise Baronin Knoop, geb. Hoyer, 13) Emmy Kulenkampff, 14) Willy Kulenkampff, 15) Ludwig Kulenkampff, 16) Anne Marie Kulenkampff, 17) Fritz Möller, 18) Ludwig Wolde, 19) Elsbeth Kulenkampff, 20) Paula Möller und 21) Carl Wolde.

325 Per Seyerstedt/Emily Toth (Hg.), A Kate Chopin Miscellany, Oslo/Bergen/Tromsø/Natchitoches 1979, S. 70 f. Die Familie Bechtel gehörte zu den alteingesessenen Kaufmannsfamilien der Stadt und war auch im Baumwollgeschäft tätig. Schulz, Vormundschaft, S. 332 und S. 670; Beckert, King Cotton, S. 209. Um wen es sich bei „Brantlet" handelte, konnte nicht ermittelt werden.

326 Seyerstedt/Toth (Hg.), Kate Chopin, S. 71; Wolde, Ludwig Knoop, S. 53.

327 Von Hünefeld, Dohlen, S. 22–29. Das Album ist im Internet zugänglich auf der Seite „historicengland.org".

328 Wolde, Ludwig Knoop, S. 60.

329 In der Quelle, siehe Anm. 331, fälschlich „Meyer" geschrieben.

330 Der Berggeist. Zeitung für Berg-, Hüttenwesen und Industrie, 5.5.1871, S. 223. Zwischen den Familien Meier in Bremen und Hasenclever in Remscheid-Ehringhausen bestanden wohl seit dem Ende des 18. Jahrhunderts freundschaftliche und geschäftliche Beziehungen. Hardegen, S. 13.

331 Conrad Matschoss, Ein Jahrhundert deutscher Maschinenbau von der mechanischen Werkstätte zur deutschen Maschinenfabrik 1819–1919, 2. erweiterte Aufl., Berlin/Heidelberg 1922, S. 86. Ein überlieferter Bestand „Deutscher Maschinen-Verein" konnte nicht aufgefunden werden. Im Archiv des Deutschen Museums in München befinden sich zwei Publikationen des Vereins aus dem Jahr 1869.

332 Mitglieder des Vereins nebst den von ihnen vertretenen Specialitäten, in: Preis-Courant des Deutschen Maschinen-Vereins, Berlin 1869, unpaginierter Anhang. Deutsches Museum, München, Archiv, FS 886. Ich danke Frau Natascha Jelen, Archiv des Deutschen Museums, für ihre freundliche und rasche Unterstützung.

333 Schulz, Vormundschaft, S. 480 f.

334 Thiel, Norddeutscher Lloyd, Bd.1, S. 55 ff.

335 Ebd., S.190 mit den entsprechenden Datumsangaben; Erik Grimmer-Solem, Learning Empire. Globalization and the German Quest for World Status, 1875–1919, Cambridge 2019, S. 235.

336 Thiel, Norddeutscher Lloyd, Bd. 3, S. 271.

337 Ebd. Plate war auch Mitglied des Verwaltungsrates der Suezkanal-Gesellschaft, später Präses der Handelskammer Bremen und des Aufsichtsrats der Deutschen Bank.

338 Ebd.

339 Vgl. dazu unter anderem Ulf Fiedler, Kanonenschüsse auf der Lesum, in: Weserkurier, 9.12.2012 (auch online verfügbar); ders., Bedeutende Persönlichkeiten in Bremen-Nord, in: Jahrbuch der Wittheit zu Bremen 31, 1989, S. 362. Dort schreibt Fiedler, auch ohne Angabe von Quellen, Knoop „soll" pro forma die Schiffe aufgekauft haben; Schwarzwälder, Ludwig Knoop, S. 99 ohne Quellennachweis; ebenso bei Prüser, Ludwig Knoop, S. 182. Möglicherweise geht diese Geschichte auf Erzählungen aus dem Familien- oder Bekanntenkreis zurück. Sie findet sich auch im Nachruf auf Ludwig Baron Knoop in der „Weser-Zeitung", Nr. 17141, Morgen-Ausgabe, 18.8.1894.

340 Bericht nebst Anlagen der 14. Ordentlichen General-Versammlung des Norddeutschen Lloyd am 29. April 1871, in: Staatsarchiv Bremen, ZA-148.

341 Thiel, Norddeutscher Lloyd, Bd.1, S. 123–125.

342 Thompstone, Organisation, S. 416–418.

343 Lebensdaten, soweit ermittelt: Baranov (Lebensdaten unbekannt), Ljamin (1822–1894), Nikolaj A. Mazurin (1823–1903), Miluchin (Lebensdaten unbekannt), Timofej S. Morozov (1823–1889).

344 Russischer Finanzminister war von 1861bis 1878 der aus dem deutschbaltischen Adel stammende Michael (Michail) Graf von Reutern (Rejtern) (1820–1890).

345 Wolde, Ludwig Knoop, S. 43 f.

346 Baryšnikov, Delovoj mir, S. 44; noch 1913 gehörte Theodor Baron Knoop dem Vorstand an.

347 RGIA, fond 560, opis' 16, delo 509, Bl. 6R.

348 Schulze-Gaevernitz, Studien, S. 100.

349 A Record of Commercial Enterprise, in: The Manchester Examiner and Times, 2.6.1877, S. 7.

350 Das Original des Fotoalbums befindet sich als Dauerleihgabe von Herrn Fritz A. Grobien, Bremen, in der Historical New Orleans Collection in New Orleans.

351 Stadtarchiv Wiesbaden, Bestand WI/BA Nr. 2 und WI/BA Nr. 4698; freundlicherweise mitgeteilt von Herrn Archivrat Jochen Dollwet, 20.6.2016. Zum Erwerb des Bürgerrechts in Wiesbaden in jenen Jahren vgl. Weichel, Bürger, S. 299–309.

352 Von Hünefeld, Dohlen, S. 30–42. Die Villa musste Anfang des 20. Jahrhunderts städtischen Plänen zur Parzellierung des Gebietes weichen. Ebd., S. 59–61.

353 Ebd., S. 39; Schwarzwälder, Ludwig Knoop, S. 105; Uta Müller-Glaßl, Der Bremer Bürgerpark von A–Z: Ein ausführliches Handbuch, Bremen 2010, S. 73, 95 und 122.

354 Neese, Beiträge, Bd. 2, S. 261–263; von Hünefeld, Dohlen, S. 30–35.

355 Weichel, Bürger, S. 290. Leider sind spätere Steuerlisten nicht mehr erhalten.

356 Neese, Beiträge, Bd. 2, S. 265; von Hünefeld, Dohlen, S. 36 f.

357 Neese, Beiträge, Bd. 2, ebd.

358 A. Freiherr von Houwald, Brandenburg-Preußische Standeserhöhungen und Gnadenakte für die Zeit 1873–1918 nach amtlichen Quellen des vormaligen Heroldsamtes zusammengestellt, Görlitz 1939, S. 14 und 55; Genealogisches Handbuch der Adeligen Häuser: Adelige Häuser B Band VI, Limburg 1964, S. 192 f.; Adelslexikon, Bd. VI J-Kra, Limburg 1987, S. 326 f.; Neese, Beiträge, Bd. 2, S. 266; von Hünefeld, Dohlen, S. 17.

359 Mitteilung des Stadtarchiv Wiesbaden, 20.6.2016, Bestand ERB Nr. 77; Bericht des Rheinischen Kuriers vom 11. April 1893. Vgl. von Hünefeld, Dohlen, S. 51–56; Neese, Beiträge, Bd. 2, S. 272 f. Die Jagd gehörte damals zu Erbenheim, lag aber weiter im Norden und Osten bei Engenhahn, Rambach und Sonnenberg. Mitteilung von Herrn Achim Tepper, 2. Vorsitzender des Erbenheimer Heimatmuseums an mich vom 20.4.2020.

360 Neese, Beiträge, Bd. 2, S. 267.

361 Ebd., S. 264; von Hünefeld, Dohlen, S. 37 f.

362 Weichel, Bürger, S. 317–321.

363 Bericht des Rheinischen Kurier, 6.4.1893 im Stadtarchiv Wiesbaden.

364 Berlinische Nachrichten von Staats- und gelehrten Sachen, 24.4.1868: 14. Gabenverzeichnis des Hilfsvereins für Ostpreußen; Nationalzeitung, 8.2.1871: 31.Liste. Bei der Kasse des Central-Comité's der deutschen Vereine zur Pflege im Felde Verwundeter und Erkrankter.

365 Weichel, Bürger, S. 309; Mitteilung des Stadtarchivs Wiesbaden vom 20.6.2016.

366 Peter Wolff, Carl Ludwig von Knoop. Herr auf Schloss Rothestein im Werratal 1897–1927 einschließlich seiner Vorfahren und Nachkommen, unveröffentlichtes Manuskript, Witzenhausen März 2012, S. 7 (Kopie im Besitz des Verfassers mit Dank an Prof. Dr. Peter Wolff für die freundliche Überlassung); Ordensjournal, Ausgabe 8, Mai 2007, S. 17 (online unter Ordensmuseum.de).

367 Von Hünefeld, Dohlen, S. 62.

368 Rheinischer Kurier, 15.4.1889, Abendausgabe; weitere Presseberichte vom 16.4.1889 im Wiesbadener Stadtarchiv; von Hünefeld, Dohlen, S. 46 f.; Neese, Beiträge, Bd. 2, S. 268 f.

369 Rheinischer Kurier vom 11.4.1893 im Wiesbadener Stadtarchiv.

370 Presseberichte zum Begräbnis von Julius Frhr. von Knoop im Wiesbadener Stadtarchiv.

371 Ebd.: Presseberichte im Stadtarchiv Wiesbaden.

372 Bericht des Rheinischen Kuriers, 17.5.1897 im Wiesbadener

Stadtarchiv. Wenige Tage zuvor, am 7. Mai 1897, hätten Julius und Theodore ihre Goldene Hochzeit feiern können.

373 Presseberichte zum Begräbnis von Theodore Freifrau von Knoop im Wiesbadener Stadtarchiv.

374 Johannes Paulmann, Globale Vorherrschaft und Fortschrittsglaube. Europa 1850–1914, München 2019, S. 11–14. Dieses Kapitel basiert auf meinen Aufsätzen: Handelsschiffahrt auf der Polarroute. Die Suche nach einer dauerhaften Schiffsverbindung zwischen den sibirischen Flußmündungen und den europäischen Häfen von der Mitte bis zum Ende des 19. Jahrhunderts, in: Bremer Geographische Blätter 1, 2001, S. 95–106, und in: Lomonossow. Hefte der Deutschen Assoziation der Absolventen und Freunde der Moskauer Lomonossow-Universität 2001, Nr. 2, S. 43–59; russ. Übersetzung: Torgovoe sudochodstvo za poljarnym krugom vo vtoroj polovine XIX veka, in: Otečestvennaja Istorija 44, 2001, Nr. 5, S. 21–32 (Handelsschifffahrt auf der Polarroute in der zweiten Hälfte des 19. Jahrhunderts, in: Vaterländische Geschichte).

375 Terence Armstrong, The Northern Sea Route. Soviet Exploitation of the North East Passage, Cambridge 1952, S. 2; Adolf Erik Nordenskiöld, Die Umsegelung Asiens und Europas auf der Vega mit einem historischen Rückblick auf frühere Reisen längs der Nordküste der alten Welt, 2 Bde., Leipzig 1882, hier Bd. 1, S. 253 ff.; Dittmar Dahlmann, Sibirien. Vom 16.Jahrhundert bis zur Gegenwart, Paderborn u.a. 2009, S. 142.

376 Constantine Krypton (= K. G. Molodetskij), The Northern Sea Route. Its Place in Russian Economic History Before 1917, New York 1953, S. 10 ff.

377 Krypton, Northern Sea Route, S. 22–29; J. P. Nielsen, Historical and Current Uses of the Northern Sea Route. part III: The Period 1855–1917, Lysaker 1996, S. 8 f. E. Lesgaft, L'dy severnogo ledovitogo okeana i morskoj put' iz Evropy v Sibir' (Die Vereisungen des Nördlichen Eismeers und der Wasserweg von Europa nach Sibirien), St. Petersburg 1913, S. 15. Sidorov hatte dem Gouverneur in Enisejsk dazu die Denkschrift „Über die Möglichkeit eines Seeweges von Europa nach Ost- und Westsibirien zu den Mündungen der Flüsse Ob' und Enisej“ eingereicht.

378 Herbert Abel/Hans Jessen, Kein Weg durch das Packeis. Anfänge der deutschen Polarforschung (1868–1889), in: Jahrbuch der Wittheit zu Bremen 21/1, S. 32.

379 Abel/Jessen, Kein Weg, S. 10 ff.; Franz Georg Brustgi (Hg.), Forschungsreisen des Grafen Karl von Waldburg-Zeil nach Spitzbergen und Sibirien 1870, 1876, 1881, Konstanz 1987, S. 7 f.

380 Abel/Jessen, Kein Weg, S. 17 ff. Die Planungen Petermanns und Koldeweys, ebd., S. 69–75.

381 Herbert Abel, „Commerzielle Pionierfahrten“ zur westsibirischen Eismeerküste, (1876 bis 1884), in: Jahrbuch der Wittheit zu Bremen 22, 1978, S. 9–215, hier S. 13; Achim Saur, Bremer Kaufleute und die Industrie, in: Hartmut Roder (Hg.), Bremen. Handelsstadt am Fluß, Bremen 1995, S. 96–105, hier: S. 102.

382 Abel, „Commerzielle Pionierfahrten“, S. 16 f.

383 Ebd., S. 17.

384 Nielsen, Historical and Current Uses, part III, S. 10 f.

385 Ebd., S. 12 f.

386 Ebd., S. 15.

387 Ebd., S. 17–19.

388 Ebd., S. 21 f.

389 Ebd., S. 21 f.

390 Ebd., S. 22 f.

391 August Petermann, Die fünfmonatliche Schiffbarkeit des Sibirischen Eismeeres um Nowaja Zemlja erwiesen durch die norwegischen Seefahrer in 1869 und 1870, ganz besonders aber in 1871, in: Petermann's Mitteilungen 18, 1872, Nr. 10, S. 381–395; zu Petermann vgl. jetzt Philipp Felsch, Wie August Petermann den Nordpol erfand, München 2010.

392 Krypton, Northern Sea Route, S. 31; Nielsen, Historical and Current Uses, part III, S. 28 f. Henry Johnson, Life and Voyages of Joseph Wiggins, F.R.G.S. Modern Discoverer of the Kara Sea Route to Siberia based on his Journals and Letters, London 1907.

393 Johnson, Life and Voyages, S. 54 ff.; Krypton, Northern Sea Route, S. 31; Nielsen, Historical and Current Uses, part III, S. 29–31; W. Bruce Lincoln, Die Eroberung Sibiriens, München/Zürich 1996, S. 301.

394 Johnson, Life and Voyages, S. 151; Nielsen, Historical and Current Uses, part III, S. 31 f.

395 Dahlmann, Sibirien, S. 173 f; Nordenskiöld, Umsegelung Asiens, Bd.1, S. 2.

396 Nordenskiöld, Umsegelung Asiens, Bd. 1, S. 281; Juri Semjonow, Sibirien. Schatzkammer des Ostens, Wien/Düsseldorf 1975, S. 341 f. An Dickson erinnert die Stadt gleichen Namens an der Bucht des Enisej.

397 Nordenskiöld, Umsegelung Asiens, Bd. 1, S. 281 f.; Semjonow, Sibirien, S. 343.

398 Abel, „Commerzielle Pionierfahrten", S. 17 f.

399 Es ließ sich nicht ermitteln, um welches Mitglied der Familie es sich dabei handelte.

400 Heute gehört dies alles zum Bestand der Geowissenschaftlichen Sammlung der Universität Bremen. Siehe Webseite dieser Sammlung: geosammlung.uni-bremen unter „Sammlung".

401 Abel, „Commerzielle Pionierfahrten", S. 18 f.

402 Brustgi (Hg.), Forschungsreisen, S. 78; Tagebuch des Grafen Waldburg-Zeil, in: Brustgi (Hg.), Forschungsreisen, S. 79–236. Vgl. auch Otto Finsch, Reise nach West-Sibirien im Jahre 1876. Auf Veranstaltung des Vereins für die Deutsche Nordpolarfahrt in Bremen unternommen mit A. E. Brehm und Karl Graf v. Waldburg-Zeil-Trauchberg, Berlin 1879.

403 Abel, „Commerzielle Pionierfahrten", S. 19 f.

404 Ebd.

405 Ebd., S. 21.

406 Ebd., S. 23; Abel/Jessen, Kein Weg, S. 62.

407 Abel, „Commerzielle Pionierfahrten", S. 13.

408 Staatsarchiv Bremen, Verein für die deutsche Nordpolarfahrt, 7, 1023-16/6. Zweiter Jahresbericht des Vorstandes der Geographischen Gesellschaft in Bremen. Erstattet in der Generalversammlung am 15. Februar 1879, S. 3.

409 Ebd., S. 4.

410 Abel, „Commerzielle Pionierfahrten", S. 21.

411 Auch Michail Sidorov gehörte der Geographischen Gesellschaft an. Abel, „Commerzielle Pionierfahrten", S. 22.

412 Briefe Sibirjakovs an den Verein für die Deutsche Nordpolarfahrt bzw. an Lindeman vom 9. und 31. Januar 1877 und Brief Lindemans an Sibirjakov vom 11. Februar 1877. Staatsarchiv Bremen, Verein für die deutsche Nordpolarfahrt, 7, 1023-16/6.

413 Peter-Michael Pawlik, Von Sibirien nach Neu Guinea. Kapitän Dallmann, seine Schiffe und Reisen 1830–1896. Ein Lebensbild in Selbst- und Zeitzeugnissen, Bremen 1996, S. 63.

414 Pawlik, ebd. Aufzeichnung Dallmanns aus dem Jahre 1896 für den Königsberger Professor Merten (Person und Lebensdaten unbekannt).

415 Abel, „Commerzielle Pionierfahrten", S. 22.

416 Ebd., S. 23.

417 Schreiben der Firma Joh. Lange Sohn's Wwe. & Co. an Sibirjakov vom 22.9.1877. Staatsarchiv Bremen, Verein für die deutsche Nordpolarfahrt, 7, 1023-16/6.

418 Abel, „Commerzielle Pionierfahrten", S. 22 f.; Wolde, Ludwig Knoop, S. 42.

419 Abel, „Commerzielle Pionierfahrten", S. 23.

420 Wolde, Ludwig Knoop, S. 60.

421 Louis Wieting, Bremer Seeleute in Sibirien. Sechs Überwinterungen am Jenissej mit den beiden Dampfern „Moskva" und „Dallmann" dargestellt von dem Führer der beiden Schiffe Capt. Louis Wieting, Bremen 1993, S. 8. Es handelt sich dabei um eine leicht überarbeitete Fassung des Originalberichtes von Louis Wieting, der 1889 in der „Norddeutschen Volkszeitung" unter der Überschrift „Sechs Überwinterungen in Sibirien" erschienen ist.

422 Pawlik, Von Sibirien, S. 65 f. Aufzeichnungen Dallmanns aus dem Jahre 1896.

423 Ebd., S. 66.

424 L. L. Brejtfuss, Morskoj sibirskij put' na dal'nij vostok (Der sibirische Seeweg in den Fernen Osten), in: Russkoe sudochodstvo (Russische Schifffahrt) 1904, Nr. 6, S. 16–17; vgl. auch Semjonow, Sibirien, S. 344 mit eindeutig fehlerhaften Angaben.

425 Pawlik, Von Sibirien, S. 70 f.

426 Wieting, Bremer Seeleute, S. 58 ff.

427 Abel, „Commerzielle Pionierfahrten", S. 49.

428 Siehe dazu den ausführlichen Bericht: Wieting, Bremer Seeleute.

429 Pawlik, Von Sibirien, S. 71.

430 Wieting, Bremer Seeleute, S. 95 f.; Abel, „Commerzielle Pionierfahrten", S. 34; Pawlik, Von Sibirien, S. 80.

431 Pawlik, Von Sibirien, S. 71. Aus dem Lebenslauf Kapitän Dallmanns.

432 Abel, „Commerzielle Pionierfahrten", S. 23 f.; Deutsche Geographische Blätter 17, 1894, S. 326.

433 Abel, „Commerzielle Pionierfahrten“, S. 24.

434 Ebd., S. 29.

435 Pawlik, Von Sibirien, S. 82. Brief Dallmanns an Fa. Lange, 10. Oktober 1881: Museum und Archiv Schloss Schönebeck, Bremen.

436 Ebd. Brief Dallmanns vom 29. September 1881 an Fa. Lange: Museum und Archiv Schloss Schönebeck.

437 Ebd. Brief Dallmanns an Fa. Lange vom 2.12.1881: ebd.

438 Ebd. Brief Dallmanns an Johann Lange Sohn’s Wwe. & Co. vom 2.12.1881: ebd.

439 Pawlik, Von Sibirien, S. 78. Brief Dallmanns an den Steuermann der „Dallmann“, J. Feldmeyer, vom 1. Dezember 1880: Museum und Archiv Schloss Schönebeck.

440 Pawlik, Von Sibirien, S. 85. Brief Dallmanns an Burmeister vom 24.3/5.4.1882: ebd.

441 Brief Dallmanns, ebd.

442 Pawlik, Von Sibirien, S. 85 ff. Brief Dallmanns an Louis Wieting vom 16.3.1883: Museum und Archiv Schloss Schönebeck. Briefe an den Grafen Waldburg-Zeil und Fa. Feddersen & Nissen in Hammerfest aus dem Jahre 1883: Museum und Archiv Schloss Schönebeck.

443 Pawlik, Von Sibirien, S. 88. Brief an den Grafen von Waldburg-Zeil vom 11. April 1883: Museum und Archiv Schloss Schönebeck.

444 Pawlik, Von Sibirien, S. 89. Über den Ausgang der Sache finden sich keine Berichte. Die „Louise“ war später in Nord- und Ostsee im Einsatz und sank 1893 vor St. Petersburg.

445 Ebd., S. 96: Brief an Joh. Lange Sohn’s Wwe. & Co. vom 16.9.1883.

446 Ebd., S. 96: Telegramm Dallmanns an Joh. Lange Sohn’s Wwe. & Co. vom 30.8.1883.

447 Pawlik, Von Sibirien, S. 154.

448 Wieting, Bremer Seeleute, S. 195.

449 Ebd., S. 195 ff. Die „Dallmann“ wurde erst 1952, nach mehrmaligem Namenswechsel, abgewrackt. Vgl. Pawlik, Von Sibirien, S. 80.

450 Ludmila Thomas, Geschichte Sibiriens von den Anfängen bis zur Gegenwart, Berlin (Ost-) 1982, S. 90 f.

451 Nielsen, Historical and Current Uses, part III, S. 39.

452 Thompstone, Organisation, S. 417.

453 Ebd., S. 205.

454 Martin, Baumwollindustrie, S. 212.

455 Generell zum Baumwollanbau in Turkestan vgl. Julia Obertreis, Imperial Desert Dreams. Cotton Growing and Irrigation in Central Asia, 1860–1991, Göttingen 2017.

456 Willibald Steinmetz, Europa im 19. Jahrhundert, Frankfurt/M. 2019, S. 561 f.; Sperber, Europe, S. 180–185.

457 Gavlin, Rossijskie Medici, S. 255.

458 Wolde, Ludwig Knoop, S. 61.

459 Programm und Text (48 Seiten) des Festspiels haben sich im Privatarchiv von Claus-Peter Kulenkampff-Bödecker erhalten. Ich danke für die Möglichkeit der Einsichtnahme.

460 Wolde, Ludwig Knoop, S. 61.

461 Albrecht, Friedrich Carl Albrecht, S. 17.

462 Presseberichte zu diesem Ereignis ließen sich nicht auffinden.

463 Wolde, Ludwig Knoop, S. 63.

464 Weser-Zeitung, Nr. 17141, Morgenausgabe, 18.8.1894. Falsch ist das Geburtsjahr, nicht 1820, sondern 1821, und falsch auch die Dauer seiner Mitgliedschaft im Aufsichtsrat des Norddeutschen Lloyds, die er bis 1893 innehatte. Dem Tenor nach lautet das Fazit: Ludwig Knoop hat viel für Russland getan, aber in Bremen hat er gerade einmal durch den Bau von Schloss und Park Mühlenthal „vielen Handwerkern willkommenen Verdienst verschafft“. Sogar die Londoner „Morning Post“ teilte am 20.8.1894 auf der ersten Seite den Tod von Ludwig Baron Knoop, einem bedeutenden Kaufmann, mit.

465 Schwarzwälder, Ludwig Knoop, S. 104–106. Die Ausführungen über Rilke und seine Frau sind voller Vorurteile, Klischees und Stereotypen. Zu Rilkes Bedeutung im deutschen Bürgertum vgl. Wolfgang J. Mommsen, Bürgerliche Kultur und politische Ordnung. Künstler, Schriftsteller und Intellektuelle in der deutschen Geschichte 1830–1933, Frankfurt/M. 2000, S. 90–94.

466 Vgl. dazu jetzt das neueste Heft der „Blätter der Rilke-Gesellschaft“, 35, 2020: Rilke in Bremen.

467 Siehe oben, S. 15.

468 Siehe oben, S. 23, Anm. 73.

469 Petrov, Economic Relations, S. 63.

470 Zenker, Geschäftiges Russland, S. 40; Ljubartovič/Juchimenko, Prove, S. 100.

471 Hartmut Berghoff/Roland Möller, Wirtschaftsbürger in Bremen und Bristol 1870–1914. Ein Beitrag zur komparativen Unternehmensforschung, in: Hans-Jürgen Puhle, Bürger in der Gesellschaft der Neuzeit. Wirtschaft – Politik – Kultur, Göttingen 1991, S. 156–177, hier S. 170.

472 Albrecht, Friedrich Carl Albrecht, S. 13.

473 Stammtafeln der Familie Kulenkampff, S. 67–71.

474 Bremer Handelshäuser, S. 22.

475 Ich verdanke diese Informationen der Bonner Musikwissenschaftlerin Alessandra Barabaschi. Die veraltete Bezeichnung Schwindsucht bedeutet nicht unbedingt, dass eine Tuberkulose-Erkrankung vorlag. Den Erreger der Krankheit entdeckte Robert Koch erst im Laufe des Jahres 1882. Schwindsucht kann daher auch eine Bezeichnung für andere Lungen- oder Atemwegserkrankungen gewesen sein.

476 Ich verdanke auch diese Informationen der Bonner Musikwissenschaftlerin Alessandra Barabaschi.

477 The Shipping and Mercantile Gazette, 1.7.1882, auch in The Daily Telegraph & Courier, London, 3.7.1882, S. 3 sowie in der Morning Post vom 3.7.1882.

478 Morning Post, 27.4.1887, S. 6. Prinz von Wales war zu dieser Zeit der spätere König Edward VII. (1841–1910), ältester Sohn von Queen Victoria (1819–1901). Das Bankhaus Schröder, ursprünglich eine Hamburger Gründung, hatte seit 1804 auch eine Niederlassung, später die Zentrale, in London und Niederlassungen in Liverpool, Amsterdam, Riga und St. Petersburg.

479 Ich verdanke diese Informationen wiederum Alessandra Barabaschi, Bonn, sowie dem Artikel von Harriet Grace, Baron Knoop, unpaginiert, online auf der Webseite „Tarisio". Harriet Grace ist die Ururenkelin von Ludwig Baron Knoop.

480 Dehio, Lebensbild, S. 36 f.

481 Informationen von Alessandra Barabaschi; Grace, Baron Knoop, online auf der Webseite Tarisio. Ein Teil der Korrespondenz zwischen Johann Baron Knoop und der Firma Hill & Sons aus diesen Jahren befindet sich im Staatsarchiv Bremen, Signatur 7,500-563 sowie in Kopie im Archiv des Heimat- und Verschönerungsvereins Bremen-Lesum und im Archiv des Fördervereins Knoops Park e.V. Bremen. Brief von John Knoop an Mr. Hill, 18.12.1902, ohne Ort.

482 Bernd Seiler, Lesmona und Goldene Wolke. Gesellschafts- und Familienleben in Bremen um 1900, in: Jahrbuch des Club zu Bremen, 1995/96, S. 21–45 (auch online verfügbar); Siegfried Bresler, Heinrich Vogeler – Die Eigner seiner frühen Exlibris (online auf der Seite heinrich-vogeler.de, letzter Zugriff 21.12.2020).

483 Marina Bohlmann-Modersohn, Clara Rilke-Westhoff. Eine Biografie, München 2015, S. 221; Marina Sauer, Die Bildhauerin Clara Rilke-Westhoff 1878–1854. Leben und Werk (mit Œuvre-Katalog), Bremen 1986, S. 52 f. und 364 über die verschollene Porträtbüste von May Baronin Knoop.

484 Schwarzwälder, Ludwig Knoop, S. 104.

485 Rainer Maria Rilke an Karl und Elisabeth von der Heydt, Al Hayat am 25.2.1911, in: Horst Nalewski (Hg.), Rainer Maria Rilke. Reise nach Ägypten. Briefe, Gedichte, Notizen, Frankfurt/M. 2000, S. 48: „Knoops haben mich gastlich und gut aufgenommen." Rilke blieb genau einen Monat, vom 24.2.–24.3.1911, in Al Hayat.

486 Die an Rilke gerichteten Briefe und Karten sind alle undatiert, ein beiliegendes Telegramm stammt aus dem Jahr 1910. Nachlass Rainer Maria Rilke, Schweizerisches Literaturarchiv Bern, B-02-Ms_A_168/1-14.

487 Baron To Claim His Boston Bride. Ludwig Knoop, to Wed Miss Emily Sargent, Arrives at Magnolia, in: Boston Herald, 17.8.1906; Boston Girl Weds Russian Nobleman. Miss Emily Sargent and Baron Ludwig Knoop Married at Magnolia, in: The Boston Herald, 26.8.1906; An International Marriage, in: Boston Evening Transcript, 25.8.1906, S. 23. Das Ehepaar hatte zwei Töchter: Marlo, geb. 1908 und Adele, geb. 1911. Auch diese Information verdanke ich Alessandra Barabaschi.

488 Grace, Baron Knoop, auf der Webseite von Tarisio und Informationen von Alessandra Barabaschi.

489 Petrov, Economic Relations, S. 70.

490 Panikos Panayi, The Lancashire Anti-German Riots of May 1915, in: Manchester Region History Review 2/2. 1988, S. 3–11.

491 Grace, Baron Knoop, auf der Webseite Tarisio.

492 Ebd.

493 Dorothee Hansen, „... der gütigsten aller Frauen". Die Sammlerin Adele Wolde, in: Dorothee Wimmer/Christina Feilchenfeldt (Hg.), Kunstsammlerinnen. Peggy Guggenheim bis Ingvild Goetz, Berlin 2009, S. 29–43, hier S. 39.

494 Gustav Pauli, Erinnerungen aus sieben Jahrzehnten, Tübingen 1936, S. 228–233; mehrere Neuauflagen.

495 Ebd., S. 58.

496 Bresler, Heinrich Vogeler.

497 Johann Georg Wolde und Adele Wolde – ein Bremer Sammlerpaar. Katalog zur Ausstellung in der Kunsthalle Bremen, 14.10.2003–18.1.2004, Bremen 2003, S. 15.

498 Johann Georg Wolde und Adele Wolde, S. 14 f.

499 Ebd., S. 16 f.; Meier-Graefe an Rudolf Alexander Schröder, 19.5.1911, in: Catherine Krahmer/Ingrid Grüninger (Hg.), Julius Meier-Graefe, Kunst ist nicht für Kunstgeschichte da. Briefe und Dokumente, Göttingen 2001, S. 77.

500 Pauli, Erinnerungen, S. 228 f. Das Zitat S. 229.

501 Ebd., S. 228.

502 Ropers, Geldwechsler, S. 50–52.

503 Johann Georg und Adele Wolde, S. 17.

504 Ebd.

505 Angaben nach Wikipedia und der Neuen Deutschen Biographie; der Name von Louise Wolde und das Datum der Hochzeit werden nicht genannt.

506 Stefan Wiesekopsieker, Die Bremer Aufsichtsratsmitglieder der Hoffmann'schen Stärkefabriken AG Bad Salzuflen. Eine kaum bekannte Beziehung Bremer Kaufleute und Bankiers zu Lippes größtem Industrieunternehmen, in: Lippische Mitteilungen aus Geschichte und Landeskunde 67, 1998, S. 91–125, hier S. 104 ff. Die Woldes gehörten mehr als ein Jahrhundert dem Aufsichtsrat von Hoffmann's Stärkefabriken an, Carl Wolde von 1919–1950.

507 Ludwig Wolde, Die vorläufige Entlassung nach dem Reichsstrafgesetzbuch und dem Vorentwurf für das neue Strafgesetzbuch, Inaugural-Dissertation, Juristische Fakultät der Ruprecht-Karls-Universität Heidelberg, Berlin 1910. Aus dem Erbe Ludwig Woldes wurde 1999 die „Dr. Ludwig Wolde-Stiftung" errichtet, die Stipendien an „Studenten der evangelischen und katholischen Theologie sowie der Altertumswissenschaft" vergibt. Auszug aus der Stiftungssatzung, die mir in Kopie vorliegt.

508 Zu Ludwig Wolde vgl. Seekamp, Wolde, in: Bremische Biographie 1912–1962, S. 566 f.; Helmut Steffens, Die Geschichte der Bremer Presse. „... erlauchten Gästen ein würdiges Haus zu bereiten", Norderstedt 2020. Die beiden Romane Ludwig Woldes, die teilweise in Bremen spielen, erschienen 1931 und 1934 im Horen-Verlag, Leipzig/Berlin. Zur Erzählung „Das Haus", siehe oben, Anm. II. Zur Zeitschrift „Corona", die in dem von Ludwig Wolde mitgegründeten Verlag „Bremer Presse" erschien, vgl. den kurzen Artikel von Markus Fischer, Neunzig Jahre „Corona", in: Allgemeine Deutsche Zeitung für Rumänien (online unter https://adz.ro/artikel/artikel/neunzig-jahre-corona.

509 Gespräch des Autors mit Georgs Enkel Ludvik de Knoop und dessen Vater in Göteborg im August 2016; Informationen von Georgs Enkel Fredrik von Knoop, Stammtafel aus dem Privatarchiv von Elke und Harald Knoop.

510 Dahlmann, Wenn Du meinen Worten, S. 78; Thompstone, Organisation, S. 419.

511 Stammtafel Knoop im Bestand der „MAUS" im Staatsarchiv Bremen; Akten des Estnischen Staatsarchivs: Akten des Innenministeriums, Einbürgerungen, Signatur 14.13.2989_17-1009-EE-78-1-4-30883. Stammtafel aus dem Privatarchiv von Elke und Harald Albrecht.

512 Gesellschaft, S. 24. Er ist bis zum Ende des Berichtszeitraums 1932 als Vorstandsmitglied verzeichnet, gemeinsam mit seinem Cousin Andreas, Roman Prowe (27.11.1861–26.7.1939), dem Sohn von Johann Prowe, und Percy Röpenack, über den sonst nichts weiter bekannt ist. Zu den Davidovs vgl. Petrov (Hg.), Ėknomičeskaja istorija, Bd. 1, S. 637.

513 The London Gazette, 5.8.1930. Als Adresse ist 52 Madeira Park, Tunbridge Wells, Kent, angegeben. Dies ist auch heute noch eine gute Adresse. Die Akten liegen in den National Archives, Kew Gardens, London, und sind bis zum Jahr 2030 nicht zugänglich.

514 Maks I. Veksel'man, Rossijskij monopolističeskij i inostrannyj kapital v Srednej Azii (konec XIX-načalo XX v. (Das russländische monopolistische und ausländische Kapital in Zentralasien, Ende 19.–Anfang 20. Jahrhundert), Taškent 1987, S. 34; Petrov, Economic Relations, S. 67.

515 Petrov, Economic Relations, S. 66.

516 Ausführlich dazu Thompstone, Russian Technical Society, in: Farnie/Jeremy (Hg.), Fibre, S. 337–364; Martin, Baumwollindustrie, S. 30, Anm. 30. Die sowjetische Historiographie hat diese Argumentation interessanterweise aufgenommen und wiederholt vorgetragen.

517 Gavlin, Rossijskie Mediči, S. 273.

518 Petrov, Economic Relations, S. 66.

519 Rudolf Mark, Im Schatten des Great Game. Deutsche „Welt-

politik" und russischer Imperialismus in Zentralasien 1871–1914, Paderborn u.a. 2012, S. 413 f.

520 Bericht von Fr. Hoch an Herrn Jencke in Fa. Friedr. Krupp, St. Petersburg 25.3./6.4.1896, der die unter den Moskauer Banken bestehenden Verbindungen weitgehend übersah und Knoop nur das Bankhaus Robert Warschauer & Co. vertreten sah. Teilweise abgedruckt in: Kirchner, Industrie, S. 370–372 mit Auslassungen, Original Historisches Archiv Krupp, Essen, WA 41/2-117, Bl. 53–60.

521 Karl Graf von Luxburg, Einzelpunkte über Turkestan, 17.11.1907, in: Bundesarchiv Berlin, R 901/6312, Bl. 100.

522 Mark, Schatten, S. 407–410; vgl. auch Stuart Thompstone, Russian Imperialism and the Commercialization of the Central Asian Cotton Trade, in: Textile History 26/2, 1995, S. 23–257.

523 Petrov, Economic Relations, S. 67.

524 Mark, Schatten, S. 412. Das Ferganatal war das Zentrum des ehemaligen Khanats Kokand und bildet die Verbindung zwischen Uzbekistan und Kirgisistan.

525 Petrov, Economic Relations, S. 68.

526 Ebd., S. 64.

527 L. M. Epifanova, Predstavitel'stvo interesov: biržvye obščestva i komitety, in: Petrov u.a. (Hg.), Istorija predprinimatel'stva v Rossii, Moskau 1999, Bd. 2, (Die Interessenvertretung: Die Börsengesellschaften und -komitees, in: Petrov u.a. (Hg.), Geschichte des Unternehmertums), S. 265–342, hier S. 297. Außer ihm gehörten zwischen 1870 und 1916 auch weitere deutschstämmige Unternehmer wie A. A. Arno, K. K. Bansa oder G. M. von Wogau diesem Gremium an; Petrov u.a. (Hg.), Ėkonomičeskaja Istorija, Bd. 1, S. 997 f.

528 A. N. Bochanov, Delovaja Ėlita Rossii 1914 g. (Die Geschäftselite Russland 1914), Moskau 1994, S. 156; Petrov u.a. (Hg.), Ėkonomičeskaja Istorija, Bd. 1, S. 997 f.

529 Po Moskve, S. 116.

530 Joseph Bradley, Moscow. From Big Village to Metropolis, in: Michael F. Hamm (Hg.), The City in Late Imperial Russia, Bloomington, IN 1986, S. 9–41, hier S. 11.

531 Angaben nach der Bevölkerungsstatistik von wikipedia.

532 D. B. Pavlov u.a. (Hg.), Partija „Sojuz 17 oktjabrja". Protokoly s-ezdov i zasedanij CK. Tom 1 1905–1907 gg. (Die Partei „Union des 17. Oktober". Protokolle der Parteitage und der Sitzungen des Zentralkomitees), Moskau 1996, S. 346; Baryšnikov, Delovoj Mir, S. 193; Petrov u.a. (Hg.), Ėkonomičeskaja Istorija, Bd. 1, S. 997 f.; Victor Dönninghaus, Die Deutschen in der Moskauer Gesellschaft. Symbiose und Konflikte (1494–1941), München 2002, S. 344–349. Die Gründung von Parteien und anderen politischen, teils auch sozialen Organisationen war im Russischen Reich bis zur ersten Revolution der Jahre 1905/06 nicht erlaubt.

533 Dönninghaus, Deutsche, Kap. 4.

534 Jurij A. Petrov, Dinastija Rjabušinskich (Die Dynastie der Rjabušinskijs), Moskau 1997, S. 92; zu Krestovnikov vgl. Petrov u.a. (Hg.), Ėkonomičeskaja Istorija, Bd. 1, S. 1102 f.

535 Thompstone, Ludwig Knoop, S. 60 ff. und öfter.

536 Buryškin, Moskva kupečeskaja, S. 84; Dahlmann, Ludwig Knoop, S. 378; dazu auch Petrov, Economic relations, S. 65, der einer der Ersten war, der sich ausgesprochen positiv über die Aktivitäten der Knoop-Söhne äußerte.

537 Petrov, Unternehmer, S. 109; ders., Economic Relations, S. 65 f.; teilweise aufgezählt bei Bochanov, Ėlita, S. 156; vgl. auch Baryšnikov, Delovoj Mir, S. 193.

538 Dönninghaus, Deutsche, Kap. 4.

539 Petrov, Dinastija Rjabušinskich, S. 96. Außer Knoop wurden auch Ludwig Rabeneck sowie der altgläubige Regimegegner Pavel A. Rjabušinskij ausgeschlossen. Die Maßnahme richtete sich also nicht nur gegen „Deutsche", sondern auch gegen „innere Feinde" anderer Couleur.

540 Ljubartovič/Juchimenko, Prove, S. 182 auf der Basis von Akten im Moskauer Stadtarchiv. Der „Handelshof" (delovoj dvor) liegt am Varvarsker Platz (Varvarskaja ploščad´), der im Laufe der Jahrzehnte seinen Namen geändert hat, heute aber wieder so heißt.

541 Jurij A. Petrov/Michail K. Šacillo (Hg.), Rossijskie predprinimateli v načale XX veka po materialam torgovo-promyšlennogo i finansovogo sojuza v Pariže. Publikacija dokumentov (Die russländischen Unternehmer zu Beginn des 20. Jahrhunderts nach dem Material des Bundes der Unternehmer und Bankiers in Paris. Veröffentlichung von Dokumenten), Moskau 2004, S. 107, biografische Angaben zu Andreas Knoop auf S. 261 f.

542 Petrov, Economic Relations, S. 70 f, auf der Grundlage von Aktenmaterial im Stadtarchiv Moskau.

543 Da in Großbritannien das ius soli galt, war Wilhelm Knoop von Geburt an britischer Staatsbürger, ebenso wie seine in Großbritannien geborenen Kinder. The Manchester Examiner and Times, 17.4.1875, S. 7; von Hünefeld, Dohlen, S. 63

f. Bei von Hünefeld finden sich für Frida Koecher die Lebensdaten 30.8.1855 Manchester–12.9.1932 London; auf Genealogieseiten im Internet auch die Daten 1854 als Geburts- und 1931 als Sterbejahr.

544 The Manchester Examiner and Times, 11.3.1876, S. 8; von Hünefeld, Dohlen, S. 64.

545 Gladstone wurde in Liverpool geboren, stammte also aus der Region. Er war 63 Jahre lang Mitglied des House of Commons und 12 Jahre Premierminister.

546 The Manchester Examiner and Times, 7.4.1877, S. 6; 14.4.1877, S. 1; 25.8.1877, S. 2, 6.6.1878, S. 6, 17.5.1879, S. 2. Seit März 1880 war er nicht mehr ehrenamtlicher Sekretär, aber bei den Liberalen weiterhin aktiv. Ebd., 13.3.1880, S. 6 und 6.2.1882, S. 5.

547 Houwald, Standeserhöhungen, S. 101.

548 Auskunft von Jennifer Thorp, Archivarin des New College vom 24.8.2020; zum Folgenden auch von Hünefeld, Dohlen, S. 64 f.

549 Nigel McCrery, Hear the Boat Sing, Oxford and Cambridge Rowers Killed in World War I, Stroud 2017 (online auf google.books, unpaginiert, J. J. J. de Knoop wird als Nr. 19 aufgeführt; online 28.4.2020); masonicgreatwarproject.org.uk (online 28.4.2020); qwe.wiki (online 28.4.2020); Genealogie Knoop: adelige Häuser, Linie Karl Julius G. von Knoop im Archiv der MAUS im Staatsarchiv Bremen; von Hünefeld, Dohlen, S. 64.

550 Petrov, Economic Relations, S. 70 unter Verweis auf den Bestand Fond 673, opis' 8, delo 3, Bl. 59–62 im Stadtarchiv Moskau. Von Hünefeld, Dohlen, S. 64.

551 Wolff, Carl Ludwig von Knoop, S. 8 f.; von Hünefeld, Dohlen, S. 241 erwähnt sie nur in den genealogischen Tafeln ohne genaue Angaben zu Geburt und Tod. Über ihr Leben erfahren wir nichts.

552 Von Hünefeld, Dohlen, S. 65, gibt an, dass der Vorname Louis der Eintrag im zentralen englischen Geburtsregister gewesen sei.

553 Ebd., S. 104.

554 Ebd., S. 65.

555 Ebd., S. 75–89.

556 Rudolf Martin, Jahrbuch des Vermögens und Einkommens der Millionäre im Königreich Preußen. Bd. 2: Hessen-Nassau, Provinz Hannover, Provinz Sachsen, Schleswig-Holstein, Ost- und Westpreußen, Provinz Posen, Pommern, Berlin 1913, S. 7 für 1903, als Adresse ist noch Gustav-Freytag-Straße 10 angegeben; Kurt Pritzkoleit, Wem gehört Deutschland. Eine Chronik von Besitz und Macht, Wien u.a. 1957: Die 100 Reichsten in Preußen, S. 61–72. Er stand damit an 27. Stelle (auch online verfügbar).

557 Von Hünefeld, Dohlen, S. 73.

558 Von Hünefeld, Dohlen, S. 70 und 183 f.

559 Von Hünefeld, Dohlen, S. 104; Grace, Baron Knoop, unpaginiert. Zwei Jahre später wurde auch die Niederlassung in Liverpool liquidiert (letzter Aufruf am 23.12.2020). Nach Angaben von Thompstone, Organisation, S. 418 gab es von Seiten der Nachfahren 1986, als die russische Regierung Kompensationen für die Verluste in Krieg und Revolution anbot, Forderungen für De Jersey in Höhe von über 46 Millionen Rubel. Gezahlt worden sei „a small amount of money", schreibt Harriet Grace, Baron Knoop, online auf der Webseite Tarisio, unpaginiert.

560 Eric J. Hobsbawm, Industrie und Empire. Britische Wirtschaftsgeschichte seit 1750, 2 Bde., Frankfurt/M. 1970, hier Bd. 2, Kap. 9 und 11; Maurer, Geschichte Englands, S. 439–442; Lars G. Sandberg, Lancashire in Decline. A Study in Entrepreneurship, Technology, and International Trade, Columbus, OH 1974; John Singleton, Lancashire on the Scrapheap. The Cotton Industry 1945–1970, Oxford 1991, Kap. 1 über Manchesters Niedergang bis in die 1930er-Jahre. 1931 betrug die Arbeitslosenrate in der dortigen Baumwollindustrie über 43 Prozent, S. 12.

561 Gesellschaft, S. 18–22.

562 Georg von Rauch, Geschichte der baltischen Staaten, München 1977, S. 86 f.

563 Gesellschaft, S. 23. Dort heißt es, dass Andreas „kurz vor dem Ausbruch der Revolution" nach Krähnholm gekommen sei.

564 Ljubartovič/Juchimenko, Prove, S. 183.

565 Ebd.

566 Gesellschaft, S. 25.

567 Ebd., S. 24. Über Percy Röpenack ist kaum etwas bekannt. Er lebte wie Andreas Knoop jun. in Berlin. Ebenso wenig wissen wir über P. Camesasca, der in der Denkschrift für das deutsche Wirtschaftsministerium vom März 1934 als „Reichsdeutscher" bezeichnet wurde. Bundesarchiv Berlin, R2/17326, Bl. 11; vgl. unten, Anm. 576.

568 David Feest, Klaus Scheel, Estlands ungekrönter König. Eine biografische Skizze: online auf der Seite des Nordost-Instituts Lüneburg: Institut für Kultur und Geschichte der Deut-

schen in Nordosteuropa e.V. (IKGN) an der Universität Hamburg.

569 Gemeint ist wahrscheinlich Julius Wilhelm Kulenkampff, der erstgeborene Sohn aus der Ehe von Emilie Baroness Knoop und Heinrich Wilhelm Kulenkampff.

570 Georg Carl Lahusen war mit Louise Kulenkampff, einer Tochter von Emilie Baroness Knoop und Heinrich Wilhelm Kulenkampff, verheiratet.

571 Gesellschaft, S. 24.

572 Ebd., S. 25 f.

573 Ebd., S. 78–81.

574 Ebd., S. 78. Die Niederlassung befand sich in Berlin-Lichterfelde in der Jägerstraße 25; Berliner Adressbuch 1926, Berlin 1926, S. 366 (online unter digital.zlb.de); in Chemnitz war die Niederlassung in der Schadestraße 4 im Stadtzentrum. Freundliche Mitteilung des Stadtarchivs Chemnitz an mich vom 26.10.2020.

575 Berliner Adreßbuch 1926, Berlin 1926, Bd. 1, S. 1009; Berliner Adreßbuch 1933, Berlin 1933, Bd. 1, S. 1317.

576 Bundesarchiv Berlin, Bestand R 57/2055.

577 Die Lage des Bankhauses G. Scheel & Co. A.G. in Reval (Estland), verfasst von Dr. E. Munzer, Berlin, Mitte März 1934, in: Bundesarchiv Berlin, R2/17326, Bl. 10 f. (online über invenio, Suchmaschine des Bundesarchivs, zugänglich). In welcher Höhe Scheel und andere Mitglieder des Aufsichtsrates Anteile bzw. Aktien besaßen, ließ sich nicht ermitteln. Feest, Klaus Scheel, S. 24, Anm. 87.

578 Iwan von Zenker, Leben und Wirken des Andreas, Joseph, Ludwig von Zenker, undatierte, maschinenschriftliche Fassung. Privatarchiv Dr. Wolfgang Sartor, Traben-Trarbach. Ich danke für die freundliche Überlassung von Kopien. Gesellschaft, S. 29.

579 Standesamt Berlin-Schöneberg II, Nr. 290, S. 55, in: Landesarchiv Berlin P Rep 161; Theodor Baron Knoop war staatenlos und lebte in der Wohnung seines Sohnes Andreas.

580 Gesellschaft, S. 148–165; vgl. auch den Bericht der „Dorpater Zeitung" vom 12.5.1932: 75 Jahre Krähnholm.

581 Estnisches Staatsarchiv Tallinn: Signatur 10912: Akten des Staatsgerichtes.

582 Aus mir vorliegenden Schreiben aus dem Juli 1942 aus Privatbesitz geht hervor, dass Andreas Baron Knoop als „Kommissarischer Leiter" von Krähnholm fungierte. Arvid von Nottbeck, Schüsse und Schicksale. Waidwerk im Wechsel von Raum und Zeit, Hamburg/Berlin 1969, S. 146–151. Der Name ist als „Baron X" verschlüsselt, jedoch ist unschwer erkennbar, um wen es sich handelt. Vgl. auch Albrecht, Drei Generationen, S. 71–75.

583 Mitteilung von Fredrik von Knoop an mich vom 22.1.2021.

Abbildungsnachweis

Text Dittmar Dahlmann

Abb. 9, 11–19, 23, 37, 46, 58: Adele Wolde, Ludwig Knoop. Erinnerungsbilder aus seinem Leben, Privatdruck Bremen 1928, Neuauflage mit Abbildungen, Förderverein Knoops Park und H.M. Hauschild Verlag, Bremen 1998

Abb. 1, 4, 7: Herbert Schwarzwälder, Blick auf Bremen, Bremen: Carl Schünemann 1985

Abb. 2, 3: Stiftung Sammlung Volmer, Wuppertal

Abb. 5: Herbert Schwarzwälder, Bremen im Wandel der Zeiten, Bremen: Carl Schünemann 1970

Abb. 6, 76–83: Privatarchiv Andreas Freiherr von Hünefeld

Abb. 8: Rudolf Stein, Das Bürgerhaus in Bremen, Tübingen: Wasmuth 1970

Abb. 10: MIK Museum Industriekultur Wuppertal

Abb. 22: Nicolai Schmor, Ansicht von Narva, 1856, Städtisches Museum Narva

Abb. 25, 30–32, 34: Knoop- Album, um 1890, Privatarchiv Kulenkampff-Bödecker, Kopien beim Förderverein Knoops Park e.V.

Abb. 26: Alfred Löhr, Ein Palmenhaus aus Bremen für Adelaide – und andere bremische Gewächshäuser, in: Bremisches Jahrbuch 97, 2018, S.51–92

Abb. 27: Industrie- und Handelskammer Bremen, Foto © Frank Pusch

Abb. 28: Bremen und seine Bauten, hg. vom Architekten- und Ingenieursverein Bremen, Bremen: Schünemann 1900

Abb. 29: wiki commons gemeinfrei, Foto vermutlich von Louis Koch, 1896

Abb. 38, 47, 48: Privatarchiv Fritz A. Grobien

Abb. 42, 43: Historic England Archives, Swindon

Abb. 45: Hinrich Knittermeyer/Diedrich Steilen (Hg.), Bremen. Lebenskreis einer Hansestadt, Bremen: Geist 1941

Abb. 49, 50, 51: Stadtarchiv Wiesbaden Multimedia-Abteilung

Abb. 52: Kulturreferat Stadt Kelkheim

Abb. 54–57: Peter-Michael Pawlik, Von Sibirien nach Neu-Guinea, Bremen: Hauschild 1976

Abb. Titelblatt, 35, 59, 60, 69: Privatarchiv Familie Albrecht

Abb. 62–65: Privatarchiv Kulenkampff-Bödecker, Kopien beim Förderverein Knoops Park

Abb. 71: Landesbildstelle Bremen

Abb. 72: Ursula und Günter Heiderich, 1899–1931: Rudolf Alexander Schröder und die Wohnkunst, Bremen: Hauschild 1977

Abb. 73, 74: Kunsthalle Bremen – Der Kunstverein in Bremen, Fotos: Lars Lohrisch

Abb. 75: Dr. Simone Hillmann, Moskau

Alle anderen Abbildungen im Text von Dittmar Dahlmann: Archiv des Heimat- und Verschönerungsvereins Bremen-Lesum e.V. und Archiv des Fördervereins Knoops Park e.V. Bremen

Text Christof Steuer

Abb. 88: Holzschnitt, in: An der Lesum, A. und G. Schmolze, Bremen 1985

Abb. 89: Adam Storck, Ansichten von Bremen, Frankfurt am Main, 1822

Abb. 90: eigene Eintragungen auf der „preussischen Landesaufnahme“ von 1898, Repro. Landesvermessung Niedersachsen

Abb. 91: Ölgemälde von Antonie Braakmann, 1843, ©Focke Museum

Abb. 92: Archiv Bürgerparkverein, Bremen

Abb. 93: Deutsche Bauzeitung 1873, Heft 10

Abb. 94–99: Archiv Förderverein Knoops Park e.V.

Abb. 98: Haus Kränholm (Arch. Eduard Gildemeister) mit einem Garten von W. Benque musste 1970 dem Strassenausbau nördlich der Bahn weichen und wurde in veränderter Form als städt. Garten-Betriebshof am heutigen Standort aufgebaut; auf der Grundlage eines Gutachtens vom Büro Müller- Glaßl (2006) fand ein Verkauf statt: Kränholm, Kunst.Kultur.Kulinarik, heute gastronomischer und Veranstaltungs-Mittelpunk des Parks.

Abb. 100: aus Bestandsanalyse und Nutzungskonzept für Teilbereiche des Knoops Park, Müller-Glaßl Partner , Bremen 2005

Abb. 101: Karte für den Förderverein, Ursula Siebert, Stand 2013

Abb. 102: Ausschnitt Entwicklungs- und Pflegekonzept, Lindenlaub und Dittloff, Hamburg, 1995

Abb. 103: Karte für die Infotafeln des Vereins, Villena – Büro für Landschaftsarchitektur, Bremen, auf der Grundlage der Bestandserfassung von 2013 (durch Umweltbetrieb Bremen)

Abb. 104: Titelblatt des Begleitheftes Pflegekonzept Knoops Park Süd, Umweltbetrieb Bremen, 2014/2016 (Begleitheft)

Abb. 105: Das Förderprojekt basiert auf dem vom Förderverein beauftragten Konzept: „Wasser im Park“, Villena, Landschaftsarchiitektur und Umweltplanung, Bremen, 2015.

Abb. „Park-Impressionen“: Förderverein Knoops Park e. V., Fotos von Ole Schoener und Christof Steuer

Quellen- und Literaturverzeichnis

A. Ungedruckte Quellen

Augsburg: Archiv Maschinenfabrik Augsburg-Nürnberg (Archiv MAN): Lieferung von Turbinen und Wasserrädern lt. Verkaufsbuch 1845–1867; Wiener Weltausstellung 1873: 1.3.9; Mai 1892–Mai 1913: Ausgeführte Turbinen III, S. 154

Berlin: Siemens Historical Institute: Siemens Archiv: Korrespondenzen SAA W646, SAA W 5428, SAA W 639, SAA W 646, SAA F 2785, SAA W 5429, SAA W6679, SAA W6752 und SAA W6786

Berlin: Bundesarchiv Berlin-Lichterfelde: Bestand R 57/2055

Bundesarchiv Berlin, früher Abt. Koblenz, Bestand R 57, Nr. 1122–12; Verzeichnis der 1843 bei der Evangelisch-Lutherischen St. Petri-Pauli-Gemeinde Getrauten, S. 8: Bundesarchiv Berlin-Lichterfelde R 57, Nr. 1122-16 (= alte Signatur des Bestandes im Bundesarchiv Koblenz)

Bundesarchiv Berlin: Karl Graf von Luxburg, Einzelpunkte über Turkestan, 17.11. 1907: R 901/6312

Bundesarchiv Berlin: Dr. E. Munzer, Die Lage des Bankhauses G. Scheel & Co. A.G. in Reval (Estland), März 1934 Denkschrift für das deutsche Wirtschaftsministerium: R2/17326 (als Digitalisat online über invenio, Suchmaschine des Bundesarchivs, zugänglich)

Landesarchiv Berlin: Standesamt Berlin-Schöneberg II, Nr. 290, S. 55, P Rep. 161

Bern: Schweizerisches Literaturarchiv Bern: Briefe, Karten und Telegramme von May Baronin Knoop an Rainer Maria Rilke 1910: Nachlass Rainer Maria Rilke: B-02-Ms_A_168/1-14

Bremen: Staatsarchiv Bremen: Bestand „Die MAUS“: Online-Datenbanken, Graue Mappe: Bestand Knoop; Anna Rebecca Knoop, Stammtafel der Familie Knoop, Bremen 1897 überarbeitete Fassung vor 1994; Stammtafeln Frerichs; Genealogie Knoop: adelige Häuser, Linie Karl Julius G. von Knoop

Staatsarchiv Bremen: Verein für die deutsche Nordpolarfahrt, 7, 1023-16/6

Staatsarchiv Bremen: Bericht nebst Anlagen der 14. Ordentlichen General-Versammlung des Norddeutschen Lloyd am 29. April 1871: ZA-148

Staatsarchiv Bremen: Gerhard Schaub, Unterwegs. Ein Kapitel aus der Familiengeschichte Schaub, Typoskript: Ai-263

Staatsarchiv Bremen: Zivilstandsregister

Staatsarchiv Bremen: 4,60_5-76 7. Reg 50_1877

Staatsarchiv Bremen: Familienstiftung Andreas Heinrich Knoop: 4, 13/4-116 und 2- J.6.p.2.k.15

Staatsarchiv Bremen: 7,500-563: Korrespondenz Johann Baron Knoop mit Fa. Hill, London

Bremen: Landesamt für Denkmalpflege: Gutachten von Dr. Rolf Kirsch, 31.3.2010

Bremen: Archiv und Museum Schloss Schönebeck: Korrespondenzen Kapitän Eduard Dallmann

Bremen: Archiv des Heimatvereins Lesum: Korrespondenzen Johann Baron Knoop mit Firma W. E. Hill & Sons, London, ca. 1900 bis 1905

Essen: Historisches Archiv Krupp: Bericht von Fr. Hoch an Herrn Jencke in Fa. Friedr. Krupp, St. Petersburg 25.3./6.4.1896: WA 41/2-117

Gummersbach. Archiv des Liberalismus: Nachlass Gerhart von Schulze-Gaevernitz

Herne: Martin-Opitz-Bibliothek: Roland Seeberg-Elverfeldt, Roland, Arbeitsbedingungen auf der Krähnholmer Baumwollmanufaktur um 1872, unveröffentlichtes Manuskript, basierend auf dem amtlichen Bericht der russischen Regierungskommission über den Streik von 1872 in Krähnholm

Manchester: Manchester Central Library: John Scholes, List of Manchester Foreign Merchants: GB 127 MSFF 382 S 35

St. Petersburg: Rossijskij Gosudarstvennyj Istoričeskij Archiv (Russländisches Staatliches Historisches Archiv): fond 560, opis' 16, delo 509: Svedenija o fabrikach postroennych v Rossii pri posredstve L. G. Knop (Mitteilung über die Fabriken, die in Russland mit Hilfe L. G. Knoops errichtet wurden); fond 23, opis' 28, delo 1580: Angaben über Anteilseigner an Textilfabriken

Tallinn: Estnisches Staatsarchiv: Akten des Staatsgerichts 1939/40: Signatur 10912; Akten des Bezirksgerichts Tallinn, Signatur 20700; Akten des Innenministeriums, Einbürgerungen, Signatur 14.13.2989_17-1009-EE-78-1-4-30883

Traben-Trarbach: Privatarchiv Dr. Wolfgang Sartor: Zenker, Iwan von, Leben und Wirken des Andreas, Joseph, Ludwig von Zenker, undatierte, maschinenschriftliche Fassung

Wiesbaden: Stadtarchiv Wiesbaden: Bestand ERB Nr. 77; Bestand WI/BA Nr. 2 und WI/BA Nr. 4698

Privatarchiv Claus-Peter Kulenkampff-Bödecker: Festspiel zur Goldenen Hochzeit von Louise und Ludwig Knoop, Programm und Text

B. Gedruckte Quellen

1. Dokumentensammlungen, Protokolle und Festschriften

Blank, Johann Wilhelm Jakob, Materialien zur Geschichte der Familie Blank, Elberfeld (= Wuppertal) 1910, unpaginiert (Selbstverlag, nachgewiesen nur in UB Düsseldorf, Signatur HHW 933(4)

Gesellschaft der Krähnholm Manufaktur für Baumwollfabrikate. 75 – 1857–1932, Reval 1933

Krengol'mskaja manufaktura. Istoričeskoe opisanie sostavlennoe po slučaju 50-letija eja suščestvovanija, ispolnivšegosja 30 aprelja 1907 goda (Die Krähnholmer Manufaktur. Historische Beschreibung anlässlich des 50-jährigen Bestehens am 30. April 1907), St. Petersburg 1907

Krengol'mskaja stačka 1872 g. Sbornik dokumentov i materialov (Der Streik in Krähnholm 1872. Sammlung von Dokumenten und Materialien), Tallinn 1952

Michell, Thomas, Report on the Present State of the Trade between Great Britain and Russia. Presented to both Houses of Parliament by Command of Her Majesty 1866, London 1866, S. 37–39 (online auf dem Server der Bayerischen Staatsbibliothek, Münchener DigitalisierungsZentrum)

Pavlov, D. B. u. a. (Hg.), Partija „Sojuz 17 oktjabrja". Protokoly s-ezdov i zasedanij CK. Tom 1 1905–1907 gg. (Die Partei „Union des 17. Oktober". Protokolle der Parteitage und der Sitzungen des Zentralkomitees), Moskau 1996

Wistinghausen, Henning von, Quellen zur Geschichte der Rittergüter Estlands im 18. und 19. Jahrhundert (1772–1889), Hannover-Döhren 1975

2. Memoiren, Autobiographien, Tagebücher und zeitgenössische Schriften

Albrecht, Friedrich Carl, Friedrich Carl Albrecht 15. September 1875–24. Dezember 1952. Ein Lebensbild meines Großvaters, Privatdruck Burgdorf-Ehlershausen 2018

Bahr, Hermann, Russische Reisen, Dresden/Leipzig 1891

Brustgi, Franz Georg (Hg.), Forschungsreisen des Grafen Karl von Waldburg-Zeil nach Spitzbergen und Sibirien 1870, 1876, 1881, Konstanz 1987

Buryškin, Pavel A., Moskva kupečeskaja, Moskau 1991, kommentierte Neuausgabe, Original: New York 1954 (Das Moskau der Kaufleute)

Dehio, Walter, Erhard Dehio. Lebensbild eines baltischen Hanseaten 1855–1940, Heilbronn 1970, S. 38

Finsch, Otto, Reise nach West-Sibirien im Jahre 1876. Auf Veranstaltung des Vereins für die Deutsche Nordpolarfahrt in Bremen unternommen mit A. E. Brehm und Karl Graf v. Waldburg-Zeil-Trauchberg, Berlin 1879

Friedrich Engels, Die Lage der arbeitenden Klasse in England. Nach eigner Anschauung und authentischen Quellen, hg. von Walter Kumpmann, München 1973, im Original Leipzig 1845, eine zweite Auflage erschien Stuttgart 1892, eine amerikanische Ausgabe New York 1887, eine englische Edition London 1892

Najdenov, Nikolaj A., Moskovskaja birža 1839–1889 (Die Moskauer Börse 1839–1889), Moskau 1889

Nottbeck, Arvid von, Schüsse und Schicksale. Waidwerk im Wechsel von Raum und Zeit, Hamburg/Berlin 1969

Pauli, Gustav, Erinnerungen aus sieben Jahrzehnten, Tübingen 1936, mehrere Neuauflagen

Petermann, August, Die fünfmonatliche Schiffbarkeit des Sibirischen Eismeeres um Nowaja Zemlja erwiesen durch die norwegischen Seefahrer in 1869 und 1870, ganz besonders aber in 1871, in: Petermann's Mitteilungen 18, 1872, Nr. 10, S. 381–395

Po Moskve. Progulki po Moskve i eja chudožestvennym i prosvetitel'nym učreždenijam (Durch Moskau. Spaziergänge durch Moskau und seine künstlerischen und glanzvollen Einrichtungen), Moskau 1917, Nachdruck Moskau 1991

Wieting, Louis, Bremer Seeleute in Sibirien. Sechs Überwinterungen am Jenissej mit den beiden Dampfern „Moskwa" und „Dallmann" dargestellt von dem Führer der beiden Schiffe Capt. Louis Wieting, Bremen 1993

Wolde, Adele, Ludwig Knoop. Erinnerungsbilder aus seinem Leben. Gesammelt und für seine Nachkommen niedergeschrieben von seiner Tochter, Privatdruck Bremen o. J. [1928], erweiterter Neudruck Bremen 1998 mit einem Nachwort von Edda Bosse und der Trauerrede von Rudolf Alexander Schröder bei der Bestattung von Adele Wolde am 30.6.1932

Wolde, Ludwig, Das Haus, in: Corona 5. Jg., Heft 4, Zürich 1935, S. 399–418

Wolde, Ludwig, Der gefährliche Weg, Leipzig/Berlin 1931
Wolde, Ludwig, Die vorläufige Entlassung nach dem Reichsstrafgesetzbuch und dem Vorentwurf für das neue Strafgesetzbuch, Inaugural-Dissertation, Juristische Fakultät der Ruprecht-Karls-Universität Heidelberg, Berlin 1910
Wolde, Ludwig, Irrtum und Wandlung, Leipzig 1934
Zenker, Andreas, Geschäftiges Russland. Erinnerungen eines Bankiers, hg. von Wolfgang Sartor, St. Petersburg 2004

3. Nachschlagewerke

Adelslexikon, Bd. VI J-Kra, Limburg 1987
Berliner Adressbuch 1926, Berlin 1926, Bd. 1 (alle Berliner Adressbücher online unter digital.zlb.de) bis Berliner Adressbuch 1933, Berlin 1933, Bd. 1
Bremisches Adreß-Buch für das Jahr 1794, Bremen 1794 (alle Adressbücher online auf dem Server der Staats- und Universitätsbibliothek Bremen); Neues Bremisches Adreß-Buch auf das Jahr 1805, hg. von Caspar Hinrich Schreiber, Bremen 1805 Bremisches Adreß-Buch für das Jahr 1821, Bremen 1821; Bremisches Adreß-Buch für 1822, Bremen 1822; Bremische Adreßbücher für die Jahre 1832 bis 1836; Bremer Adress-Buch für das Jahr 1938 und 1839; Adress-Buch für das Jahr 1841, Bremen o. J. [1841]; Bremisches Adress-Buch für das Jahr 1847, Bremen 1847; Adress-Buch für das Jahr 1848, Bremen 1848; Adreß-Buch der freien Hansestadt Bremen und der Hansestädte Vegesack, Bremerhaven und Geestemünde, Bremen 1866
Gädicke, Johann Christian, Fabriken- und Manufacturen-Addreß-Lexicon von Teutschland und einigen angränzenden Ländern oder Verzeichnis der Fabrikanten und Manufacturisten dieser Länder, der Waaren, die sie verfertigen, und welche Messen sie damit beziehen. Nach den Waaren alphabetisch geordnet, und mit kurzen Erläuterungen zur Kenntniß derselben begleitet. Ein kaufmännisches Comptoir-Buch, Erster Theil, Weimar 1798
Genealogisches Handbuch der Adeligen Häuser: Adelige Häuser B Band VI, Limburg 1964
Hoffstad, Einar (Hg.), Merkantilt biografisk leksikon, Oslo 1935, S. 429 (online verfügbar unter runeberg.org/merkbio/0511.html, letzter Aufruf am 14.12.2020)
Houwald, A. Freiherr von, Brandenburg-Preußische Standeserhöhungen und Gnadenakte für die Zeit 1873–1918 nach amtlichen Quellen des vormaligen Heroldsamtes zusammengestellt, Görlitz 1939
Martin, Rudolf, Jahrbuch des Vermögens und Einkommens der Millionäre im Königreich Preußen. Bd. 2: Hessen-Nassau, Provinz Hannover, Provinz Sachsen, Schleswig-Holstein, Ost- und Westpreußen, Provinz Posen, Pommern, Berlin 1913
Ordensjournal, Ausgabe 8, Mai 2007, S. 17 (online unter Ordensmuseum.de)
Oxford Dictionary of National Biography, Oxford 2004 (online verfügbar unter „oxforddnb")
Pigot & Son's General Directory of Manchester, Salford & C. for 1829, containing an alphabetical list of the Merchants', Manufacturers, traders, and Inhabitants in General, Manchester 1829; Pigot & Slater's General and Classified Directory of Manchester and Salford, inducing the Adjacent Townships Together with the country Manufacturers, Manchester 1841

Preis-Courant des Deutschen Maschinen-Vereins, Berlin 1869, unpaginierter Anhang: Deutsches Museum, München, Archiv, FS 886
Slater's Directory for Salford and Manchester, Manchester 1903
Slater's Directory of Manchester & Salford 1850, S. 211 (auf dem Server der University of Leicester, Special Collections online, auch für alle weiteren Ausgaben).
Slater's Directory of Manchester & Salford für die Jahre von 1860 bis 1867 und für das Jahr 1903
Stammtafeln der Familie Kulenkampff, Bremen 1959
Trow's New York City Directory Compiled by H. Wilson For the Year ending May 1, 1860 (online auf dem Server der New York Public Library)
Trow's New York City Directory Compiled by H. Wilson For the Year Ending May 1, 1866, Vol. 80, New York 1867

4. Zeitungen und Zeitschriften

Berlinische Nachrichten von Staats- und gelehrten Sachen, 24.4.1868: 14. Gabenverzeichnis des Hilfsvereins für Ostpreußen; Nationalzeitung, 8.2.1871: 31. Liste. Bei der Kasse des Central-Comité's der deutschen Vereine zur Pflege im Felde Verwundeter und Erkrankter
Boston Evening Transcript, 25.8.1906, S. 23: Baron Ludwig Knoop Married at Magnolia: An International Marriage
Brejtfuss, L. L., Morskoj sibirskij put' na dal'nij vostok (Der sibirische Seeweg in den Fernen Osten), in: Russkoe sudochodstvo (Russische Schifffahrt) 1904, Nr. 6, S. 16–17
Der Berggeist. Zeitung für Berg-, Hüttenwesen und Industrie, 5.5.1871, S. 223
Deutsche Geographische Blätter 17, 1894, S. 326
Dorpater Zeitung vom 12.5.1932: 75 Jahre Krähnholm
Ehstländische Gouvernements-Zeitung, nicht-offizieller Theil, Nr.30, 16.4.1859; Ehstländische Gouvernements-Zeitung, Nr. 115, 24.10.1872
Morning Post, 20.8.1894, S.1; Morning Post, 3.7.1882; Morning Post, 27.4.1887, S. 6
Morning Post, 8.1.1873, S. 4
Narvaer Stadtblätter, Oktober 1862, unpaginiert: Die Stadt Narva in Ehstland und die Manufaktur Krähnholm
Pernausches Wochenblatt, Nr. 22 vom 1. Juni 1857, S. 1 f. (online verfügbar) Übernahme aus: Das Inland. Eine Wochenschrift für Liv-, Est- und Kurland's Geschichte, Geographie, Statistik und Literatur, 22. Jg., Nr. 19 vom 13.5.1857, S. 317 (online u.a. auf dem Server der Universität Tartu)
Revalsche Zeitung, Nr. 88 vom 13.10.1860; Revalsche Zeitung, 12./24.5.1873; Revalsche Zeitung, 3./15.9.1874; Revalsche Zeitung, 26.4./8.5.1875; Revalsche Zeitung, 30.7./11.8.1877; Revalsche Zeitung, 9./21.10.1875, S. 1: Der Aufschwung Revals als Handelsplatz; Revalsche Zeitung vom 13.(25.).5.1877, S. 2
Stadtarchiv Wiesbaden: Rheinischer Kurier, 15.4.1889, Abendausgabe; Rheinischer Kurier vom 11.4.1893; Presseberichte zum Begräbnis von Julius Frhr. von Knoop; Presseberichte zum Begräbnis von Theodore Freifrau von Knoop; Rheinischer Kurier vom 11. April 1893, Rheinischer Kurier, 6.4.1893 im Stadtarchiv Wiesbaden
The Boston Herald, 17.8.1906: Baron To Claim His Boston Bride. Ludwig Knoop, to Wed Miss Emily Sargent, Arrives at Magnolia; The Boston Herald, 26.8.1906: Boston Girl Weds Russian Nobleman. Miss Emily Sargent
The Daily Picayune, 11.9.1879; The Daily Picayune, 14.11.1877

The Daily Telegraph & Courier, London, 3.7.1882, S. 3
The London Gazette, 5.8.1930
The Manchester Examiner and Times, 11.3.1876, S. 8; The Manchester Examiner and Times, 15.10.1851, S. 6; The Manchester Examiner and Times, 2.6.1877, S. 7: A Record of Commercial Enterprise, in: The Manchester Examiner and Times, 28.7.1855, S. 3 (online unter newspapers.com); The Manchester Examiner and Times, 7.4.1877, S. 6; 14.4.1877, S. 1; 25.8.1877, S. 2, 6.6.1878, S. 6, 17.5.1879, S. 2, 13.3.1880, S. 6 und 6.2.1882, S. 5
The Manchester Examiner and Times, 8.9.1849, S. 7 (online unter newspapers.com)
The New Orleans States, 8.11.1937
The New York Times: 18.11.1890: Found Dead in the Marsh. The Fate of a Wealthy Cotton Broker of Charleston
The Shipping and Mercantile Gazette, 1.7.1882
The Times-Picayune, New Orleans, 2.8.1907
Weser-Zeitung, Nr. 17141, Morgenausgabe, 18.8.1894

C. Internetseiten

Bremerfrauengeschichte (online): Henriette Sophie Caroline Schweers, geb. Cammann
chronik-horn-lehe.de/Strassen/Marcusallee/RickmersPark
historicengland.org
masonicgreatwarproject.org.uk (online 28.4.2020)
qwe.wiki (online 28.4.2020)
Webseite geosammlung.uni-bremen unter „Sammlung“
wkgeschichte.weser-kurier.de/das-traumschloss/

D. Sekundärliteratur

Abel, Herbert, „Commerzielle Pionierfahrten“ zur westsibirischen Eismeerküste, (1876 bis 1884), in: Jahrbuch der Wittheit zu Bremen 22, 1978, S. 9–215
Abel, Herbert/Hans Jessen, Kein Weg durch das Packeis. Anfänge der deutschen Polarforschung (1868–1889), in: Jahrbuch der Wittheit zu Bremen 21/1
Ahvenainen, Jorma, The History of the Near Eastern Telegraphs before the First World War, Helsinki 2011
Albrecht, Friedrich Carl, Drei Generationen Knoop. Eine deutsche Unternehmerdynastie in Rußland und Estland, Privatdruck Burgdorf-Ehlershausen 2014
Amburger, Erik, Der fremde Unternehmer in Russland bis zur Oktoberrevolution im Jahre 1917, in: ders., Fremde und Einheimische im Wirtschafts- und Kulturleben des neuzeitlichen Russland. Ausgewählte Aufsätze, hg. von Klaus Zernack, Wiesbaden 1982
Amburger, Erik, Deutsche in Staat, Wirtschaft und Gesellschaft Russlands. Die Familie Amburger in St. Petersburg 1770–1920, Wiesbaden 1986
Anan'ič, Boris V./Jurij A. Petrov u.a. (Hg.), Kredit i Banki v Rossii do načala XX veka: Sankt-Peterburg i Moskva (Kredit und Banken in Russland bis zum Beginn des 20. Jahrhunderts: St. Petersburg und Moskau), St. Petersburg 2005
Armstrong, Terence, The Northern Sea Route. Soviet Exploitation of the North East Passage, Cambridge 1952

Bähr, Johannes, Werner von Siemens 1816–1892. Eine Biografie, München 2016

Bairoch, Paul, Une nouvelle distribution des populations. Villes et campagnes, in: Jean-Pierre Bardet/Jacques Dupâquier (Hg.), Histoire des populations de l'Europe, Bd. 2: La révolution démographique, 1750–1914, Paris 1998, S. 193–229

Bartilla, Stefan, Carl Johann Lasch, in: Lexikon der Düsseldorfer Malerschule, hg. Kunstmuseum Düsseldorf und Galerie Paffrath Düsseldorf, 3 Bde., München 1997/98, hier Bd. 2, S. 309 f.

Baryšnikov, M. N., Delovoj Mir Rossii. Istoriko-biografičeskij spravočnik (Russlands Welt des Handels. Ein historisch-biografisches Nachschlagewerk), St. Petersburg 1998

Bayer, Waltraud, Die Moskauer Medici. Der russische Bürger als Mäzen 1850–1917, Wien u.a. 1996

Beckert, Sven, Das Reich der Baumwolle. Eine globale Geschichte, in: Conrad, Sebastian/Osterhammel, Jürgen (Hg.), Das Kaiserreich transnational. Deutschland in der Welt 1871–1914, Göttingen 2004, S. 280–301

Beckert, Sven, King Cotton. Eine Globalgeschichte des Kapitalismus, München 2014; amerikanisches Original: Empire of Cotton. A Global History, New York 2014

Berghoff, Hartmut, Moderne Unternehmensgeschichte. Eine themen- und theorieorientierte Einführung, Paderborn u.a. 2004

Berghoff, Hartmut/Jakob Vogel (Hg.), Wirtschaftsgeschichte als Kulturgeschichte. Dimensionen eines Perspektivenwechsels, Frankfurt/M./New York 2004

Berghoff, Hartmut/Jörg Sydow, Unternehmerische Netzwerke – Theoretische Konzepte und historische Erfahrungen, in: dies. (Hg.), Unternehmerische Netzwerke. Eine historische Organisationsform mit Zukunft?, Stuttgart 2007, S. 9–43

Berghoff, Hartmut/Roland Möller, Wirtschaftsbürger in Bremen und Bristol 1870–1914. Ein Beitrag zur komparativen Unternehmensforschung, in: Hans-Jürgen Puhle, Bürger in der Gesellschaft der Neuzeit. Wirtschaft – Politik – Kultur, Göttingen 1991, S. 156–177

Bessell, Georg, Gebrüder Kulenkampff 1806–1956. Geschichte eines Handelshauses, Bremen 1956

Beutin, Ludwig, Von 3 Ballen zum Welthandel. Kleine Bremer Baumwollchronik von 1788–1872, Bremen 1934, auch in: ders., Gesammelte Schriften zur Wirtschafts- und Sozialgeschichte, hg. von Hermann Kellenbenz, Köln 1963, S. 62–97

Biermann, Benno, Die soziale Struktur der Unternehmerschaft. Demographischer Aufbau, soziale Herkunft und Ausbildung der Unternehmer in Nordrhein-Westfalen, Stuttgart 1971

Blätter der Rilke-Gesellschaft, 35, 2020: Rilke in Bremen

Bochanov, A. N., Delovaja Ėlita Rossii 1914 g. (Die Geschäftselite Russland 1914), Moskau 1994

Bohlmann-Modersohn, Marina, Clara Rilke-Westhoff. Eine Biografie, München 2015

Böhme, Wolfgang, Die Familie des Leopold Georg (Jegorowitsch) Koenig, des „Zuckerkönigs von Russland", in: Koenigiana 10/1, 2016, S. 3–40

Bradley, Joseph, Moscow. From Big Village to Metropolis, in: Michael F. Hamm (Hg.), The City in Late Imperial Russia, Bloomington, IN 1986, S. 9–41

Brandes, Erika, Der Bremische Überseekaufmann in seiner gesellschaftsgeschichtlichen Bedeutung im geschlossenen Heiratskreis, in: Genealogisches Jahrbuch 3, 1963, S. 25–52

Brandes, Gustav, Aus den Gärten einer alten Hansestadt, Bremen 1939

Bremen und seine Bauten, bearb. und hrsg. vom Architekten- und Ingenieur-Verein, Bremen 1900

Bremen. Die Tabakstadt Deutschlands. Eine Darstellung des bremischen Tabakhandels und der bremischen Tabakindustrie, Bremen 1839

Bremer Handelshäuser und Industriewerke, Bremen 1955

Bresler, Siegfried, Heinrich Vogeler – Die Eigner seiner frühen Exlibris (online auf der Seite heinrich-vogeler.de, letzter Zugriff 21.12.2020)

Brück, Heike, Die Verbesserung der Hinterlandverbindungen zu den Auswandererhäfen im frühen und mittleren 19. Jahrhundert. Wechselwirkungen zwischen Auswandererströmen und Verkehrseinrichtungen, in: Deutsches Schiffahrtsarchiv 7, 1984, S. 213–221

Carstensen, Fred V., Foreign Participation in Russian Economic Life: Notes on British Enterprise, 1865–191, in: Gregory Guroff/ders. (Hg.), Entrepreneurship in Imperial Russia and the Soviet Union, Princeton NJ 1983, S. 140–158

Chapman, Stanley D., Merchant Enterprise in Britain from the Industrial Revolution to World War I, Cambridge u.a. 2002 (Erstauflage 1992)

Chapman, Stanley D., The Rise of Merchant Banking, London u.a. 1984

Coates, Su, Manchester's German Gentlemen: Immigrant Institutions in a Provincial City 1840–1920, in: Manchester Region History Review 5, 1991, Nr. 2, S. 21–30

Dahlmann, Dittmar, „Wenn du meinen Worten nicht vertraust, brauchst du mir ja nichts zu verkaufen". Die Geschäftsbeziehungen der Moskauer Unternehmerschaft von der Mitte des 19. Jahrhunderts bis zum Ausbruch des Ersten Weltkrieges, in: Christian Hillen (Hg.), „Mit Gott". Zum Verhältnis von Vertrauen und Wirtschaftsgeschichte, Köln 2007, S. 68–79

Dahlmann, Dittmar, Handelsschiffahrt auf der Polarroute. Die Suche nach einer dauerhaften Schiffsverbindung zwischen den sibirischen Flußmündungen und den europäischen Häfen von der Mitte bis zum Ende des 19. Jahrhunderts, in: Bremer Geographische Blätter 1, 2001, S. 95–106, und in: Lomonossow. Hefte der Deutschen Assoziation der Absolventen und Freunde der Moskauer Lomonossow-Universität 2001, Nr. 2, S. 43–59; russ. Übersetzung: Torgovoe sudochodstvo za poljarnym krugom vo vtoroj polovine XIX veka, in: Otečestvennaja Istorija 44, 2001, Nr. 5, S. 21–32 (Handelsschifffahrt auf der Polarroute in der zweiten Hälfte des 19. Jahrhunderts, in: Vaterländische Geschichte)

Dahlmann, Dittmar, Lebenswelt und Lebensweise deutscher Unternehmer in Moskau vom Beginn des 19. Jahrhunderts bis zum Ausbruch des Ersten Weltkrieges, in: Nordost-Archiv N. F. 3, 1994, S. 133–163

Dahlmann, Dittmar, Ludwig Knoop: ein Unternehmerleben, in: ders./Scheide (Hg.), das einzige Land, S. 361–378

Dahlmann, Dittmar, Sibirien. Vom 16. Jahrhundert bis zur Gegenwart, Paderborn u.a. 2009

Dahlmann, Dittmar, St. Petersburg, Bonn und Trostjanec. Leben und Werk von Leopold Koenig, Russlands „Zuckerkönig", von der Mitte des 19. Jahrhunderts bis 1914, in: ders./Klaus Heller/Jurij A. Petrov (Hg.), Eisenbahnen und Motoren –Zucker und Schokolade. Deutsche im russischen Wirtschaftsleben vom 18. bis zum frühen 20. Jahrhundert, Berlin 2005, S. 43–57

D'Aprile, Iwan-Michelangelo, Fontane. Ein Jahrhundert in Bewegung, Reinbek bei Hamburg 2018
Diercks, Günther/Reinhold Thiel, J. Frerichs & Co. Frerichswerft: Flethe/Rönnebeck – Osterholz-Scharmbeck – Einswarden, Bremen 2001
Dierking, Adolf, Baron Ludwig Knoop, ein bedeutender Industrieller des 19. Jahrhunderts, in: 75 Jahre Familienforschung in Bremen. Festschrift zum 75-jährigen Jubiläum der „MAUS", Gesellschaft für Familienforschung e.V., Clausthal-Zellerfeld 1999, S. 121–129
Dönninghaus, Victor, Die Deutschen in der Moskauer Gesellschaft. Symbiose und Konflikte (1494–1941), München 2002
Duensing, Monika, Meier, Hermann Henrich, in: Neue Deutsche Biographie 16 (1990), S. 642 f. (Onlinefassung)

Elmshäuser, Konrad, Geschichte Bremens, München 2007
Engelsing, Rolf, Bremisches Unternehmertum. Sozialgeschichte 1780/1870, in: Jahrbuch der Wittheit zu Bremen 2, 1958, S. 7–112
Epifanova, L.M., Predstavitel'stvo interesov: biržvye obščestva i komitety, in: Petrov u.a. (Hg.), Istorija predprinimatel'stva v Rossii, Moskau 1999, Bd. 2, (Die Interessenvertretung: Die Börsengesellschaften und -komitees, in: Petrov u.a. (Hg.), Geschichte des Unternehmertums in Russland), S. 265–342
Erpenbeck, Dirk-Gerd, Die Facharbeiter der Tuchfabrik Zintenhof in Estland in den Gründerjahren 1833 bis 1838, in: Zeitschrift für Ostdeutsche Familiengeschichte 58–60, 2010–2012, S. 33–46
Evans, Richard J., Das europäische Jahrhundert. Ein Kontinent im Umbruch 1815–1914, München 2016
Farnie, Douglas A., Platt Bros & Co Ltd of Oldham, Machine Makers to Lancashire and to the World: An Index of Production of Cotton Spinnng Spindles, 1880–1914, in: Business History 23,1, 1981, S. 84–86
Farnie, Douglas A., The English Cotton Industry and the World Market 1815–1896, Oxford 1979
Farnie, Douglas A., The Marketing Strategies of Platt Bros & Co. Ltd of Oldham, 1906–1940, in: Textile History 24,2, 1993, S. 146–161
Farnie, Douglas A., The Textile Machine-Making Industry and the World Market, 1870–1960, in: Business History 32,4, 1990, S. 150–170
Farnie, Douglas A., Three Historians of the Cotton Industry: Thomas Ellison, Gerhart von Schulze-Gaevernitz, and Sydney Chapman, in: Textile History 9,1, 1978, S. 75–89
Farnie, Douglas A./David J. Jeremy (Hg.), The Fibre That Changed The World. The Cotton Industry in International Perspective, 1600–1990s, Oxford/New York 2004
Feest, David, Scheel, Estlands ungekrönter König. Eine biografische Skizze: online auf der Seite des Nordost-Instituts Lüneburg: Institut für Kultur und Geschichte der Deutschen in Nordosteuropa e.V. (IKGN) an der Universität Hamburg
Feldenkirchen, Wilfried, Die Firma Siemens im Russischen Reich vor 1914, in: Dittmar Dahlmann/Carmen Scheide (Hg.), „... das einzige Land, das eine große Zukunft vor sich hat." Deutsche Unternehmen und Unternehmen im Russischen Reich im 19. und frühen 20. Jahrhundert, Essen 1998, S. 167–188
Feldenkirchen, Wilfried, Siemens. Von der Werkstatt zum Weltunternehmen, 2. Aufl., München/Zürich 2003

Feldenkirchen, Wilfried, Werner von Siemens. Erfinder und internationaler Unternehmer, München/Zürich 1996

Felsch, Philipp, Wie August Petermann den Nordpol erfand, München 2010.

Fiedler, Ulf, Bedeutende Persönlichkeiten in Bremen-Nord, in: Jahrbuch der Wittheit zu Bremen 31, 1989, S.341-365

Fiedler, Ulf, Kanonenschüsse auf der Lesum, in: Weserkurier, 9.12.2012 (auch online verfügbar)

Fischer, Markus, Neunzig Jahre „Corona", in: Allgemeine Deutsche Zeitung für Rumänien (Online-Ausgabe)

Gall, Lothar, Eisenbahn in Deutschland: Von den Anfängen bis zum Ersten Weltkrieg, in: ders./Hans Pohl (Hg.), Die Eisenbahn in Deutschland. Von den Anfängen bis zur Gegenwart, München 1999

Gall, Lothar, Krupp. Der Aufstieg eines Industrieimperiums, Berlin 2000

Gavlin, Michail, Rossijskie Mediči. Portrety predprinimatelej (Die russländischen Medici. Unternehmerporträts), Moskau 1996

Goehrke, Carsten, Russischer Alltag. Eine Geschichte in neun Zeitbildern. Bd. 2: Auf dem Weg in die Moderne, Zürich 2003

Grace, Harriet, Baron Knoop im Online-Magazin Cosio auf der Webseite Tarisio, unpaginiert

Grimmer-Solem, Erik, Learning Empire. Globalization and the German Quest for World Status, 1875–1919, Cambridge 2019

Grobien, Fritz A., Albrecht, Carl Friedrich, in: Bremische Biographie 1912–1962, hg. von der Historischen Gesellschaft zu Bremen und dem Staatsarchiv Bremen, Bremen 1969, S. 11 f.

Hansen, Dorothee, „... der gütigsten aller Frauen". Die Sammlerin Adele Wolde, in: Dorothee Wimmer/Christina Feilchenfeldt (Hg.), Kunstsammlerinnen. Peggy Guggenheim bis Ingvild Goetz, Berlin 2009, S. 29–43

Hansen, Heinrich Johann, Geschichte der Stadt Narva, Dorpat 1858, S. 387 (online verfügbar über opacplus der Bayerischen Staatsbibliothek)

Hans-Ludwig Schaefer, Hans-Ludwig, Bremens Bevölkerung in der ersten Hälfte des neunzehnten Jahrhunderts, Bremen 1957

Hardegen, Friedrich, fortgeführt und abgeschlossen von Käthi Smidt, geb. Meier, H. H. Meier, der Gründer des Norddeutschen Lloyd. Lebensbild eines Bremer Kaufmanns 1809–1898, Berlin/Leipzig 1920

Henderson, William O., The Firm of Ermen & Engels in Manchester, in: Internationale wissenschaftliche Korrespondenz zur Geschichte der deutschen Arbeiterbewegung, Nr.11/12, April 1971, S. 1–10

Hildermeier, Manfred, Bürgertum und Stadt in Rußland 1760–1870. Rechtliche Lage und soziale Struktrur, Köln/Wien 1986

Hildermeier, Manfred, Geschichte Russlands. Vom Mittelalter bis zur Oktoberrevolution, München 2013

Hilger, Susanne, „Under Reconstruction" – Familienunternehmen als Gegenstand der jüngeren wirtschaftshistorischen Forschung, in: dies./Soénius (Hg.), Familienunternehmen, S. 9–22

Hilger, Susanne/Ulrich S. Soénius (Hg), Familienunternehmen im Rheinland im 19. und 20. Jahrhundert, Köln 2009

Hobhouse, Henry, Fünf Pflanzen verändern die Welt. Chinarinde, Zucker, Tee, Baumwolle, Kartoffel, 2. Aufl., München 1992 (Taschenbuchausgabe), Neuausgabe: Sechs Pflanzen verändern die Welt, München 2001

Hobsbawm, Eric J., Die Blütezeit des Kapitals. Eine Kulturgeschichte de Jahre 1848–1875, München 1977

Hobsbawm, Eric J., Industrie und Empire. Britische Wirtschaftsgeschichte seit 1750, 2 Bde., Frankfurt/M. 1970

Hobsbawm, Eric J., Das imperiale Zeitalter 1875–1914, Frankfurt/M. 1995, engl. Original The Age of Empire, London 1987

Hübinger, Gangolf, Max Weber. Stationen einer intellektuellen Biographie, Tübingen 2019

Hünefeld, Andreas Freiherr von, „Lass die Dohlen schreien". Ein Knoop auf Rothestein. Ein kleines Bilderbuch zur frühen internationalen Wirtschaftsgeschichte. Louis von Knoop, Herr auf Schloss Rothestein im Werratal, Privatdruck für die Familie, Berlin Juni 2015

Hunt, Tristram, Friedrich Engels. Der Mann, der den Marxismus erfand, 3. Aufl., Berlin 2013

Immerthal, Lars, Der Unternehmer. Zum Wandel von Ethos und Strategie des Unternehmertums im Ausgang der Moderne, München 2007

James, Harold, Familienunternehmen in Europa: Haniel, Wendel und Falck, München 2005; engl. Fassung: Family Capitalism, Cambridge, Mass. 2006

Johann Georg Wolde und Adele Wolde – ein Bremer Sammlerpaar. Katalog zur Ausstellung in der Kunsthalle Bremen, 14.10.2003–18.1.2004, Bremen 2003

Johnson, Henry, Life and Voyages of Joseph Wiggins, F.R.G.S. Modern Discoverer of the Kara Sea Route to Siberia based on his Journals and Letters, London 1907

Jürgens, Udo/Michaela Moritz, Der Mann mit dem Fagott, 6. Aufl., München 2004

Kahle, Wilhelm, Geschichte der evangelisch-lutherischen Gemeinden in der Sovetunion 1917–1938, Leiden 1974

Kidd, Alan, Manchester. A History, 4. Aufl., Lancaster 2011

Kirchner, Walther, Die deutsche Industrie und die Industrialisierung Russlands 1815–1914, St. Katharinen 1986

Kleinschmidt, Christian, Wirtschaftsgeschichte der Neuzeit. Die Weltwirtschaft, München 2017

Knieriem, Michael, Aus den Tagebüchern des Johann Wilhelm Blank Jakob Blank – eines Jugendfreundes von Friedrich Engels, in: Marxistische Studien 4, 1981, S. 383–389

Knieriem, Michael, Die Brüder Ermen in Manchester. Biographische Anmerkungen zu Friedrich Engels' Geschäftspartner, in: Marxistische Studien 3, 1980, S. 312–320

König, Johann-Günther, Friedrich Engels. Die Bremer Jahre 1838–1841, Bremen 2008

Krahmer, Catherine/Ingrid Grüninger (Hg.), Julius Meier-Graefe, Kunst ist nicht für Kunstgeschichte da. Brief und Dokumente, Göttingen 2001

Krypton, Constantine (= K. G. Molodetskij), The Northern Sea Route. Its Place in Russian Economic History Before 1917, New York 1953

Kuprijanova, L. V., „Rabočij vopros“ v Rossii vo vtoroj polovine XIX – načale XX veka, in: Jurij A. Petrov u.a. (Hg.), Istorija predprinimatel'stva v Rossii. Bd. 2: Vtoraja polovian XIX – načalo XX veka („Die Arbeiterfrage“ in Russland in der zweiten Hälfte des 19. und am Anfang des 20. Jahrhunderts, in: Jurij A. Petrov (Hg.), Geschichte des Unternehmertums in Russland. Bd. 2: Zweite Hälfte des 19. – Anfang des 20. Jahrhunderts), Moskau 2000, S. 343–437, hier S. 398

Landes, David S., Die Macht der Familie. Wirtschaftsdynastien in der Weltgeschichte, München 2008, S. 9 f.; engl. Ausgabe: Dynasties: Fortunes and Misfortunes of the World's Great Family Businesses, New York 2006

Lesgaft, E., L'dy severnogo ledovitogo okeana i morskoj put' iz Evropy v Sibir' (Die Vereisungen des Nördlichen Eismeers und der Wasserweg von Europa nach Sibirien), St. Petersburg 1913

Lincoln, W. Bruce, Die Eroberung Sibiriens, München/Zürich 1975

Ljubartovič, Valerij A./Elena M. Juchimenko, Nemeckij kupečeskij rod Prove: dva veka s Moskvoj (Das deutsche Kaufmannsgeschlecht Prowe: zwei Jahrhunderte mit Moskau [verbunden], Moskau 2008

Lührs, Wilhelm, Der Domshof. Geschichte eines bremischen Platzes, Bremen 1979

Lutz, Carl von Siemens. Ein Leben zwischen Familie und Weltfirma, München 2013

Mann, Thomas, Betrachtungen eines Unpolitischen, Berlin 1920

Mark, Rudolf A., Im Schatten des Great Game. Deutsche „Weltpolitik“ und russischer Imperialismus in Zentralasien 1871–1914, Paderborn u.a. 2012

Martin, Thomas, Baumwollindustrie in Sankt Petersburg und Moskau und die russische Zolltarifpolitik (1850–1891). Eine vergleichende Regionalstudie, Gießen 1998

Matschoss, Conrad, Ein Jahrhundert deutscher Maschinenbau von der mechanischen Werkstätte zur deutschen Maschinenfabrik 1819–1919, 2. erw. Aufl., Berlin/Heidelberg 1922

Maurer, Michael, Geschichte Englands, 4. Aufl., Ditzingen 2020

Matzner, Rudolf, Baron Ludwig Knoop. Park und Herrenhäuser oberhalb der Lesum, Lilienthal 2006

McCrery, Nigel, Hear the Boat Sing, Oxford and Cambridge Rowers Killed in World War I, Stroud 2017 (online auf google.books, unpaginiert)

Meier, Christian, Die Faszination des Biographischen, in: Frank Niess (Hg.), Interesse an der Geschichte, Frankfurt/M./New York 1989, S. 100–111

Merkel, Carl Otto, Gut Rosental und seine Besitzer, Bremen 1989

Messinger, Gary S., Manchester in the Victorian Age. The half-known city, Manchester 1985

Michler, Inga, Wirtschaftswunder 2010. Deutschlands Familienunternehmer erobern die Weltmärkte, Frankfurt/M.,/New York 2009

Mommsen, Wolfgang J., Bürgerliche Kultur und politische Ordnung. Künstler, Schriftsteller und Intellektuelle in der deutschen Geschichte 1830–1933, Frankfurt /M. 2000

Mommsen, Wolfgang J., Das Ringen um den nationalen Staat. Die Gründung und der innere Ausbau des Deutschen Reiches unter Otto von Bismarck 1850–1890, Berlin 1993

Morger, Kersti/Marina Arnshav/Ingrid Ruudi, The Kreenholm Textile Mill in Narva, Estonia. A Heritage in European Industrial History, Stockholm 2006

Müller-Glaßl, Uta, Der Bremer Bürgerpark von A–Z: Ein ausführliches Handbuch, Bremen 2010

Nadolny, Isabella, Vergangen wie ein Rauch. Geschichte einer Familie, München 1964, Bergisch Gladbach 1993

Nalewski, Horst (Hg.), Rainer Maria Rilke. Reise nach Ägypten. Briefe, Gedichte, Notizen, Frankfurt/M. 2000

Nansen, Fridtjof, Sibirien – ein Zukunftsland, Leipzig 1914; Jonas Lied, Sibirisches Abenteuer, München 1953

Neese, Bernd-Michael, Beiträge zur Geschichte der Stadt Wiesbaden im 19. Jahrhundert, 2 Bde., Wiesbaden 2012 und 2016

Neese, Bernd-Michael, Der Kaiser kommt! Wilhelm I. und Wilhelm II. in Wiesbaden, Wiesbaden 2010

Niedhart, Gottfried, Geschichte Englands im 19. und 20. Jahrhundert, 2. Aufl., München 1996

Niehoff, Lydia, 175 Jahre Louis Delius & Co. Bremen. Schritte in die Welt. Vertrauen und Flexibilität, Bremen 2007

Niehoff, Lydia, 550 Jahre Tradition der Unabhängigkeit. Chronik der Handelskammer Bremen, Bremen 2001

Nielsen, J. P., Historical and Current Uses of the Northern Sea Route. part III: The Period 1855–1917, Lysaker 1996

Nissel, Heinz, Bombay/Mumbai: Stadterweiterung und Stadtumbau einer „Globalizing City“, in: Ravi Ahuja/Christiane Brosius (Hg.), Mumbai – Delhi – Kolkata. Annäherungen an Megastädte Indiens, Heidelberg 2006, S. 19–34

Nordenskiöld, Adolf Erik, Die Umsegelung Asiens und Europas auf der Vega mit einem historischen Rückblick auf frühere Reisen längs der Nordküste der alten Welt, 2 Bde., Leipzig 1882

Obertreis, Julia, Imperial Desert Dreams. Cotton Growing and Irrigation in Central Asia, 1860–1991, Göttingen 2017

Osterhammel, Jürgen, Die Verwandlung der Welt. Eine Geschichte des 19. Jahrhunderts, 2. Aufl., München 2009

Osterhammel, Jürgen/Sebastian Conrad, Einleitung, in: dies. (Hg.), Das Kaiserreich transnational. Deutschland in der Welt 1871–1914, Göttingen 2004, S. 7–27

Owen, E. R. J., Cotton and the Egyptian Economy 1820–1914. A Study in Trade and Development, Oxford 1969

Panayi, Panikos, The Lancashire Anti-German Riots of May 1915, in: Manchester Region History Review 2/2. 1988, S. 3–11

Paulmann, Johannes, Globale Vorherrschaft und Fortschrittsglaube. Europa 1850–1914, München 2019

Pawlik, Peter-Michael, Von Sibirien nach Neu Guinea. Kapitän Dallmann, seine Schiffe und Reisen 1830–1896. Ein Lebensbild in Selbst- und Zeitzeugnissen, Bremen 1996

Pažitnikov, K. A., Očerki istorii tekstil'noj promyšlennosti dorevoljucionnaj Rossii. Šerstjannaja promyšlennost' (Abriss der Geschichte der Textilindustrie des vorrevolutionären Russland. Die Wollindustrie), Moskau 1955

Peters, Fritz, Freimarkt in Bremen. Geschichte eines Jahrmarkts, Bremen 1962, 2. Aufl. 1985

Petrov, A. V., Gorod Narva. Ego prošloe i dostoprimečatel'nosti v svjazi s istoriej upročenija russkago gospodstva na Baltijskom poberež'e 1223–1900, St. Petersburg 1901, (Die Stadt Narva. Ihre Vergangenheit und ihre Besonderheiten in Verbindung mit der Festigung der russischen Herrschaft an der Ostsee)

Petrov, Jurii, Russian-German Economic Relations in the 19th – Early 20th Centuries: The Problem of „Human Capital", in: Hans Pohl (Hg.), Competition and Cooperation of Enterprises of national and international Markets (19th–20th Century), Stuttgart 1997, S. 57–71

Petrov, Jurij A. u.a. (Hg.), Ėkonomičeskaja istorija Rossii s drevnejšich vremen do 1917 g. Ėnciklopedija (Wirtschaftsgeschichte Russlands von den Anfängen bis 1917. Enzyklopädie), 2 Bde., Moskau 2008

Petrov, Jurij A., Deutsche Unternehmer in Moskau um die Jahrhundertwende 1900, in: Tel Aviver Jahrbuch für deutsche Geschichte 1995: Deutschland und Rußland, S. 105–116

Petrov, Jurij A., Dinastija Rjabušinskich (Die Dynastie der Rjabušinskijs), Moskau 1997

Petrov, Jurij A./Michail K. Šacillo (Hg.), Rossijskie predprinimateli v načale XX veka po materialam torgovo-promyšlennogo i finansovogo sojuza v Pariže. Publikacija dokumentov (Die russländischen Unternehmer zu Beginn des 20. Jahrhunderts nach dem Material des Bundes der Unternehmer und Bankiers in Paris. Veröffentlichung von Dokumenten), Moskau 2004

Pierenkemper, Toni, Unternehmensgeschichte. Eine Einführung in ihre Methoden und Ergebnisse, Stuttgart 2000

Piersig, Fritz, Kulenkampff, in: Bremische Biographie 1912–1962, hg. von der Historischen Gesellschaft zu Bremen und dem Staatsarchiv Bremen, Bremen 1969, S. 295–298

Plate, Markus, Große deutsche Familienunternehmen: Generationenfolge, Familienstrategie und Unternehmensentwicklung, Göttingen 2011

Podlasli-Labrenz, Heidi, Manuskriptentwurf: International Cotton Traders, Creoles, and the New South: A New, Illustrated Look at Kate and Oscar Chopin's First Days in Europe, in: Southern Studies. An Interdisciplinary Journal of the South 28/1, 2021, S.1–64.

Poettinger, Monika, Deutsche Unternehmer im Mailand des 19. Jahrhunderts. Netzwerke, soziales Kapital und Industrialisierung, Lugano/Mailand 2012

Porsch, Monika, Bremer Straßenlexikon. Gesamtausgabe, Bremen 2003

Pritzkoleit, Kurt, Wem gehört Deutschland. Eine Chronik von Besitz und Macht, Wien u.a. 1957

Prüser, Friedrich, Ludwig Knoop, in: Otto Heinrich May (Hg.), Niedersächsische Lebensbilder, Erster Band, Hildesheim/Leipzig 1939, S. 244–255

Prüser, Friedrich, Ludwig Knoop. Der Begründer der russischen Webwarenindustrie, in: Der Schlüssel. Bremer Beiträge zur deutschen Kultur und Wirtschaft 4, 1939, Heft 5, S. 177–184

Rauch, Georg von, Geschichte der baltischen Staaten, München 1977

Reeken, Dietmar von, Lahusen. Eine Bremer Unternehmerdynastie 1816–1933, Bremen 1996

Roder, Hartmut, Bremens Wirtschaft im Wandel (1850–2000) oder: Bremen – ein notorischer Spätzünder, in: Bremisches Jahrbuch 81, 2002, S. 55–82

Ropers, Julius W., Vom Geldwechsler zur Grossbank. Ein Rückblick auf die Entwicklung eines bremischen Bankhauses, Bremen [1937]

Rose, Michael E., Culture, Philanthropy and the Manchester Middle Classes, in: Alan J. Kidd/K.W. Roberts (Hg.), City, class and culture. Studies of social policy and cultural production in Victorian Manchester, Manchester 1985, S. 103–117

Rösing, J., Meier, Hermann Henrich, in: Bremische Biographie des 19. Jahrhunderts, hg. von der Historischen Gesellschaft des Künstlervereins, Bremen 1912, S. 309–313

Roth, Ralf, Das Jahrhundert der Eisenbahn. Die Herrschaft über Raum und Zeit 1800–1914, Ostfildern 2005

Rovagnati, Gabriella, Der Bremer Molière: Ludwig Wolde und Rudolf Alexander Schröder, in: Hans-Albrecht Koch (Hg.), Rudolf Alexander Schröder (1878–1962), Frankfurt/M. u.a. 2013, S. 217–231

Sandberg, Lars G., Lancashire in Decline. A Study in Entrepreneurship, Technology, and International Trade, Columbus, OH 1974

Sartor, Wolfgang, „Cotton was King in Russia". Import chlopka v Rossiju v 1815–1914 ff.: zapadnoevropejskaja tekstil'naja promyšlennost' i technologičeskij transfert v Rossii v XIX – načale XX veka, in: Stuart Thompstone (Hg.), Rossijskaja tekstil'naja promyšlennost'. Technologičeskij transfert, syr'e, financy (Die Einfuhr von Baumwolle nach Russland. Die westeuropäische Textilindustrie und der Technologietransfer im 19. und frühen 20. Jahrhundert, in: Die russische Textilindustrie. Technologischer Transfer, Rohstoffe, Finanzen), St. Petersburg 2006, S. 53–81

Sauer, Marina, Die Bildhauerin Clara Rilke-Westhoff 1878–1854. Leben und Werk (mit Œuvre-Katalog), Bremen 1986

Saur, Achim, Bremer Kaufleute und die Industrie, in: Hartmut Roder (Hg.), Bremen. Handelsstadt am Fluß, Bremen 1995, S. 96–105

Schivelbusch, Wolfgang, Geschichte der Eisenbahnreise. Zur Industrialisierung von Raum und Zeit im 19. Jahrhundert, Frankfurt/M. 1995

Schöß, Susanne, Knoops Park: großbürgerliche Landsitzkultur in der „Bremer Schweiz", in: Georg Skalecki (Hg.), Denkmalpflege in Bremen, Heft 8, 2011, S. 64–69

Schramm, Percy Ernst, Der deutsche Überseekaufmann im Rahmen der Sozialgeschichte, in: Bremisches Jahrbuch 49, 1964, S. 31–54

Schulz, Andreas, „... Tage des Wohllebens, wie sie noch nie gewesen ...". Das Bremer Bürgertum in der Umbruchzeit 1789–1818, in: Lothar Gall (Hg.), Vom alten zum neuen Bürgertum. Die mitteleuropäische Stadt im Umbruch 1780–1820, München 1991, S. 19–63

Schulz, Andreas, Vormundschaft und Protektion. Eliten und Bürger in Bremen 1750–1880, München 2002

Schulze-Gaevernitz, Gerhart von, Volkswirtschaftliche Studien aus Rußland, Leipzig 1899 (auf dem Server von visuallibrary.net online zugänglich)

Schumann, Dirk, Bayerns Unternehmer in Gesellschaft und Staat, 1834–1914. Fallstudien zu Herkunft und Familie, politischer Partizipation und staatlichen Auszeichnungen, Göttingen 1992

Schwarzwälder, Herbert, Bremer Geschichte, Bremen 1993

Schwarzwälder, Herbert, Das Große Bremen-Lexikon, 2. aktual. und erw. Aufl., 2 Bde., Bremen 2003

Schwarzwälder, Herbert, Geschichte der Freien Hansestadt Bremen. Band 2: Von der Franzosenzeit bis zum Ersten Weltkrieg (1810–1918), Bremen 1976

Schwarzwälder, Herbert, Ludwig Knoop (1821–1894). Bremer Bürger und russischer Baron oder „Koopmanns Good is as Ebb und Flood", in: ders., Berühmte Bremer, München 1972, S. 91–106

Schwebel, Karl H., Die Bremische Evangelische Kirche 1800–1918, in: Andreas Röpcke (Hg.), Bremische Kirchengeschichte im 19. und 20. Jahrhundert, Bremen 1994, S. 15–173

Seekamp, Hans-Jürgen, Wolde, Ludwig, in: Bremische Biographie 1912–1962, hg. von der Historischen Gesellschaft zu Bremen und dem Staatsarchiv Bremen, Bremen 1969, S. 566–567

Seiler, Bernd, Lesmona und Goldene Wolke. Gesellschafts- und Familienleben in Bremen um 100, in: Jahrbuch des Club zu Bremen, 1995/96, S. 21–45 (auch online verfügbar)

Semjonow, Juri, Sibirien. Schatzkammer des Ostens, Wien/Düsseldorf 1975

Seyerstedt, Per/Emily Toth (Hg.), A Kate Chopin Miscellany, Oslo u.a. 1979

Singleton, John, Lancashire on the Scrapheap. The Cotton Industry 1945–1970, Oxford 1991

Sperber, Jonathan, Europe 1850–1914. Progress, Participation and Apprehension, Harlow u.a. 2009

Spies, Georg, Erinnerungen eines Ausland-Deutschen, St. Petersburg 2002, Erstausgabe 1926 in der Spieß'schen Familien-Zeitung

Steffens, Helmut, Die Geschichte der Bremer Presse. „... erlauchten Gästen ein würdiges Haus zu bereiten", Norderstedt 2020

Stein, Rudolf, Das Bürgerhaus in Bremen, Tübingen 1970

Steinmetz, Willibald, Europa im 19. Jahrhundert, Frankfurt/M. 2019

Stites, Richard, Russian Popular Culture. Entertainment and Society since 1900, Cambridge 1995

Stollberg-Rilinger, Barbara, Maria Theresia. Die Kaiserin in ihrer Zeit. Eine Biographie, 5. Aufl., München 2018

Szymanski, Hans, Die Anfänge der Dampfschiffahrt in Niedersachsen und den angrenzenden Gebieten von 1817 bis 1867, Hannover 1958

Tesch, Ulla/Jutta Langer, Knoops Park. Eine historische Parkanlage in Bremen-Nord, Bremen 1999

Thiel, Reinhold, Die Geschichte des Norddeutschen Lloyd, 5 Bde., Bremen 2001–2006

Thomas, Ludmila, Geschichte Sibiriens. Von den Anfängen bis zur Gegenwart, Berlin (Ost-) 1982

Thompstone, Stuart R., The Organisation and Financing of Russian Foreign Trade Before 1914, unveröffentlichtes Manuskript der Dissertation, London University 1991 (Kopie in meinem Besitz)

Thompstone, Stuart, British Merchant Houses in Russia before 1914, in: Linda Edmondson/Peter Waldron (Hg.), Economy and Society in Russia and the Soviet Union, 1860–1930. Essays for Olga Crisp, London 1992, S. 107–130

Thompstone, Stuart, Ludwig Knoop: The Arkwright of Russia, in: Textile History 15, 1984, S. 45–73

Thompstone, Stuart, Russian Imperialism and the Commercialization of the Central Asian Cotton Trade, in: Textile History 26/2, 1995, S. 23–257

Thompstone, Stuart, The Russian Technical Society and British Textile Machinery Imports, in: Farnie/Jeremy (Hg.), Fibre, S. 337–364

Thurston, Robert, Liberal City, Conservative State. Moscow and Russia's Urban Crisis, 1906–1914. New York/Oxford 1987

Veksel'man, Maks I., Rossijskij monopolističeskij i inostrannyj kapital v Srednej Azii (konec XIX-načalo XX v. Das russländische monopolistische und ausländische Kapital in Zentralasien (Ende 19. – Anfang 20. Jahrhundert), Taškent 1987

Vicziany, Marika, Bombay Merchants and Structural Changes in the Export Community 1850 to 1880, in: K. N. Chaudhuri/Clive J. Dewey (Hg.), Economy and Society. Essays in Indian Economic and Social History, Delhi 1979, S. 163–196

Weichel, Thomas, Die Bürger von Wiesbaden. Von der Landstadt zur „Weltkurstadt" 1780–1914, München 1997

Weiher, Sigfrid von, Die englischen Siemens-Werke und das Siemens-Überseegeschäft in der zweiten Hälfte des 19. Jahrhunderts, Berlin 1990

Wenzlhuemer, Roland, Connecting the Nineteenth-Century World. The Telegraph and Globalization, Cambridge 2013

Wessel, Horst A., Die Rolle des Telefons in der Kommunikationsrevolution des 19. Jahrhunderts, in: Michael North (Hg.), Kommunikationsrevolutionen. Die neuen Medien des 16. und 19. Jahrhunderts, Köln u.a. 2001, S. 101–127

Westwood, John N., Geschichte der russischen Eisenbahnen, Zürich 1966

Whitfield, Roy, The Double Life of Friedrich Engels, in: Manchester Region History Review 2, 1988, S. 13–19

Wiesekopsieker, Stefan, Die Bremer Aufsichtsratsmitglieder der Hoffmann'schen Stärkefabriken AG Bad Salzuflen. Eine kaum bekannte Beziehung Bremer Kaufleute und Bankiers zu Lippes größtem Industrieunternehmen, in: Lippische Mitteilungen aus Geschichte und Landeskunde 67, 1998, S. 91–125

Windhoff, Ilse/Nils Aschenbeck (Fotos), Landhäuser und Villen in Bremen. Lesum und Knoops Park, Bremen 2008

Winterschladen, Matthias, Kulturtransfer im zentralrussischen Industriegebiet. Die Brüder Charnock, die Morozovs und die Anfänge des modernen Fußballsports in Orechovo Zuevo und Nikol'skoe, in: Dittmar Dahlmann/Anke Hilbrenner/Britta Lenz (Hg.), Überall ist der Ball rund. Zur Geschichte und Gegenwart des Fußballs in Ost- und Südosteuropa – Nachspielzeit, Essen 2011, S. 169–209

Wolff, Peter, Carl Ludwig von Knoop. Herr auf Schloss Rothestein im Werratal 1897–1927 einschließlich seiner Vorfahren und Nachkommen, unveröffentlichtes Manuskript, Witzenhausen 2012 (Kopie in meinem Besitz mit Dank an Prof. Dr. Peter Wolff)

Zelnik, Reginald E., Law and Disorder at the Narova River. The Kreenholm Strike of 1872, Berkeley u. a. 1995

Die Deutsche Nationalbibliothek verzeichnet diese Publikation in der Deutschen Nationalbibliografie; detaillierte bibliografische Daten sind im Internet über http://dnb.dnb.de abrufbar.

www.schuenemann-buchverlag.de

2. Auflage 2024 | Herausgeber: Förderverein Knoops Park e.V.

Titelbild:
Carl Johann Lasch (1822–1888), Familienbild am Teich im Park von Schloss Mühlenthal, um 1875: abgebildete Personen von links nach rechts (Identifizierung anhand der Lebensdaten in der Stammtafel Luwig Knoop, in diesem Buch, S. 122): Andreas Knoop, Ludwig Albrecht, Gustav Albrecht, Emilie Knoop, Louise Albrecht jun., Georg Albrecht, Louise Albrecht, geb. Knoop, Theodor Albrecht, Georg Wolde, Adele Wolde, geb. Knoop, Adele Wolde jun., Ludwig Baron Knoop, Louise Baronin Knoop, George Albrecht, Theodor Knoop, Doris Hoyer, Johann Knoop

Gesamtherstellung: Carl Schünemann Verlag

Printed in EU 2024
ISBN 978-3-7961-1228-7

Druckprodukt mit finanziellem
Klimabeitrag
ClimatePartner.com/12995-2409-1002